高等院校土建类系列教材

建筑施工技术

（第4版）

主　编　吴志红　陈娟玲　张　会

副主编　于　丽

参　编　（以拼音为序）

艾小玲　庞金昌　石林林　许　明

张李莉　吴丁建　吴冰琪

东南大学出版社

·南京·

内 容 提 要

本书根据高等院校土建专业教学的要求而编写。全书分两篇共 12 章,内容主要包括土方工程基本知识、地基与基础工程基本知识、钢筋工程基本知识、混凝土工程基本知识、模板工程基本知识、砌体工程基本知识、防水工程基本知识、装饰工程基本知识、脚手架与垂直运输设施、预应力混凝土工程、实训部分。

本教材以现行施工验收规范、规程和工程实践为依据,以高等院校教学需要和学生自主学习为出发点,具有简单、易懂、实用等特点,可作为高等院校建筑工程类各专业教材,也可作为土建工程技术人员的培训教材或参考书。

图书在版编目(CIP)数据

建筑施工技术 / 吴志红,陈娟玲,张会主编. — 4
版. —南京:东南大学出版社,2024.2
ISBN 978-7-5766-1070-3

Ⅰ. ①建… Ⅱ. ①吴… ②陈… ③张… Ⅲ. ①建筑施
工—高等学校—教材 Ⅳ. ①TU7

中国国家版本馆 CIP 数据核字(2023)第 247846 号

责任编辑:戴坚敏　责任校对:韩小亮　封面设计:王　玥　责任印制:周荣虎

建筑施工技术(第 4 版)
Jianzhu Shigong Jishu(Di 4 Ban)

主　　编:吴志红　陈娟玲　张　会
出版发行:东南大学出版社
社　　址:南京市四牌楼 2 号　邮编:210096　电话:025-83793330
出 版 人:白云飞
网　　址:http://www.seupress.com
电子邮箱:press@seupress.com
经　　销:全国各地新华书店
印　　刷:丹阳兴华印务有限公司
开　　本:787 mm×1 092 mm　1/16
印　　张:21.5
字　　数:550 千字
版　　次:2024 年 2 月第 4 版
印　　次:2024 年 2 月第 1 次印刷
书　　号:ISBN 978-7-5766-1070-3
定　　价:59.80 元

土建系列教材编审委员会

前　　言

"建筑施工技术"是高等院校土木工程类专业的主干专业课之一。作者以现行施工验收规范、规程和工程实践为依据，以教学需要和学生自主学习为出发点，编写了这本简单、易懂、实用的教材。

本书内容包含土方工程、地基与基础工程、钢筋工程、混凝土工程、模板工程、砌体工程、防水工程、装饰工程、脚手架与垂直运输设施、预应力混凝土工程和工程测量施工工艺及技术措施、主体结构工程施工工艺及技术措施。本书理论与实践结合，有利于理实一体教学，有助于学生正确理解"建筑施工技术"课程的实用性。

本书由南京理工大学紫金学院、南京航空航天大学金城学院、南通理工学院、江苏工程职业技术学院、长沙职业技术学院、江苏商贸职业技术学院、南通科技职业技术学院、南通开放大学老师和江苏中房工程咨询有限公司吴丁建、江苏诚宇工程建设集团有限公司吴冰琪共同编写。

全书由吴志红主编并统稿。第1、3章由吴志红、于丽编写，第2章由陈娟玲编写，第4章由吴丁建编写，第5章由石林林编写，第6章由庞金昌编写，第7章由张李莉编写，第8章由许明编写，第9章由艾小玲编写，第10章由吴冰琪编写，实训部分由张会编写。

本书在编写过程中得到了南京工业大学唐明怡老师的大力帮助，同时参考了部分文献资料，在此向唐老师和原作者表示衷心的感谢。由于编者水平有限，书中难免有不足之处，敬请各位同行和读者批评指正。

编　者

2023 年 12 月

目　　录

第一篇　公共基础知识

第二篇 实 训

第一篇 公共基础知识

1 土方工程基本知识

本章提要：了解土方工程的种类和分类方法，熟悉土方施工特点和土的性质，能进行土方工程量计算；了解土方边坡的形式和边坡支护类型，掌握影响边坡稳定的因素，能合理确定土方开挖的边坡和正确选用边坡的支护方法；了解地下水降低方法，熟悉轻型井点施工要求，掌握轻型井点降水方法和降水计算；了解土方施工机械类型、特点、适用范围，熟悉回填土的土料要求和填筑压实方法，能正确分析填土压实的主要因素和进行填土压实的质量检查。

万丈高楼从地起，土方工程是建筑工程施工的第一步，也是建筑工程施工中主要工种工程之一。常见的土石方工程有：场地平整、土（或石）的挖掘、填筑和运输等主要施工过程，以及排水、降水和土壁支撑等准备与辅助工作过程。

土方工程施工的特点是工程量大、施工条件复杂，新建一个大型工程项目，土方量往往可达几十万甚至几百万立方米，合理地选择施工方案，对缩短工期、降低工程成本有很重要的意义。土方工程多为露天作业，施工受地区的气候条件影响，而土本身是一种天然物质，种类繁多，受工程地质和水文地质条件的影响也很大，因此，施工前必须根据本工程的上述条件制定合理的施工方案，实行科学管理，以保证工程质量，并取得好的经济效果。

1.1 土的基本知识

1.1.1 土的工程分类

土的种类繁多，从不同的技术角度，分类方法各异。在土方工程施工中，根据土的开挖难易程度可分为八类，依次为松软土、普通土、坚土、砂砾土、软石、次坚石、坚石、特坚石。其中前四类属土，后四类属岩石，其分类和鉴别方法见表 1-1 所示。

表 1-1 土的工程分类与现场鉴别方法

土的分类	土的名称	天然密度（g/cm³）	可松性系数		现场鉴别方法
			K_s	K'_s	
一类土（松软土）	砂，亚砂土，冲积砂土层，种植土，泥炭（淤泥）	0.6~1.5	1.08~1.17	1.01~1.03	能用锹、锄头挖掘

续表 1-1

土的分类	土的名称	天然密度（g/cm³）	可松性系数		现场鉴别方法
			K_s	K_s'	
二类土（普通土）	亚黏土，潮湿的黄土，夹有碎石、卵石的砂，种植土，填筑土及亚砂土	1.1～1.6	1.14～1.28	1.02～1.05	用锹、锄头挖掘，少许用镐翻松
三类土（坚土）	软及中等密实黏土，重亚黏土，粗砾石，干黄土及含碎石、卵石的黄土、亚黏土，压实的填筑土	1.75～1.9	1.24～1.30	1.04～1.07	要用镐，少许用锹、锄头挖掘，部分用撬棍
四类土（砂砾土）	重黏土及含碎石、卵石的黏土，粗卵石，密实的黄土，天然级配砂石，软泥灰岩及蛋白石	1.9	1.26～1.32	1.06～1.09	用镐、撬棍，然后用锹挖掘，部分用楔子及大锤
五类土（软石）	硬石炭纪黏土，中等密实的页岩、泥灰岩、白垩土，胶结不紧的砾岩，软的石灰岩	1.1～2.7	1.30～1.45	1.10～1.20	用镐或撬棍、大锤挖掘，部分用爆破方法
六类土（次坚石）	泥岩，砂岩，砾岩，坚实的页岩、泥灰岩，密实的石灰岩，风化花岗岩，片麻岩	2.2～2.9	1.30～1.45	1.10～1.20	用爆破方法开挖，部分用风镐
七类土（坚石）	大理岩，辉绿岩，玢岩，粗、中粒花岗岩，坚实的白云岩，砂岩，砾岩，片麻岩，石灰岩，风化痕迹的安山岩、玄武岩	2.5～3.1	1.30～1.45	1.10～1.20	用爆破方法开挖
八类土（特坚石）	安山岩，玄武岩，花岗片麻岩，坚实的细粒花岗岩，闪长岩，石英岩，辉长岩，辉绿岩，玢岩	2.7～3.3	1.45～1.50	1.20～1.30	用爆破方法开挖

资料来源：江正荣，朱国梁. 简明施工手册［M］. 5 版. 北京：中国建筑工业出版社，2015

1.1.2 土的工程性质

天然状态下的土由土颗粒、土中的水和土中的空气三部分组成，比例关系随着周围条件的变化而变化。不同的比例关系反映出不同的物理性质，如土的干湿程度、土的密实程度和松散程度等。

天然密度是指土在天然状态下单位体积的质量。干密度是单位体积土的固体颗粒质量与总体积的比值。分别用下式计算：

$$\rho = \frac{m}{V} \tag{1-1}$$

$$\rho_d = \frac{m_s}{V} \tag{1-2}$$

式中：ρ, ρ_d——分别为土的天然密度和干密度；

m, m_s——分别为土的总质量和固体颗粒质量（kg）；

V——土的体积（m³）。

土的天然密度随着土的颗粒组成、孔隙多少和水分含量而变化，一般黏土的密度约为 1.6～2.2 t/m³。密度大的土较坚实，挖掘困难。

土的天然密度一般用环刀法测定，用一个体积已知的环刀切入土样中，上下端用刀削平，称

出质量,减去环刀的质量,与环刀的体积相比,即得到土的天然密度。(环刀如图 1-1(a)所示)

土的干密度用击实实验测定。干密度越大,表示土越密实,是评定土体密实度的标准,以控制回填土的质量。

(a) 环刀

(b) 铝盒

图 1-1　环刀、铝盒

1.1.3　土的含水量

土的含水量是指土中水的质量与土的固体颗粒之间的质量比,以百分数表示。

$$w = \frac{m_w}{m_s} \times 100\%$$ 　　　　　(1-3)

式中:m_s——土中固体颗粒的质量(kg);

　　　m_w——土中水的质量(kg)。

一般土的干湿度用含水量表示。土的含水量在 5% 以内,称为干土;土的含水量在 5%～30% 以内,称为潮湿土;土的含水量大于 30%,称为湿土。含水量对挖土的难易、施工时的放坡和回填土的夯实均有影响。在一定含水量的条件下,用同样的夯实机具,可使回填土达到最大的密实度,此含水量称为最佳含水量。

把土样称量后放入烘箱内烘干(100～105 ℃),直至重量不再减少为止,称量。第一次称量为含水状态土的质量 m_1,第二次称量为烘干后土的质量 m_2,利用公式可计算出土的含水量。

1.1.4　土的渗透性

土的渗透性是指土体被水透过的性质和水流通过土中孔隙的难易程度。土的渗透性用渗透性系数 K 表示,单位以"m/d"表示,一般在实验室测定。它同土的颗粒级配、密实程度等有关,是人工降低地下水位及选择各类井点的主要参数。

1.1.5　土的可松性

天然状态下的土经开挖后其体积因松散而增加,以后虽经回填压实,仍不能恢复原来的体积,这种性质,称为土的可松性。土的可松性的大小用可松性系数表示。分为最初可松性系数和最终可松性系数。

最初可松性系数 K_s 是土松散后的体积与天然状态土的体积之比。用以下公式表示:

$$K_s = \frac{V_2}{V_1}$$ 　　　　　(1-4)

最终可松性系数 K_s' 是土回填夯实后的体积与天然状态土的体积之比。用以下公式表示:

$$K'_s = \frac{V_3}{V_1} \qquad\qquad (1-5)$$

式中：K_s、K'_s——分别为土的最初可松性系数和最终可松性系数；

   V_1——土的天然状态下的体积(m^3)；

   V_2——土开挖后松散状态下的体积(m^3)；

   V_3——土回填夯实后的体积(m^3)。

  K_s 在土方施工中是计算运输工具数量和挖土机械生产率的主要参数；K'_s 是计算填土所需挖土工程量的主要参数。各类土的可松性系数见表 1-1 所示。

  【例 1-1】 如果要开挖体积为 100 m^3 的基坑，开挖后用运输能力为 2.5 m^3 的汽车外运，土的可松性系数 K_s=1.12，问所挖土方全部外运一共要运多少车？

  【解】 (1) 土的天然体积：V_1=100 m^3

  (2) 开挖后土的松散体积：$V_2 = K_s V_1$=1.12×100=112 m^3

  (3) 运松散土的车数：$n = V_2 \div 2.5$=112÷2.5=44.8 车

  一共运 45 车。

  【例 1-2】 按上题，如果基坑开挖后，进行基础垫层和基础的施工，其所占体积为 50 m^3，问需要留多少土方回填(以天然状态土计算)，其余土方外运。K'_s=1.05。余土要运多少车？(K_s=1.12)

  【解】 (1) 需要回填土的体积：V_3=100−50=50 m^3

  (2) 需要预留回填土方量(天然土)：$V_1 = V_3/K'_s$=50/1.05=47.62 m^3

  (3) 余土要运的车数

  多余天然土的体积：100−47.62=52.38 m^3

  运输土的车数：n=52.38×1.12/2.5=23.47 车 取 24 车

  注：正常施工时，回填土要求回填夯实，所以需要回填土的体积即为回填夯实后的体积。

1.2 场地平整及土方量调配

  场地平整是指在工程施工之前，将建筑范围内的天然地坪，通过人工或机械挖填平整改造成施工所要求的设计平面，是重要的施工准备工作之一，即通常所说的三通一平中的"一平"。

  在场地平整工作中，最简单的平整目的是为了放线工作的需要。从预算的角度看，在±0.3 m 以内的人工平整不涉及土方量的计算问题，场地平整的工作量按面积计算。

  本课程所阐述的场地平整，是指对挖填土方量较大的工地。一般先平整整个场地，后开挖建筑物基坑(槽)，以便大型土方机械有较大的工作面，能充分发挥其效能，也可减少与其他工作的互相干扰。场地平整前，要确定场地设计标高，计算挖填方工程量，确定挖填方的平衡调配，并根据工程规模、施工期限、土的工程性质及现有机械设备条件选择土方机械，拟定施工方案。

  场地平整时土方量计算，一般采用方格网法，计算步骤如下：

  (1) 在地形图上将整个施工场地划分成边长为 10～40 m 的方格网。

  (2) 测量并计算各方格角点的自然地面标高。

  (3) 确定场地设计标高，并根据泄水坡度要求计算各方格角点的设计标高。

（4）计算各方格角点的施工高度，即确定各方格角点的挖填高度。

（5）确定零线，即挖填方的分界线。

（6）计算各方格内挖填土方量和场地边坡土方量，最后求得整个场地挖填方总量。

1.2.1 场地设计标高的确定

确定场地设计标高时应考虑以下因素：

（1）满足建筑规划和生产工艺及运输的要求。

（2）尽量利用地形，减少挖填方数量。

（3）场地内的挖、填土方量力求平衡，使土方运输费用最少。

（4）有一定的排水坡度，满足排水要求。

1）初步计算场地设计标高

假定整平后场地是水平的，不考虑边坡、泄水坡，利用平整前总土方量等于平整后总土方量的原则，初步计算场地设计标高。如图 1-2 所示，当场地设计标高为 H_0 时，挖填方基本平衡，可将土石方移挖作填，就地处理；当设计标高为 H_1 时，填方大大超过挖方，则需从场外取土回填；当设计标高为 H_2 时，挖方大大超过填方，则要向场外大量弃土。因此，在确定场地设计标高时，必须结合现场具体条件反复进行技术经济比较，选择一个最优方案。

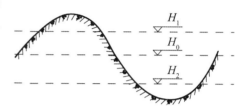

图 1-2 场地不同设计标高的比较

如何确定平整后的场地标高 H_0 呢？在工程实践中，特别是大型工矿企业项目，设计标高由总图设计规定，在设计图纸上规定出厂区或矿区各单体建筑、道路、区内广场等设计标高。施工单位按图施工。

若设计文件没有规定时，或设计单位要求建设单位先提供场区平整的标高时，则施工单位可根据挖填土方量平衡法自行设计。方法如下：

首先将场地地形图根据要求的精度划分为长 10～40 m 的方格网（图 1-3），然后求出各方格角点的地面标高。地形平坦时，可根据地形图相邻两等高线的标高，用插入法求得；地形不平坦时，用插入法误差较大，可在地面上用木桩打好方格网，然后用仪器直接测出。

根据挖填平衡的原则：

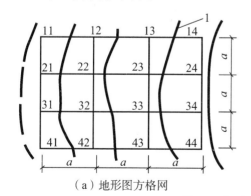

（a）地形图方格网

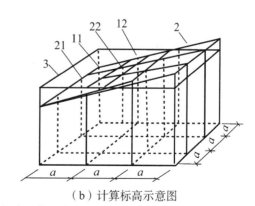

（b）计算标高示意图

图 1-3 场地设计标高计算示意图

1—等高线；2—自然地面；3—设计地面

$$H_0 = \frac{\sum H_1 + 2\sum H_2 + 3\sum H_3 + 4\sum H_4}{4N} \tag{1-6}$$

式中：H_1——1 个方格仅有的角点标高(m)；

H_2——2 个方格共有的角点标高(m)；

H_3——3 个方格共有的角点标高(m)；

H_4——4 个方格共有的角点标高(m)；

N——方格的数量。

2）场地设计标高的调整

按上述公式计算的场地设计标高 H_0 系一理论值，还需要考虑以下因素进行调整：

(1) 土的可松性影响

由于土具有可松性，按理论计算的 H_0 施工，填土会有剩余，为此要适当提高设计标高，如图 1-4 所示。

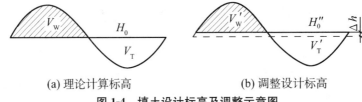

(a) 理论计算标高　　　　　(b) 调整设计标高

图 1-4　填土设计标高及调整示意图

(2) 由于设计标高以上的填方工程用土量或设计标高以下的挖方工程挖土量的影响，使设计标高降低或提高。

(3) 由于边坡挖填方量不等，或经过经济比较后将部分挖方就近弃于场外、部分填方就近从场外取土而引起挖填土方量的变化，需相应地增减设计标高。

3）考虑泄水坡度对设计标高的影响

按上述调整后的设计标高进行场地平整，整个场地表面将处于同一个水平面，但实际上由于施工排水的需要，场地表面均有一定的泄水坡度(不小于 2‰)，因此还要根据场地泄水坡度要求(单向泄水和双向泄水)计算出场地内实际施工的设计标高。

(1) 单向泄水

当场地向一个方向排水时，称为单向泄水。单向泄水时场地设计标高计算，是将已调整的设计标高(H''_0)作为场地中心线的标高。参考图 1-5，场地内任一点设计标高为：

$$H_{ij} = H''_0 \pm Li \tag{1-7}$$

式中：H_{ij}——场地内任一点的设计标高(m)；

L——该点至 H''_0—H''_0 中心线的距离(m)；

i——场地泄水坡度；

$\pm$——该点比 H''_0—H''_0 线高取"$+$"号，反之取"$-$"号。

例如，$H_{11} = H''_0 + 1.5ai$。

(2) 双向泄水

场地向两个方向排水，称为双向泄水。双向泄水时设计标高计算，是将已调整的设计标高 H''_0 作为场地纵横方向的中心点(图 1-6)，场地内任一点的设计标高为：

$$H_{ij} = H''_0 \pm L_x i_x \pm L_y i_y \qquad (1-8)$$

式中:L_x——该点距 x 轴的距离(m);

L_y——该点距 y 轴的距离(m);

i_x、i_y——场地在 $x-x$、$y-y$ 方向的泄水坡度;

$\pm$——该点比 H_0 点高取"+"号,反之取"-"号。

例如,$H_{11} = H''_0 + 1.5 a i_x + a i_y$。

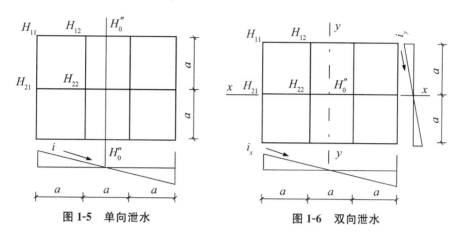

图 1-5 单向泄水　　　　　　　　图 1-6 双向泄水

1.2.2 场地土方量计算

1)计算各方格角点的施工高度

公式(1-6)中的 H_0 是假定场地为水平,不考虑泄水坡、边坡,根据平整前总土方量等于平整后总土方量求得的。公式(1-7)、(1-8)中的 H_{ij} 是考虑泄水坡度后场地内任一方格角点的设计标高。但是在实际施工中,每一个方格是挖方还是填方呢?若为挖方,应挖多少?若为填方,应填多少?这就是施工高度问题。所谓施工高度,就是每一个方格角点的挖填高度,用 h_n 表示。

$$h_n = H_{ij} - H_n \qquad (1-9)$$

式中:h_n——该角点的挖填高度,"+"值表示填方,"-"值表示挖方;

H_{ij}——该角点设计标高;

H_n——该角点自然地面标高,也就是地形图上各方格角点实际标高,当地形平坦时按地形图用插入法求得,当地面坡度变化起伏较大时可用水准仪测出。

2)计算零点标出零线

当同一方格的 4 个角点的施工高度全为"+"或全为"-"时,说明该方格内的土方全部为填方或全部为挖方。如果一个方格中一部分角点的施工高度为"+",而另一部分为"-"时,说明此方格中的土方一部分为填方,而另一部分为挖方,这时必定存在不挖不填的点,这样的点称为零点。把方格网中的所有零点都连接起来,形成直线或曲线,这道线称为零线,即挖方与填方的分界线。

计算零点的位置,是根据方格角点的施工高度用几何法求出,如图 1-7 所示,则:

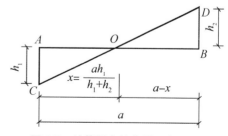

图 1-7 计算零点的位置示意图

$$x = \frac{ah_1}{h_1 + h_2} \tag{1-10}$$

式中：h_1、h_2——相邻两角点填、挖方施工高度（以绝对值代入）（m）；

a——方格边长（m）；

x——零点距角点 A 的距离（m）。

3）计算方格土方工程量

零线求出后，场地的挖填区也随之标出，即可按方格的不同类型（表 1-2）分别计算出挖填区各方格的挖填土方量。

表 1-2　常用方格网点计算公式

项　目	图　式	计算公式
一点填方或挖方（三角形）	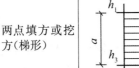 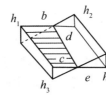	$V = \frac{1}{2}bc\frac{\sum h}{3} = \frac{bch_3}{6}$ 当 $b = a = c$ 时，$V = \frac{a^2 h_3}{6}$
两点填方或挖方（梯形）	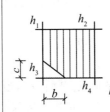 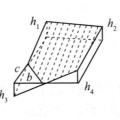	$V_+ = \frac{b+c}{2}a\frac{\sum h}{4} = \frac{a}{8}(b+c)(h_1+h_3)$ $V_- = \frac{d+e}{2}a\frac{\sum h}{4} = \frac{a}{8}(d+e)(h_2+h_4)$
三点填方或挖方（五角形）	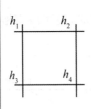 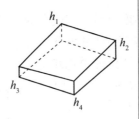	$V = \left(a^2 - \frac{bc}{2}\right)\frac{\sum h}{5}$ $= \left(a^2 - \frac{bc}{2}\right)\frac{h_1+h_2+h_3}{5}$
四点填方或挖方（正方形）		$V = \frac{a^2}{4}\sum h = \frac{a^2}{4}(h_1+h_2+h_3+h_4)$

4）边坡土方量的计算

在场地平整施工中，沿着场地四周都需要做成边坡，以保持土体稳定，防止塌方，保证施工和使用的安全，边坡坡度大小按设计规定，边坡土方量的计算，可将边坡划为两种近似几何形体,即三角棱锥体和三角棱柱体,分别进行计算,求出边坡挖填量。场地边坡平面图见图 1-8 所示。由于边坡土方量的理解和计算较难,所以对学生不作要求。

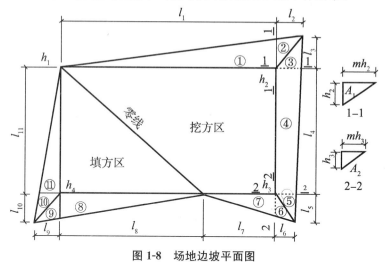

图 1-8　场地边坡平面图

【例 1-3】　某建筑场地方格网如图 1-9 所示,方格边长为 20 m,角点编号、天然地面标高如图所示,土质为粉质黏土,设计工艺和最高洪水位等方面均无特殊要求。不考虑土的可松性影响,试按挖填平衡原则进行场地平整。(结果保留 2 位小数)

(1) 试初步确定各角点的设计标高。

(2) 假设场地设计泄水坡度 $i_x = 0.3\%$,$i_y = 0.2\%$,请调整各角点的设计标高。

(3) 试计算各角点施工高度。

(4) 请确定零点位置并绘制零线。

(5) 试计算该场地土方量。

角点编号	施工高度
地面标高	设计标高

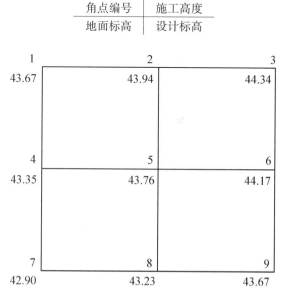

图 1-9　建筑场地原始方格网图

【解】 （1）初步确定各角点的设计标高。

$$\sum H_1 = 43.67 + 44.34 + 42.90 + 43.67 = 174.58 \text{ m}$$

$$\sum H_2 = 43.94 + 43.35 + 44.17 + 43.23 = 174.69 \text{ m}$$

$$\sum H_3 = 0$$

$$\sum H_4 = 43.76 \text{ m}$$

$$H_0 = \frac{\sum H_1 + 2\sum H_2 + 3\sum H_3 + 4\sum H_4}{4 \times N} = \frac{174.58 + 2 \times 174.69 + 4 \times 43.76}{4 \times 4} = 43.69 \text{ m}$$

（2）调整各角点的设计标高（H'_n）

调整后的各角点设计标高，$H'_5 = H_0 = 43.69$ m

$H'_1 = H'_5 - a \times i_x + a \times i_y = 43.69 - 20 \times 0.3\% + 20 \times 0.2\% = 43.67$ m

$H'_2 = H'_5 + a \times i_y = 43.69 + 20 \times 0.2\% = 43.73$ m

$H'_3 = H'_5 + a \times i_x + a \times i_y = 43.69 + 20 \times 0.3\% + 20 \times 0.2\% = 43.79$ m

$H'_4 = H'_5 - a \times i_x = 43.69 - 20 \times 0.3\% = 43.63$ m

$H'_6 = H'_5 + a \times i_x = 43.69 + 20 \times 0.3\% = 43.75$ m

$H'_7 = H'_5 - a \times i_x - a \times i_y = 43.69 - 20 \times 0.3\% - 20 \times 0.2\% = 43.59$ m

$H'_8 = H'_5 - a \times i_y = 43.69 - 20 \times 0.2\% = 43.65$ m

$H'_9 = H'_5 + a \times i_x - a \times i_y = 43.69 + 20 \times 0.3\% - 20 \times 0.2\% = 43.71$ m

调整后各角点的设计标高如图 1-10 所示。

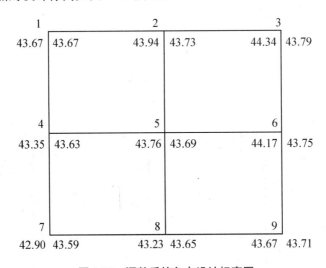

图 1-10 调整后的角点设计标高图

（3）计算各角点的施工高度（h_n）

$h_1 = H'_1 - H_1 = 43.67 - 43.67 = 0$　　$h_2 = H'_2 - H_2 = 43.73 - 43.94 = -0.21$ m

$h_3 = H'_3 - H_3 = 43.79 - 44.34 = -0.55$ m　　$h_4 = H'_4 - H_4 = 43.63 - 43.35 = 0.28$ m

$h_5 = H'_5 - H_5 = 43.69 - 43.76 = -0.07$ m　　$h_6 = H'_6 - H_6 = 43.75 - 44.17 = -0.42$ m

$$h_7 = H'_7 - H_7 = 43.59 - 42.90 = 0.69 \text{ m} \quad h_8 = H'_8 - H_8 = 43.65 - 43.23 = 0.42 \text{ m}$$

$$h_9 = H'_9 - H_9 = 43.71 - 43.67 = 0.04 \text{ m}$$

各角点施工高度如图 1-11 所示。

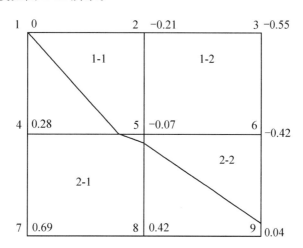

图 1-11　各角点施工高度及零线图

（4）确定零点绘制零线

$$X_{4-5} = \left(\frac{h_4}{h_4 + h_5}\right)a = \left(\frac{0.28}{0.28 + 0.07}\right) \times 20 = 16 \text{ m} \quad X_{5-4} = 20 - 16 = 4 \text{ m}$$

$$X_{5-8} = \left(\frac{h_5}{h_5 + h_8}\right)a = \left(\frac{0.07}{0.07 + 0.42}\right) \times 20 = 2.86 \text{ m} \quad X_{8-5} = 20 - 2.86 = 17.14 \text{ m}$$

$$X_{6-9} = \left(\frac{h_6}{h_6 + h_9}\right)a = \left(\frac{0.42}{0.42 + 0.04}\right) \times 20 = 18.26 \text{ m} \quad X_{9-6} = 20 - 18.26 = 1.74 \text{ m}$$

（5）计算该场地土方量

计算场地土方量就是计算挖填土方体积，等于每个方格网的挖填面积乘以挖填平均厚度。

$$V_{1-1挖} = \left(\frac{4 + 20}{2}\right) \times 20 \times \left(\frac{0.21 + 0.07 + 0 + 0}{4}\right) = 16.80 \text{ m}^3$$

$$V_{1-2挖} = 20 \times 20 \times \left(\frac{0.21 + 0.07 + 0.55 + 0.42}{4}\right) = 125 \text{ m}^3$$

$$V_{2-1挖} = \left(\frac{4 \times 2.86}{2}\right) \times \left(\frac{0.07 + 0 + 0}{3}\right) = 0.13 \text{ m}^3$$

$$V_{2-2挖} = \left(\frac{2.86 + 18.26}{2}\right) \times 20 \times \left(\frac{0.07 + 0.42 + 0 + 0}{4}\right) = 25.87 \text{ m}^3$$

$$\sum V_{挖} = 16.8 + 125 + 0.13 + 25.87 = 167.80 \text{ m}^3$$

$$V_{1-1填} = \frac{1}{2} \times 20 \times 16 \times \left(\frac{0.28 + 0 + 0}{3}\right) = 14.93 \text{ m}^3$$

$$V_{2-1填} = \left(20 \times 20 - \frac{4 \times 2.86}{2}\right) \times \left(\frac{0.028 + 0.69 + 0.42 + 0 + 0}{5}\right) = 109.61 \text{ m}^3$$

$$V_{2-2填} = \left(\frac{1.74+17.14}{2}\right) \times 20 \times \left(\frac{0.04+0.42+0+0}{4}\right) = 21.71 \text{ m}^3$$

$$\sum V_{填} = 14.93 + 109.61 + 21.71 = 146.25 \text{ m}^3$$

1.2.3　土方调配

土方调配是指对挖土的利用、堆弃和填土的取得三者之间的关系进行综合协调处理,它是土方工程施工组织设计(土方规划)中的一个重要内容,在平整场地土方工程量计算完成后进行。编制土方调配方案应根据地形及地理条件,把挖方区和填方区划分成若干个调配区,计算各调配区的土方量,并计算每对挖、填方区之间的平均运距(即挖方区重心至填方区重心的距离),确定挖方各调配区的土方调配方案,应使土方总运输量最小或土方运输费用最少,而且便于施工,从而可以缩短工期、降低成本。

土方调配的原则:力求达到挖方与填方平衡和运距最短的原则;近期施工与后期利用的原则。进行土方调配,必须依据现场具体情况、有关技术资料、工期要求、土方施工方法与运输方法,综合上述原则,并经计算比较,选择经济合理的调配方案。

调配方案确定后,绘制土方调配图(图 1-12)。在土方调配图上要注明挖填调配区、调配方向、土方数量和每对挖填之间的平均运距。图 1-9 中的土方调配,仅考虑场内挖方、填方平衡。W 为挖方,T 为填方。

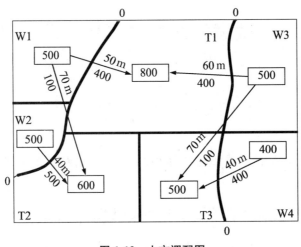

图 1-12　土方调配图

1.3　土方边坡及支护

1.3.1　土方边坡

在开挖基坑、沟槽或填筑路堤时,为了防止塌方,保证施工安全及边坡稳定,其边沿应考虑放坡。土方边坡的坡度以其高度 h 与底宽 b 之比表示(图 1-13),即

$$土方边坡坡度 = h/b = 1/(b/h) = 1:m \tag{1-11}$$

式中:$m=b/h$,称为边坡系数。

边坡的坡度应根据不同的填挖高度、土的物理力学性质、工作的重要性、边坡附近地面堆载情况由设计确定。在满足土体边坡稳定的条件下,可做成直线形和折线形边坡,以减少土方施工量。

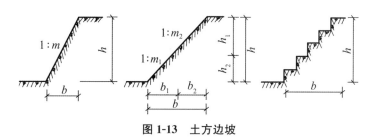

图 1-13　土方边坡

根据《土方和爆破工程施工及验收规范》规定,当地下水位低于基底,在湿度正常的土层中开挖基坑(槽)或管沟,且敞露时间不长时,可做成直立壁(不放坡)不加支撑,但挖方深度不宜超过下列规定:

密实、中密的砂土和碎石类土(充填物为砂土):1.0 m;

硬塑、可塑的粉土及粉质黏土:1.25 m;

硬塑、可塑的黏土和碎石类土(充填物为黏性土):1.5 m;

坚硬的黏土:2 m。

基坑(槽)或管沟挖好后应及时进行基础工程或地下结构工程施工。在施工过程中,应经常检查坑壁的稳定情况。

当地质条件良好,土质均匀且地下水位低于基坑(槽)或管沟底面标高时,挖方深度在5 m 以内且不加支撑的边坡的最陡坡度应符合表 1-3 的规定。

表 1-3　深度在 5 m 内的基坑(槽)、管沟边坡的最陡坡度

土的类别	边坡坡度(高:宽)		
	坡顶无荷载	坡顶有静载	坡顶有动载
中密的砂土	1:1.00	1:1.25	1:1.50
中密的碎石类土(充填物为砂土)	1:0.75	1:1.00	1:1.25
硬塑的粉土	1:0.67	1:0.75	1:1.00
中密的碎石类土(充填物为黏性土)	1:0.50	1:0.67	1:0.75
硬塑的粉质黏土、黏土	1:0.33	1:0.50	1:0.67
老黄土	1:0.10	1:0.25	1:0.33
软土(经井点降水后)	1:1.00	—	—

注:①静载指堆土或堆放材料等,动载指机械挖土或汽车运输作业等。静载或动载距挖方边缘的距离在0.8 m 以外,且堆土和堆放材料高度不超过 1.5 m。

②当有成熟施工经验时可不受本表限制。

当基坑放坡高度较大,施工期和暴露时间较长,或岩土质较差,易于风化、疏松或滑坍,为防止基坑边坡因气温变化或失水过多而风化或松散,或防止坡面受雨水冲刷而产生溜坡现象,应根据土质情况和实际条件采取边坡保护措施,以保护基坑边坡的稳定。常用的基坑

坡面保护方法有以下几种:

1) 薄膜覆盖或砂浆覆盖法

对基础施工期较短的临时性基坑边坡,采取在边坡上铺塑料薄膜,在坡顶及坡脚用草袋或编织袋装土压住或用砖压住;或在边坡上抹水泥砂浆 2～2.5 cm 厚保护。为防止薄膜脱落,在上部及底部搭盖不应少于 80 cm,同时在土中插适当锚筋连接,在坡脚设排水沟(图 1-14(a))。

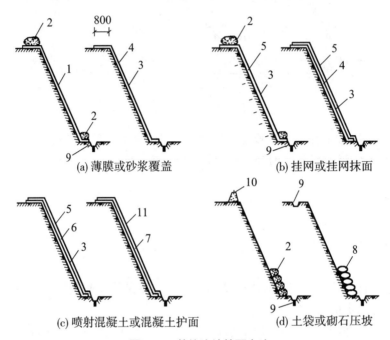

(a) 薄膜或砂浆覆盖　　　　　(b) 挂网或挂网抹面

(c) 喷射混凝土或混凝土护面　　　(d) 土袋或砌石压坡

图 1-14　基坑边坡护面方法

1—塑料薄膜;2—草袋或编织袋装土;3—插筋 φ10～12 mm;4—抹 M5 水泥砂浆;5—20 号钢丝网;6—C15 喷射混凝土;7—C15 细石混凝土;8—M5 砂浆砌石;9—排水沟;10—土堤;11—φ4～6 mm 钢筋网片,纵横间距 250～300 mm

2) 挂网或挂网抹面法

对基础施工期短,土质较差的临时性基坑边坡,可在垂直坡面楔入直径 10～12 mm,长 40～60 cm 插筋,纵横间距 1 m,上铺 20 号钢丝网,上下用草袋或聚丙烯扁丝编织袋装土或砂压住,或者再在钢丝网上抹 2.5～3.5 cm 厚的 M5 水泥砂浆(配合比为水泥:白灰膏:砂=1:1:1.5)。在坡顶坡脚设排水沟(图 1-14(b))。

3) 喷射混凝土或混凝土护面法

对邻近有建筑物的深基坑边坡,可在坡面垂直楔入直径 10～12 mm、长 40～50 cm 的插筋,纵横间距 1 m,上铺 20 号钢丝网,在表面喷射 40～60 mm 厚的 C15 细石混凝土直到坡顶和坡脚;亦可不铺钢丝网,而坡面铺 φ4～6 mm@250～300 mm 钢筋网片,浇筑 50～60 mm 厚的细石混凝土,表面抹光(图 1-14(c))。

4) 土袋或砌石压坡法

对深度在 5 m 以内的临时基坑边坡,在边坡下部用草袋或聚丙烯扁丝编织袋装土堆砌或砌石压住坡脚。边坡高 3 m 以内可采用单排顶砌法;5 m 以内,水位较高,用二排顶砌或一排一顶构筑法,保持坡脚稳定。在坡顶设挡水土堤或排水沟,防止冲刷坡面,在底部做排水沟,防止冲坏坡脚(图 1-14(d))。

开挖基坑(槽)时,如地质条件及周围条件允许,优先采用放坡开挖。必要时按前述边坡保护方法对边坡进行相应保护,这种方法简单经济,在空旷地区或周围环境允许、土质较好时,能保证边坡稳定的条件下应优先选用。但随着城市建设的快速发展,地下工程越来越多。高层建筑的多层地下室、地铁车站、地下车库、地下商场和地下人防工程等施工时都需开挖较深的基坑。在城市中心地带、建筑物稠密地区往往不具备放坡开挖的条件,因此就应该采用合理的土方支护施工方法进行开挖。

1.3.2 基槽和管沟的支撑方法

土壁支撑根据基坑(槽)及其深度和平面宽度大小采用不同的形式。在开挖较窄的基槽和管沟时,多用横撑式支撑(图1-15)。横撑式土壁支撑根据挡土板设置的不同,分为水平挡土板式和垂直挡土板式。前者又可分为断续式和连续式。断续式水平挡土板支撑在湿度小的黏性土及挖土深度小于3 m时采用;连续式水平挡土板支撑用于较潮湿的松散粒的土,挖土深度可达5 m。垂直挡土板支撑用于松散的和湿度很高的土,挖土深度不限。

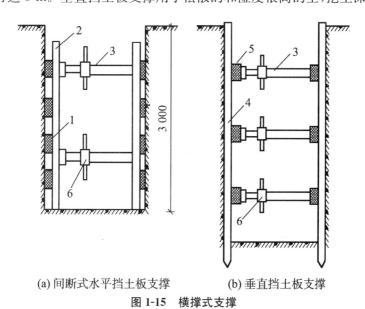

(a) 间断式水平挡土板支撑   (b) 垂直挡土板支撑

图1-15 横撑式支撑

1—水平挡土板;2—立柱;3—工具式横撑;4—垂直挡土板;5—横木;6—调节螺栓

1.3.3 基坑支护

支护结构一般由具有挡土、止水功能的围护结构和维持围护结构平衡的支撑结构两部分组成。支护结构类型很多,按受力不同可分为重力式支护结构、非重力式支护结构、边坡稳定式支护;按围护结构工作机理和维护墙的形式可分为水泥土挡墙式、排桩与板墙式、边坡稳定式等。

1) 水泥土挡墙式

水泥土挡墙式,依靠其本身自重和刚度保护坑壁,一般不设支撑,特殊情况下经采取措施后亦可局部加设支撑。

(1) 深层搅拌水泥土桩墙

深层搅拌水泥土桩墙是采用水泥作为固化剂,通过特制的深层搅拌机械,在地基深处就地将软土和水泥强制搅拌形成水泥土,利用水泥和软土之间所产生的一系列物理—化学反应,使软土硬化成整体性的并有一定强度的挡土、防渗墙。

水泥土围护墙的优点:施工时无振动、无噪声、无污染;具有挡土、挡水的双重功能,隔水性能好,基坑外不需人工降水;开挖时不需设支撑和拉锚,便于机械化快速挖土;适用于开挖4~8 m深的基坑;由于其水泥用量少,一般比较经济。

水泥土加固体的强度取决于水泥掺入比(水泥重量与加固土体重量的比值),常用的水泥掺入比为12%~14%。水泥土围护墙的强度以龄期1个月的无侧限抗压强度为标准,应不低于0.8 MPa。水泥土围护墙未达到设计强度前不得开挖基坑。

深层搅拌水泥土桩墙属重力式挡墙,深度大时可在水泥土中插入加筋杆件,形成加筋水泥挡土墙,必要时还可辅以内支撑等。此种结构特别适用于软土地区。

(2)旋喷桩挡墙

旋喷桩挡墙又称为高压喷射注浆法,是利用工程钻机钻孔至设计标高后,将钻杆从地基深处逐渐上提,同时利用安装在钻杆端部的特殊喷嘴,向周围土体喷射固化剂,将软土与固化剂强制混合,使其胶结硬化后在地基中形成直径均匀的圆柱体。该固化后的圆柱体称为旋喷桩。桩体相连形成帷幕墙,用作支护结构(图1-16)。

图1-16 旋喷桩挡墙

2)排桩与板墙式

(1)钢板桩

钢板桩常见的有槽钢钢板桩、热轧锁口钢板桩等。

槽钢钢板桩是一种简易的钢板桩围护墙,由槽钢正反扣搭接或并排组成。槽钢长6~8 m,型号由计算确定。打入地下后顶部接近地面处设一道拉锚或支撑。由于其截面抗弯能力弱,一般用于深度不超过4 m的基坑。由于搭接处不严密,一般不能完全止水。如果地下水位高,需要时可用轻型井点降低地下水位。一般只用于一些小型工程。其优点是材料来源广,施工简便,可以重复使用。

热轧锁口钢板桩的形式有U形、L形、一字形、H形和组合型,建筑工程中常用前两种。钢板桩由于一次性投资大,施工中多为租用,用后拔出归还。

钢板桩的优点是材料质量可靠,在软土地区打设方便,施工速度快而且简便;有一定的挡水能力(小趾口者挡水能力更好);可多次重复使用;一般费用较低。其缺点是一般的钢板桩刚度不够大,用于较深的基坑时支撑(或拉锚)工作量大,否则变形较大;在透水性较好的土层中不能完全挡水;拔除时易带土,如处理不当会引起土层移动,可能危害周围环境。常用的U形钢板桩,多用于周围环境要求不高的深5~8 m的基坑,视支撑(拉锚)加设情况而定。钢板桩支护结构见图1-17所示。

(2)钢筋混凝土桩排桩挡墙

目前常用的钢筋混凝土桩排桩挡墙,桩体常用灌注桩(图1-18)。刚度较大,抗弯能力强,

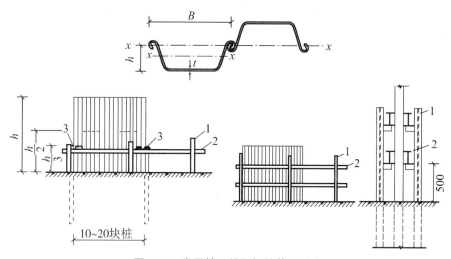

图 1-17　常用锁口的钢板桩截面型式

1—围檩桩；2—围檩；3—两端先打入的定位钢板桩

变形相对较小，有利于保护周围环境，价格较低，经济效益较好。宜用于开挖深度 7～12 m 的基坑。排桩主要有钻孔灌注桩和人工挖孔桩等桩型。因为灌注桩为间隔排列，因此它不具备挡水功能，需另做挡水帷幕。我国应用较多的是厚 1.2 m 的水泥土搅拌桩作为挡水帷幕。

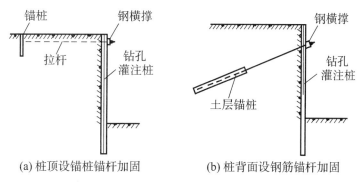

(a) 桩顶设锚桩锚杆加固　　　(b) 桩背面设钢筋锚杆加固

图 1-18　灌注钢筋混凝土桩挡墙

　　桩的间距、埋入深度和配筋由设计根据结构受力和基坑底部稳定计算确定，桩径一般为 Φ600～1 100 mm，密排式灌注桩间距为 100～150 mm（常用），间隔式灌注桩间距为 1 m 左右（适用于黏土、砂土和地下水较低的土层）。施工时应采取间隔施工的方法，避免由于土体扰动而对已浇注桩带来影响；排桩顶部通常需做加固处理，加强桩的整体受力。

　　（3）地下连续墙

　　地下连续墙是在基坑开挖之前，用特殊挖槽设备在泥浆护壁之下开挖深槽，然后下钢筋笼、浇筑混凝土形成的地下土中的混凝土墙，目前已成为深基坑的主要支护结构挡墙之一。常用的厚度为 600 mm、800 mm、1 000 mm，也可施工厚度为 450 mm。

　　常用的施工是在开挖的基坑周围先建造混凝土或钢筋混凝土地下连续墙，达到强度后，在墙中间用机械或人工挖土，直至要求深度。跨度、深度很大时，可在内部加设水平支撑及支柱。用于逆作法施工，每下挖一层，将下一层梁、板、柱浇筑完成，以此作为地下连续墙的水平框架支撑。如此循环作业，直到地下室的底层全部挖完土，浇筑完成。

地下连续墙适用于开挖较大,较深(＞10 m),有地下水,周围有建筑物、公路的基坑,作为地下结构外墙的一部分,或用于高层建筑的逆作法施工,作为地下室结构的部分外墙。

地下连续墙用作围护墙的优点是:施工时对周围环境影响小,能紧邻建(构)筑物等进行施工;刚度大,整体性好,变形小,能用于深基坑;处理好接头能较好地抗渗止水;如用逆作法施工,可实现两墙合一,能降低成本。地下连续墙如单纯用作围护墙,只为施工挖土服务,则成本较高;泥浆需妥善处理,否则影响环境(图 1-19)。

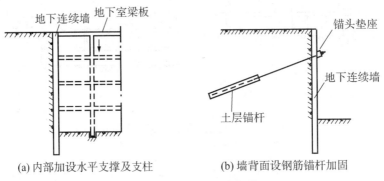

(a) 内部加设水平支撑及支柱　　　(b) 墙背面设钢筋锚杆加固

图 1-19　地下连续墙支护

3) 边坡稳定式

土钉墙是一种边坡稳定式的支护,其作用与被动起挡土作用的上述围护墙不同,它是起主动嵌固作用,增加边坡的稳定性,使基坑开挖后坡面保持稳定。

施工时,在基坑开挖坡面,用机械钻孔或洛阳铲成孔,孔内放钢筋并注浆,在坡面安装钢筋网,喷射 C20 厚 80～200 mm 的混凝土,使土体、钢筋与喷射混凝土面板结合,成为深基坑土钉支护。基坑坡面可以竖直 90°,也可以 80° 左右,土钉长度按计算确定。适用于地下水位以上或经降水措施后的杂填土、普通黏土或非松散性的砂土,在我国北方、南方应用都较普遍。基坑深度一般在 15 m 以下,国内资料表明土钉支护已做到 18 m(图 1-20)。

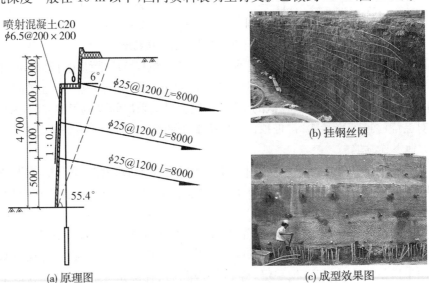

(a) 原理图　　(b) 挂钢丝网　　(c) 成型效果图

图 1-20　土钉实例图

土钉墙用于基坑侧壁安全等级宜为二、三级的非软土场地;基坑深度不宜大于 12 m;当地下水位高于基坑底面时,应采取降水或截水措施。目前在软土场地亦有应用。钻孔机具一般宜选用体积较小、重量较轻、装拆移动方便的机具,常用的有锚杆钻机、地质钻机和洛阳铲。其中洛阳铲是传统的土层人工造孔工具,它机动灵活、操作简便,一旦遇到地下管线等障碍物能迅速反应,改变角度或孔位重新造孔,并且可多个洛阳铲同时造孔,每个洛阳铲由 2~3 人操作。洛阳铲造孔直径为 80~150 mm,水平方向造孔深度可达 15 m。

1.4 基坑(槽)土方量的计算及开挖

1.4.1 基坑(槽)土方量计算

在土方工程施工之前,必须计算土方的工程量。土方工程的外形通常很复杂且不规则,要得到精确的计算结果很困难。一般情况下,将其假设或划分为一定的几何形状,采用具有一定精度而又和实际情况近似的方法进行计算。

1) 基坑土方量

基坑形状一般为不规则的多边形,其边坡也常有一定坡度,基坑土方量计算可按拟柱体(由两个平行的平面做底的一种多面体)体积公式计算(图 1-21):

$$V = \frac{H}{6}(A_1 + 4A_0 + A_2) \tag{1-12}$$

式中:V——基坑土方工程量(m^3);

H——基坑的深度(m);

A_1、A_2——分别为基坑的上、下底面积(m^2);

A_0——A_1 与 A_2 之间的中截面面积(m^2)。

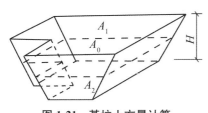

图 1-21 基坑土方量计算

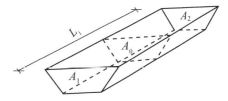

图 1-22 基槽土方量计算

2) 基槽和路堤土方量计算

基槽和路堤通常沿长度方向根据其形状(曲线、折线、变截面等)划分成若干计算段,分段计算后汇总(图 1-22)。

沿长度方向分段计算 V_i,再汇总:$V = \sum V_i$。

(1) 断面尺寸不变的槽段

$$V_i = A(断面面积)L_i \tag{1-13}$$

槽段长 L_i:外墙—槽底中~中,内墙—槽底净长。

（2）断面尺寸变化的槽段

$$V_i = \frac{L_i}{6}(A_1 + 4A_0 + A_2) \tag{1-14}$$

式中：V_i——第 i 段基槽（路堤）的土方量（m^3）；

L_i——第 i 段基槽（路堤）的长度（m）；

A_1、A_2——分别为第一段基槽（路堤）两端的面积（m^2）；

A_0——A_1 与 A_2 之间的中截面面积（m^2）。

在土方开挖前，计算基坑（槽）土方量时，应结合施工方案进行，坑（槽）底的面积除了基础外围尺寸外，还需考虑工作面、边坡支护等所需要的宽度。

【例 1-4】 某基坑坑底长度为 60 m，宽度为 40 m，深度为 5 m。根据设计要求基坑四边放坡，其边坡坡度为 1∶0.5。试计算基坑挖土土方量。

【解】 （1）基坑的下底面积

$A_1 = 60 \times 40 = 2\ 400\ m^2$

（2）基坑上底面积

长 $= 60 + 2 \times 0.5 \times 5 = 65$ m　　宽 $= 40 + 2 \times 0.5 \times 5 = 45$ m

$A_2 = 65 \times 45 = 2\ 925\ m^2$

（3）基坑中截面面积

长 $= 60 + 2 \times 0.5 \times (5 \div 2) = 62.5$ m　　宽 $= 40 + 2 \times 0.5 \times (5 \div 2) = 42.5$ m

$A_0 = 62.5 \times 42.5 = 2\ 656.25\ m^2$

（4）基坑挖土方量

$$V = \frac{H}{6}(A_1 + 4A_0 + A_2) = \frac{5}{6} \times (2\ 400 + 4 \times 2\ 656.25 + 2\ 925) = 13\ 291.67\ m^3$$

【例 1-5】 某基础外围尺寸为 59 m×39 m，高度为 5 m，工作面宽度为 0.5 m。根据设计要求基坑四边放坡，其边坡坡度为 1∶0.5。试计算基坑挖土土方量。

【解】 （1）基坑的下底面积

长 $= 59 + 2 \times 0.5 = 60$ m　　宽 $= 39 + 2 \times 0.5 = 40$ m

$A_1 = 60 \times 40 = 2\ 400\ m^2$

（2）基坑上底面积

长 $= 60 + 2 \times 0.5 \times 5 = 65$ m　　宽 $= 40 + 2 \times 0.5 \times 5 = 45$ m

$A_2 = 65 \times 45 = 2\ 925\ m^2$

（3）基坑中截面面积

长 $= 60 + 2 \times 0.5 \times (5 \div 2) = 62.5$ m　　宽 $= 40 + 2 \times 0.5 \times (5 \div 2) = 42.5$ m

$A_0 = 62.5 \times 42.5 = 2\ 656.25\ m^2$

（4）基坑挖土方量

$$V = \frac{H}{6}(A_1 + 4A_0 + A_2) = \frac{5}{6} \times (2\ 400 + 4 \times 2\ 656.25 + 2\ 925) = 13\ 291.67\ m^3$$

1.4.2 基坑（槽）土方量开挖

基坑（槽）的开挖，首先应对建筑物的定位轴线做控制测量和校核；进行土方工程的测量定位放线，设置龙门板，龙门板桩一般应距离基坑上边缘一定距离，以方便施工和保存(图 1-23)。

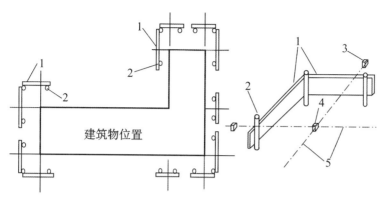

图 1-23　建筑物的定位

1—龙门板；2—龙门桩；3—控制桩；4—轴线桩；5—轴线

1）基坑（槽）开挖

基坑（槽）开挖程序一般是：基坑（槽）放线→确定开挖顺序→基坑（槽）开挖→修整边坡→清底→验槽。

（1）放线

房屋定位后，根据基础的底面尺寸、埋置深度、土质好坏、地下水位的高低及季节性变化等不同情况，考虑施工需要，确定是否需要留工作面、放坡、增加排水设施和设置支撑，计算确定基槽（坑）上口开挖宽度，拉通线后用石灰在地面上画出基槽（坑）开挖的上口边线即放线（如图 1-24）。

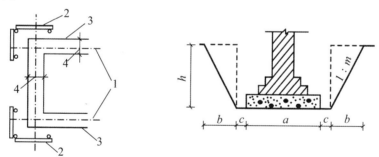

图 1-24　放线示意图

1—墙（柱）轴线；2—龙门板桩；3—白灰线；4—基槽宽度（$d=a+2c+2b$）

（2）确定开挖顺序

根据基础和土质、现场出土等条件合理确定开挖顺序，然后再分段分层平均下挖，相邻基坑开挖时，应遵循先深后浅或同时进行的施工程序，并遵循"开槽支撑，先撑后挖，分层开挖，严禁超挖"的原则。

（3）基坑（槽）开挖

基坑（槽）开挖有人工开挖和机械开挖两种形式。挖土应自上而下水平分段分层并连续进行，尽快完成。当基坑（槽）挖到离坑底 0.5 m 左右时，根据龙门板上标高及时用水准仪抄平，在土壁上打上水平桩，作为控制开挖深度的依据。为避免对地基土的扰动，应预留

15～30 cm 一层土不挖,待下道工序开始时再用人工铲平修整至设计标高。

基坑(槽)开挖时,应准确计算预留回填土方,多余土方运到弃土地区。为防止坑壁滑坡塌方,根据土质情况及坑(槽)深度,堆土应在坑顶两边 1 m 以外并且高度不得超过 1.5 m。

(4)修整边坡、清底

组织验槽前,通过控制线检查基坑宽度并进行修整,根据标高控制点把预留土层挖到设计标高,并进行清底。

(5)验槽

验槽即为基槽(坑)开挖完毕并清理好以后,在垫层施工以前,施工单位应会同勘察、设计单位、监理单位、建设单位一起进行现场检查并验收基槽的过程。验槽的目的在于检查地基是否与勘察设计资料相符。验槽主要靠施工经验观察为主,而对于基底以下的土层不可见部位要辅以钎探完成。

① 观察验槽

基础验槽除了要验收平面位置、尺寸、标高、边坡是否符合设计要求以外,还要观察基槽基底和侧壁土质情况、土层构成及其走向,核对是否与勘察报告相符,是否已挖至地基持力层,有无破坏原状土结构或发生较大的扰动现象。

② 基础钎探

人工打钎时,钢钎用直径 φ22～25 mm 的钢筋制成,钎尖为 60° 尖锥状,钎长为 1.8～2.0 m。打钎用的锤重为 3.6～4.5 磅,举锤高度约 50～70 cm。将钢钎垂直打入土中,并记录每打入土层 30 cm 的锤击数(如图 1-25)。

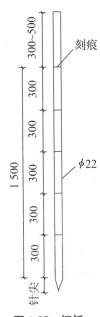

图 1-25 钢钎

2)深基坑开挖

大型基坑应优先选用机械开挖,以降低开挖难度,加快开挖速度。深基坑开挖分为无支护结构的基坑开挖和有支护结构的基坑开挖。深基坑无支护的开挖多为放坡开挖,有支护的开挖多为垂直开挖,其中有支护的开挖根据其开挖顺序分为盆式开挖、岛式开挖等。

(1)盆式开挖

盆式开挖是先开挖基坑中间部分的土,后挖除挡墙四周土方。这种挖土方式的优点是挡墙的无支撑暴露时间短,周边的土坡对围护墙有支撑作用,有利于减少围护墙的变形;缺点是大量的土方不能直接外运,需集中提升后装车外运,施工速度慢。

(2)岛式开挖

岛式开挖即保留基坑中心土体,先挖除挡墙四周土方。这种挖土方式的优点是可以利用中心岛作为支点搭设栈桥,挖土机可利用栈桥下到基坑挖土,运土的汽车亦可利用栈桥进入基坑运土,这样可以加快挖土和运土的速度;缺点是由于先挖挡墙内四周的土方,挡墙的受荷时间长,在软黏土中时间效应(软黏土的蠕变)显著,有可能增大支护结构的变形量(图 1-26)。

图 1-26 岛式开挖

1.5　施工排水与降水

土方开挖过程中,当基坑(槽)底面标高低于地下水位时,由于土壤的含水层被切断,地下水将会不断地渗入坑内。雨季施工时,地面水也会流入坑内。为了保证施工的正常进行,防止边坡塌方和地基承载能力下降,必须做好基坑降排水工作。降水方法可分为明排水法和人工降低地下水位两种。

1.5.1　明排水法

明排水法最常用的是集水井降水法。即在基坑(槽)开挖过程中,在坑(槽)底设置集水井,并沿坑(槽)底的周围或中央开挖排水沟,使水流入集水井中,然后用水泵抽水(如图1-27)。集水井明排法由于设备简单,操作简便,所以是最经济、最广泛的降水方法。

1)排水明沟

排水明沟宜布置在拟建建筑基础范围以外,沟边缘离开边坡坡脚应不小于0.3 m。排水沟宽0.2~0.3 m,深0.3~0.6 m,沟底设纵坡0.2%~0.5%。排水明沟的底面应比挖土面低0.3~0.4 m。

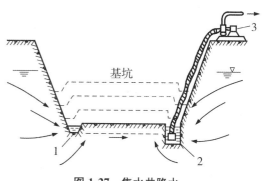

图1-27　集水井降水
1—排水沟;2—集水井;3—排水泵

2)集水井

集水井应设置在基础范围以外,地下水流的上游。根据地下水水量大小、基坑平面形状及水泵抽排能力,集水井每隔20~40 m设置一个。其直径或宽度一般为0.6~0.8 m,集水坑底应低于排水沟底面0.5 m以上,并铺设碎石滤水层(0.3 m厚),以免由于抽水时间过长而将泥砂抽出,并防止坑底土被扰动。

3)排水泵

建筑工程中用于排水的水泵主要有潜水泵、离心式水泵和泥浆泵。根据地下水水量大小和抽水的高度合理选用。

4)流砂及其防治

当开挖深度大、地下水位较高而土质为细砂或粉砂时,如果采用集水井法降水开挖,当挖至地下水位以下时,有时坑底下面的土会形成流动状态,随地下水涌入基坑,这种现象称为流砂。一旦发生流砂现象,土就完全失去承载力,土边挖边冒,难以达到设计深度,同时严重影响基坑边坡稳定,容易引起边坡塌方。若基坑附近有建筑物,常常会因地基被掏空而使建筑物下沉、倾斜甚至倒塌。

根据水在土中渗流的分析和实践经验可知,流砂的产生主要与动水压力的大小和方向有关。如果动水压力等于或大于土的饱和密度,则土粒处于悬浮状态,土的抗剪强度等于零,土粒随着渗流的水一起流动,即形成流砂。因此,在基坑开挖中,防治流砂的原则是"治流砂必先治水",方法有减少或平衡动水压力、设法使动水压力方向向下、截断地下水流。防治流砂的具体措施有抢挖法、打板桩法、水下挖土法、人工降低地下水位法、地下连续墙法。

1.5.2　人工降低地下水位

人工降低地下水位最常用的是井点降低地下水。即基坑开挖前,在基坑四周预先埋设一定数量的滤水管(井),在基坑开挖前和开挖过程中,利用抽水设备不断抽出地下水,使地下水位降到坑底以下,直至土方和基础工程施工结束为止。这样可使所挖的土始终保持干燥状态,改善施工条件。

井点降低地下水位的方法有轻型井点、喷射井点、电渗井点、管井井点和深井井点等,各种方法的选用,可根据土的渗透系数、降低水位深度、工程特点及设备条件综合选用。各井点的适用范围见表1-4所示。各种降水井点中轻型井点使用最为广泛,下面重点介绍轻型井点降水的设计和施工。

表1-4　各类井点适用范围

井点类别	土的渗透系数(m/d)	降低水位深度(m)
单层轻型井点	0.1～50	3～6
多层轻型井点	0.1～50	6～12
喷射井点	0.1～2	8～20
电渗井点	<0.1	配合其他井点选用
深井井点	10～250	>10

轻型井点(图1-28)就是沿基坑周围或一侧以一定间距将井点管(下端为滤管)埋入蓄水层内,井点管上部与总管连接,利用抽水设备将地下水经滤管进入井管,经总管不断抽出,从而将地下水位降至坑底以下。

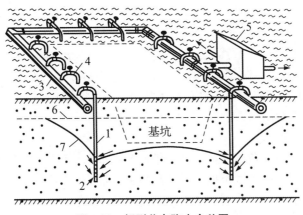

图1-28　轻型井点降水全貌图

1—井点管;2—滤水管;3—总管;4—弯联管;5—抽水设备;6—原有地下水位线;7—降低后地下水位线

1) 轻型井点组成

轻型井点由管路系统和抽水设备组成。管路系统包括滤水管、井点管、弯联管及总管;抽水设备有干式真空泵、射流泵等。

滤水管是井点设备的一个重要部分,其构造是否合理对抽水效果影响较大。通常采用长 1.0～1.5 m,直径 38～51 mm 的无缝钢管,管壁钻有直径为 12～19 mm 按梅花状排列的滤孔,滤孔面积为滤管表面积的 20%～25%。滤管外包两层滤网,内层细滤网采用 30～40 眼/cm 的铜丝布或尼龙丝布,外层粗滤网采用 5～10 眼/cm 的塑料纱布。为使水流畅通,避免滤孔淤塞时影响水流进入滤管,在管壁与滤网间用小塑料管(或铁丝)绕成螺旋形隔开。滤网的外面用带孔的薄铁管或粗铁丝网保护。滤管的上端与井点管连接,下端为一铸铁头子(工地常用木头堵塞)(图 1-29)。

井点管为直径 38～51 mm,长 5～7 m 的钢管,可整根或分节组成。井点管的下端与滤水管相连(工程实际中井点管与滤水管通常为同一根钢管),上端用弯联管与总管相连。弯联管宜用透明塑料管(能随时看到井点管的工作情况)或用橡胶软管。

集水总管为直径 100～127 mm 的无缝钢管,每段长 4 m,通常采用法兰盘连接。总管上焊接有与井点管连接的短接头,间距通常为 0.8 m、1.0 m、1.2 m、1.4 m、1.6 m。

常用的抽水设备有干式真空泵、射流泵等。干式真空泵是由真空泵、离心泵和水气分离器(又称集水箱)等组成。

2) 轻型井点工作原理

如图 1-30 所示。抽水时先开动真空泵 19,将水气分离器 10 内部抽成一定程度的真空,使土中的水分和空气受真空吸力作用而吸出,进入水气分离器 10。当进入水气分离器内的水达到一定高度即可开动离心泵 24。在水气分离器内水和空气向两个方向流去:水经离心泵排出;空气集中在上部由真空泵排出,少量从空气中带来的水从放水口 18 放出。

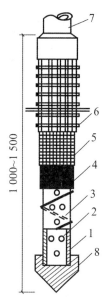

图 1-29　滤水管构造

1—钢管;2—滤孔;3—缠绕的塑料管;4—细滤网;5—粗滤网;6—粗铁丝保护网;7—井点管;8—铸铁头

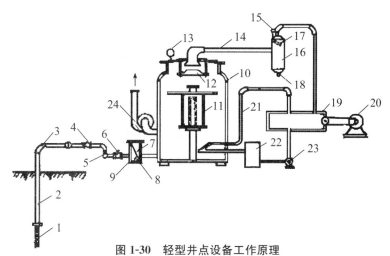

图 1-30　轻型井点设备工作原理

1—滤水管;2—井点管;3—弯管;4—阀门;5—集水总管;6—闸门;7—滤管;8—过滤器;9—淘沙孔;10—水气分离器;11—浮筒;12—阀门;13,15—真空计;14—进水管;16—副水气分离器;17—挡水板;18—放水口;19—真空泵;20—电动机;21—冷却水管;22—冷却水箱;23—循坏水泵;24—离心泵

一套抽水设备的负荷长度（即集水总管长度）为 100 m 左右。常用的 W5、W6 型干式真空泵的最大负荷长度分别为 80 m 和 100 m，有效负荷长度为 60 m 和 80 m。

3）轻型井点降水布置

轻型井点降水应根据基坑大小与深度、土质、地下水位高低与流向、降水深度等要求进行平面和高程两方面的布置。

（1）平面布置

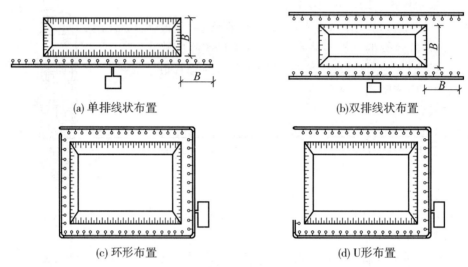

(a) 单排线状布置　　　　　　　　　　(b)双排线状布置

(c) 环形布置　　　　　　　　　　　　(d) U形布置

图 1-31　轻型井点的平面布置

当基坑或沟槽宽度小于 6 m 且降水深度不超过 5 m 时，一般可采用单排线状井点，布置在地下水流的上游一侧，其两端的延伸长度一般以不小于坑（槽）宽为宜（图 1-31(a)）。如基坑宽度大于 6 m 或土质不良，则宜采用双排井点（图 1-31(b)）。当基坑面积较大时，宜采用环形井点（图 1-31(c)）；有时为了施工需要，也可留出一段（地下水流下游方向）不封闭，为 U 形井点（图 1-31(d)）。井点管距离基坑壁一般不宜小于 0.7～1.0 m，以防局部发生漏气。井点管间距应根据土质、降水深度、工程性质等按计算或经验确定，一般采用 0.8～1.6 m。靠近河流处与总管四角部位，井点应适当加密。

（2）高程布置

高程布置系确定井点管埋深，即滤水管上口至总管埋设面的距离，主要考虑降低后的水位应控制在基坑底面标高以下，保证坑底干燥。轻型井点的降水深度在考虑设备水头损失后一般以不超过 6 m 为宜。

基坑降水深度 s 是指原有地下水位线与降低后地下水位线之间的高程差，降低后地下水位线成漏斗状。

井点管的埋设深度 H（不包括滤管长）（图 1-32）按下式计算：

$$H \geqslant H_1 + h + iL \qquad (1-15)$$

式中：H——井点管埋深（m）。

H_1——总管埋设面至基底的距离（m）。

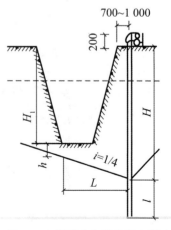

图 1-32　轻型井点的高程布置

h——基底(单排井点时,为远离井点一侧坑底边缘;环形或双排井点为基坑中心处)
　　至降低后的地下水位线的距离,一般取 0.5~1.0 m。

i——水力坡度。对单排布置的井点,取 1/4~1/5;对双排布置的井点,取 1/7;对 U 形
　　或环形布置的井点,取 1/10。

L——基坑短边处井点管至水井中心的水平距离,当井点管为单排布置时,L 为井点
　　管至对边底边的水平距离(m)。

此外,确定井点埋深时,为了安装井点总管的需要,井点管一般要露出地面 0.2 m 左右。

如果计算出的 H 值大于井点管的长度(井点管的长度宜为 5~7 m),可以降低井点管
的埋置深度,但降低深度不低于地下水位(图 1-33)。降低埋置深度后仍然超过了一级井点
系统的降水要求时,可视具体情况采用其他方法降水。如采用二级井点,即先挖去第一级井
点所疏干的土,然后再在其底部装设第二级井点(图 1-34)。

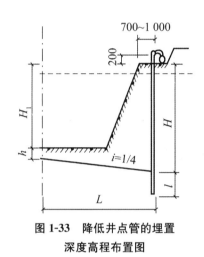

图 1-33　降低井点管的埋置
深度高程布置图

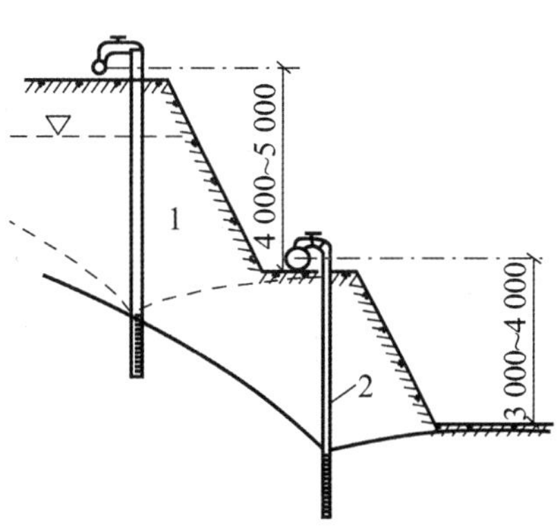

图 1-34　二级井点示意图
1—第一级井点管;2—第二级井点管

4)轻型井点降水施工

施工工艺:放线定位→挖管沟铺设总管→冲孔→安装井点管→填砂砾滤料→黏土封口→用
弯联管将井点管与总管接通→安装抽水设备→开动设备试抽水→测量观测井中地下水位变化。

(1)井点管的埋设一般采用水冲法,分为冲孔和埋管两个过程。冲孔时,将冲管插在井
点的位置,借助高压水泵将土冲松,冲管边冲边沉。冲孔的直径一般为 300 mm,以保证井
管四周有一定厚度的砂滤层;冲孔深度宜比滤管底深 0.5 m 左右,以防冲管拔出时部分土
颗粒沉于底部而触及滤管底部。井孔冲成后立即拔出冲管,插入井点管,并在井点管与孔壁
之间迅速填灌砂滤层,以防孔壁塌土。一般宜选用干净粗砂,填灌均匀,并填至滤管顶上1~
1.5 m,以保证水流畅通。井点填砂后,须用黏土封口,以防漏气。砂滤层的填灌质量是保
证轻型井点顺利抽水的关键,应认真对待。

(2)井点系统安装完毕后必须及时试抽,并全面检查管路接头质量、井点出水状况和抽
水机械运转情况等,如发现漏气和死井应立即处理。每套机组所能带动的集水管总长度必
须严格按机组功率及试抽后确定。

(3)试抽合格后,井点孔口到地面下 1.0 m 的深度范围内,用黏性土填塞严密,以防漏气。

(4)开始抽水后一般应连续抽水,时抽时停滤网易堵塞,也易抽出土粒,并引起附近建
筑物由于土粒流失而沉降开裂。正常的出水规律是"先大后小,先混后清"。

（5）井点降水工作结束后所留的井孔必须用砂粒或黏土填实。

5）轻型井点的计算

轻型井点的计算内容包括涌水量计算、井点管数量与井距的确定以及抽水设备选用等。井点计算由于受水文地质和井点设备等许多因素影响，算出的数值只是近似值。本书只介绍基坑面积较大，但矩形基坑的长宽比小于5且基坑宽度小于抽水影响半径的2倍时，环状轻型井点的计算。

（1）井点系统涌水量计算

井点系统涌水量计算是按水井理论进行的。水井根据井底是否达到不透水层，分为完整井与不完整井。凡井底到达含水层下面的不透水层顶面的井称为完整井（如图 1-35 所示），否则称为不完整井。根据地下水有无压力，又分为无压力井（即水井布置在潜水埋藏区，吸取的地下水是无压潜水时）和承压井（即水井布置在承压水埋藏区，吸取的地下水是承压水时）。各类井的涌水量计算方法都不同，其中以无压完整井的理论较为完善。

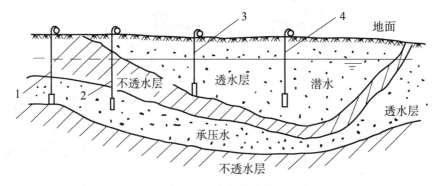

图 1-35　水井的分类

1—承压完整井；2—承压非完整井；3—无压完整井；4—无压非完整井

① 无压完整井的环状井点系统（图 1-36），涌水量的计算公式为：

$$Q = 1.366K \frac{(2H-s)s}{\lg R - \lg x_0} \tag{1-16}$$

$$x_0 = \sqrt{\frac{F}{\pi}} \tag{1-17}$$

$$R = 1.95s\sqrt{HK} \tag{1-18}$$

式中：Q——井点系统的涌水量（m^3/d）；

　　　K——土的渗透系数，可以由实验室或现场抽水试验确定（m/d）；

　　　H——含水层厚度（m）；

　　　s——基坑中心的水位降低值（m）；

　　　R——抽水影响半径（m）；

　　　x_0——基坑假想半径（m）；

　　　F——环状井点系统所包围的面积（m^2）。

② 承压完整井的环状井点系统，涌水量的计算公式为：

$$Q = 2.73 \frac{KMs}{\lg R - \lg x_0} \tag{1-19}$$

式中：M——承压含水层厚度（m）；

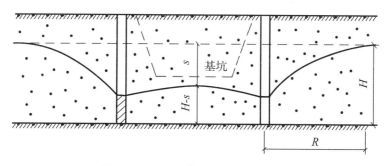

图 1-36 无压完整井涌水量计算简图

K、R、x_0、s——意义同前。

（2）井点管数量与井距的确定

① 单根井点管的最大出水量 q 按下式确定：

$$q = 65\pi dl\sqrt[3]{K} \tag{1-20}$$

式中：q——单根井点管的最大出水量（m^3/d）；

d——滤管直径（m）；

l——滤管长度（m）；

K——渗透系数（m/d）。

② 井点管的最少根数 n

$$n = 1.1 \times \frac{Q}{q} \tag{1-21}$$

③ 井点管间距 D

$$D = \frac{L}{n} \tag{1-22}$$

式中：L——总管长度（m）；

n——井点管根数。

井点管间距经计算确定后，布置时还应考虑实际出水量，并应与总管接头的间距（0.8 m、1.0 m、1.2 m、1.6 m）相吻合（并由此反求 n）。

在建筑物施工中，井点降低地下水一般都是由当地的专业降低地下水的公司来承担，这些公司对于当地的土的渗透系数和涌水量的大小积累了丰富的经验，在进行集水总管加工时，就已经确定好了井点管的间距，所以轻型井点的计算就简单多了。

【例 1-6】 某工程地下室，基坑底面尺寸为 35 m×16 m，底面标高−4.5 m，已知地下水位面标高为−1.5 m，不透水层标高−15.0 m，基坑边坡 1:0.5。拟采用轻型井点降水，试：（1）绘制井点系统平面布置和高程布置；（2）计算基坑中心降水深度。

【解】 （1）平面布置

按照边坡 1:0.5 进行放坡开挖，则基坑开挖后上表面尺寸为：

长＝35+2×0.5×4.5＝39.5 m

宽＝16+2×0.5×4.5＝20.5 m

由于基坑面积较大，且长宽之比小于 5，采用环形井点布置。井点管初步布置在距离基坑上口边缘 0.7 m，则井点管所围成的尺寸为：

长＝39.5＋2×0.7＝40.9 m

宽＝20.5＋2×0.7＝21.9 m

（2）基坑中心降水深度

$s＝4.5－1.5＋0.5＝3.5$ m　（$h＝0.5$ m）

故采用一级轻型井点降水（一级轻型井点降水深度一般为3～6 m）。

（3）高程

井点管要求的埋设深度 H 为：

$$H \geqslant H_1+h+iL=4.5+0.5+\frac{1}{10}\times\frac{21.9}{2}=6.1 \text{ m}$$

为了安装井点总管的需要，井点管一般要露出地面0.2 m，则井点管的实际长度为6.1＋0.2＝6.3 m。轻型井点管的长度一般为5～7 m，若管长为6 m，则应向下挖0.3 m后布置井点管；若管长为7 m，则满足要求。

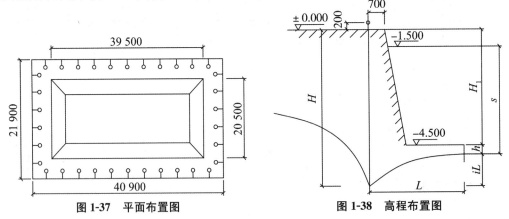

图 1-37　平面布置图　　　　　　　图 1-38　高程布置图

【例 1-7】　某工程地下室，基坑底面尺寸为35 m×16 m，底面标高－5.5 m，已知地下水位面标高为－2.0 m，不透水层标高－15.0 m，基坑边坡1∶0.5。拟采用轻型井点降水，其井点管长度为6 m，滤管长度不限定，同时为了防止井管漏气，井管距离基坑边缘为0.7 m。试确定：（1）井点管平面布置方式及总管长度；（2）基坑中心降水深度；（3）井点管高程布置。

【解】　（1）平面布置及总管长度

由于井点管的长度为6 m，为了充分利用井点管的长度，将总管埋设在地面下1.8 m处，即先挖1.8 m的沟槽，然后在槽底铺设总管。按照边坡1∶0.5进行放坡开挖，降低后的地下水位线距离基底距离为0.5 m，则基坑开挖后上表面尺寸为：

长＝35＋2×0.5×（5.5＋0.5－1.8）＝39.2 m

宽＝16＋2×0.5×（5.5＋0.5－1.8）＝20.2 m

由于基坑面积较大，且长宽之比小于5，采用环状井点布置。井点管布置在距离基坑上口边缘0.7 m，则井点管所围成的尺寸为：

长＝39.2＋2×0.7＝40.6 m

宽＝20.2＋2×0.7＝21.6 m

总管的长度＝（40.6＋21.6）×2＝124.4 m

（2）基坑中心降水深度

$s＝5.5－2＋0.5＝4$ m　（$h＝0.5$ m）

一级轻型井点降水深度一般为 3～6 m,满足要求。

（3）高程

井点管要求的埋设深度 H 为:

$$H \geqslant H_1 + h + iL = (5.5 - 1.8) + 0.5 + \left(\frac{1}{10} \times \frac{21.6}{2}\right) = 5.28 \text{ m}$$

为了安装井点总管的需要,井点管露出地面 0.2 m,则井点管实际需要的长度为 5.28＋0.2＝5.48 m,小于井点管的长度 6 m,符合要求。

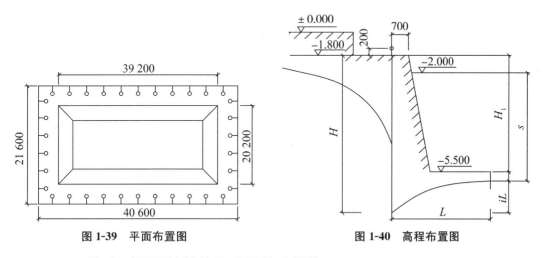

图 1-39　平面布置图　　　　　　　　图 1-40　高程布置图

1.5.3　降水对周围建筑的影响及防止措施

降低地下水会产生较大的地面沉降,导致周围建筑物基础下沉或房屋开裂。因此,在建筑物附近进行井点降水时,为防止降水影响或损害区域内的建筑物,就必须阻止建筑物下的地下水流失。为此,在降水区域和原有建筑物之间的土层中设置一道固体抗渗屏幕外,还可用回灌井点补充地下水的办法来保持地下水位。

回灌井点是防止井点降水损害周围建筑物的一种经济、简便、有效的办法,它能将井点降水对周围建筑物的影响减少到最低程度。为确保基坑施工的安全和回灌的效果,回灌井点与降水井点之间应保持一定的距离,一般不小于 6 m(图 1-41)。

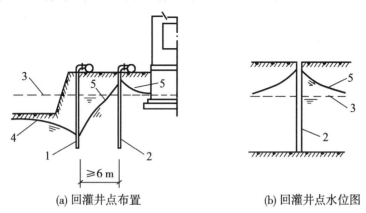

(a) 回灌井点布置　　　　　　　(b) 回灌井点水位图

图 1-41　回灌井点布置

1　降水井点,2　回灌井点,3　原水位线,4　基坑内降低后的水位线,5　回灌后水位线

1.6 土方填筑与压实

1.6.1 土方回填的施工流程

土方回填的施工流程为:基坑(槽)底地坪上清理→检验土质→分层铺土→压(夯)密实→检验密实度→修整找平验收。

1)基坑(槽)底地坪上清理

场地回填应先清除基底上垃圾、草皮、树根,排除坑穴中积水、淤泥和杂物,并应采取措施防止地表水流入填方区,浸泡地基,造成基土下陷。当填方基底为耕植土或松土时,应将基底充分夯实和碾压密实;当填方位于水田、沟渠、池塘或含水量很大的松散土地段,应根据具体情况采取排水疏干,或将淤泥全部挖出换土、抛填片石、填砂砾石、翻松、掺石灰等措施进行处理;当填土场地地面陡于 1/5 时,应先将斜坡挖成阶梯形,阶高 $0.2\sim0.3$ m,阶宽大于 1 m,然后分层填土,以利接合和防止滑动。

(1)建筑物和构筑物地面下的填方应先对基础、箱型基础墙或地下防水层、保护层等进行检查验收并办理隐蔽检查验收手续。

(2)将基坑内的杂物、积水等清理干净。

(3)房心、管沟的回填应在上下水道安装完成后进行。

(4)施工前,做好水平高程的设置。在基槽边上钉水平桩,在基础墙表面画分层线。

(5)做好技术交底。

2)检验土质

为了保证填土工程的质量,必须正确选择土料和填筑方法。对填方土料应按设计要求验收后方可填入。如设计无要求时,应符合《建筑工程施工及验收规范》的一般规定。

3)分层铺土

(1)回填土要分层铺摊,每层铺土厚度和压实遍数视土的性质、设计要求的压实系数和使用的压(夯)实机具性能而定,一般应进行现场碾(夯)压试验确定。

(2)深浅基坑相连时,要先填深基坑,填至与浅基坑标高一致时再与浅基坑一起填夯。分段填夯时,交错处做成阶梯形,上下接槎距离不小于 1.0 m。基坑回填应在相对两侧或四周同时进行,基础墙两侧标高不可相差太多;较长的管沟墙,内部要加支撑。

(3)回填房心及管沟时,人工先将管子周围填土夯实,直到管顶 0.5 m 以上时,在不损坏管道的情况下,方可用夯实机具夯实。管道下方若夯填不实,易造成管道受力不匀而折断、渗漏。

(4)雨期施工时,应做好防止地面水流入坑内的措施,否则容易导致边坡塌方或浸泡基土。

(5)冬期施工时,冻土块体积不得超过总填土体积的 15%,且应分散,冻土块粒径不大于 15 cm。

4)压(夯)密实

(1)人力打夯前应将填土初步整平,打夯要按一定方向进行,一夯压半夯,夯夯相接,行行相连,两遍纵横交叉,分层夯打。夯实基槽及地坪时,行夯路线应由四边开始,然后再夯向中间。

(2)用柴油打夯机等小型机具夯实时,一般填土厚度不宜大于 25 cm,打夯之前对填土应初步平整,打夯机依次分打,均匀分布,不留间隙。

(3)基坑(槽)回填应在相对两侧或四周同时进行回填与夯实。

(4)回填管沟时,应用人工先在管子周围填土夯实,并应从管道两边同时进行,直至管顶 0.5 m 以上。在不损坏管道的情况下,方可采用机械填土回填夯实。

(5)机械碾压之前,宜先用轻型推土机、拖拉机推平,低速预压 4~5 遍,使表面平实;采用振动平碾压实爆破石渣或碎石类土,应先静压,然后振压。

(6)碾压机械压实填方时应控制行驶速度,一般平碾、振动碾不超过 2 km/h;并要控制压实遍数。碾压机械与基础或管道应保持一定的距离,防止将基础或管道压坏或移位。

(7)用压路机进行填方压实,应采用"薄填、慢驶、多次"的方法,填土厚度不应超过 25~30 cm;碾压方向应从两边逐渐压向中间,碾轮每次重叠宽度约 15~25 cm,避免漏压。运行中碾轮边距填方边缘应大于 500 mm,以防发生溜坡倾倒。边角、边坡边缘压实不到之处,应辅以人力夯或小型夯实机具夯实。压实密实度,除另有规定外,应压至轮子下沉量不超过 1~2 cm 为度。

(8)平碾碾压一层之后,应用人工或推土机将表面拉毛。土层表面太干时,应洒水湿润后继续回填,以保证上、下层接合良好。

(9)用铲运机及运土工具进行压实,铲运机及运土工具的移动须均匀分布于填筑层的上面,逐次卸土碾压。

5)检验密实度

回填土需压(夯)密实,并应达到一定的密实度要求。填土的密实度要求和质量指标通常以压实系数 λ_c 表示。压实系数是土的施工控制干密度 ρ_d 和土的最大干密度 ρ_{dmax} 的比值。最大干密度 ρ_{dmax} 是当最优含水量时,通过标准的击实方法确定。压实系数一般由设计根据工程结构性质、使用要求以及土的性质确定。

填土压实后的实际干密度应有 90% 以上符合设计要求,其余 10% 的最低值与设计值的差不得大于 0.08 g/cm³,且差值应较为分散。

填土压实后土的实际干密度的测定,可采用环刀法取样,其取样组数为:基坑和室内填土,每层按 100~500 m² 取样 1 组;场地平整填方,每层按 400~900 m² 取样 1 组;基坑和管沟回填每 20~50 m 取样 1 组,但每层均不少于 1 组,取样部位在每层压实后的下半部。试样取出后,先称量出土的湿密度并测定其含水量,然后计算土的实际干密度 ρ_d。

1.6.2 影响填土压实质量的因素

填土压实的主要影响因素为压实功、土的含水量和每层铺土厚度。

1)压实功的影响

填土压实后的密度与压实机械在其上所施加的功有一定的关系。土的密度与所消耗的功的关系见图 1-42 所示。当土的含水量一定,在开始压实时,土的密度急剧增加,待到接近土的最大密度时,压实功虽然增加许多,而土的密度则变化甚小。在实际施工中,对于砂土需碾压 2～3 遍,对亚砂土需碾压 3～4 遍,对亚黏土或黏土需碾压 5～6 遍。

2) 含水量的影响

土的含水量对填土压实有很大的影响,较干燥的土,由于土颗粒之间的摩阻力大,填土不易被夯实。而含水量较大,超过一定限度,土颗粒间的空隙全部被水充填而呈饱和状态,填土也不易被压实,容易形成橡皮土。只有当土具有适当的含水量,土颗粒之间的摩阻力由于水的润滑作用而减少,土才易被压实。为了保证填土在压实过程中具有最优含水量(即在使用同样的压实功进行压实,所得到的密度最大时所对应的含水量),当土过湿时,应给予翻松晾晒或掺入同类干土及其他吸水性材料;当土料过干时,则应预先洒水湿润。工地简单检验土的含水量的经验做法一般是以手握成团,落地开花为宜。土的干密度与含水量的关系见图 1-43 所示。

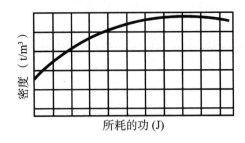

图 1-42 土的密度与压实功的关系示意图   图 1-43 土的干密度与含水量的关系

3) 铺土厚度的影响

土在压实功的作用下,其应力随深度的增加而逐渐减小(图 1-44),其影响深度与压实机械、土的性质和含水量等有关。铺得过厚,要压很多遍才能达到规定的密实度;铺得过薄,则要增加机械的总压实遍数。最优的铺土厚度应能使土方压实而机械功耗费最少,可参照表 1-5 选用。

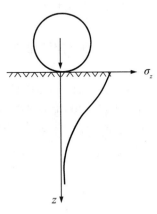

图 1-44 压实作用沿深度的变化

表 1-5 填土每层的铺土厚度和压实遍数

项次	压实机具	分层厚度(mm)	每层压实遍数
1	平碾(8～12 t)	200～300	6～8
2	羊足碾(5～16 t)	200～350	6～16
3	蛙式打夯机(200 kg)	200～250	3～4
4	振动碾(8～15 t)	60～130	6～8
5	振动压路机 2 t,振动力 98 kN	120～150	10
6	推土机	200～300	6～8
7	拖拉机	200～300	8～16
8	人工打夯	不大于 200	3～4

注:人工打夯时,土块粒径不应大于 50 mm。

1.7 土方机械选择和车辆配套计算

场地平整,土方开挖、运输、填筑、压实等施工过程应尽量采用机械施工以加快施工速度,减轻繁重的体力劳动。土方机械化施工常用的机械有推土机、单斗挖土机(包括正铲、反铲、拉铲、抓铲等)以及夯实机械等。

1.7.1 推土机

推土机是土方工程施工的主要机械之一,实际上是装有铲刀的拖拉机(图 1-45)。常用的是液压式推土机,铲刀强制切入土中,切入深度较大。同时,铲刀还可以调整角度和高度,具有更大的灵活性。推土机多用于场地清理和平整、开挖深度不大于 1.5 m 的基坑、回填基坑和沟槽等施工。

(a) 推土机实物图
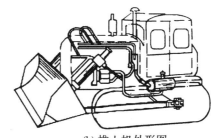
(b) 推土机外形图

图 1-45　推土机

1) 作业方法

推土机开挖的基本作业是铲土、运土和卸土 3 个工作行程和空载回驶行程。铲土时应根据土质情况,尽量采用最大切土深度并在最短距离(6~10 m)内完成,以便缩短低速运行时间,然后直接推运到预定地点。推土机适用于推挖一至三类土,经济运距 100 m 以内,效率最高的运距为 40~60 m。

2) 提高生产率的方法

推土机的生产率主要取决于推土刀推移土的体积及切土、推土、回程等工作循环时间。为了提高推土机的生产效率,缩短推土时间和减少土的失散,常用以下几种施工方法:

(1) 下坡推土法。在斜坡上,推土机顺下坡方向切土与堆运(图 1-46),借机械向下的重力作用切土,增大切土深度和运土数量,可提高生产率 30%~40%。但坡度不宜超过 15°,避免后退时爬坡困难。

图 1-46　下坡推土法

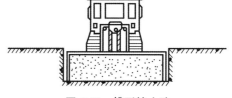
图 1-47　槽形挖土法

（2）槽形挖土法。推土机重复多次在一条作业线上切土和推土，使地面逐渐形成一条浅槽（图1-47），再反复在沟槽中进行推土，以减少土从铲刀两侧漏散，可增加10%～30%的推土量，槽的深度以1 m左右为宜。

（3）并列推土法。用2～3台推土机并列作业（图1-48），以减少土体漏失量。铲刀相距15～30 cm，一般采用两机并列推土，可增大推土量15%～30%。但平均运距不宜超过50～70 m，不宜小于20 m。

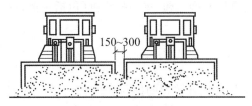

150~300

图1-48　并列推土法

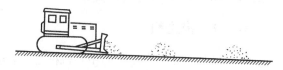

图1-49　多铲集中法

（4）多铲集中法。在硬质土中，切土深度不大，可以采用多次铲土、分批集中、一次推送的方法，以便有效地利用推土机的功率，缩短运土时间（图1-49）。

（5）铲刀附加侧板法。对于运送疏松土壤且运距较大时，可在铲刀两边加装侧板，增加铲刀前的土方体积和减少推土漏失量。

1.7.2　单斗挖土机

基坑土方开挖一般均采用挖土机。施工挖土机按行走方式分为履带式和轮胎式两种；按传动方式分为机械传动和液压传动两种；按斗容量分有0.2 m³、0.4 m³、1.0 m³、1.5 m³、2.5 m³等多种；按作业装置分为正铲、反铲、抓铲及拉铲（图1-50）。

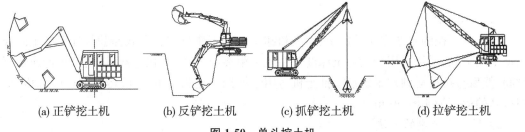

(a) 正铲挖土机　　　(b) 反铲挖土机　　　(c) 抓铲挖土机　　　(d) 拉铲挖土机

图1-50　单斗挖土机

1）正铲挖土机

正铲挖土机挖土力大，适用于开挖停机面以上一至四类土。如开挖大型基坑以及土丘等，则需与汽车配合完成整个挖运工作。

正铲挖土机的挖土特点是：前进向上，强制切土。根据开挖路线与运输汽车相对位置的不同，一般有以下两种：

（1）正向开挖，侧向装土法。正铲向前进方向挖土，汽车位于正铲的侧向装车。

（2）正向开挖，后方装土法。正铲向前进方向挖土，汽车停在正铲的后面。

2）反铲挖土机

反铲挖土机的挖土特点是：后退向下，强制切土。挖掘力比正铲小，能开挖停机面以下的一至三类土,适用于一次开挖深度在 4 m 左右的基坑、基槽、管沟,亦可用于地下水位较高的土方开挖。反铲挖土机可以与自卸汽车配合,装土运走,也可弃土于坑槽附近。根据挖土机的开挖路线与运输汽车的相对位置不同,一般有以下几种:

(1)沟端开挖法。反铲停于沟端,后退挖土,同时往沟一侧弃土或装汽车运走。

(2)沟侧开挖法。反铲停于沟侧沿沟边开挖,汽车停在机旁装土或往沟一侧卸土。

(3)多层接力开挖法。用 2 台或多台挖土机设在不同作业高度上同时挖土,边挖土边将土传递到上层,由地表挖土机连挖土带装土(图 1-51)。适用于开挖土质较好、深 10 m 以上的大型基坑、沟槽和渠道。

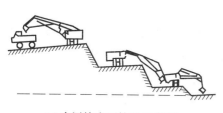 

(a)多层接力开挖法示意图　　　(b)多层接力开挖法实物图

图 1-51　多层接力开挖法

3)抓铲挖土机

抓铲挖土机是在挖土机臂端用钢丝绳吊装一个抓斗。其挖土特点是:直上直下,自重切土。其挖土力较小,能开挖停机面以下的一至二类土。适用于开挖软土地基基坑,特别是其中窄而深的基坑、深槽、深井采用抓铲效果理想;抓铲还可用于疏通旧有渠道以及挖取水中淤泥等,或用于装卸碎石、矿渣等松散材料。

4)拉铲挖土机

拉铲挖土机的土斗用钢丝绳悬挂在挖土机长臂上,挖土时土斗在自重作用下落到地面切入土中。其挖土特点是:后退向下,自重切土。其挖土深度和挖土半径均较大,能开挖停机面以下的一至二类土,但不如反铲动作灵活准确。适用于开挖较深较大的基坑(槽)、沟渠,挖取水中泥土以及填筑路基、修筑堤坝等。拉铲挖土机的开挖方式与反铲挖土机的开挖方式相似,可沟侧开挖也可沟端开挖。

1.7.3　压路机

1)平碾压路机

平碾压路机又称光碾压路机,是一种以内燃机为动力的自行式压路机(图 1-52)。按重量等级分为轻型(3~5 t)、中型(6~10 t)和重型(12~15 t)3 种;按装置形式的不同又分为单轮压路机、双轮压路机和三轮压路机等几种;按作用于土层荷载的不同,分为静作用压路机和振动压路机两种。平碾压路机具有操作方便、转移灵活、碾压速度较快等优点,但碾轮与土的接触面积大,单位压力较小,碾压上层密实度大于下层。静作用压路机适用于薄层填土或表面压实、平整场地、修筑堤坝及道路工程;振动平碾适用于填料为爆破石渣、碎石类土、杂填土或粉土的大型填方工程。

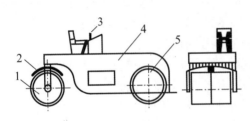

(a) 示意图　　　　　　　　(b) 实物图

图 1-52　光轮平碾压路机

1—转向轮；2—刮泥板；3—操纵台；4—机身；5—驱动轮

2）小型打夯机

小型打夯机有冲击式和振动式之分，由于体积小，重量轻，构造简单，机动灵活、实用，操纵、维修方便，夯击能量大，夯实工效较高，因此在建筑工程上使用很广。但劳动强度较大。常用的有蛙式打夯机、内燃打夯机等（图 1-53），适用于黏性较低的土（砂土、粉土、粉质黏土）基坑（槽）、管沟及各种零星分散、边角部位的填方的夯实，以及配合压路机对边缘或边角碾压不到之处的夯实。

(a) 蛙式打夯机　　　　　　(b) 内燃打夯机

图 1-53　小型打夯机

3）平板式振动器

平板式振动器为现场常备机具，体形小，轻便、适用，操作简单，但振实深度有限。适用于小面积黏性土薄层回填土振实、较大面积砂土的回填振实以及薄层砂卵石、碎石垫层的振实。

1.7.4　挖土机和运土车辆配套计算

基坑开挖采用单斗（反铲等）挖土机施工时，需用运土车辆配合，将挖出的土随时运走。因此，挖土机的生产率不仅取决于挖土机本身的技术性能，而且还应与所选运土车辆的运土能力相协调。为使挖土机充分发挥生产能力，应配备足够数量的运土车辆，以保证挖土机连续工作。

1）挖土机数量的确定

挖土机的数量 N，应根据土方量大小和工期要求来计算。

$$N = \frac{Q}{P} \cdot \frac{1}{T \cdot C \cdot K} \quad (台) \qquad (1-23)$$

式中：Q——土方量（m^3）；

　　　P——挖土机生产率（m^3/台班）；

T——工期(工作日);

C——每天工作班数;

K——时间利用系数(0.8~0.9)。

挖土机的生产率 P 按下式计算:

$$P = \frac{8 \times 3\,600}{t} \cdot q \cdot \frac{K_c}{K_s} \cdot K_B \quad (\text{m}^3 / \text{台班}) \tag{1-24}$$

式中:t——挖土机每次作业循环延续时间(s);

q——挖土机斗容量(m³);

K_s——土的最初可松性系数;

K_c——土斗的充盈系数,可取0.8~1.1;

K_B——工作时间利用系数,一般为0.6~0.8。

2) 运土车辆配套计算

为了使挖土机充分发挥生产能力,应使运土车辆的载重量与挖土机的每斗土重保持一定的倍率关系,并有足够数量车辆以保证挖土机连续工作。从挖土机方面考虑,汽车的载重量越大越好,可以减少等待车辆调头的时间。从车辆方面考虑,载重量小,台班费便宜,但使用数量多;载重量大,则台班费高,但数量可减少。最适合的车辆载重量应当是使土方施工单价为最低,可以通过核算确定。一般情况下,汽车的载重量以每斗土重的3~5倍为宜。运土车辆的数量 N_1 可按下式计算:

$$N_1 = \frac{T_1}{t_1} \quad (\text{台}) \tag{1-25}$$

式中:T_1——运输车辆每装卸一车土循环作业所需时间(s);

t_1——运输车辆装满一车土的时间(s)。

以上挖土机和运土车辆配套计算属理论计算,实际施工过程中,一般应结合公司现有的机械条件、现场道路情况作出选择和计算。

【例 1-8】 某基坑底长 40 m,宽 20 m,深 2 m,不放坡,用斗容量为 1 m³ 的反铲挖掘机进行挖土并装车。已知土的最初可松性系数 $K_s=1.14$,最终可松性系数 $K_s'=1.05$,挖掘机平均每次挖土时间为 60 s,卸土时间为 30 s,其他时间为 30 s,挖掘机的工作时间利用系数 K_B 为 0.8,挖掘机装土的充盈系数为 1.1。现考虑 4 天内(每天按 8 小时算)将土壤全部倒运到位,假设每天工作 10 小时,时间利用系数 K 为 0.9,计算应配备几台该类型的挖掘机。

【解】 (1)挖掘机每次作业循环延续时间

$$t = 60 + 30 + 30 = 120 \text{ s}$$

(2)挖掘机的生产率

$$P = \frac{8 \times 3\,600}{120} \times 1 \times \frac{1.1}{1.14} \times 0.8 = 184.80 \text{ m}^3 / \text{台班}$$

(3)基坑土方量

$$Q = 40 \times 20 \times 2 = 1\,600 \text{ m}^3$$

（4）挖掘机每天工作台班数

$$C = 10/8 = 1.25 \text{ 台班} \qquad (\text{机械一天工作 8 小时为 1 台班})$$

（5）挖掘机数量

$$N = \frac{1\,600}{184.8} \times \frac{1}{4 \times 1.25 \times 0.9} = 1.92 \text{ 台} \quad \text{取 2 台}$$

1.8　土方工程质量验收与安全技术

1.8.1　土方工程质量验收内容

1）场地平整挖填方工程的验收内容

场地平整应根据工程的实际情况对以下内容进行验收：

（1）平整区域的坐标、高程和平整度。

（2）挖填方区的中心位置、断面尺寸和标高。

（3）边坡坡度要求及边坡的稳定性。

（4）泄水坡度，水沟的位置、断面尺寸和标高。

（5）填方压实情况和填土的密实度。

（6）隐蔽工程记录资料。

2）基槽的验收内容

（1）基槽（坑）的轴线位置和宽度。

（2）基槽（坑）底面的标高。

（3）基槽（坑）和管沟底的土质情况及处理。

（4）槽（坑）壁的边坡坡度。

（5）槽（坑）、管沟的回填情况和密实度。

1.8.2　土方工程质量标准

土方工程质量检验标准应符合《土方与爆破工程施工及验收规范》（GB 50201—2012）的相关规定（见表 1-6，表 1-7）。

表 1-6　土方开挖工程质量检验标准

项	序号	内　　　容	检查方法
主控项目	1	现状地基土不得扰动、受水浸泡及受冻	观察、检查施工记录
	2	开挖形成的边坡及坡脚位置应符合设计要求	坡度用坡度尺结合 2 m 靠尺量测；坡脚位置用全站仪等测量
	3	场地平整开挖区的标高允许偏差为 ±50 mm；其他开挖区的标高允许偏差为 0～−50 mm	用水准仪测量
	4	开挖区的平面尺寸应符合设计要求	放出开挖区设计边线将开挖区实际边线与设计边线进行对比

项	序号	内　　　　容	检查方法
一般项目	1	场地平整开挖区表面平整度允许偏差为 50 mm;其他开挖区表面平整度允许偏差为 20 mm	用 2 m 靠尺和钢尺检查
	2	分级放坡边坡平台宽度允许偏差为 −50～+100 mm	用钢尺测量
	3	分层开挖的土方工程,除最下面一层土方外的其他各层土方开挖区表面标高允许偏差为 +50 mm	标高用水准仪等测量

表 1-7　填土工程质量检验标准

项	序号	内　　　　容	检查方法
主控项目	1	填料应符合设计要求	直观鉴别,现场量测或取样检测
	2	回填土每层压实系数应符合设计要求	可采用环刀法或灌砂(灌水)法取样
	3	土方回填形成的边坡坡度及坡脚位置应符合设计要求	坡度用 2 m 靠尺结合坡度尺测量;坡脚位置用全站仪等测量
	4	场地平整回填区的标高允许偏差为 ±50 mm;其他回填区的标高允许偏差为 0～−50 mm	水准仪等测量
一般项目		场地平整回填区表面平整度允许偏差为 30 mm;其他回填区表面平整度允许偏差为 20 mm	用 2 m 靠尺和钢塞尺检查

1.8.3　土方工程安全技术

安全技术如下:

(1)基槽(坑)开挖时,人工操作间距应不小于 2.5 m;采用机械作业时,挖土机的间距应大于 10 m。挖土应由上而下逐层进行。

(2)基槽(坑)的开挖严格按要求放坡,操作时应随时注意土壁变动情况,如发现有裂纹或部分坍塌现象,应及时进行支撑或放坡,并注意支撑的稳固和土壁的变化。

(3)基坑(槽)挖土深度在 3 m 以上,使用吊装设备吊土时,起吊后,坑内操作人员应立即离开吊点的垂直下方,起吊设备距坑边一般不得少于 1.5 m,坑内人员应戴安全帽。

(4)基坑(槽)沟边 1 m 以内不得堆土、堆料和停放机具;1 m 以外堆土,其高度不宜超过 1.5 m。基坑(槽)与附近建筑物的距离不得小于 1.5 m,危险时必须加固。

(5)用手推车运土,应先铺好道路。卸土回填,不得放手让车自动翻转。用翻斗汽车运土,运输道路的坡度、转弯半径应符合有关安全规定。

(6)深基坑上下应先挖好阶梯或设置靠梯,或开斜坡道,采取防滑措施,禁止踩踏支撑上下。坑四周应设安全栏杆或悬挂危险标志。

(7)基坑(槽)设置的支撑应经常检查是否有松动变形等不安全迹象,特别是雨后更应加强检查。

(8)回填管沟时,应采用人工先在管子周围填土夯实,并应从管道两边同时对称进行,高差不超过 0.3 m。管顶 0.5 m 以上，在不损坏管道的情况下，方可采用机械回填和压实。

复习思考题

1. 试述土的组成以及土的各项工程性质对土方施工有何影响。

2. 什么是场地平整？试述场地平整土方量的计算方法和步骤。

3. 试述土方边坡的含义、影响边坡的因素、基坑边坡面保护方法。

4. 简述深基坑开挖的方法和各自的优点。

5. 简述基坑(槽)开挖的施工要点。

6. 试述集水井降水的基本要求。

7. 试述轻型井点的组成与布置方案。

8. 分析流砂形成的原因以及防治流砂的途径和方法。

9. 土方回填的施工流程是什么？试述各流程的施工要点。

10. 影响填土压实的主要因素有哪些？试述各因素对填土质量的影响。

11. 单斗挖土机有哪几种类型？各有什么特点？

12. 简述土方工程质量验收内容。

13. 某地下室外围平面尺寸为 79 m×59 m，基坑深为 8 m，施工时要求基坑底部每边留出 0.5 m 的工作面，四边放坡，坡度系数 $m=0.5$。

(1) 试计算土方开挖工程量。

(2) 土的最终可松性系数为 $K'_s=1.03$，试求出地下室部分回填土量。

14. 某小区要开挖一管道沟槽，截面尺寸为宽 2 m，深 2.5 m，长 200 m，两边放坡，边坡坡度 1:0.5。已知土的最初可松性系数 $K_s=1.2$，最终可松性系数 $K'_s=1.05$。试计算：

(1) 土方开挖工程量。

(2) 若管道占有体积为 500 m³，则应预留多少松土回填？

(3) 若余土用斗容量为 6 m³ 的汽车外运，需运多少车？

(4) 若沟槽底的排水坡度为 2‰，沟槽的起点深度为 2.5 m，试计算土方开挖工程量。

15. 某基坑底部尺寸为 26 m×48 m。开挖深度 4.2 m，基坑边坡 $i=1:m=2$，地下水位为 −0.8 m 处，已知地表至地下 7.5 m 处均为粉砂土，其下为渗水性很小的黏性土，现有 6.0 m 长的井点管和 1.2 m 长的滤管，拟按完整井的形式布置，试计算并绘制井点降水系统的平面和高程布置图。

16. 某建筑场地地形图和方格网($a=20$ m)如图 1-54 所示。土质为粉质黏土，场地设计泄水坡度 $i_x=3‰$，$i_y=2‰$，建筑设计、生产工艺和最高洪水位置等方面都无特殊要求。试按照挖填平衡原则确定场地设计标高和计算场地挖填土方量。(不考虑土的可松性影响，如有余土，用以加宽边坡)

(1) 试初步确定各角点的设计标高。

(2) 请调整各角点的设计标高。

(3) 试计算各角点施工高度。

(4) 请确定零点位置并绘制零线。

(5) 试计算该场地土方量。

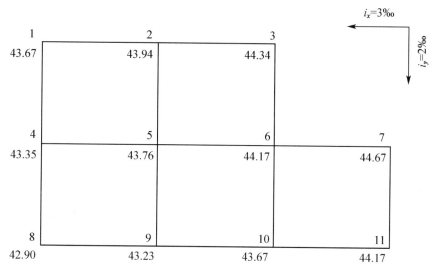

图 1-54　某建筑场地地形和方格网图

2 地基与基础工程基本知识

本章提要:了解基础的作用和分类,熟悉浅埋式基础的适用范围,掌握其施工要点;了解桩基础的分类,熟悉桩基础的施工工艺和质量要求,掌握桩基础的质量验收标准及检测方法;熟悉地基加固的原理和处理方法,掌握地基处理的施工要点和质量检查。

在建筑工程中,位于建筑物的最下端,埋入地下并直接作用在土层上的承重构件称为基础。它是建筑物重要的组成部分。支撑在基础下面的土层称为地基。地基不属于建筑物的组成部分,它是承受建筑物荷载的土层。建筑物的全部荷载最终由基础传给地基。

基础的类型较多,按基础所采用的材料和受力特点分,有刚性基础和非刚性基础;按基础的构造形式分,有条形基础、独立基础、筏式基础、箱形基础、桩基础等;按基础的埋置深度分,有浅基础、深基础等。

2.1 浅埋式基础施工

从室外设计地面到基础底面的垂直距离称为基础的埋置深度。一般工业与民用建筑在基础设计中多采用浅基础,因为它造价低、施工简便。常用的浅基础类型有条形基础、独立基础、筏式基础、箱形基础等。

2.1.1 条形基础

条形基础呈连续的带状,也称带形基础。一般用于墙下(图 2-1),也可用于柱下(图 2-2)。中小型建筑当上部荷载较小时,可采用砖石、混凝土、灰土、三合土等刚性材料条形基础。当上部荷载较大或地基承载力偏低时,常采用钢筋混凝土条形基础。这种基础的抗弯和抗剪性能良好。

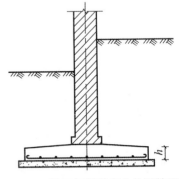

图 2-1 墙下钢筋混凝土条形基础

1) 构造要求

(1) 混凝土垫层厚度一般为 100 mm,强度等级为 C15,钢筋混凝土基础强度不宜低于 C20。

(2) 底板受力钢筋的最小直径不宜小于 8 mm,间距不宜大于 200 mm。当有垫层时钢筋保护的厚度不宜小于 40 mm,无垫层时不宜小于 70 mm。

(3) 插筋的数目与直径应与柱内纵向受力钢筋相同。插筋的锚固及柱的纵向受力钢筋的搭接长度,按国家现行《混凝土结构设计规范》中的规定执行。

(4) 条形钢筋混凝土基础,在 T 字形与十字形交接处的钢筋沿一个主要受力方向通长放置。

（5）柱基础纵向钢筋除应满足冲切要求外，尚应满足锚固长度的要求，当基础高度在 900 mm 以内时，插筋应伸至基础底部的钢筋网，并在端部做成直弯钩；当基础高度较大时，位于柱子四角的插筋应伸到基础底部，其余的钢筋只需伸至锚固长度即可。插筋伸出基础部分长度应按柱的受力情况及钢筋规格确定。

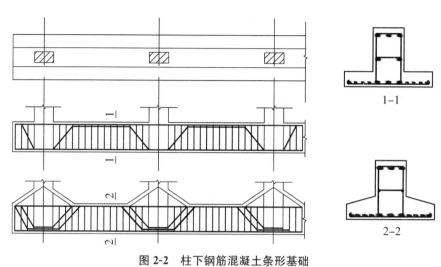

图 2-2　柱下钢筋混凝土条形基础

2）施工要点

（1）基坑（槽）应进行验槽，局部软弱土层应挖去，用灰土或砂砾分层回填夯实至基底相平。基坑（槽）内浮土、积水、淤泥、垃圾、杂物应清除干净。验槽后地基混凝土应立即浇筑，以免地基土被扰动。

（2）垫层达到一定强度后，在其上弹线、支模、铺放钢筋网片。上下部垂直钢筋应绑扎牢固，并注意将钢筋弯钩朝上，连接柱的插筋，下端要用 90°弯钩与基础钢筋绑扎牢固，按轴线位置校核后用方木架成井字形，将插筋固定在基础外模板上。底部钢筋网片应用与混凝土保护层同厚度的水泥砂浆垫塞，以保证位置正确。

（3）在浇筑混凝土前，应清除模板上的垃圾、泥土和钢筋上的油污等杂物，模板应浇水加以湿润。

（4）浇筑现浇柱下基础时，应特别注意柱子插筋位置是否正确，防止造成位移和倾斜。在浇灌开始时，先铺满一层 50～100 mm 厚的混凝土并捣实，使柱子插筋下段和钢筋网片的位置基本固定，然后再对称浇筑。

（5）基础混凝土宜分层连续浇筑完成。阶梯形基础的每一台阶高度内应分层浇捣，每浇筑完一台阶应稍停 0.5～1.0 h，待其初步获得沉实后再浇筑上层，以防止下台阶混凝土溢出，在上台阶根部出现烂脖子。每一台阶浇完，表面应随即原浆抹平。

（6）锥形基础的斜面部分模板应随混凝土浇捣分段支设并顶压紧，以防模板上浮变形，边角处的混凝土应注意捣实。严禁斜面不支模，用铁锹拍实。

（7）基础上有插筋时要加以固定，保证插筋位置的正确性，防止浇捣混凝土发生移位。混凝土浇筑完毕，外露表面应覆盖并浇水养护。

2.1.2 独立基础

独立基础是柱下基础的基本形式,而杯形基础是独立基础的一种形式。当建筑物承重体系为梁、柱组成的框架和排架或其他类似结构时,其柱下基础常采用独立基础,常见的断面形式有阶梯形、锥形等(图 2-3)。当采用预制柱时,则基础做成杯口形,然后将柱子插入,并嵌固在杯口内,称为杯口基础,其形式有一般杯口基础、双杯口基础和高杯口基础(图 2-4)等。

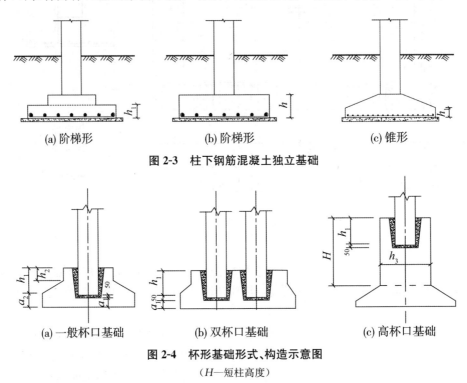

| (a) 阶梯形 | (b) 阶梯形 | (c) 锥形 |

图 2-3 柱下钢筋混凝土独立基础

| (a) 一般杯口基础 | (b) 双杯口基础 | (c) 高杯口基础 |

图 2-4 杯形基础形式、构造示意图

(H—短柱高度)

柱下钢筋混凝土独立基础的构造要求和施工要点基本同条形基础,杯形独立基础按图进行施工时还应注意以下施工要点:

(1)混凝土应按台阶分层浇筑,对高杯口基础的高台阶部分按整段分层浇筑。

(2)杯口模板可做出两半式的定型模板,中间各加一块楔形板。拆模时,先取出楔形板,然后分别将两半杯口模板取出。为便于周转宜做成工具式的,支模时杯口模板要固定牢固并压浆。

(3)浇捣杯口混凝土时,应注意杯口的位置。由于模板仅上端固定,浇捣混凝土时,四侧要对称均匀地进行,避免将杯口模板挤向一侧。

(4)施工时应先浇筑杯底混凝土并振实,注意在杯底一般有 50 mm 厚的细石混凝土找平层,应仔细控制标高,如用无底式杯口模板施工,应将杯底混凝土振实,然后浇筑杯口四周的混凝土。杯底混凝土浇筑完后停 0.5～1 h,待混凝土沉实后,再浇筑杯口四周混凝土。基础浇捣完毕,在混凝土终凝后将杯口模板取出,并将杯口内侧表面混凝土凿毛。

(5)施工高杯口基础时,由于最上一级台阶较高,可采用后安装杯口模板的方法施工,即当混凝土浇捣接近杯口底时,再安装固定杯口模板,继续浇筑杯口四周混凝土。

2.1.3 筏式基础

当建筑物上部荷载较大,而所在地的地基承载力又比较弱,这时采用简单的条形基础已不能适应地基变形的需要时,常将墙或柱下基础连成一片,使整个建筑物的荷载承受在一块整板上,这种满堂式的基础称为筏式基础。筏式基础由钢筋混凝土底板、梁等组成,其外形和构造上像倒置的钢筋混凝土楼盖,整体刚度大,能有效地将各柱子的沉降调整得较为均匀。筏式基础一般可分为梁板式和平板式两类(图 2-5)。

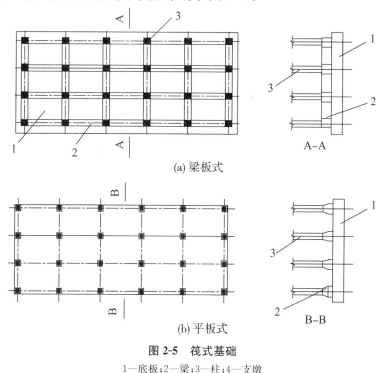

图 2-5 筏式基础

1—底板;2—梁;3—柱;4—支墩

1)构造要求

(1)筏式基础基础平面布置应尽量对称,以减小基础荷载的偏心距,且基础一般为等厚。筏板厚度应根据抗冲切、抗剪切要求确定,但不应小于 300 mm,且板厚与板格的最小跨度之比不宜小于 1/20。梁截面按计算确定,梁顶高出底板顶面不小于 300 mm,梁宽不小于 250 mm。

(2)底板下一般宜设厚度为 100 mm 的 C15 混凝土垫层,每边伸出基础底板不小于 100 mm,一般取 100 mm。

2)施工要点

(1)施工前,如地下水位较高,可采用人工降低地下水位至基坑底不小于 500 mm,以保证在无水情况下进行基坑开挖和基础结构施工。

(2)基坑土方开挖应注意保持基坑底土的原状结构,如采用机械开挖时,基坑底面以上 200~300 mm 厚的土层应采用人工清除,避免超挖或破坏基土。如局部有软弱土层或超挖,应进行换填,采用与地基土压缩性相近的材料进行分层回填,并夯实。基坑开挖应连续进行,如基坑挖好后不能立即进行下一道工序,应在基底以上留置 150~200 mm 厚土层不挖,待下道工序施工时再挖至设计基坑底标高,以免基土被扰动。

（3）筏式基础施工时，可根据结构情况、施工条件以及进度要求等确定施工方案，一般有两种方法：一是可先在垫层上绑扎底板、梁的钢筋和柱子锚固插筋，先浇筑底板混凝土，待达到25%设计强度后再在底板上支梁模板，继续浇筑完梁部分混凝土；二是采取底板和梁模板一次同时支好，混凝土一次连续浇筑完成，梁侧模板采用支架支承并固定牢固。但两种方法都应注意保证梁位置和柱插筋位置的正确。混凝土浇筑时一般不留施工缝，必须留设时，应按施工缝要求处理，并应设置止水带。

（4）基础浇筑完毕，表面应覆盖和洒水养护，并防止地基被水浸泡。

（5）在基础底板上埋设好沉降观测点，定期进行观测、分析，做好记录。

2.1.4　箱形基础

当建筑物荷载很大或浅层地质情况较差以及基础需要埋深很大时，常采用箱形基础。箱形基础是由钢筋混凝土底板、顶板和若干纵横墙组成的，构成封闭的空心箱体的整体结构（图2-6），共同来承受上部结构的荷载。该基础具有整体空间刚度大，对抵抗地基的不均匀沉降有利，可消除因地基变形而使建筑物开裂的可能性。箱基埋深较大，基础中空，从而使开挖卸去的土重部分抵偿了上部结构传来的荷载。因此，与一般实体基础相比，它能显著减小基底压力，降低基础沉降量。此外，箱基的抗震性能较好。箱形基础一般适用于高层建筑或在软弱地基上建造的上部荷载较大的建筑物。当基础的中空部分尺度较大时，可用作地下室。

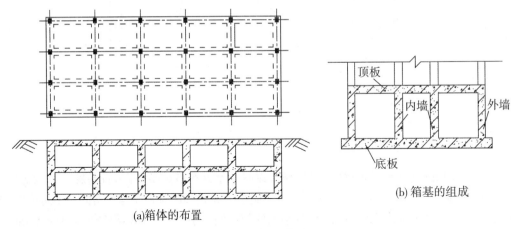

(a)箱体的布置　　　　　　(b)箱基的组成

图 2-6　箱形基础

1）构造要求

（1）箱形基础在平面布置上尽可能对称，以减少荷载的偏心距，防止基础过度倾斜。箱形基础的内、外墙应沿上部结构柱网和剪力墙纵横均匀布置，墙体水平截面总面积不宜小于箱形基础外墙外包尺寸水平投影面积的1/10。对基础平面的长宽比大于4的箱形基础，其纵墙水平截面面积不得小于箱基外墙外包尺寸水平投影面积的1/18。

（2）箱形基础的高度应满足结构承载力和刚度的要求，其值不小于箱形基础长度的1/20，并不宜小于3 m。高层建筑同一结构单元内，箱形基础的埋置深度宜一致，且不得局部采用箱形基础。

（3）基础高度一般取建筑物高度的1/8～1/12，不宜小于箱形基础长度的1/16～1/18，且不小于 3 m。

（4）箱形基础的抗渗等级不宜小于 0.6 N/mm²。

（5）底板和顶板的厚度应满足柱或墙冲切验算要求，并根据实际情况通过计算确定。底板厚度一般取隔墙间距的 1/8～1/10，约为 300～1 000 mm；顶板厚度约为 200～400 mm。内墙厚度不宜小于 200 mm，外墙厚度不应小于 250 mm。

（6）为保证箱形基础的整体刚度，平均每平方米基础面积上墙体长度应不小于 400 mm，或墙体水平截面积不得小于基础面积的 1/10，其中纵墙配置量不得小于墙体总配置量的 3/5。

2）施工要点

（1）基坑开挖，如地下水位较高，应采取措施降低地下水位至基坑底部 500 mm 以下。当地质为粉质砂土有可能产生流砂现象时，不得采用明沟排水，宜采用井点降水措施，并应设置水位降低观测孔。开挖时尽量减少对基坑底土的扰动。当采用机械开挖基坑时，在基坑底部以上 200～400 mm 厚的土层应用人工挖除并清理，基坑验槽后，应立即进行基础施工。

（2）施工时，基础底板、内外墙和顶板的支模、钢筋绑扎以及混凝土浇筑，可采取分块进行，其施工缝的留设位置和处理应符合钢筋混凝土工程施工及验收规范的有关要求，外墙接缝应设止水带。

（3）基础的底板、内外墙和顶板宜连续浇筑完毕。为防止出现收缩裂缝，一般应设置贯通后浇带，带宽不宜小于 800 mm，在后浇带处钢筋应贯通。顶板浇筑后，不少于 4 周，用比设计强度提高一级的细石混凝土将后浇带填灌密实，并加强养护。

（4）对于大体积混凝土结构，由于其结构截面大、水泥用量多，水泥水化后释放的水化热会产生较大的温度变化和收缩作用，会导致混凝土产生表面裂缝或贯穿性裂缝，影响结构的整体性、耐久性和防水性，影响其使用，甚至会影响结构安全。因此，对大体积混凝土，在浇灌前应对结构进行必要的裂缝控制计算，估算混凝土浇灌后可能产生的最大水化热温升值、温度差和温度收缩应力，以便在施工期间采取有效措施来预防温度收缩裂缝。常用的措施有：

① 水泥可采用矿渣硅酸盐水泥和掺加粉煤灰掺和料，以减少水泥水化热。

② 采用缓凝剂以延缓水泥水化热放热峰。

③ 加强养护和测温工作，保持适宜的温度和湿度条件，使混凝土内外温度差不宜过大（一般控制在 20 ℃以内）。

（5）基础施工完毕应立即进行回填土，停止降水时，应验算基础的抗浮稳定性，抗浮稳定性系数不宜小于 1.2。如不能满足时，应采取有效措施，如继续抽水直至上部结构荷载加上后能满足抗浮稳定系数要求为止，或在基础内采取灌水或加重物等，防止基础上浮或倾斜。

2.2 桩基础施工

一般建筑物从施工和造价方面考虑，都应该充分利用地基土层的承载能力，尽量采用浅基础。但当建筑物荷载很大、地基软弱土层厚度在 5 m 以上时，对软弱土层进行人工处理困难和不经济时,可采用深基础。深基础主要有桩基础、墩基础、沉井和地下连续墙基础等,但近年来桩基础的采用非常普遍。

2.2.1 桩的作用和分类

桩基础由桩身(也叫桩)和承台梁(或板)组成(图2-7)。桩的作用是将上部建筑物的荷载传递到深处承载力较大的土层上;或使软弱土层挤压,以提高土壤的承载力和密实度,从而保证建筑物的稳定性和减少地基沉降。承台梁(或板)是将多根桩身的上端(桩顶)连成一体,用以支承上部墙体或柱,使建筑物荷载均匀地传给桩基。

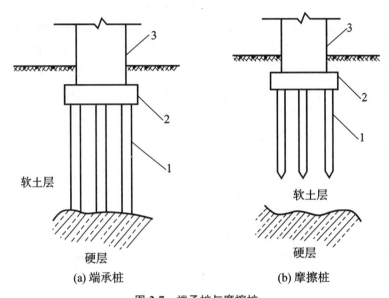

图 2-7 端承桩与摩擦桩

1—桩;2—承台梁(或板);3—上部结构

桩基础的类型很多,按材料不同,可分为钢筋混凝土桩、钢桩、木桩等;按桩的断面形状,可分为圆形、方形、环形等;按桩的性能,可分为端承桩和摩擦桩;按桩的制作工艺,可分为灌注桩和预制桩。

摩擦桩是指在极限承载力状态下,桩顶荷载通过桩侧表面与周围土的摩擦力来承担的桩。摩擦桩适用于软土层较厚、坚硬土层较深、荷载较小的情况。端承桩是指在极限承载力状态下,桩顶荷载由桩端阻力承受的桩。端承桩适用于坚硬土层较浅、荷载较大的情况。

2.2.2 预制桩

混凝土预制桩是目前工程上应用较广的一种桩,其施工过程包括桩的预制、起吊、运输、堆放与沉桩等。

1) 桩的预制、堆放、起吊

(1) 桩的预制

预制混凝土桩常见的形式有实心方桩和空心管桩,实心方桩断面尺寸一般为 200 mm ×200 mm～600 mm×600 mm。单根桩的最大长度,根据打桩架的高度而定,一般在 27 m

以内,如需打设 30 m 以上的桩时,则将桩预制成几段,在打桩过程中逐段接长。

① 桩的制作方法(以实心方桩为例)

通常较短的桩(10 m 以内)在预制厂生产,较长的桩在打桩现场就地预制。

预制桩混凝土的粗骨料宜采用直径为 5~40 mm 的碎石或开口卵石,不得以细颗粒骨料代替,以充分发挥粗骨料的骨架作用。浇注的混凝土常用 C30—C40,用机械搅拌、机械振捣,由桩顶向桩尖连续进行浇注,不得中断;制作完后,应洒水养护不得小于 7 d,钢筋骨架主筋连接宜采用电焊或电弧焊,接头位置应符合设计规定。

现场预制桩多用重叠间隔制作(图 2-8),即在平整夯实的预制桩场上,制作第一层桩时,先间隔制作第一层的第一批桩(如图 2-8 中的编号 1),待其混凝土达到设计强度等级的 30% 后,用第一批完成的桩做侧模板,制作第二批桩(如图 2-8 中的编号 2),待下层桩混凝土达到设计强度等级的 30% 时,用同样方法制作上一层桩。一般重叠层数不超过四层。

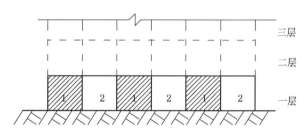

图 2-8 重叠间隔制桩示意图

制桩时,桩与桩之间应刷隔离剂,使接触面不黏结。桩的混凝土应由桩顶向桩尖连续浇筑,严禁中断,混凝土浇筑完后应及时养护,以保证预制桩的质量。

② 桩的制作质量要求

A. 桩的表面应平整密实,掉角深度不应超过 10 mm,蜂窝面积小于总面积的 0.5%。

B. 混凝土收缩裂缝深度不得大于 20 mm,宽度不得大于 0.25 mm,横向裂缝长度不得超过边长的一半。

C. 桩顶和桩尖不得有蜂窝、麻面、裂缝和掉角。

D. 主筋的顶部必须齐平,如桩头主筋参差不齐,个别长度的主筋在受锤击时先受到锤的集中应力,可能导致桩断裂。

E. 主筋位置必须正确,混凝土保护层以 25 mm 为宜,不可过厚,否则打桩时宜剥落。制桩时桩顶面必须平整,否则锤击时会形成偏心受力,容易将桩打偏、打断。

(2) 桩的起吊

预制桩混凝土的强度应达到设计强度等级的 70% 后方可起吊;达到 100% 才能运输和打桩。如需提前吊运,必须采取措施并经过验算合格方可进行。起吊时,吊点位置必须符合设计要求。如设计未作规定,可按吊点间的跨中正跨矩与吊点处负弯矩相等的原则来确定吊点位置。常用的几种吊点合理位置如图 2-9 所示。钢丝绳与桩之间应加以衬垫,以免损坏楼角。起吊时应平稳提升,吊点同时离地。如要长距离运输,可采用平板拖车或轻轨平板车。长桩搬运时,桩下要设置活动支座。经过搬运的桩,还应进行质量复查。

堆放桩的场地必须平整坚实,垫木间距根据吊点来确定,各层垫应位于同一垂直线上,最下层垫木应适当加宽,堆放层不宜超过 4 层。不同规格的桩应分别堆放。

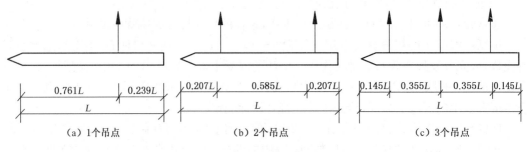

(a) 1个吊点　　　　　　　(b) 2个吊点　　　　　　　(c) 3个吊点

图 2-9　吊点的合理位置

2) 沉(打)桩前的准备工作

桩基础工程在施工前,应根据设计图纸、现场条件和水文地质情况,编制分部工程施工设计或施工方案,并做好现场各项准备工作。

(1) 现场准备工作

① 处理障碍物

打桩前应处理妨碍现场施工的高空和地下障碍物,如处理架空的高压线路,清除原有基础、线管等。

② 平整场地

在桩机进场前,必须对打桩和运桩的施工场地进行平整。对松软土应做处理,做到场地平坦坚实,以保证桩机垂直度的要求和运桩方便。在打桩区域及道路近旁要做到排水畅通。

③ 定位放线

在打桩现场附近需设置不少于 2 个水准点,用于抄平场地和控制桩顶的水平标高。要根据建筑物的轴线控制桩,定出桩基础的每个桩位,已定好的桩位在正式打桩前应复查一次。桩基的控制桩与水准点应设在不受打桩影响的地点,并严加保护。

(2) 确定打桩顺序

在确定打桩顺序时,应考虑打桩时土体的挤压位移对桩基的施工质量及邻近建筑物的影响。尤其是打密集群桩,土体的竖向和水平位移量都很大,地面上隆起高者可达 400～500 mm;水平位移视桩的打设方向而异,沿打设方向的一边,水平位移的影响距离可达 50～60 m。因此,如打桩顺序不当,有可能使已打入的桩受挤上举,桩尖脱离设计标高而降低其承载能力和增大沉降量,或有可能使后打的桩,由于土体挤紧打入困难,使桩入土深度减小,达不到设计标高,甚至桩身打裂。同时,由于挤土水平位移大,对邻近建筑物等的影响也大。所以打桩前,正确确定打桩顺序是十分重要的。

根据桩的密集程度,打桩顺序一般有以下 3 种(图 2-10):

① 由一侧向单一方向进行(亦称逐排打设)。

② 自中间向四周进行。

③ 自中间向两个方向对称进行(分段打设)。

例如,对较密集桩群(桩距小于 4 倍桩径),当打桩现场位于邻近三面有建筑物,一面是开阔地段时,其打桩顺序可采用自建筑物的一侧向开阔地段方向逐排打设(图 2-10(a)),打桩的推进方向应逐排改变,以免土体朝同一方向挤压。必要时同一排桩可采用间隔跳打的方式,以减少由于土体挤压对沉桩施工质量的影响。当邻近四周均有建筑物时,可用自中间向四周(图 2-10(b))或向两个方向(图 2-10(c))对称施打,这种打桩顺序,可使土由中间向四周或向两侧挤压,对邻近建筑物的影响可减到最小限度,又较易保证桩基施工质量。如果桩距大于 4 倍桩径,则挤土的影响减小。

根据基础设计标高,打桩顺序宜先深后浅;根据桩的规格,又宜先大后小、先长后短。

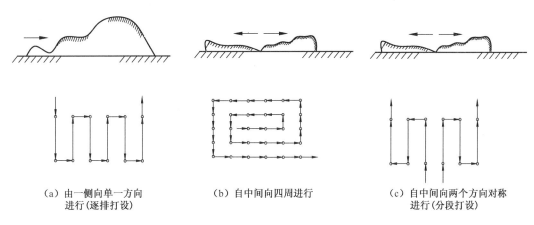

    (a) 由一侧向单一方向   (b) 自中间向四周进行   (c) 自中间向两个方向对称
         进行(逐排打设)   进行(分段打设)

图 2-10　几种打桩顺序

3)桩的沉设

预制桩的沉设,根据沉桩设备和沉桩方法不同,一般有锤击沉桩、振动沉桩、静力压桩和射水沉桩等数种。

(1)锤击沉桩

锤击沉桩俗称打桩,它是利用打桩机桩锤的冲击动能将桩打入土中的一种方法。打桩机主要包括桩锤、桩架和动力装置等。锤击沉桩是混凝土预制桩最常用的施工方法,该法施工速度快,机械化程度高,适用范围广,现场文明程度高,但施工时有噪声污染和振动等公害,在市中心和夜间施工受到限制。

① 锤击沉桩施工工艺

锤击沉桩施工工艺与静力压桩施工程序基本相同,只是桩机设备、沉桩的方法不同。

锤击沉桩施工工艺:场地清理和处理→测量桩位→桩机就位→定锤吊桩→桩身对中调直→锤击沉桩→接桩→再锤击沉压桩→终止压桩。

② 打桩施工

A. 桩的提升就位

将桩运至桩架下面后,利用桩架的滑轮组将桩提升吊起至垂直状态,把桩送入桩架的龙门导杆内,并使桩尖对准桩位。在桩顶垫上桩垫,安上桩帽,加上桩锤,并应使桩锤、桩帽和桩身在同一中心线上。然后再将桩锤缓缓落到桩帽上,桩在自重和锤重作用下沉入土中一定深度,经再次检查无误后即可开始打桩。桩插入时垂直度偏差不得超过 0.5%,桩位允许偏差应符合表 2-1 的规定。

表 2-1　预制桩的桩位允许偏差

序号	检查项目		允许偏差(mm)
1	带有基础梁的桩	垂直基础梁的中心线	≤100+0.01H
		沿基础梁的中心线	≤150+0.01H
2	承台桩	桩数为 1～3 根桩基中的桩	≤100+0.01H
		桩数≥4 根桩基中的桩	≤1/2桩径+0.01H 或 1/2边长+0.01H

注:H 为桩基施工面至设计桩顶的距离(mm)。

桩打入时应符合下列规定:

a. 桩帽或送桩帽与桩周围的间隙应为 5～10 mm。

b. 锤与桩帽、桩帽与桩之间应加设弹性衬垫,如硬木、麻袋、草垫等。

c. 桩锤、桩帽或送桩应和桩身在同一中心线上。

d. 按标高控制的桩,桩顶标高的允许偏差为 −50～+100 mm。

e. 斜桩倾斜度的偏差不得大于倾斜角(指桩纵向中心线与铅垂线的夹角)正切值的 15%。

B. 打桩

开始打桩时,落距应较小,入土一定深度待桩稳定后再按要求的落距施打。

打桩有两种方式:一是"轻锤高击";二是"重锤低击"。这两种方式,如所做的功相同,"轻锤高击"所得的动量小,而桩锤对桩头的冲击力大,因而回弹也大,锤击能量很大部分消耗在桩锤回弹上,故桩不易打入土中,且桩头容易打碎。相反,"重锤低击"所得的动量大,而桩锤对桩头冲击小,因而回弹也小,大部分能量都可以用来克服桩身与土的摩阻力和桩尖的阻力,因此,桩能较快地打入土中,且桩头不易损坏。再加上由于距离小,锤击频率和打桩效率可提高,打桩效率也高,所以,锤击沉桩时,宜采用"重锤低击"。

桩锤的落距大小,根据实践经验,在一般情况下,用落锤或单动气锤打桩时,最大落距不宜超过 1 m;用柴油锤时,应使锤跳动正常(一般不大于 1.5 m)。

C. 打桩注意事项

a. 注意桩锤回弹情况。正常时桩锤回弹较小,如发现经常回弹较大,桩下沉量小,说明桩锤太轻,应更换桩锤;否则,不但沉桩效率低,而且易将桩顶打坏。

b. 注意桩的贯入度有否突变。在打桩过程中,如发现贯入度骤减,桩锤回弹增大,应减小落距锤击。若还有这种现象,说明桩下有障碍物,应研究处理,不能盲目再打。如贯入度突然增大,则可能桩尖或桩身遭到破坏,或遇软土层、洞穴等,应暂停锤击,查明原因并采取相应措施。

c. 打桩时应连续施打。如中途停歇时间过长,由于桩身周围的土起着固结作用,再继续施打时则难以打入土中。

d. 打桩时应防止偏心锤击,以免打坏桩头或使桩身断裂。如发生桩头破坏严重、桩身偏斜或断裂,应将桩拔出,在原桩附近补打一桩。

e. 做好打桩记录。因打桩系隐蔽工程,必须做打桩记录,为工程质量验收提供依据。

f. 打桩过程中应注意打桩机工作情况和稳定性。经常检查机件运转情况是否异常、绳索有无损伤、桩锤悬挂是否牢固、桩架移动固定是否安全等。

g. 当桩顶位于地面以下一定深度而需打送桩(即为一工具式短桩)时,桩与送桩轴线应在同一条直线上,否则会导致预制桩入土发生倾斜。

D. 打桩质量控制

打桩质量控制主要包括两个方面:一是贯入度或桩尖标高是否满足设计要求;二是桩的质量检验偏差是否在施工规范允许范围内。

打桩的贯入度或桩尖标高按以下原则控制:

a. 桩尖位于坚硬、硬塑的黏性土、碎石土、中密以上的砂土或风化岩等持力层的端承桩,以贯入度控制为主,桩尖进入持力层深度或桩尖标高可作参考。因为持力层在一个地区可能是起伏不平的,有时高差可达几米,故桩尖标高只能作为参考,若贯入度已达到而桩尖标高未达到,则应继续锤击三阵,其每阵 10 击的贯入度平均值如不大于规定值,则认为该桩合格。

b. 桩尖位于其他软土层的摩擦桩,以桩尖设计标高控制为主,贯入度可作为参考。

上述所指的贯入度为最后贯入度,即打桩时最后 10 击桩的平均入土深度。设计与施工控制贯入度,应通过试桩确定,或做打桩试验,与有关单位共同确定。贯入度是打桩质量的重要控制指标。

混凝土预制桩在打桩施工过程中,应重点对沉桩情况、在桩顶完整情况及接桩质量情况等进行认真检查,对重要工程的电焊接桩还应做 10% 的焊缝探伤检查。

预制桩桩位的允许偏差必须符合现行施工质量验收规范的规定。群桩桩位的放样允许偏差为 20 mm,单排桩位的放样允许偏差应为 10 mm。

打桩完成后,对桩体质量和承载力是否符合设计要求,应按基桩检测技术规范的规定进行检验。

E. 接桩方法

如果桩较长,一根桩往往由几节桩连接而成。当一节桩压至桩顶离地面 0.5~1.0 m 时开始接桩。要保证接桩质量,同时应尽量缩短接桩时间,以防止桩身与土体固结而造成压桩困难。通常可采用下列两种连接方法:

a. 焊接法接桩。是在每节桩的端部预埋角钢或钢板,接桩时上下节桩接头对准,并调整垂直后用连接角钢或者扁钢焊牢连成整体。施焊时应由两名焊工同时对角对称进行,以防止焊接后收缩变形不均匀而引起桩身歪斜。

b. 管桩法兰接桩法。是用法兰盘和螺栓连接,接桩速度快,多用于混凝土管桩。

(2) 静力压桩

静力压桩是利用压桩机的静压力将预制桩压入土中的一种沉桩方法。

① 静力压桩的特点及适用范围

A. 施工时无噪音、无振动,对周围环境的干扰和影响小,适合在城市中施工。

B. 与锤击沉桩相比,可节约材料,降低成本。锤击沉桩时,因锤击使桩体内产生较大锤击应力,桩又较长,因此,从施工需要不得不将桩的混凝土强度等级提高(一般要用 C30 或 C40)、配筋量加大;而压桩时,桩不受锤击,且可分段预制成短桩后再接长压入土中,因此,桩的混凝土强度等级可降低(一般为 C20),其截面尺寸及配筋量均可减少。据统计,压桩比锤击沉桩可节省混凝土 26%,节约钢筋 47%,降低造价 26%。

C. 压桩时,桩只受静压力,不受锤击,因此可避免桩顶破碎和桩身断裂事故,有利于桩的施工质量。

D. 在压桩过程中,可以预估单桩承载力。由于压桩的阻力与桩的承载力呈线性关系,因此不用做试桩便可得单桩承载力,这给桩基设计和施工带来极大方便。

静力压桩适用于软土层施工,当地质条件存在厚度大于 2 m 砂夹层时就不宜采用。

② 压桩机械设备

压桩机有两种类型,一种是机械静力压桩机,另一种是液压静力压桩机。液压静力压桩机主要由压桩夹头、夹持千斤顶、主液压千斤顶、机架、行走机构及压重等组成,该压桩机能纵、横两个方向行走及回转,移动方便,压桩速度快。

③ 静力压桩施工工艺

静力压桩的施工工序为:场地清理和处理、测量桩位、桩机就位、吊桩插桩、桩身对中调直、静力压桩、接桩、再静力压桩、终止压桩、桩头处理。

A. 场地清理和处理:清除施工区域内地上、地下障碍物,平整、压实场地,方便运输车辆、压桩机的行走和施工。

B. 测量桩位:按图纸布置进行测量放线,由整体到局部,先放建筑物角点桩,利用角点桩放主轴线,利用主轴线再放其他轴线,最后放出每个桩位。桩位中心打上小木桩或短钢筋并做明显标志。如在软弱场地施工,由于桩机行走会挤走桩位标志,故在机械就位后要重新测定或复核桩位。

C. 桩机就位:压桩机就位是利用行走装置完成的,它由横向行走、纵向行走和回转机构组成。

D. 吊桩插桩:桩用起重机吊运或汽车运至压桩机附近,再利用压桩机身设计的起重机,可将桩吊入夹持器中,进行对位插桩。

E. 桩身对中调直:液压步履式压桩机是通过启动横向和纵向行走油缸将桩尖对准桩位的,开动夹持油缸和压桩油缸,将桩夹紧并压入土中 1.0 m 左右后停止压桩,检查调整的垂直度,保证第一节桩垂直是确保压桩质量的关键。

F. 静力压桩:压桩应连续进行,中间间歇时间不宜过长。在压桩时要记录桩入土深度和压力表读数的关系,以判断桩的质量。当压力表突然上升或下降时,应认真分析,判断是否遇到障碍或发生断桩等情况。

G. 终止压桩:对纯摩擦桩,终压时以设计桩长为控制条件;对于长度大于 21 m 的端承摩擦桩应以设计桩长控制为主,终压值作为参考;对于设计承载力较高的桩,终压值宜尽量接近压桩机满载值;对于 14～21 m 的静压桩,应以终压力达到满载值为控制条件;对桩周土质较差且设计承载力较高的桩,宜复压 1～2 次为佳;对长度小于 14 m 的桩,宜连续多次复压。

H. 桩头处理:当桩顶设计标高低于地面或桩顶接近地面而压桩力尚未达到规定值时,应用送桩器进行送桩。当桩顶高出地面而压桩力已达到规定值时,为便于后续压桩和桩机就位,应及时截桩。

④ 压桩注意事项

A. 压桩时,桩帽、桩身和送桩的中心线应重合,如需接桩,上下节桩的轴线也应保持一致,以保持压桩过程中轴心受压,如发现偏移要及时调整。

B. 压桩应连续进行,不得中途中断,以免引起压桩阻力过大,使压桩压不下去。如因接桩需要途中停歇,接桩的时间应尽量缩短,并将桩尖停歇在软土层中,以使启动阻力不致过大。

C. 压桩过程中,当桩尖遇上夹砂层时,压桩阻力会突然增大,甚至有时会使压桩机上台,这时不能任意增加配重,否则将会引起液压元件和构件损坏。应采用最大压桩力,以忽压忽停的办法,有可能使压桩缓缓地穿过砂层。

D. 如遇到在初压时桩身发生较大幅度移动及倾斜,压桩过程中桩身突然下沉或者倾斜、桩顶混凝土破坏或压桩阻力剧变等情况,应暂停压桩,并及时与有关单位研究处理。

（3）振动沉桩

振动沉桩的原理是借助固定于桩头上的振动箱所产生的振动力,以减少桩与土壤颗粒之间的摩擦力,使桩在自重与机械力的作用下沉入土中。

振动沉桩适用于砂土、砂质黏土、亚黏土层,在含水砂层中的效果更为显著。但在砂砾层中采用此法时,尚需配以水冲法。

振动沉桩法的优点:设备构造简单,使用方便,效能高,所消耗的动力少,附属机具设备亦少。其缺点:适用范围较窄,不宜用于黏性土以及土层中夹有孤石的情况。

（4）水冲法沉桩（射水沉桩）

水冲法沉桩是锤击沉桩的一种辅助方法。利用高压水流经过桩侧或在空心桩内部的射水管冲击桩尖附近土层,便于锤击沉桩。一般是边冲水边打桩,当沉桩至最后 1～2 m 时停止冲水,用锤击至规定标高。水冲法适用于砂土和碎石土,有时对于特别长的预制桩,单靠锤击有一定困难时,也可用水冲法辅助之。

4）沉桩对周围环境的影响及预防措施

采用锤击法、振动法沉设预制桩对周围环境的影响,除噪音、振动外,还使土体受到挤压,土中孔隙静水压力升高,引起地面隆起和土体水平位移,因而会对周围原有建筑物、道路和地下管网设施带来不利影响。重者会使建筑物基础被推移、墙体开裂、地下管线破损和断裂等,严重影响附近居民正常生活和安全。为了减少或预防这种有害影响,可采用下列措施:

（1）采用预钻孔沉桩

预钻孔沉桩是先在地面桩位处钻孔,然后在孔中插入预制桩,在用打孔桩将桩打到设计标高,为了不使单桩承载力受到明显影响,预钻孔深度一般不宜超过桩长的一半。

（2）设置防震沟

在需要保护的建筑物等附近,开挖震沟（深 1.5～2 m,宽 0.8～1 m）以隔断沉桩时产生的震动波,因为土体震动波主要是沿地表层传递的,同时,还可隔断近地表处的土体位移。实践证明,这种沟槽对防震和防止土体位移具有良好作用。

（3）采用合理的沉桩顺序

预制桩的沉桩顺序不同,其挤土的情况亦不相同。由于先沉入桩周围的土固结后,土与桩之间产生一定的摩阻力,可以阻挡土隆起,而桩与桩之间的土又受到压缩和挤实,所以土隆起和位移多发生在沉桩推进的前方。因此,为了保护邻近建筑物,群桩沉设宜采取由近到远的沉桩顺序,即桩的沉设宜先从离建筑物近的一边开始。

（4）预埋塑料排水带排水

塑料排水带是用聚氯乙烯材料经特殊加工而成的,断面中有连通的孔隙,透水性极好。塑料排水带按其厚度不同分为 A、B、C、D 四种型号,分别适用于不同深度。例如:A 型排水带,厚度大于 3.5 mm,插入深度小于 15 m;B 型排水带,厚度大于 4 mm,插入深度小于 25 m。

打桩前采用专业机械,按要求的距离,将塑料排水带插入打桩区的软土中,打桩时产生挤土效应,土中的孔隙水受压后沿塑料排水带中的孔道逸出,则可减少孔隙水压力,使地基土得到加固。

此外,也可采用控制沉桩速率的方法,使超静孔隙水压力的增加有所控制,以减少挤土效应。

2.2.3 灌注桩

混凝土灌注桩(简称灌注桩)是在桩位处成孔,然后放入钢筋骨架,再浇筑混凝土而成的桩。与预制桩相比,灌注桩直径可按设计要求变化,可达到较高的承载力,节约钢材,造价低,对邻近建筑物及周围环境的有害影响小。但灌注桩成桩工艺复杂,易发生质量事故,且技术间隔时间长,不能立即承受荷载,冬季施工困难较多。

灌注桩的类型很多,按挤土的效果可分为非挤土桩和挤土桩两类;按成孔的方法不同可分为钻孔灌注桩、冲孔灌注桩、沉管灌注桩、人工挖孔灌注桩及爆扩桩等。其中,非挤土桩有钻孔灌注桩、冲孔灌注桩和挖孔桩等;挤土桩有沉管成孔灌注桩和爆扩桩等。

1)钻孔灌注桩施工

钻孔灌注桩是指利用钻孔机械在桩位上成孔,然后灌注混凝土而成的桩。灌注桩的成孔方法,可根据桩位处地下水位高低的情况而定:当桩位处于地下水位以上时,可采用干作业成孔方法;若处于地下水位以下,则可采用泥浆护壁成孔方法进行施工。

(1)干作业成孔灌注桩施工

干作业成孔灌注桩施工的工艺流程:测量放线定桩位→桩机就位→钻孔取土成孔→清除孔底虚土→成孔质量检查验收→吊放钢筋笼→浇注混凝土。

① 测量放线定桩位、桩机就位同预制桩的施工,要求桩位准确无误,桩机行车安全,平稳操作,成孔方便。

② 钻孔取土成孔。干作业成孔灌注桩的成孔机械,可采用全叶螺旋钻孔机(图2-11)。该机工作时由电动机的动力旋转钻杆带动钻头切削土体,被切削的土随钻头旋转而沿螺旋叶片上升排出孔外。一节钻杆接一节钻杆,直至钻到设计要求深度。钻机按桩位就位时,钻杆要垂直对准桩位中心,放下钻机使钻头触及土面。钻孔时,开动转轴旋动钻杆钻进,先慢后快,避免钻杆摇晃,并随时检查钻孔偏移,有问题时及时纠正。施工中钻头在穿过软硬土层交界处时应保持钻杆垂直,缓慢进尺。在含砖头、瓦块的杂填土或含水量较大的软塑黏性土层中钻进时,应尽量减少钻杆晃动,以免扩大孔径及增加孔底虚土。当出现钻杆跳动、机架摇晃、钻不进等不正常现象时应立即停钻检查。钻进过程中应随时清理孔口积土,遇到地下水、缩孔、坍孔等不正常现象时应会同有关单位研究处理。

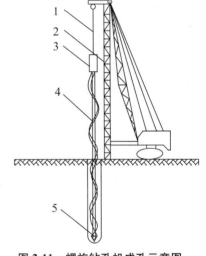

图 2-11 螺旋钻孔机成孔示意图
1—钢丝绳;2—导架;3—电动机;
4—螺旋钻杆;5—钻头

③ 清除孔底虚土。钻孔至设计深度后,应在原处空转清土,经清土后孔底的虚土厚度应符合规定要求,并注

意保护好孔口。若孔底虚土厚度较大,应及时处理,否则影响桩的承载力。目前治理虚土的实用方法是用孔底夯实机具夯实。

④ 吊放钢筋笼,浇注混凝土。吊放钢筋笼前,应测量孔内虚土厚度,清孔并符合要求后,先吊放钢筋笼,后浇注混凝土。灌注桩的混凝土的强度等级不得低于 C25,坍落度一般采用 180～220 mm;混凝土应连续浇注,分层捣实,每次浇注高度不得大于 1.5 m。当混凝土浇筑到桩顶时应适当超过桩顶标高,以保证在凿除浮浆层后使桩顶标高和质量能符合设计要求。

(2) 泥浆护壁成孔灌注桩施工

泥浆护壁成孔灌注桩是利用原土自然造浆或人工造浆液护壁,通过循环泥浆将被钻后切削土体的土块钻屑挟带出孔外而成孔,而后安放钢筋笼,水下灌注混凝土而成桩。其施工工艺流程图如图 2-12 所示。

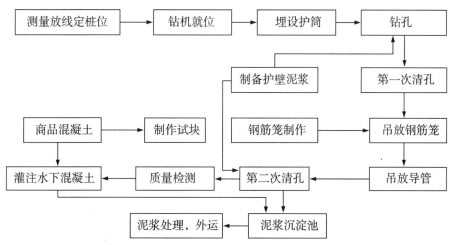

图 2-12　泥浆护壁成孔灌注桩施工工艺流程图

① 测定桩位、埋设护筒

钻孔成败的关键是防止孔壁坍塌。当钻孔较深时,地下水位以下的孔壁土在静水压力下会向孔内坍塌,甚至发生流砂现象。钻孔内若能保持比地下水位高的水头,增加孔内静水压力,能稳定孔壁,防止坍孔,护筒在施工中的运用就起到了一部分这种作用。

护筒一般用 4～8 mm 厚的钢板制作。当采用回旋钻机时,护筒内径宜大于钻头直径 100～150 mm;当采用冲击钻时,宜大于 200～300 mm。护筒上部开设 1～2 个溢水孔,埋入深度不应小于 1(黏土)～1.5 m(砂土)。护筒与土壁之间用黏土填实,顶部应高出地面 300～400 mm。孔内泥浆面宜保持高出地下水位 1 m。开钻前在复核后的桩位上埋设护筒。护筒埋设应准确、稳定,护筒中心与桩位中心的偏差不得大于 50 mm。

护筒的作用是:固定桩孔位置,保护孔口和提高孔内所存储的泥浆水头以防止坍孔,为钻头导向。

② 钻机就位、钻进

泥浆护壁成孔灌注桩成孔方法有钻孔、冲孔和抓孔 3 种,其中常用的钻孔机械有回转钻机和潜水钻机等。回转钻机(图 2-13)是目前灌注桩施工中应用最为广泛的钻孔机械,它由机械动态力传动,配以空心钻杆和笼式钻头,可用正循环或反循环泥浆护壁方式钻进。这种钻机具有性能好、钻进力大、效率高、噪音和震动小、成孔质量好等优点。最大成孔直径为 1.2～2.5 m，钻孔深度可达 50～100 m。

正循环回钻钻进成孔时，由高压水泵（或泥浆泵）从空心钻杆输入压力（或泥浆）通过钻头底部射出，由压力水和钻头钻进时切削下来的黏土形成泥浆（即为原土造浆），或由直接输入的泥浆（制备的泥浆或者循环泥浆），既能护壁，又能把钻进时切削出的土渣悬浮起来，随同泥浆从孔底涌向孔口，形成正循环方式排渣至泥浆沉淀池（图 2-14）。正循环法操作简单，工艺成熟，当孔深不太深，孔径小于 800 mm 时，钻进效果好；当孔径较大时，泥浆循环时返流速度慢，排渣能力弱，孔底沉渣多。正循环在适用的土层中钻进速度较快，但需要设置泥浆槽、沉淀池等，施工占地较大，且机具设备较复杂。

正循环适用于黏性土、粉土、砂类土、淤泥（质）土、卵砾石层、风化岩层等。桩孔直径不宜大于 1 000 mm，深度不宜超过 40 m。

反循环回转钻进成孔时，通常多用泵吸反循环方法，它是将砂石泵的吸入管与空心钻杆连接后，利用泵的抽吸作用使管路内形成负压，将钻进切削下来的泥渣随同泥浆从孔底沿空心钻杆上升孔外，形成反循环方法排渣至泥浆沉淀池（图 2-15）。反循环法泥浆上返速度快，排渣能力强，钻进效率高，孔底沉渣少，成孔质量好，但接长钻杆时装卸麻烦，钻渣容易堵塞管路，另外，因泥浆是从上向下流动，故孔壁坍塌的可能性较正循环的大，为此需要较高质量的泥浆。反循环回转钻进成孔适用于填土、淤泥、粉土、砂土、砂砾等地层。

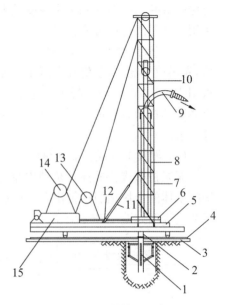

图 2-13　回转钻机示意图

1—钻头；2—钻管；3—轨枕钢板；4—轮轨；5—液压移动平台；6—回转盘；7—机架；8—活动钻杆；9—吸泥浆弯管；10—钻管钻进导槽；11—液压支持；12—传力杆方向节；13—副卷扬机；14—主卷扬机；15—变速箱

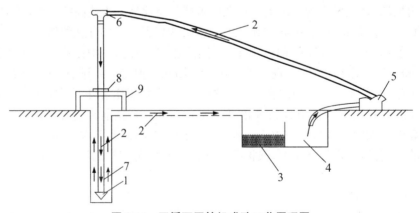

图 2-14　正循环回转机成孔工艺原理图

1—钻头；2—泥浆循环方向；3—沉淀池；4—泥浆池；5—泥浆泵；6—接头管；7—钻杆；8—回钻盘；9—工作平台

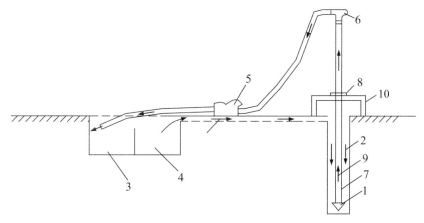

图 2-15　反循环回转机成孔工艺原理图

1—钻机；2—补入泥浆流向；3—沉淀池；4—泥浆池；5—泥浆泵；6—接头管；
7—钻杆；8—回钻盘；9—混合泥浆流向；10—工作平台

③ 泥浆护壁成孔

钻孔的同时应注入泥浆（或原土造浆）护壁，并使护筒的泥浆面高出地下水位 1～1.5 m。由于泥浆的密度比水大，泥浆所产生的液柱压力可平衡地下水压力，并对孔壁有一定的侧压力，成为孔壁的一种液态支撑。同时，泥浆中胶质颗粒在泥浆压力下渗入孔壁表层空隙中，形成一层泥皮，从而可以保护孔壁，防止塌孔。泥浆除护壁作用外，还具有携带土渣、润滑钻头、降低钻头发热和减少钻孔阻力等作用。

在黏土和粉质黏土中成孔时，可以注入清水以原土造浆护壁；在砂土容易塌孔的土层中成孔时，则应采用制备的泥浆护壁。泥浆制备应选用高塑性黏土或膨润土。用膨润土制备的泥浆其主要性能指标如下：相对密度 1.1～1.2，黏度为 18～22 s，含砂率＜4%～8%，胶体率≥90%。

在成孔过程中应经常测定泥浆的相对密度，一般注入的泥浆相对密度控制在 1.1～1.15，排出泥浆的相对密度宜为 1.2～1.4，对于易塌孔的土层排除泥浆的相对密度可增大至 1.3～1.5。此外，对泥浆的黏度应控制适当，黏度大，携土带渣能力强，但影响钻孔速度；黏度小，则不利于护壁和排渣。泥浆中含砂率也不宜过大，否则会降低黏度，增加沉淀。

④ 清孔

钻孔的深度、直径、位置和孔形直接关系到成孔的质量与桩身曲直。为此，除了在钻孔过程中要密切观测监督外，在钻孔达到设计要求深度后应对孔深、孔位、孔形、孔径等进行检查。确认满足设计要求后，填写"终孔检查证"。

当钻孔达到设计深度后应及时清孔，清孔方法如下：对稳定性差的孔壁宜采用泥浆循环方法排渣清孔；对孔壁土质较好不易塌孔的，可用空气吸泥机清孔。

清孔一般分两次进行。第一次清孔是在钻进刚达到设计深度时就立即开始，一般采用正循环换浆法清孔，即将钻孔杆提离孔底 300～500 mm 后就不断置换泥浆，维持正循环清孔 30 min 左右，确认孔内泥浆稠度和孔底沉渣厚度基本符合要求后即可将钻杆提起，进行吊放钢筋笼工作。第二次清孔是在下导管后、灌注混凝土前进行。通常可采用泵吸反循环法清孔。清孔过程中必须及时补给足够的泥浆，使护筒内泥浆保持稳定。清孔结束后，灌注

混凝土前,泥浆性能指标与孔底沉渣厚度应符合下列规定:

a. 距孔底 500 mm 处取样,泥浆相对密度<1.25,含砂率≤8%,黏度≤28 s。

b. 孔底沉渣厚度:端承桩≤50 mm;摩擦端承桩、端承摩擦桩≤100 mm;摩擦桩≤150 mm。

注意:第二次清孔结束与灌注混凝土开始这一段时间间隔一般不得大于 0.5 h,否则应重新清孔。

⑤ 质量检验与质量标准

钻孔在终孔和清孔后,应使用仪器对成孔的孔位、孔形、孔深、孔径、竖直度(斜度)、泥浆相对密度、孔底沉淀厚度等进行检验。孔的中心位置:群桩的不大于 10 cm,单排桩的不大于 5 cm;孔径:不小于设计桩径;倾斜度:直桩的要小于 1/100,斜桩的要小于设计斜度的25%;孔深:摩擦桩不小于设计规定,柱桩比设计深度超深不小于 5 cm;孔内沉淀土的厚度:摩擦桩的不大于$(0.4\sim0.6)d(d$ 为设计桩径),柱桩的不大于设计规定;清孔后泥浆指标:相对密度为 1.05~1.2,黏度为 17~20 s,含砂度小于 4%。

⑥ 吊放钢筋笼

灌注桩内钢筋的配置长度,一般按全桩长配筋或按桩长的 1/2~1/3 配筋施工时,宜分段制作钢筋笼,分段吊放就位,钢筋笼接头宜采用焊接连接。钢筋笼搬运和吊装时为了防止变形,吊放入孔时要对准孔位,保持垂直,徐徐放入。避免碰撞孔壁,就位后对钢筋笼固定要牢靠,以防钢筋笼坠落或灌注混凝土时上浮。

⑦ 吊放导管、浇注泥浆下混凝土

由于桩孔内充满泥浆,混凝土不能直接浇入桩孔的泥浆中,而是采用导管法浇筑混凝土(图 2-16)。

在桩孔位置组装吊放导管后,浇筑混凝土前,先将一球塞放入导管内(常用球塞有吹气的厚皮塑料球和橡皮球等),然后向导管内浇筑混凝土。当混凝土沿导管往下将球塞冲出导管下口(球塞浮起)时,即开始浇筑混凝土。一边不断浇入混凝土,一边缓慢提升导管,并使导管埋入混凝土内,始终保持在适宜深度,一般为 2~6 m。同时,还要注意在导管内的混凝土柱体必须保持一定的高度,使作用在导管底部出口

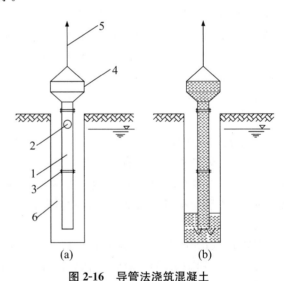

图 2-16 导管法浇筑混凝土
1—导管;2—球塞;3—密封接头;4—漏斗;5—吊索;6—桩孔

处的混凝土有一定的出口压力,方能使混凝土向外、向上扩散,进行柱身混凝土浇筑。随着不断浇筑混凝土和相应地将导管上提,可逐节将管顶部的管节自漏斗底部拆下,直至该桩混凝土浇筑完成。

用导管法浇筑混凝土时,由于混凝土表面层始终与泥浆接触,桩顶上部分混凝土夹杂泥浆而结构松软,混凝土浇筑完后需清除掉,故桩顶混凝土浇筑的最终高程应高出设计高程一定高度(按设计要求定),以确保桩顶上泛浆凿除后,桩顶设计标高处混凝土强度满足设计要

求。因此,施工中严格测定和准确控制每根桩混凝土浇筑的最终高程,保证留足混凝土超灌量是十分重要的。

（3）泥浆护壁灌注桩事故的处理

① 导管漏水（浸水）。若发现导管漏水,则应立即查明原因和漏失位置以及漏水的严重情况。若漏水位置靠近导管的上部,浸水又不大,则可继续进行灌注。若浸水严重,则应设法堵漏或换掉漏水的导管。在这种情况下,若不提动底节套管就能处理,且已灌混凝土不受影响时,仍可继续灌注;若处理或拔换导管费时较长,而所灌注混凝土不多,可将其全部清除,重新灌注;若已灌注混凝土很多,但中断时间不长,混凝土还有流动性,则可将导管猛插入孔内混凝土达到 30～50 cm 或更深一点,然后继续灌注。应对发生这种事故的桩进行钻孔取心检查。

② 钢筋笼被导管挂起。当提升导管,钢筋笼被提起时,应将导管下降一点,并转动导管使导管移动到中心位置即可脱挂。为防止这类事故的发生,第一,导管安装时,应保证在孔的中心,导管不得有弯曲;第二,应在导管法兰接头处加设锥形活套。

③ 粗集料卡管。由于混凝土坍落度过小,流动性差,并夹有大径碎卵石,或混凝土拌和不匀,运输中严重离析,导管浸水致使混凝土受水冲洗,骨料集中在一起等原因发生卡管时,可在容许的导管埋深范围内略为提升导管,或提升后猛往下插以抖动导管。注意抖动后导管下口不得低于原来的位置,以避免下部流动性差的混凝土堵塞导管口。若用上述措施仍不能消除卡管,则应停止灌注,用长管子进行疏通。若卡塞得较严重,可下入振捣器进行振动以消除事故。

④ 断桩。断桩事故的主要原因有以下几点:一是表层混凝土失去流动性,继续灌注的混凝土顶破表层而上升,将混有泥浆的表层混凝土上下隔断,从而造成断桩;二是由于提升过猛,导管提离混凝土面,所灌注的混凝土覆盖在混有泥浆的表层混凝土面上,从而造成断桩;三是由于地下水活动的影响或导管接头密封不良,冲洗液浸入,使混凝土水灰比增大,从而造成断桩。

如果发现断桩,该桩承受较大弯矩,可用小桩钢筋笼的钻头在桩中心钻孔穿过断桩处以下一定深度,用高压水冲洗后,在钻孔中插入小直径钢筋笼或其他型材,然后灌注粗集料粒度不大于 0.5 cm 的混凝土浆或压入砂浆即可。若断桩处靠近地面,而发现断桩后又未继续灌注,则可视具体情况,采取下入长的护筒或沉入小沉井等方法排水清除钻渣,并对桩头做必要的凿除清理后再灌入新的混凝土至设计标高。

⑤ 护筒周围冒浆。在钻进过程中,护筒周围冒浆,如不及时处理,将会引起护筒倾斜、位移、桩孔偏斜等,严重者无法继续施工。护筒周围冒浆的原因,是由于埋设护筒时周围填土不密实或是起落钻杆时碰动护筒。处理方法是:如刚开始钻进就发现护筒周围冒浆,可用黏土在护筒四周填实加固;如护筒严重下沉或位移,则应返工重新埋设。

⑥ 孔壁坍塌。在钻进过程中,如发现孔内泥浆不断冒细密水泡或者护筒内的泥浆面突然下降,表明有坍孔迹象。坍孔原因是由于土质松散,护壁泥浆密度太小;护筒内泥浆面高度不够或下放钢筋笼时碰坏孔壁等引起的。处理方法是:加大泥浆密度,保持护筒内泥浆高度,以稳定孔壁。如泥浆突然漏失或塌孔严重,在判明塌孔位置和分析原因后,应立即回填砂和黏土混合物到塌孔位置以上 1～2 m,待回填土沉积密实、孔壁稳定后再进行钻孔。

2）沉管灌注桩施工

沉管灌注桩是指用锤击或振动方法，将带有预制钢筋混凝土桩尖（亦称桩靴）或钢活瓣桩尖（图 2-17）的钢桩管沉入土中成孔，然后放入钢筋笼，灌注混凝土，最后边拔、边锤击、边振动钢柱管，使混凝土密实而成桩。

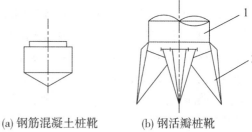

(a) 钢筋混凝土桩靴　　(b) 钢活瓣桩靴

图 2-17　桩靴示意图
1—桩管；2—活瓣

沉管灌注桩的施工特点：一是沉设钢桩管成孔时和打设预制桩所用沉桩设备与方法基本相同，沉管施工过程也有挤土、噪音和振动，对周围环境有不良影响；二是用沉管成孔，不存在塌孔问题，因此，在有地下水、流砂、淤泥的情况下可使施工大大简化。

沉管灌注桩按沉管设备和施工方法不同，分为锤击沉管灌注桩、振动沉管灌注桩、振动冲击沉管灌注桩和夯扩桩等，下面主要介绍振动沉管灌注桩施工。

（1）振动沉管机械设备

振动沉管机械设备（图 2-18）主要由桩架、振动桩锤（又称激振器）、钢桩管和滑轮等组成。桩架共设置 3 套滑轮组，一组用于振动桩锤和钢桩管的升降；一组用于对钢桩管加压；一组用于升降混凝土吊斗。

（2）施工方法

振动沉管灌注桩施工时，先在桩位上埋设好桩尖，桩机就位后用桩架吊起钢桩管垂直地套入桩尖。在桩管与桩尖接触处应垫有麻绳，作为缓冲层和防止沉管过程中泥水进入管内，检查好桩管垂直度（允许偏差为 0.5%）后，即可将桩尖压入土中，开动振动锤，进行沉管灌注桩施工。

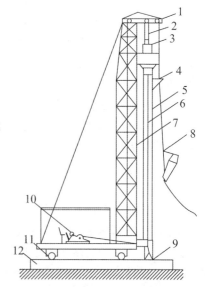

图 2-18　振动沉管灌注桩设备示意图
1—导向滑轮；2—滑轮组；3—振动桩锤；4—混凝土漏斗；5—桩管；6—加压钢丝绳；7—桩架；8—混凝土吊斗；9—活瓣桩靴；10—卷扬机；11—行驶用钢管；12—枕木

① 单打法

单打法是一般正常沉管的施工方法。沉管到设计要求深度后，当桩身配有不到孔底的钢筋笼时，第一次混凝土应先浇至笼底标高，然后放入钢筋笼，再灌混凝土至桩顶标高。接着就可开动振动桩锤振动，先振动 5～10 s，然后拔管。应边振边拔，每拔 0.5～1 m 停拔振动 5～10 s，如此反复，直至桩管全拔出。在一般土层内，拔管速度宜为 1.2～1.5 m/min；在软弱土层中，宜控制在 0.6～0.8 m/min。单打法施工速度较快，但单桩承载力较小，适用于含水量较小的土层。

② 复打法

为了扩大桩截面以提高其设计承载力或用单打法成桩后有断桩和缩颈需加以处理时，常采用复打法成桩。即在单打成桩后，立即在原桩位再埋入桩尖，并将桩管外壁上的污泥清除后套在桩尖上,进行第二次打入,将原桩混凝土挤入周围土体,成桩拔管过程同单打法,复打时须在单打成桩的混凝土初凝前完成,且两次打入的轴线应重合。

③ 反插法

反插法施工时,在桩管灌满混凝土之后,先振动再拔管,每次拔管高度为 0.5~1 m,反插深度为 0.3~0.5 m,拔管速度应小于 0.5 m/min。如此反复进行,直至桩管全部拔出地面。

反插法施工后能使桩的截面增大,可消除断桩和缩颈现象,从而提高桩的承载力。反插法适用于饱和土层,但在流动性淤泥中不宜使用。

(3) 施工中常见的问题及处理方法

① 断桩

桩身断裂,裂缝一般呈水平或略有倾斜,其位置常见于地面下 1~3 m 不同软硬土层交接处。产生断桩的主要原因是桩距过小,打邻桩时使土体挤压和隆起而产生水平力和拉力。软硬土层间传递水平力大小不同,对桩产生剪应力,若桩身混凝土终凝不久,强度低,承受不了外力影响,就会出现断桩。预防措施:当桩距小于 4 倍桩管外径时,应采用跳打法施工,中间未打的桩需待已打的邻桩混凝土达到设计强度等级要求的 50% 以上方可施工,否则应在邻桩混凝土初凝之前施工完毕。

② 缩颈桩

缩颈桩(又称瓶颈桩)是指桩身某部分缩小,截面积不符合设计要求的桩,多发生在饱和的淤泥或淤泥质软土地层中。产生缩颈桩的主要原因是:在含水量大的黏性软土层沉管时,土受挤压产生很高的孔隙水压力,待桩管拔出后,这种水压力便作用于新浇筑的混凝土桩身上,使桩身被压缩,产生不同程度的缩颈现象。预防措施:在施工中应保持桩管内混凝土有足够的高度,以平衡孔隙水压;同时,混凝土的和易性要好,使出管扩散快,拔管速度适当放慢,并加强振动,使混凝土密实性好。检查发现有缩颈现象时,一般可采用复打法处理。

③ 吊脚桩

吊脚桩是指桩尖未与土体接触而悬空,或桩底混进泥砂而形成软弱松散层的桩脚。产生吊脚桩的主要原因是预制桩尖质量差,沉管时桩尖边沿被打坏而挤入桩管内,拔管至一定高度后才被振落下并被土壁卡住,形成桩底悬空;或是桩尖倾斜损坏,使泥砂挤入管内,灌注混凝土后形成松软层。如使用活瓣桩尖,往往是由于提管时桩尖未及时打开所致。预防措施:要严格检查桩尖质量(预制桩尖混凝土强度应不小于 C30),以避免桩尖被打坏。沉管时,应用吊铊检查桩尖是否被挤入桩管内,如发现桩尖已坏,应及时拔出桩管,在桩孔内填砂后重打。

3) 人工挖孔灌注桩施工

人工挖孔灌注桩是指在桩位上采用人工挖桩孔,每挖一节即施工一节井圈护壁,如此反复向下挖至设计标高。孔底按设计要求还可以扩大,经清孔后吊入钢筋笼,灌注混凝土而成桩。

人工挖孔灌注桩的优点是:设备简单;无噪音、无振动、无挤土,对施工现场周围的原有建筑及市政设施影响小;挖孔时可直接观察土层变化情况;孔底残渣可清除干净,施工质量易于保证;可根据需要同时开挖若干个桩孔,或各桩孔同时施工,以加快施工进度;造价较低。缺点是人工耗量大,劳动繁重,安全操作条件差等。当地下水位低,土质条件好,桩径大,孔深较浅,施工场地较狭小时,可采用此法施工;当地下水位高,桩径不大,孔深长,又有承压水的砂土层、滞水层、厚度大的高压缩性淤泥层和流塑淤泥质土层时则不宜采用。

人工挖孔灌注桩挖孔时,为了保证施工安全,桩孔需在设置护壁的条件下开挖。在一般土质条件下,多采用砖护壁或混凝土井圈护壁。

当采用混凝土井圈护壁时,护壁的厚度、配筋、混凝土强度等级均应符合设计要求。桩孔挖土与混凝土井圈护壁的设置方法如图 2-19 所示。混凝土井圈护壁随掘进分节设置,每节高约 1 m,上下节护壁搭接长度不小于 50 mm,其内壁成斜面,下口壁厚约 100 mm、上口约 170 mm,故孔壁成锯齿形,这既是浇筑混凝土的需要,又有利于与桩身混凝土紧密结合。

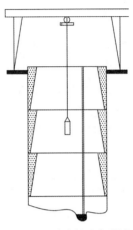

图 2-19 孔内挖土与混凝土井圈护壁的设置

4)大直径扩底灌注桩基础

在工程实践中,由于上部结构荷载增大,也由于施工机具和施工方法的改进,大直径扩底桩得到了广泛的发展和应用。以机械或人工的方法成孔并扩大桩孔底部,在现场浇筑钢筋混凝土,直径大于 0.8 m 的桩称为大直径扩底桩。桩孔扩底常用的方法有反循环钻孔扩底灌注桩和爆扩法:

(1)反循环钻孔扩底灌注桩:反循环扩孔扩底法的扩底钻具有以下 4 种:

① 上开式扩底。桩孔钻完后,应在规定的扩底设计深度处把扩底刀刃如伞似的反向打开进行扩底,扩底面应按设计尺寸逐步扩大,直至形成扩大头。

② 下开式扩底。桩孔钻完后,应在设计深度处将关闭的扩底刀刃徐徐打开扩底,直至形成扩大头。

③ 扩刀滑降式底。桩孔钻完后,应在设计深度处扩幅刀刃沿着倾斜的固定导架下滑的同时,慢慢掘削成扩大头。

④ 扩刀推出式扩底。桩孔钻完后,应在设计深度处把刀刃的作用面向外侧缓慢伸展,掘挖出扩大头。

反循环钻孔最大扩底直径应为桩身直径的 3 倍。扩底掘削土块采用反循环泥浆钻施工法排出。

(2)爆扩法

即在桩身成孔后,再用炸药爆炸扩大孔底。适宜于可以爆扩成型的地下水位以上或很少地下水的黏性土,中密或密实的砂质土、碎石及风化岩石层。施工前,应现场做爆扩试验,在每一种土层中试验的孔数不少于 2 个,以通过试验来检验桩孔扩大头尺寸是否符合设计要求。

2.2.4 桩基础检测与验收

桩基础工程和其他工程一样,在施工过程中和施工结束后要进行相关项目的检查与验收。根据桩的性质不同,验收的内容也略有不同,一般规定:

(1)当桩顶设计标高与施工场地标高相同时,或桩基施工结束后,有可能对桩位进行检查时,桩基工程验收应在施工结束后进行。

(2)当桩顶设计标高低于施工场地标高,送桩后无法对桩位进行检查时,对打入桩可在每根桩顶沉至场地标高时进行中间验收,待全部桩施工结束,承台或底板开挖到设计标高后再做最终验收。对灌注桩可对护筒位置做中间验收。

(3)预制桩的桩位偏差、垂直度偏差、接桩质量、承载力等,灌注桩的桩位偏差、桩顶标高、垂直度、成桩直径、成桩工艺、承载力等验收应符合现行施工质量验收规范要求。灌注桩桩位允许偏差见表 2-2。

表 2-2 灌注桩的桩径、垂直度及桩位允许偏差

序号	成孔方法		桩径允许偏差(mm)	垂直度允许偏差(mm)	桩位允许偏差(mm)
1	泥浆护壁钻孔桩	$D<1\,000\ mm$	≥ 0	$\leq 1/1\,000$	$\leq 70+0.01\,H$
		$D\geq 1\,000\ mm$			$\leq 100+0.01\,H$
2	套管成孔灌注桩	$D<500\ mm$	≥ 0	$\leq 1/1\,000$	$\leq 70+0.01\,H$
		$D\geq 500\ mm$			$\leq 100+0.01\,H$
3	干成孔灌注桩	≥ 0	≥ 0	$\leq 1/1\,000$	$\leq 70+0.01\,H$
4	人工挖孔桩	≥ 0	≥ 0	$\leq 1/2\,000$	$\leq 50+0.005\,H$

注:① H 为桩基施工面至设计桩顶的距离(mm)。

② D 为设计桩径(mm)。

(4)除了对成桩的质量进行检验外,还应对桩基础的资料进行验收。验收的资料有:

① 工程地质勘查报告、桩基施工图、图纸会审纪要、设计变更及材料代用通知单等。

② 经审定的施工组织设计、施工方案及执行中的变更情况。

③ 桩位测量放线图,包括工程桩位复核签证单。

④ 制作桩的材料试验记录,成桩质量检查报告。

⑤ 单桩承载力检测报告。

⑥ 基坑挖至设计标高的基桩竣工平面图及桩顶标高图。

桩基承载力及桩身完整性检测的方法有静载试验(破损试验)、钻芯法、动测法(无损试验)和声波透射法,根据我国《建筑基桩检测技术规范》(JGJ 106—2014)规定:

① 静载试验法

桩的静载试验,是模拟实际荷载情况,通过静载加压,得出一系列关系曲线,综合评定确定其容许承载力,它能较好地反映单桩的实际承载力。荷载试验有多种,通常采用的是单桩竖向抗压静载试验、单桩竖向抗拔静载试验和单桩水平静载试验。采用静荷载试验的方法进行检验,检验桩数不应少于总数的 1%,且不应少于 3 根。总数少于 50 根时,不应少于 2 根。

② 动测法

动测法,又称动力无损检测法,是检测桩基承载力及桩身质量的一项新技术,作为静载试验的补充。

动测法是相对于静载试验法而言,它是对桩土体系进行适当的简化处理,建立起数学—力学模型,借助于现代电子技术与量测设备采集桩—土体系在给定的动荷载作用下所产生的振动参数,结合实际桩土条件进行计算,所得结果与相应的静载试验结果进行对比,在积累一定数量的动静试验对比结果的基础上找出两者之间的某种相关关系,并以此作为标准

来确定桩基承载力。另外,可应用波动理论,根据波在混凝土介质内的传播速度、传播时间和反射情况,用来检验、判定桩身是否存在断裂、夹层、颈缩、空洞等质量缺陷。

一般静载试验可直观地反映桩的承载力和混凝土的浇筑质量,数据可靠。但试验装置复杂笨重,装、卸、操作费工费时,成本高,测试数量有限,并且易破坏桩基。而动测法试验的优点是:仪器轻便灵活,检测快速;单桩试验时间仅为静载试验的 1/50 左右;可大大缩短试验时间;数量多,不破坏桩基,相对也较准确,可进行普查;费用低,单桩测试费约为静载试验的 1/30,可节省静载试验锚桩、堆载、设备运输、吊装焊接等大量人力、物力。据统计,国内用动测方法的试桩工程数目已占工程总数的 70% 左右,试桩数约占全部试桩数的 90%,有效地填补了静力试桩的不足,满足了桩基工程发展的需要,因此社会经济效益显著。但动测法也存在需做大量的测试数据、需静载试验资料来充实完善、需编制电脑软件、所测得的极限承载力有时与静载荷值离散性较大等问题。

③ 钻芯法

钻芯法是用钻机钻取芯样以检测混凝土灌注桩的桩长、桩身混凝土强度、桩底沉渣厚度和桩身完整性,判定或鉴别桩端持力层岩土性状的方法。

④ 声波透射法

声波透射法是在预埋声测管之间发射并接收声波,并通过实测声波在混凝土介质中传播的声时、频率和波幅衰减等声学参数的相对变化,对桩身完整性进行判定的检测方法。

2.3 地基处理及加固

地基虽然不是建筑物的一部分,但是支承着建筑物的上部荷载,所以与建筑物的安危息息相关。同时,建筑物对地基也有很高的要求,简单概括包含以下 3 个方面:可靠的整体稳定性;足够的地基承载力;在建筑物的荷载作用下,其沉降值、水平位移及不均匀沉降需要满足一定值的要求。

地基可分为天然地基和人工地基两大类。具有足够的承载力,不需要人工改善或加固便可直接承受建筑物荷载的地基,即为天然地基。若天然地基缺乏足够的稳定性,不能满足承受上部建筑荷载和变形的要求,就必须对其进行人工处理,以提高其承载力和稳定性,加固后的地基,即为人工地基。

地基加固的原理是:将土质由松变实,将土的含水量由高变低。即可达到地基加固的目的。常用的人工地基处理方法有换土法、压实法和打桩法三大类。

2.3.1 换土法

换土法是将基础下部一定范围内承载力低的软土层挖去,然后回填强度较大、压缩性低的砂、碎石或灰土等,并分层夯至密实,作为基础垫层的方法。换填按其回填的材料可分为砂地基、碎(砂)石地基、灰土地基等。

1) 砂地基和砂石地基

砂地基和砂石地基是将基础下一定范围内的土挖去,然后采用颗粒级配良好,质地坚硬的中砂、粗砂、砾砂、碎（卵）石、石屑或其他工业废粒料回填，并经分层夯实，作为基础持力层。该地基工艺简单、工期短、造价低，适用于处理透水性强的软弱黏性土地基，但不宜用于湿陷性黄土地基和不透水的黏性土地基。

（1）材料要求

砂和砂石地基所用材料，宜采用颗粒级配良好，质地坚硬的中砂、粗砂、砾砂、碎（卵）石、石屑或其他工业废粒料。在缺少中、粗砂和砾砂的地区可采用细砂，但宜同时掺入一定数量的碎（卵）石，其掺入量应符合地基材料含石量不大于 50%。所用砂石料，不得含有草根、垃圾等有机杂物，含泥量不应超过 5%。用作排水地基时，含泥量不应超过 3%，碎石或卵石最大粒径不宜大于 50 mm。

（2）施工要点

① 铺筑地基时应验槽，先将基底表面浮土、淤泥等杂物清除干净，边坡必须稳定，防止塌方。基坑（槽）两侧附近如有低于地基的孔洞、沟、井和墓穴等，应在未做换土地基前加以处理。

② 砂和砂石地基底面宜铺设在同一标高上，如深度不同时，施工应按先深后浅的程序进行。土面应挖成踏步或斜坡搭接，搭接处应夯压密实。分层铺筑时，接头应做成斜坡或阶梯形搭接，每层错开 0.5～1.0 m，并注意充分捣实。

③ 人工级配的砂、石材料，应按级配拌和均匀后再进行铺填捣实。

④ 换土地基应分层铺筑、分层夯（压）实，每层的铺筑厚度不宜过大，施工时应对下层的压实度检验合格后方可进行上层施工。

⑤ 在地下水位高于基坑（槽）底面施工时，应采取排水或降低水位的措施，使基坑（槽）保持无积水状态。如用水撼法或插入振动法施工时，应控制注水和排水。

⑥ 冬季施工时，不得采用夹有冰块的砂石作地基，并应采取措施防止砂石内水分冻结。

（3）质量检查

砂和砂石地基密实度现场检测方法主要通过现场测定其干密度来鉴定，常用的方法有环刀取样法和贯入测定法。

2）灰土地基

灰土地基是将基础底面一定范围内的软弱土层挖去，用按一定体积配合比的石灰和黏性土拌和均匀，在最优含水量情况下分层回填夯实或压实而成。石灰和土的体积比一般取3:7或2:8，灰土地基的强度一般随着石灰含量的增多而增大，但石灰含量超过一定比例时其强度增加很小。该地基施工工艺简单，取材容易，费用低，适用于处理 1～4 m 厚的软弱土层。

（1）材料要求

灰土的土料宜采用就地挖出的黏土及塑性指数大于 4 的粉土，但不得含有有机杂质或使用耕植土。使用前土粒应过筛，其粒径不得大于 15 mm。灰土的石灰应是经过消解的熟石灰，粒径不得大于 5 mm，并不得夹有未熟化的生石灰块，也不得含有过多的水分。

（2）施工要点

① 施工前应先验槽，清除松土，如发现局部有软弱土层或孔洞，应及时挖除后用灰土分层回填夯实。

② 施工时，应将灰土拌和均匀，颜色一致，并适当控制其含水量。现场检验方法是用手

将灰土紧握成团,两指轻捏能捏碎为宜,如土料水分过多或不足时应晾干或洒水润湿。灰土拌好后及时铺好夯实,不得隔日夯打。

③ 铺灰应分段分层夯筑,每层虚铺厚度应按所用夯实机具参照表 2-3 选用。每层灰土的夯打遍数,应根据设计要求的干密度在现场试验确定。

表 2-3　灰土最大虚铺厚度

夯实机具种类	重量(t)	厚度(mm)	备　　注
石夯、木夯	0.04～0.08	200～250	人力送夯,落距 400～500 mm,每夯搭接半夯
轻型夯实机械	0.12～0.4	200～250	蛙式打夯机或柴油打夯机
压路机	6～10	200～300	双轮

④ 灰土分段施工时,不得在墙角、柱基及承重窗间墙下接缝。上下两层灰土的衔接距离不得小于 500 mm,接缝处的灰土应注意夯实。

⑤ 在地下水位以下的基坑(槽)内施工时,应采取排水措施。夯实后的灰土在 3 天内不得被水浸泡。灰土地基打完后应及时进行基础施工和回填土,否则要做临时遮盖,防止日晒雨淋。刚打完毕或尚未夯实的土,如遭受雨淋浸泡,则应将积水及松软灰土除去并补填夯实,受浸湿的灰土应在晾干后再夯打密实。

⑥ 冬季施工时,不得采用冻土或夹有冻土的土料,并应采取有效的防冻措施。

(3) 质量检查

灰土地基的质量检查,宜采用环刀法取样,测定其干密度。质量标准可按压实系数 λ_c 鉴定,一般为 0.93～0.95。实系数 λ_c 为土施工时实际达到的干密度 ρ_d 与室内采用击实试验得到的最大干密度 ρ_{dmax} 之比。

2.3.2　压实法

压实法是通过用重锤夯实或压路机碾压,挤出软弱土层中土颗粒间的空气,使土中空隙压缩,提高土的密实度,从而达到增加地基土承载力的方法。这种方法经济实用,适用于土层承载力与设计要求相差不大的情况。压实法根据压实的机械或设备不同,通常可分为夯实法、重锤夯实法、机械碾压法。下面介绍重锤夯实地基的施工。

重锤夯实是用起重机械将特制的夯锤提升到一定高度后,利用自由下落时的冲击能来夯实基土表面,使其形成一层较为均匀的硬壳层,从而使地基得到加固。适用于处理地下水位 0.8 m 以上稍湿的黏性土、砂土、湿陷性黄土、杂填土和分层填土地基。但当夯击振动对邻近的建筑物、设备以及施工中的砌筑工程或浇筑混凝土等产生有害影响时,或地下水位高于有效夯实深度以及在有效深度内存在软黏土层时,不宜采用。

1) 机具设备

机具设备主要有起重机、夯锤、吊钩。夯锤形状为圆锥体,可用 C20 钢筋混凝土制作,其底部可用 20 mm 厚钢板。夯锤重量一般为 1.5～3 t,锤底直径一般为 1.0～1.5 m。起重机可采用履带式起重机、打桩机等,也可采用自制的桅杆式起重机或龙门式起重机。

2) 施工要点

(1) 施工前应在现场进行试夯,选定夯锤重量、底面直径和落距,以便确定最后下沉量及相应的夯击遍数和总下沉量。最后下沉量系指最后两击平均每击土面的夯沉量,对黏性土和湿陷性黄土取 10～20 mm,对砂土取 5～10 mm。通过试夯可确定夯实遍数,一般试夯约 6～10 遍,施工时可适当增加 1～2 遍。

(2)采用重锤夯实分层填土地基时,每层的虚铺厚度以相当于锤底直径为宜,夯击遍数由试夯确定,试夯层数不宜少于 2 层。

(3)基坑(槽)的夯实范围应大于基础底面,每边应比设计宽度加宽 0.3 m 以上,以便于底面边角的夯打密实。基坑(槽)边坡应适当放缓。夯实前坑(槽)底面应高出设计标高,预留土层的厚度可为试夯时的总下沉量再加 50～100 mm。

(4)夯实时地基的含水量应控制在最优含水量范围以内。如土的表层含水量过大,可采用铺撒吸水材料(如干土、碎砖、生石灰等)或换土等措施;如土的含水量过低,应适当洒水,加水后待全部渗入土中,一昼夜后方可夯打。

(5)在大面积基坑或条形基槽内夯击时,应按一夯挨一夯的顺序进行(图 2-20(a))。在一次循环中同一夯位应连夯 2 遍,下一循环的夯位应与前一循环错开 1/2 锤底直径,落锤应平稳,夯位应准确。在独立柱基基坑内夯击时,可采用先周边后中间(图 2-20(b))或先外后里的跳打法(图 2-20(c))。

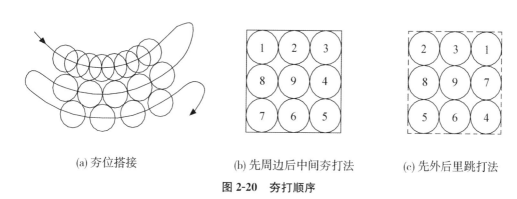

(a) 夯位搭接　　　　　(b) 先周边后中间夯打法　　　　　(c) 先外后里跳打法

图 2-20　夯打顺序

(6)夯实完后,应将基坑(槽)表面修整至设计标高。冬季施工时,必须保证地基在不冻的状态下进行夯击,否则应将冻土层挖去或将土层融化。若基坑挖好后不能立即夯实,应采取防冻措施。

3)质量检查

重锤夯实后应检查施工记录,除应符合试夯最后下沉量的规定外,还应检查基坑(槽)表面的总下沉量,以不小于试夯总下沉量的 90% 为合格。也可采用在地基上选点夯击检查最后的下沉量。夯击检查点数:独立基础每个不少于 1 处,基槽每 20 m 不少于 1 处,整片地基每 50 m² 不少于 1 处。检查后如质量不合格,应进行补夯,直至合格为止。

2.3.3　打桩法

打桩法是在软弱土层中置以桩身,把土壤挤密或把桩打入地下坚硬的土层中来提高土层承载力的方法。通常有振冲地基、灰土桩地基、砂桩地基等。下面介绍振冲地基的施工。

振冲地基,又称振冲桩复合地基,是以起重机吊起振冲器,启动潜水电机带动偏心块,使振冲器产生高频振动,同时开动水泵,通过喷嘴喷射高压水流成孔,然后分批填以砂石骨料形成一根根桩体,桩体与原地基构成复合地基以提高地基的承载力,减少地基的沉降和沉降差的一种快速、经济有效的加固方法。适用于加固松散砂土地基(对黏性土和人工填土地基,经试验证明加固有效时方可使用),该法具有技术可靠、机具设备简单、操作技术易于掌握、施工简便、节省三材、加固速度快、地基承载力高等特点。

1)机具设备

设备主要有振冲器、起重机械、水泵及供水管、加料设备、控制设备等。振冲器为立式潜水电机直接带动一组偏心块,产生一定频率和振幅的水平向振力的专用机械。加料可采用起重机吊自制吊斗或用翻斗车。

2)施工要点

(1)施工前应先在施工现场进行振冲试验,以确定成孔合适的水压、水量、成孔速度、填料方法、达到土体密实时的密实电流值、填料量和留振时间。

(2)振冲前,应按设计图纸定出冲孔中心位置并编号。

(3)启动水泵和振冲器,水压可用 400～600 kPa,水量可用 200～400 L/min,使振冲器以 1～2 m/min 的速度徐徐沉入土中。每沉入 0.5～1.0 m,宜留振 5～10 s 进行扩孔,待孔内泥浆溢出时再继续沉入。当下沉达到设计深度时,振冲器应在孔底适当停留并减小射水压力,以便排除泥浆进行清孔。成孔也可采用将振冲器以 1～2 m/min 的速度连续沉至设计深度以上 0.3～0.5 m 时将振冲器往上提到孔口,再同法沉至孔底。如此往复 1～2 次,使孔内泥浆变稀,排泥清孔 1～2 min 后,将振冲器提出孔口。

(4)填料和振密方法,一般采取成孔后,将振冲器提出孔口,从孔口往下填料,然后再下降振冲器至填料进行振密(图 2-21),待密实电流达到规定数值后振冲器提出孔口。如此自下而上反复进行直至孔口,成桩操作即告完成。

(5)振冲桩施工时桩顶部约 1 m 范围内的桩体密度难以保证,一般应予以挖除,另做地基,或用振动碾压使之压实。

(6)冬季施工应将表层冻土破碎后成孔。每班施工完毕后应将供水管和振冲器内积水排净,以免冻结而影响施工。

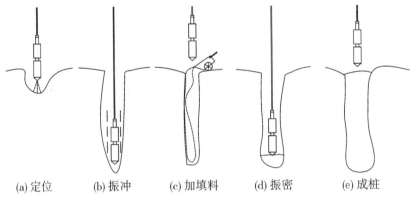

(a)定位　　(b)振冲　　(c)加填料　　(d)振密　　(e)成桩

图 2-21　振冲法制桩施工工艺

3)振冲地基质量检验方法

施工前应检查振冲器的性能,电流表、电压表的准确度及填料的性能;施工中应检查密实电流、供水压力、供水量、填料量、孔底留振时间、振冲点位置、振冲器施工参数等(施工参数由振冲试验或设计确定);施工结束后,待桩完成半个月(砂土)或1个月(黏性土)后方可进行荷载试验,应在有代表性的地段用标准贯入、静力触探及土工试验等方法来检验桩的承载能力,以不小于设计要求的数值为合格。

2.3.4 地基其他加固方法

除以上三种主要方法外,人工地基还有许多其他的处理方法。如化学加固法,是在黏性土中用高压旋喷法向四周土体喷射水泥浆、硅酸钠等化学浆液,形成旋喷桩。电硅化法,是借助于电渗作用,使注入软土中的硅酸钠(水玻璃)和氯化钙溶液进入土的空隙中,形成硅酸,将土粒胶结化。此外,还有排水法、加筋法、热学加固法等人工处理地基的方法,施工时应根据实际的地质情况进行选用。

1) 水泥土搅拌桩地基

水泥土搅拌桩地基系利用水泥、石灰等材料作为固化剂,通过特制的深层搅拌机械,在地基深处就地将软土和固化剂(浆液和粉体)强制搅拌,利用固化剂和软土之间所产生的一系列物理、化学反应,使软土硬结成具有一定强度的优质地基。本方法具有无振动、无噪声、无污染、无侧向挤压,对邻近建筑物影响很小,且施工期短、造价低廉、效益显著等特点。适用于加固较深的较厚的淤泥、淤泥质土、粉土和含水量较高且地基承载力不大于 120 kPa 的黏性土地基,对软土效果更为显著。多用于墙下条形基础、大面积堆料厂房地基,在深基开挖时用于防止坑壁及边坡塌滑、坑底隆起等,以及做地下防渗墙等工程上。

2) 预压地基

预压地基是在建筑物施工前,在地基表面分级堆土或其他荷载,使地基压密、沉降、固结,从而提高地基强度和减少建筑物建成后的沉降量。待达到预定标准后再卸载,建造建筑物。本方法具有使用材料、机具方法简单直接,施工操作方便,但堆载预压需要一定时间,对深厚的饱和软土,排水固结所需的时间很长,同时需要大量堆载材料等特点。适用于各类软弱地基,包括天然沉降土层或人工冲填土层,较广泛地用于冷藏库、油罐、机场跑道、集装箱码头、桥台等沉降要求低的地基。实践证明,利用堆载预压法能取得一定的效果,但能否满足工程要求的实际效果,则取决于地基土层的固结特性、土层厚度、预压荷载的大小和预压时间的长短等因素,由此在使用上受到一定的限制。

3) 注浆地基

注浆地基是指利用化学溶剂或胶结剂,通过压力灌注或搅拌混合等措施而将土粒胶结起来的地基处理办法。本方法具有设备工艺简单、加固效果好、可提高地基强度、消除土湿陷性、降低压缩性等特点。适用于局部加固新建或已建的(建)构)筑物基础、稳定边坡及防渗帷幕等,也适用于湿陷性黄土地基,对黏性土、素填土、地下水位以下的黄土地基经试验有效时也可应用,但长期受酸性污水侵蚀的地基不宜采用。化学加固能否达到预期效果,主要取决于能否根据具体的土质条件,选择适当的化学浆液(溶液和胶结剂)和采用有效的施工工艺。

复习思考题

1. 什么是基础?基础如何分类?简述浅埋式钢筋混凝土基础的种类,并绘制简图。
2. 试述桩基础的组成、作用与分类。

3. 试述钢筋混凝土预制桩常见的施工方法和施工原理。

4. 试述静力压桩的施工工艺以及压桩注意事项。

5. 试述锤击沉桩的施工工艺。如何确定打桩顺序？

6. 试述混凝土灌注桩的定义、特点和常见的施工方法。

7. 试述泥浆护壁成孔灌注桩的施工工艺、护筒和泥浆的作用、常见的质量问题。

8. 振动沉管灌注桩施工中，复打法和反插法的定义是什么，其作用是什么，沉管灌注桩施工常见的质量问题有哪些？

9. 桩基础何时进行检查与验收，成桩质量检测的方法有哪些，应验收哪些资料？

10. 建筑物对地基的要求有哪些？地基加固的原理是什么？常见的地基处理方法有哪些？

11. 试述换土地基的适用范围、施工要点与质量检查。

3 钢筋工程基本知识

本章提要:了解钢筋的种类,熟悉钢筋的进场验收和现场保管;了解钢筋的加工工艺过程,熟悉钢筋的冷拉原理,掌握钢筋的连接方法;掌握钢筋结构图的平法设计规则和制图规则,能识读钢筋配筋图;掌握钢筋配料、代换的计算方法;掌握钢筋检查验收方法和质量要求。

在钢筋混凝土结构中,钢筋起着关键性作用。钢筋工程的质量,对整个钢筋混凝土结构也将产生决定性的影响。钢筋工程在混凝土浇筑完毕后处于隐蔽状态,对其质量难以检查。故对钢筋从进场到一系列的加工以及绑扎安装过程必须进行严格的控制,并建立健全必要的检查及验收制度,稍有疏忽就可能给工程造成不可弥补的损失。

3.1 钢筋基本知识及检验

3.1.1 钢筋的分类

1) **按外形分类**

钢筋按外形可分为光圆钢筋、带肋钢筋。光圆钢筋断面为圆形,表面无刻痕,使用时两端需做弯钩。表面有突起部分的圆形钢筋称为带肋钢筋,它的肋纹形式有月牙形、螺纹形、人字形(如图 3-1～图 3-3 所示),可增大与混凝土的黏结力。掌握钢筋的外形分类,对施工现场区别钢筋种类很重要。

图 3-1 月牙形钢筋

图 3-2 螺旋纹

图 3-3 人字纹

2) **按钢筋直径分类**

钢筋按直径可分为钢丝(3～5 mm)、细钢筋(6～12 mm)、粗钢筋(>12 mm)。对于直径小于 12 mm 的钢丝或细钢筋,出厂时,一般做成盘圆状,使用时需调直。对于直径大于 12 mm 的粗钢筋,为了便于运输,出厂时一般做成直条状,每根 6～12 m。如需特长钢筋,可同厂方协商。

3）按强度等级分类

根据《钢筋混凝土用钢》［GB/T 1499—2017（2018）］钢筋的屈服强度特征值分为300级、400级、500级、600级。钢筋牌号的构成及其含义见表3-1。

表3-1　钢筋牌号的构成及其含义

类别	牌号	屈服强度特征值（MPa）	英文字母含义
普通热轧光圆钢筋	HPB 300	300	HPB—热轧光圆钢筋的英文（Hot rolled Plain Bars）缩写
普通热轧钢筋	HRB 400	400	HRB—热轧带肋钢筋的英文（Hot rolled Ribbed Bars）缩写 E—地震的英文（Earthquake）首位字母
	HRB 500	500	
	HRB 600	600	
	HRB 400E	400	
	HRB 500E	500	
细晶粒热轧钢筋	HRBF 400	400	HRBF—在热轧带肋钢筋的英文缩写后加"细"的英文（Fine）首位字母 E—地震的英文（Earthquake）首位字母
	HRBF 500	500	
	HRBF 400E	400	
	HRBF 500E	500	

4）按生产工艺分类

钢筋按生产工艺可分为热轧钢筋、冷拉钢筋、热处理钢筋等。

热轧钢筋是经热轧成型并自然冷却的成品钢筋，由低碳钢和普通合金钢在高温状态下压制而成。细晶粒热轧钢筋是指在热轧过程中，通过控轧和控冷工艺形成的细晶粒钢筋，其晶粒度为9级或更细。热轧钢筋是建筑工程中用量最大的钢材品种之一，主要用于钢筋混凝土结构和预应力钢筋混凝土结构的配筋。

冷拉钢筋是将热轧钢筋在常温下进行强力拉伸，使其强度提高的一种钢筋。这种冷拉操作都在施工工地进行。

热处理钢筋又称调质钢筋，是采用热轧螺纹钢筋经淬火及回火的调质热处理而制成的。目前主要用于预应力混凝土轨枕，用以代替高强度钢丝。

5）按结构作用分类

钢筋按结构作用分为受拉钢筋、弯起钢筋、架立钢筋、箍筋、分布钢筋（如图3-4、图3-5所示）。

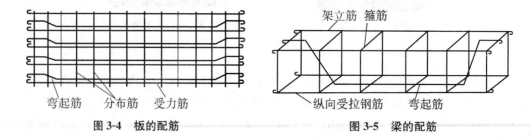

图3-4　板的配筋　　　　　　　　　　图3-5　梁的配筋

受拉钢筋:沿梁的纵向跨度方向布置,承受梁中由弯矩引起的拉力,又称纵向受拉钢筋。

弯起钢筋:将一部分纵向钢筋弯起,称为弯起钢筋。它的斜段承受梁中剪力引起的拉力。

架立钢筋:沿梁的纵向布置,它基本不受力,而是起架立和构造作用,它往往布置成直线形,与梁中的纵向受力钢筋和箍筋一起形成钢筋骨架。

箍筋:它在梁中承受剪力,同时与架立筋、纵向受力钢筋形成钢筋骨架。

分布钢筋是与受力钢筋垂直均匀布置的构造钢筋,分布钢筋位于受力钢筋内侧及受力钢筋的所有转折处,并与受力钢筋用细铁丝绑扎或焊接在一起,形成钢筋骨架。在混凝土板中也能防止因混凝土收缩和温度变化等原因,在垂直于受力钢筋方向产生的裂缝。在剪力墙上,墙梁与墙柱之外的墙体纵筋横筋亦称为分布筋。

3.1.2 钢筋的保管

为了确保质量,钢筋验收合格后还要做好保管工作,主要是防止生锈、腐蚀和混用,因此,钢筋的保管要注意以下几点:

(1)堆放场地要干燥,并用方木或混凝土板等作为垫件,一般保持离地 20 cm 以上。非急用钢筋,宜放在有棚盖的仓库内。

(2)钢筋必须严格分类、分级,分牌号堆放,不合格钢筋另做标记分开堆放。

(3)钢筋不要和酸、盐、油之类的物品放在一起,要在远离有害气体的地方堆放,以免腐蚀。

3.2 钢筋加工

钢筋加工过程一般有冷拉、冷拔、调直、除锈、切断、弯曲、绑扎安装、焊接等。

3.2.1 钢筋的冷拉与冷拔

1)钢筋的冷拉

钢筋的冷拉就是在常温下拉伸钢筋,使钢筋的应力超过屈服点,钢筋产生塑性变形,强度提高。

(1)冷拉目的

对于普通钢筋混凝土结构的钢筋,冷拉仅是调直、除锈的手段(拉伸过程中钢筋表面锈皮会脱落),与钢筋的力学性能没什么关系。冷拉的另一个目的是提高强度,但在冷拉过程中也同时完成了调直、除锈工作,此时钢筋的冷拉率为 4%～10%,强度可提高 30% 左右,主要用于预应力筋。

(2)冷拉原理

图 3-6 中曲线 $OABCDEF$ 为热轧钢筋拉伸曲线,纵坐标表示应力,横坐标表示应变,D 点为屈服

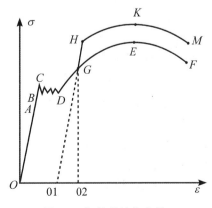

图 3-6 钢筋的拉伸曲线

点。拉伸钢筋使其应力超过屈服点 D 达到某一点 G 后卸荷。由于钢筋产生塑性变形,卸荷过程中应力应变曲线并不是沿原来的路线 $GDCBAO$ 变化,而是沿着 $GO1$ 变化,应力降至零时,应变为 $OO1$,为残余变形。此时如立即重新拉伸钢筋,应力应变曲线以 $O1$ 为原点沿 $O1GEF$ 变化,并在 G 点附近出现新的屈服点。这个屈服点明显高于冷拉前的屈服点 D。G 为新屈服点,D 为老屈服点。新屈服点 G 的强度比老屈服点 D 的强度高 $25\%\sim30\%$。

钢筋经冷拉,强度提高,塑性降低的现象,称为变形硬化。冷拉后的新屈服点并非保持不变,而是随着时间的延长提高至 H 点,这种现象称为时效硬化。由于变形硬化和时效硬化的结果,钢筋的强度提高了,但脆性也增加了。

(3) 钢筋冷拉工艺

钢筋冷拉参数:钢筋的冷拉应力和冷拉率是钢筋冷拉的两个主要参数。钢筋的冷拉率是钢筋冷拉时由于弹性和塑性变形的总伸长值(称为冷拉的拉长值)与钢筋原长之比,以百分数表示。在一定的限度内,冷拉应力或冷拉率越大,钢筋强度提高越多,但塑性降低也越多。钢筋冷拉后仍应有一定的塑性,同时屈服点与抗拉强度之间也应保持一定的比例(称屈强比),使钢筋有一定的强度储备。

冷拉控制方法:钢筋的冷拉方法可采用控制冷拉率和控制应力两种方法。

① 控制冷拉率法

以冷拉率来控制钢筋的冷拉的方法,叫作控制冷拉率法。冷拉率必须由试验确定,试件数量不少于 4 个。在将要冷拉的一批钢筋中切取试件,进行拉力试验,测定当其应力达到规定的应力值时的冷拉率。取 4 个试件冷拉率的平均值作为该批钢筋实际采用的冷拉率,并应符合规范规定。也就是说,实测的 4 个试件冷拉率的平均值必须低于规范规定的最大冷拉率。

② 控制应力法

以冷拉力来控制钢筋的冷拉的方法,叫作控制冷拉力法。这种方法以控制钢筋冷拉应力为主,冷拉应力按钢筋牌号的控制应力选用。冷拉时应检查钢筋的冷拉率,不得超过规范的最大冷拉率。钢筋冷拉时,如果钢筋已达到规定的控制应力,而冷拉率未超过规范的最大冷拉率,则认为合格。如果钢筋已达到规定的最大冷拉率而应力还小于控制应力(即钢筋应力达到冷拉控制应力时,钢筋冷拉率已超过规定的最大冷拉率)则认为不合格,应进行机械性能试验,按其实际级别使用。

2) 钢筋冷拔

钢筋冷拔是将 φ6～φ8 的 HPB 300 级光面钢筋在常温下强力拉拔使其通过特制的钨合金拔丝模孔(如图 3-7),钢筋轴向被拉伸,径向被压缩,钢筋产生较大的塑性变形,其抗拉强度提高 $50\%\sim90\%$,塑性降低,硬度提高。经过多次强力拉拔的钢筋,称为冷拔低碳钢丝。甲级冷拔钢丝主要用于中、小型预应力构件中的预应力筋;乙级冷拔钢丝可用于焊接网片、焊接骨架或用作构造钢筋等。

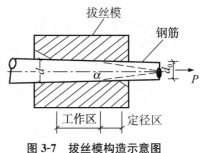

图 3-7 拔丝模构造示意图

3.2.2 钢筋的调直

钢筋的调直就是将弯曲的钢筋弄直。钢筋调直方法可分为人工调直和机械调直两类。也可利用冷拉进行调直。

1）人工调直

直径在 12 mm 以下的钢筋可以在工作台上用小锤敲直，也可以采用绞磨拉直。直径在 12 mm 以上的粗钢筋，一般仅出现一些慢弯，常用人工在工作台上调直。调直工作台（图 3-8）的两端都设有底盘，底盘上有 4 根板柱，板柱两旁方向的净空距离一般为 34 mm。因此，在调直 32 mm 的钢筋时，都在板柱中间配上钢套，钢套尺度根据需要调直的钢筋粗细来决定。调直时把钢筋放在底盘板柱间，把有弯的地方对着板柱，然后用手扳动钢筋，就可使钢筋调直。

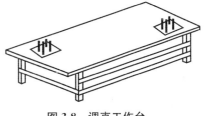

图 3-8　调直工作台

2）机械调直

钢筋调直机具有使钢筋调直、除锈和切断 3 项功能。

3.2.3 除锈

钢筋进场后由于保管不当，长期处于潮湿环境或堆放于露天场地，会导致严重的锈蚀。锈蚀程度可由锈迹分布状况、色泽变化以及钢筋表面平滑或粗糙程度等，凭肉眼外观确定，根据锈蚀轻重的具体情况采用除锈措施。一般锈蚀现象有 3 种：钢筋表面附着较均匀的细粉末，呈黄色或淡红色的浮锈；锈迹粉末较粗，用手捻略有微粒感，颜色砖红，有的呈红褐色的陈锈；锈斑明显，有麻坑，出现起层的片状分离现象，锈斑几乎遍及整根钢筋表面；颜色变暗，深褐色，严重的接近黑色的老锈。

浮锈处于铁锈形成的初期（例如无锈钢筋经雨淋之后出现），在混凝土中不影响钢筋与混凝土黏结，因此除了在焊接操作时在焊点附近需擦干净之外，一般可不作处理。但是，有时为了防止锈迹污染，也可用麻袋布擦拭。陈锈和老锈必须清除，宜在钢筋冷拉或调直过程中进行，也可采用电动除锈机、钢丝刷、喷砂等方法进行。

3.2.4 切断

钢筋下料时须按长度切断。钢筋切断可采用钢筋切断机或手动切断器。手动切断器一般只用于直径小于 12 mm 的钢筋，直径大于 40 mm 的钢筋需用氧气乙炔火焰或电弧割切。钢筋的切断应汇集当班所要切断的钢筋料牌（图 3-9），将同规格（同级别、同直径）的钢筋分别统计，按不同长度进行长短搭配。一般情况下考虑先断长料，后断短料，以尽量减少短头。

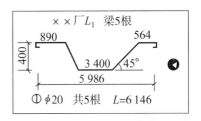

图 3-9　钢筋加工牌

3.2.5 弯曲成型

钢筋的弯曲成型是将已切断、配好的钢筋，按图纸规定的要求，将钢筋准确地加工成规定的形状尺寸。弯曲成型的顺序是：画线→试弯→弯曲成型。

弯曲钢筋有手工和机械两种弯曲方法。手工弯曲钢筋的方法设备简单、成型正确，工地经常采用。钢筋弯曲机，可将钢筋弯曲成各种形状和角度，使用方便。

钢筋弯曲的操作方法如下：

（1）准备：要熟悉进行弯曲加工钢筋的规格、形状和各部分尺寸，以便确定弯曲操作步骤和准备工具等。

（2）画线：弯曲前将钢筋的各段长度尺寸画在钢筋上，要根据钢筋几种弯曲类型、弯曲角度伸长值、弯曲的曲率半径、板距等因素综合计算后才能进行。弯曲钢筋的画线方法如图3-10所示。

① 根据不同的弯曲角度扣除弯曲调整值（量度差值），其扣法是从相邻两段长度中各扣一半。

② 钢筋末端作180°弯钩时，该段长度画线时增加0.5d。

③ 画线工作宜从钢筋中线开始向两边进行，两边不对称的钢筋也可从钢筋的一端开始画线，如画到另一端有出入时则应重复调整。

例如，某钢筋，ϕ20，$L=6\,970$ mm。加工形状如图3-10所示，画线步骤如下：

第一步：在钢筋中心点画第一道线；

第二步：取中段$4\,000/2-0.5d/2=1\,995$ mm画第二道线（0.5d为45°量度差值）；

第三步：取斜段$635-2\times(0.5d/2)=625$ mm画第三道线；

第四步：取直段$850-0.5d/2+0.5d=855$ mm画第四道线。

第一根钢筋成型后应与设计尺寸校对一遍，完全符合后再成批生产。

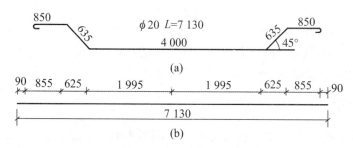

图 3-10　钢筋的画线

3.2.6 钢筋的绑扎安装

钢筋绑扎和安装之前应先熟悉施工图纸，核对成品钢筋的钢号、直径、形状、尺寸和数量是否与配料单、料牌相符，研究钢筋安装和有关工种的配合顺序，准备绑扎用的铁丝、绑扎工具、绑扎架等。钢筋绑扎安装程序为：画线→摆筋→穿箍→绑扎→安装垫块。

1）钢筋位置画线

为了便于绑扎钢筋时确定它们的相应位置，操作时需要在该位置上事先用粉笔画上标志（一般称为"画线"），如图3-11所示是1根梁的纵筋，长5 950 mm，按箍筋间距的要求，可在纵筋上画线。

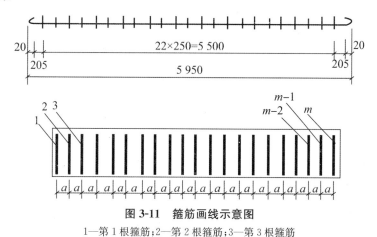

图 3-11　箍筋画线示意图

1—第 1 根箍筋；2—第 2 根箍筋；3—第 3 根箍筋

一般情况下，平板或墙板钢筋画在模板上；梁的箍筋位置画在纵向钢筋上，柱的箍筋画在两根对角线纵向钢筋上。

2）钢筋的摆筋

钢筋的摆放顺序直接影响着钢筋绑扎安装的速度和质量。板类构件摆筋顺序一般先排主筋后排负筋；梁类构件一般先排纵筋。排放有焊接接头和绑扎接头的钢筋应符合规范规定。有变截面的箍筋，应事先将箍筋排列清楚，然后安装纵向钢筋。

3）钢筋的绑扎

（1）柱钢筋绑扎

柱钢筋绑扎工艺流程：套柱箍筋→竖向受力筋连接→画箍筋间距线→绑箍筋。

操作要点：

① 套柱箍筋。按图纸要求间距，注意柱箍筋加密区长度应符合要求，计算好每根柱箍筋数量，先将箍筋套在下层伸出的连接钢筋上，然后立柱子钢筋。

② 竖向钢筋连接后，按图纸要求用粉笔画箍筋间距线，按已画好的箍筋位置线将已套好的箍筋往上移动，由上往下绑扎，宜采用缠扣绑扎，绑扎箍筋时绑扣相互间应成八字形。

③ 箍筋与主筋要垂直，箍筋转角处与主筋交点均要绑扎，主筋与箍筋非转角部分的相交点成梅花交错绑扎。箍筋的接头（弯钩叠合处）应交错布置在四角纵向钢筋上。

④ 柱筋保护层厚度应符合规范要求，如主筋外皮为 25 mm，垫块应绑在柱竖筋外皮上，间距一般为 1 000 mm（或用塑料卡卡在外竖筋上），以保证主筋保护层厚度准确。同时，可采用钢筋定距框来保证钢筋位置的正确性。当柱截面尺寸有变化时，柱应在板内弯折，弯后的尺寸要符合设计要求。

⑤ 如果采用搭接方式，下层柱的钢筋露出楼面部分，宜用工具式柱箍将其收进一个柱筋直径，以利于上层柱的钢筋搭接。当柱截面有变化时，其下层柱钢筋的露出部分必须在绑扎梁的钢筋之前先行收缩准确。

⑥ 墙体拉接筋或埋件应根据墙体所用材料按有关图集留置。

⑦ 注意柱有关构造要求，箍筋加密区、连接区、变截面、柱顶等构造。

（2）墙钢筋绑扎

墙钢筋绑扎工艺流程：立 2～4 根竖筋→画水平筋间距→绑定位横筋→绑其余横竖筋。

操作要点：

① 立 2～4 根竖筋。将竖筋与下层伸出的搭接筋绑扎，在竖筋上画好水平筋分档标志，在下部及齐胸处绑两根横筋定位，并在横筋上画好竖筋分档标志，接着绑其余竖筋，最后再绑其余横筋。横筋在竖筋里面或外面应符合设计要求。

② 剪力墙筋应逐点绑扎，在两层钢筋之间要绑扎拉接筋和支撑筋，以保证钢筋的正确位置。拉接筋采用 φ6～φ10 mm 钢筋，绑扎时纵横间距不大于 600 mm，绑扎在纵横向钢筋的交叉点上，钩住外边筋。支撑筋采用 φ12 钢筋，间距在 1 000 m 左右，两端刷防锈漆。另有一种梯形支撑筋，用两根竖筋（与墙体竖筋同直径同高度）与拉筋焊接成形，绑在墙体网片之间起到撑、拉作用，间距为 1 200 mm。也可采用加固模板用的 PVC 管做支撑筋的作用。在横筋上绑扎砂浆垫块或塑料卡以保证保护层的厚度，其间距不大于 1 000 mm，也可以采用"梯子筋"来开成混凝土保护层。在头尾中间的位置，还可以加"U"形套来保持距离。

③ 剪力墙与框架柱连接处，剪力墙的水平横筋应锚固到框架柱内，其锚固长度要符合设计要求。如先浇筑柱混凝土后绑剪力墙筋时，柱内要预留连接筋或柱内预埋铁件，待柱拆模绑墙筋时作为连接用。其预留长度应符合设计或规范的规定。

④ 剪力墙水平筋在两端头、转角、十字节点、连梁等部位的锚固长度以及洞口周围加固筋等均应符合设计、抗震要求。

⑤ 合模后对伸出的竖向钢筋应进行修整，在模板上口加角铁或用梯子筋将伸出的竖向钢筋加以固定，浇筑混凝土时应有专人看护，浇筑后再次调整以保证钢筋位置的准确性。

（3）梁钢筋绑扎

梁钢筋绑扎工艺流程：

模内绑扎（梁的钢筋在梁底模上绑扎，其两侧模或一侧模后装，适用于梁的高度较大时，一般≥1.0 m），画主次梁箍筋间距→放主梁次梁箍筋→穿主梁底层纵筋及弯起筋→穿次梁底层纵筋并与箍筋固定→穿主梁上层纵向架立筋→按箍筋间距绑扎→穿次梁上层纵向钢筋→按箍筋间距绑扎。

模外绑扎（先在梁模板上口绑扎成型后再入模内，适用于梁的高度较小时），画箍筋间距→在主次梁模板上口铺横杆数根→在横杆上面放箍筋→穿主梁下层纵筋→穿次梁下层钢筋→穿主梁上层钢筋→按箍筋间距绑扎→穿次梁上层纵筋→按箍筋间距绑扎→抽出横杆落骨架于模板内。

操作要点：

① 纵向受力钢筋采用双层排列时，两排钢筋之间应垫以直径 $d \geqslant 25$ mm 的短钢筋，以保持其设计距离。如图 3-12 所示。

② 箍筋的接头（弯钩叠合处）应交错布置在两根架立钢筋上，其余同柱。

板、次梁与主梁交叉处，板的钢筋在上，次梁的钢筋居中，主梁的钢筋在下（图 3-13）。应避免主、次梁交接处，梁与柱相交（与柱平时）时钢筋是相撞现象（见图 3-14）。主、次梁相撞时可采取如图 3-15 措施。

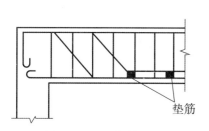

图 3-12 双层钢筋排列

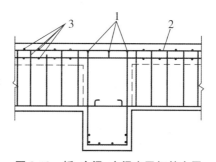

图 3-13 板、次梁、主梁交叉钢筋布置

1—主梁钢筋；2—次梁钢筋；3—板的钢筋

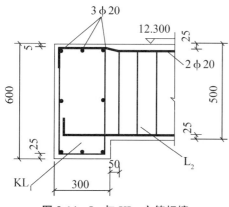

图 3-14 L_2 与 KL_1 主筋相撞

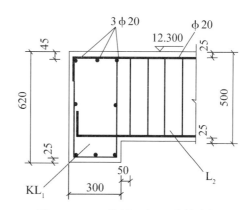

图 3-15 KL_1 降低一个 L_2 主筋直径

③ 框架节点处钢筋穿插十分稠密时，应特别注意梁顶面主筋间的净距要有 30 mm（下部钢筋净距要有 25 mm），以利于浇筑混凝土。

④ 梁板钢筋绑扎时应防止水电管线将钢筋抬起或压下。

⑤ 梁钢筋绑扎常见的质量通病有：主筋位移；箍筋间距偏差大；箍筋下料不准导致骨架偏小或偏大，弯勾没有弯曲 135°，平直部分长度不足；主筋锚固长度不足。

（4）板钢筋绑扎

板钢筋绑扎工艺流程：清理模板→模板上画线→绑板下受力筋→绑负弯矩钢筋。

操作要点：

① 清理模板上面的杂物，用墨斗在模板上弹好主筋、分布筋间距线。

② 按画好的间距，先摆放受力主筋，后放分布筋。预埋件、电线管、预留孔等及时配合安装。

③ 在现浇板中有板带梁时，应先绑板带梁钢筋，再摆放板钢筋。绑扎板筋时除外围两根筋的相交点应全部绑扎外，其余各点可交错绑扎（双向板相交点须全部绑扎）。负弯矩钢筋每个相交点均要绑扎。

在钢筋的下面垫好砂浆垫块，间距为 1.5 m。垫块的厚度等于保护层厚度，应满足设计要求。如设计无要求时，板的保护层厚度应为 15 mm。盖铁下部安装马凳，位置同垫块。

（5）钢筋绑扎安装常见的质量通病

① 主筋偏位、间距不规范，主筋保护层厚度不够；主筋规格、型号不对，或小了或强度等级不够；主筋搭接位置不对，搭接长度不够，搭接区段内的搭接率超标。

② 焊接不规范,搭接焊长度不够。

③ 梁柱的加密区长度不够,梁柱节点处柱箍筋未置;梁腰筋未置,梁抗扭腰筋锚固长度不对。

④ 悬挑钢筋锚固长度不够,悬挑筋的方向不对。

⑤ 加弯起钢筋的地方未加,梁侧需加附加加密箍的未加。

⑥ 板负筋未满扎并成八字扣。

⑦ 同截面尺寸的相交梁柱,梁主筋未弯入柱,导致梁有效截面尺寸变小。

⑧ 柱筋入承台等基础时未弯曲,在基础中的柱筋未置箍筋。

⑨ 剪力墙与结构梁或暗梁交汇处未置剪力墙水平筋。

⑩ 多排筋的排距不正确。

3.3 钢筋连接

由于受钢筋定尺长度的影响,或钢筋下料经济性的考虑,钢筋之间需进行连接。钢筋的连接方式有绑扎连接、焊接连接和机械连接。钢筋的接头宜设置在受力较小处。同一纵向受力钢筋不宜设置两个或两个以上接头。接头末端至钢筋弯起点的距离不应小于钢筋直径的 10 倍。

3.3.1 钢筋的绑扎

绑扎连接由于需要较长的搭接长度,浪费钢筋且连接不可靠,应限制使用。

(1) 轴心受拉及小偏心受拉杆件(如桁架和拱的拉杆)的纵向受力钢筋不得采用绑扎搭接接头。

(2) 当受拉钢筋的直径 $d>25$ mm 及受压钢筋的直径 $d>28$ mm 时,不宜采用绑扎搭接接头。同一构件中相邻纵向受力钢筋的绑扎搭接接头宜相互错开。

(3) 钢筋绑扎搭接接头连接区段的长度为 1.3 倍搭接长度,凡搭接接头中点位于该连接区段长度内的搭接接头均属于同一连接区段。同一连接区段内纵向钢筋搭接接头面积百分率为该区段内有搭接接头的纵向受力钢筋截面面积与全部纵向受力钢筋截面面积的比值(如图 3-16)。

(4) 位于同一连接区段内的受拉钢筋搭接接头面积百分率:对梁类、板类及墙类构件基础等级,不宜大于 25%;对柱类构件、基础筏板,不宜大于 50%。

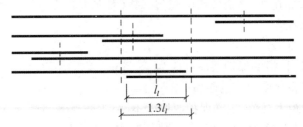

图 3-16 同一连接区段内的纵向受拉钢筋绑扎搭接接头

注:图 3-16 中同一连接区段内的搭接接头钢筋为两根,当钢筋直径相同时,钢筋搭接接头面积百分率为 50%。

(5)当工程中确有必要增大受拉钢筋搭接接头面积百分率时,对梁类构件,不应大于 50%;对板类、墙类及柱类构件,可根据实际情况放宽。

(6)纵向受力钢筋绑扎搭接长度分为搭接长度 l_l 和抗震搭接长度 l_{lE},与钢筋牌号、混凝土强度等级、钢筋直径、接头百分率有关,其搭接长度应符合表 3-2、表 3-3 规定。

表 3-2 纵向受拉钢筋的搭接长度 l_l

钢筋各类及同一区段内搭接钢筋面积百分率		混凝土强度等级																
		C20	C25		C30		C35		C40		C45		C50		C55		C60	
		d≤25	d≤25	d>25	d≤25	d>25	d≤25	d>25	d≤25	d>25	d≤25	d>25	d≤25	d>25	d≤25	d>25	d≤25	d>25
HPB 300	≤25%	47d	41d	—	36d	—	34d	—	30d	—	29d	—	28d	—	26d	—	25d	—
	50%	55d	48d	—	42d	—	39d	—	35d	—	34d	—	32d	—	31d	—	29d	—
	100%	62d	54d	—	48d	—	45d	—	40d	—	38d	—	37d	—	35d	—	34d	—
HRB 335 HRBF 335	≤25%	46d	40d	—	35d	—	32d	—	30d	—	28d	—	26d	—	25d	—	25d	—
	50%	53d	46d	—	41d	—	38d	—	35d	—	32d	—	31d	—	29d	—	29d	—
	100%	61d	53d	—	46d	—	43d	—	40d	—	37d	—	35d	—	24d	—	34d	—
HRB 400 HRBF 400 RRB 400	≤25%	—	48d	53d	42d	47d	38d	42d	35d	38d	34d	37d	32d	36d	31d	35d	30d	34d
	50%	—	56d	62d	49d	55d	45d	49d	41d	45d	39d	43d	38d	42d	36d	41d	35d	39d
	100%	—	64d	70d	56d	62d	51d	56d	46d	51d	45d	50d	43d	48d	42d	46d	40d	45d
HRB 500 HRBF 500	≤25%	—	58d	64d	52d	56d	47d	52d	43d	48d	41d	44d	38d	42d	37d	41d	36d	40d
	50%	—	67d	74d	60d	66d	55d	60d	50d	56d	48d	52d	45d	49d	43d	48d	42d	46d
	100%	—	77d	85d	69d	75d	62d	69d	57d	64d	54d	59d	51d	56d	50d	54d	48d	53

表 3-3 纵向受拉钢筋的抗震搭接长度 l_{lE}

	钢筋各类及同一区段内搭接钢筋面积百分率		混凝土强度等级																
			C20	C25		C30		C35		C40		C45		C50		C55		C60	
			d≤25	d≤25	d>25	d≤25	d>25	d≤25	d>25	d≤25	d>25	d≤25	d>25	d≤25	d>25	d≤25	d>25	d≤25	d>25
一、二级抗震等级	HPB 300	≤25%	54d	47d	—	42d	—	38d	—	35d	—	34d	—	31d	—	30d	—	29d	—
		50%	63d	55d	—	49d	—	45d	—	41d	—	39d	—	36d	—	35d	—	34d	—
	HRB 335 HRBF 335	≤25%	53d	46d	—	40d	—	37d	—	35d	—	31d	—	30d	—	29d	—	29d	—
		50%	62d	53d	—	46d	—	43d	—	41d	—	36d	—	35d	—	34d	—	34d	—
	HRB 400 HRBF 400	≤25%	—	55d	61d	48d	54d	44d	48d	40d	44d	38d	43d	37d	42d	36d	40d	35d	38d
		50%	—	64d	71d	56d	63d	52d	56d	46d	52d	45d	50d	43d	49d	42d	46d	41d	45d
	HRB 500 HRBF 500	≤25%	—	66d	73d	59d	65d	54d	59d	49d	55d	47d	52d	44d	48d	43d	47d	42d	46d
		50%	—	77d	85d	69d	76d	63d	69d	57d	64d	55d	60d	52d	56d	50d	55d	49d	53d

续表 3-3

钢筋各类及同一区段内搭接钢筋面积百分率		混凝土强度等级																	
		C20		C25		C30		C35		C4		C45		C5		C55		C60	
		d≤25	d>25	d≤25	d>25	d≤25	d>25	d≤25	d>25	d≤25	d>25	d≤25	d>25	d≤25	d>25	d≤25	d>25	d≤25	d>25
HPB 300	≤25%	49d	—	43d	—	38d	—	35d	—	31d	—	30d	—	29d	—	28d	—	26d	—
HPB 300	50%	57d	—	50d	—	45d	—	41d	—	36d	—	35d	—	34d	—	32d	—	31d	—
HRB 335 / HRBF 335	≤25%	48d	—	42d	—	36d	—	34d	—	31d	—	29d	—	28d	—	26d	—	26d	—
HRB 335 / HRBF 335	50%	56d	—	49d	—	42d	—	39d	—	36d	—	34d	—	32d	—	31d	—	31d	—
HRB 400 / HRBF 400	≤25%	—	—	50d	55d	44d	49d	41d	44d	36d	41d	35d	40d	34d	38d	32d	36d	31d	35d
HRB 400 / HRBF 400	50%	—	—	59d	64d	52d	57d	48d	52d	43d	48d	42d	46d	40d	45d	38d	42d	36d	41d
HRB 500 / HRBF 500	≤25%	—	—	60d	67d	54d	59d	49d	54d	46d	50d	43d	47d	41d	44d	40d	43d	38d	42d
HRB 500 / HRBF 500	50%	—	—	70d	78d	63d	69d	57d	63d	53d	59d	50d	55d	48d	52d	46d	50d	45d	49d

（左侧纵列：三级抗震等级）

注：① 表中数值为纵向受拉钢筋绑扎搭接接头的搭接长度。

② 两根不同直径钢筋搭接时，表中 d 取较细钢筋直径。

③ 当为环氧树脂涂层带肋钢筋时，表中数据尚应乘以 1.25。

④ 当纵向受拉钢筋在施工过程中易受扰动时，表中数据尚应乘以 1.1。

⑤ 当搭接长度范围内纵向受力钢筋周边保护层厚度为 $3d$、$5d$（d 为搭接钢筋的直径）时，表中数据尚可分别乘以 0.8、0.7，中间时按内插值。

⑥ 当上述修正系数（注③～注⑤）多于 1 项时，可按连乘计算。

⑦ 任何情况下搭接长度不应小于 300。

⑧ 四级抗震等级时，$l_{lE}=l_l$。

（7）在绑扎接头的搭接长度范围内，应采用铁丝绑扎 3 点，见图 3-17 所示。

搭接长度　　　　　搭接长度

图 3-17　钢筋绑扎示意图

HPB 300 级光面钢筋绑扎接头的末端应做 180°弯钩，弯后平直段长度不应小于 $3d$，但作为受压钢筋时可不做弯钩。

3.3.2　钢筋的焊接

由于钢筋的绑扎限制使用，所以通常采用焊接方式进行连接。与绑扎相比，焊接具有可改善结构受力性能、提高功效、节约钢材、降低成本等优点。

1）闪光对焊

（1）焊接原理

利用低电压、强电流在钢筋接头处，产生高温，使钢筋熔化，施加压力顶锻，使两根钢筋焊接在一起，形成对焊接头。图 3-18 为对焊机示意图。对焊机由机架、导向机构、动夹具、固定夹具、送进机构、夹紧机构、支座（顶座）、变压器、控制系统等部分组成。

对焊机的全部基本部件紧固在机架上，机架具有足够的刚性，并且用强度很高的材料（铸铁、铸钢，或用型钢焊成）制作；导轨是供动板移动时导向用的，有圆柱形、长方形或平面形等多种。

送进机构的作用是使被焊钢筋同动夹具一起移动,并保证有必要的顶锻力;它使动板按所要求的移动路线前进;并且在预热时能往返移动,在工作时没有振动和冲动。按送进机构的动力类型,有手动杠杆式、电动凸轮式、气动式以及气液压复合式等几种。

夹紧机构由两个夹具构成,一个是不动的,称为固定夹具;另一个是可移动的,称为动夹具。固定夹具直接安装在机架上,与焊接变压器次级线圈的一端相接;动夹具安装在动板上,可随动板左右移动,与焊接变压器次级线圈的另一端连接。常见的夹具型式有手动偏心轮夹紧、手动螺旋夹紧等,也有气压式、液压式及气液压复合式等几种。

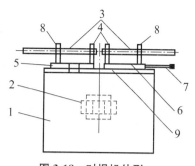

图 3-18 对焊机外形

1—机架;2—变压器;3—钢筋;
4—夹紧机构;5—固定座板;6—动板;
7—送进机构;8—顶座;9—导轨

(2) 焊接工艺

根据钢筋的品种、直径和选用的对焊机功率,闪光对焊分为连续闪光焊、预热闪光焊和闪光—预热—闪光焊 3 种工艺。对可焊性差的钢筋,对焊后采取通电热处理的方法,以改善对焊接头的塑性。连续闪光焊适用于直径 25 mm 以下的钢筋(如图 3-19 所示);预热闪光焊适用于直径 25 mm 以上端部平整的钢筋;闪光—预热—闪光焊适用于直径 25 mm 以上端部不平整的钢筋。对于余热处理钢筋,为改善其焊接接头的塑性,可在焊后进行通电热处理。焊后通电热处理在对焊机上进行。

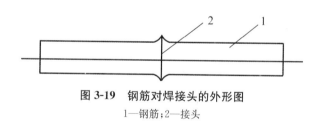

图 3-19 钢筋对焊接头的外形图

1—钢筋;2—接头

(3) 焊接质量检查

① 在同一台班内,由同一焊工完成的 300 个同牌号、同直径钢筋焊接接头应作为一批。当同一台班内焊接的接头数量较少,可在一周之内累计计算;累计仍不足 300 个接头时,应按一批计算。

② 力学性能检验时,应从每批接头中随机切取 6 个接头,其中 3 个做拉伸试验,试件长度取 $8d+240$ mm;3 个做弯曲试验,试件长度取 $3.5d+$ 弯心直径 $+150$ mm。

③ 闪光对焊接头外观检查结果,应符合接头处不得有横向裂纹,与电极接触处的钢筋表面不得有明显烧伤,接头处的弯折角不得大于 3°,接头处的轴线偏移不得大于钢筋直径的 1/10 倍,且不得大于 2 mm 的要求。

2) 电弧焊

电弧焊广泛用于钢筋的接长、钢筋骨架的焊接、装配式结构钢筋接头焊接及钢筋与钢板、钢板与钢板的焊接等。钢筋电弧焊以焊条作为一极,钢筋为另一极,利用焊接电流通过产生的电弧热进行焊接的一种熔焊方法。电弧焊设备主要是弧焊机(工地常用交流弧焊机），采用的焊条应避免受潮，使用时需要进行烘焙。钢筋电弧焊包括帮条焊、搭接焊、坡口焊等接头型式。

（1）帮条焊

帮条焊是将两根待焊的钢筋对正，使两端头离开 2～5 mm，然后用短帮条，帮在外侧，在与钢筋接触部分，焊接一面或两面。它分为单面焊缝和双面焊缝，如图 3-20 所示。只有在受施工条件限制不能进行双面焊时才采用单面焊。帮条焊宜采用与主筋同级别、同直径的钢筋制作，其帮条长度：HPB 300 级钢筋单面焊 $L \geqslant 8d_0$，双面焊 $L \geqslant 4d_0$；HRB 400 级钢筋单面焊 $L \geqslant 10d_0$；双面焊 $L \geqslant 5d_0$。

适用范围：适用于直径 10～40 mm 的 HPB 300、HRB 400 级钢筋和 10～25 mm 的余热处理 HRB 400 级钢筋。

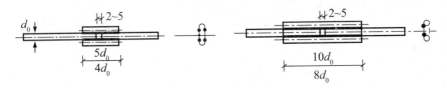

图 3-20 帮条焊接头

（2）搭接焊

把钢筋端部弯曲一定角度叠合起来，在钢筋接触面上焊接形成焊缝，它分为双面焊缝和单面焊缝（图 3-21）。适用于焊接直径 10～40 mm 的 HPB 300 级钢筋。搭接焊宜采用双面焊缝，不能进行双面焊时，也可采用单面焊。搭接焊的搭接长度 l、焊缝高度 s、焊缝宽度 b 同帮条焊。

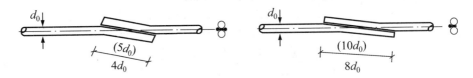

图 3-21 搭接焊接头

（3）坡口焊

坡口焊有平焊和立焊两种，如图 3-22 所示。这种焊接接头节约钢材，适用于直径 16～40 mm 的 HPB 300、HRB 400 级钢筋及 400 级余热处理钢筋，主要用于装配式结构节点的焊接。钢筋坡口平焊采用 V 形坡口，坡口夹角为 55°～65°，两根钢筋的根部空隙为 3～5 mm，下垫钢板长 40～60 mm，厚度 4～6 mm，钢垫板宽度为钢筋直径加 10 mm。钢筋坡口立焊采用 40°～55°坡口。

电弧焊接头外观要求：焊缝表面平整，不得有凹陷或焊瘤；焊接接头区域不得有裂缝；咬边深度、气孔、夹渣等缺陷允许值及接头尺寸的允许偏差应符合规范规定。

电弧焊接头力学试验应按下列规定抽取试件：在一般构筑物中，应从成品中每批随机切取 3 个接头进行拉伸试验；在现场安装条件下，每 1～2 层中以 300 个同接头形式，同钢筋级别的接头作为一批，不足 300 个时仍作为一批。如对焊接质量有怀疑或发现异常情况，还应进行非破损试验（X 射线、γ 射线、超声波探伤等）。

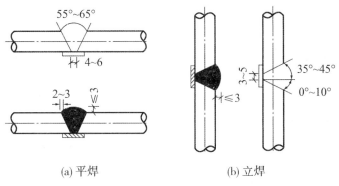

(a) 平焊   (b) 立焊

图 3-22 钢筋坡口焊接头

3）电阻点焊

混凝土结构中的钢筋骨架和钢筋网片的交叉钢筋焊接宜采用电阻点焊。焊接时将钢筋的交叉点放入点焊机两极之间，通电，使钢筋加热到一定温度后，加压使焊点处钢筋互相压入一定的深度（压入深度为两钢筋中较细者直径的 $1/4 \sim 2/5$），将焊点焊牢。采用点焊代替绑扎可以提高工效，便于运输。在钢筋骨架和钢筋网成型时优先采用电阻点焊。

4）电渣压力焊

电渣压力焊是将两钢筋安放成竖向对接形式，利用电流通过渣池所产生的热量来熔化钢筋，待到一定程度后施加压力，完成钢筋连接。这种焊接方法与电弧焊相比，节省钢材，工效高，成本低，质量易保证。电渣压力焊适用于柱、墙、构筑物等现浇混凝土结构中竖向受力钢筋的连接。不得在竖向焊接后横置于梁、板等构件中作水平钢筋用。电渣压力焊效果如图 3-23 所示。

(a) 电渣压力焊操作图   (b) 电渣压力焊效果图

图 3-23 电渣压力焊

电渣压力焊的接头，同样应按规范规定的方法进行外观质量检查和进行力学试验。

5）气压焊

钢筋气压焊是采用一定比例的氧气—乙炔火焰对两连接钢筋接缝处进行加热，使钢筋端部加热达到高温状态，并施加足够的轴向压力而形成牢固的对焊接头。钢筋气压焊接方法具有设备简单、焊接质量好、效果高且不需要大功率电源等优点。

钢筋气压焊可用于直径 40 mm 以下的 HPB 300 级钢筋的纵向连接。当两钢筋直径不同时,其直径之差不得大于 7 mm。钢筋气压焊设备主要有氧气—乙炔供气设备、加热器、加压器及钢筋卡具等,见图 3-24 所示。

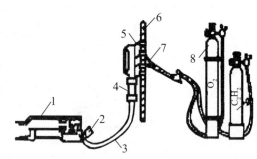

施焊前钢筋要用砂轮锯下料并用磨光机打磨,边棱要适当倒角,端面要平,端面基本上要与轴线垂直。端面附近 $50\sim100$ mm 范围内的铁锈、油污等必须清除干净,然后用卡具将两根被连接的钢筋对正夹紧。

气压焊接头的质量检查包括外观检查和强度检验。外观检查要求:焊接部位钢筋轴线偏心应小于钢筋直径的 1/10(焊接不同直径钢筋时偏心应小于小直径钢筋直径的 1/10,且小直

图 3-24　气压焊设备示意图
1—脚踏液压泵;2—压力表;3—液压胶管;
4—活动油缸;5—钢筋卡具;
6—钢筋;7—焊枪;8—氧气瓶;9—乙炔瓶

径钢筋不得错出大直径的钢筋范围),焊接处隆起的直径不小于钢筋直径的 1/4 倍,隆起的变形长度不小于钢筋直径的 $1.3\sim1.5$ 倍;焊接接头隆起形状不应有显著的凸出和塌陷,不应有裂缝及过烧现象;焊接钢筋轴线夹角不得大于 4°。强度检查要求:钢筋气压焊接头,5 个试件的抗拉强度均不得低于该级别钢筋的抗拉强度标准值,全部试件断于焊缝之外并呈塑性断裂。气压焊拉伸试验的试件形式(图 3-25),试件长度 $L=8d+2L_j$,L_j 为夹持长度($100\sim200$ mm)。

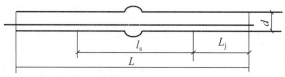

图 3-25　气压焊拉伸试验的试件形式

3.3.3　钢筋机械连接

钢筋机械连接是指通过连接件的机械咬合作用或钢筋端面的承压作用,将一根钢筋中的力传递至另一根钢筋的连接方法。机械连接与焊接相比具有以下优点:接头质量稳定可靠,受钢筋化学成分的影响、人为因素的影响小;操作简便,施工速度快,且不受气候条件影响;无污染,无火灾隐患,施工安全等。常见的有锥螺纹、直螺纹、套筒挤压连接。

1)锥螺纹连接

钢筋锥螺纹连接是利用锥形螺纹套筒将两根钢筋端头对接在一起,利用螺纹的机械咬合力传递拉力或压力。锥螺纹连接套是在工厂专用机床上加工制成的,钢筋套丝的加工是在钢筋套丝机上进行的。钢筋锥螺纹连接的接头如图 3-26 所示。

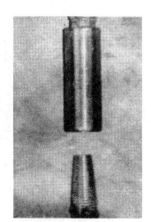

图 3-26　钢筋锥螺纹连接的接头

2)直螺纹连接

为了提高螺纹套筒连接的质量,近年来又开发了直螺纹套筒连接。直螺纹连接是将钢筋待连接的端头滚扎成规整的直螺纹,再用相配套的直螺纹套筒将两钢筋相对拧紧,实现连

接。该技术的优点在于无虚拟螺纹，力学性能好，连接安全可靠，接头强度能达到与钢筋母材等强。钢筋直螺纹连接的接头形式如图 3-27 所示。

(a) 钢筋直螺纹连接效果图　　　　　　(b) 钢筋直螺纹连接操作

图 3-27　钢筋直螺纹连接

3）套筒挤压连接

钢筋套筒挤压连接是一项新型钢筋连接工艺，它改变了电弧焊、电渣焊、闪光焊、气压焊等传统焊接工艺的热操作方法，是在常温下采用特别钢筋连接机，将钢套筒和两根待接钢筋压接成一体，使套筒塑性变形后与钢筋上的横肋纹紧密地咬合在一起，从而达到连接效果的一种机械接头方式。冷压接头具有性能可靠、操作简便、施工速度快、施工不受气候影响、省电等优点。两根钢筋插入钢套筒后，用带有梅花齿形内模的钢筋连接机对套筒外壁加压，螺纹钢筋的横肋间隙中，这时继续加压使钢套筒的金属冷塑性变形程度加剧，进一步加强硬化程度，其强度提高 110～140 MPa，如图 3-28、图 3-29 所示。

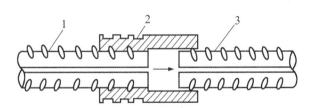

图 3-28　套筒挤压连接

1—已挤压的钢筋；2—钢套筒；3—未挤压的钢筋

(a) φ32 挤压接头　　　　　　(b) 挤压接头现场施工

图 3-29　套筒挤压连接施工现场

3.4 钢筋识图、配料与代换

3.4.1 钢筋的识图

传统的配筋图是将构件从结构平面布置中索引出来,再逐个绘制配筋详图的方法。经过重大改革,目前框架结构主流的钢筋结构图的表示方法为平法(建筑结构施工图平面整体设计方法)表示方法。下面以《混凝土结构施工图平面整体表示方法制图规则和构造详图(16G 101—1)》为例,说明相应识图要点和钢筋构造。

1)平法设计规则

(1)注写方式与截面方式相结合。

(2)集中标注与原位标注相结合。

(3)特殊构造不属于标准化内容。

2)梁平法

梁的平面整体表示方法:平面注写包括集中标注与原位标注,集中标注表达梁的通用数值,原位标注表达梁的特殊数值。当集中标注中的某项数值不适用于梁的某部位时,则将该数值原位标注。施工时,原位标注取值优先。

梁的集中标注内容有:

(1)构件编号(代号、序号、跨数)

梁的代号:KL—框架梁;L—非框架梁;KL(XA)—一端有悬挑的框架梁;KL(XB)—两端有悬挑的框架梁,且悬挑不计入跨数。如 KL2(4 A),表示为 2 号框架梁,共 4 跨,其中一端有悬挑。

(2)几何要素:截面尺寸 $B \times H$,即梁宽×梁高。

(3)配筋要素

① 梁箍筋:包括钢筋级别、直径、加密区与非加密区间距及肢数。如 Φ10@100/200(2),表示箍筋直径为 10 mm HPB 300 钢筋,加密区间距为 100 mm,非加密区间距为 200 mm,(2)表示箍筋形式为 2 肢箍。第一个箍筋从柱内侧 50 mm 处开始布置,加密区长度为:一级抗震≥2 h_b 和≥500 mm 取大值;二至四级抗震≥1.5 h_b 和≥500 mm 取大值。

② 梁上部贯通筋或架立筋

a. 同排纵筋中既有贯通筋又有架立筋时,应用"+"将贯通筋与架立筋相连。注写时须将贯通纵筋写在加号前面,架立筋写在加号后面的括号内。如:2Φ22+(4Φ20)。

b. 当梁的上部纵筋和下部纵筋均为贯通筋,且多数跨配筋相同时,可加注下部纵筋的配筋值,用分号";"隔开。如 2Φ25;3Φ22。

(4)补充要素:当梁的顶面标高存在高差,此为可选项。

梁的原位标注内容有:

(1)梁支座上部纵筋(负弯矩钢筋)

① 当上部纵筋多于一排时,用斜线"/"将各排纵筋自上而下分开。如 6Φ25 4/2 表示上排纵筋为 4 根 Φ25,下排纵筋为 2 根 Φ25。

② 当同排纵筋有两种直径时,用加号"+"将两种直径纵筋相连,注写时须将角部纵筋写在加号前面,如 2⊈25+2⊈22。

③ 当梁中间支座两边的上部纵筋不同时,须在支座两边分别标注;当梁中间支座两边的上部纵筋相同时,可仅在支座一边标注配筋值,另一边省去不注。

(2)梁支座下部纵筋(通长筋)

① 当下部纵筋多于一排时,用斜线"/"将各排纵筋自上而下分开。

② 当同排纵筋有两种直径时,用加号"+"将两种直径纵筋相连,注写时须将角部纵筋写在加号前面。

(3)侧面钢筋

侧面钢筋有构造钢筋和抗扭钢筋,即腰筋。构造钢筋在前面加字母"G",抗扭钢筋在前面加字母"N"。如:G6⊈14(当梁高大于 700 mm 时,按构造详图计算腰筋)。

(4)附加箍筋或吊筋

附加箍筋或吊筋将其直接画在平面图中的主梁上,用线引注总配筋值。当多数附加箍筋或吊筋相同时,可在梁施工图上统一注明,少数与统一注明值不同时再原位引注。

构造要求:

(1)抗震框架梁钢筋锚固

① 边支座锚固

首先根据 16G 101—1 图集的规定判断是弯锚还是直锚(如图 3-30),当 h_c 较大,$h_c-c{\geqslant}l_{aE}$ 且 $\geqslant0.5\,h_c+5\,d$ 时,采用直锚,否则进行弯锚。弯锚和直锚机理不同,弯锚时,平直段尽可能伸到柱筋内侧,如图 3-31 所示。

② 下部钢筋中间支座锚固

下部钢筋中间支座锚固通常采用直锚,直锚长度取 $\max\{l_{aE},\ 0.5\,h_c+5d\}$(如图 3-31);根据受力纵筋"能通则通",可以贯穿多层多跨的连接原则,下部钢筋可以贯穿支座,避开箍筋加密区,同时在受力较小处(由设计人员确定),这样对减少梁柱节点区钢筋,保证混凝土浇筑质量有利。预算可按每跨单独计算。

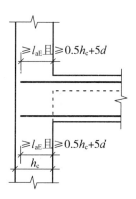

图 3-30 框架梁边支座锚固构造

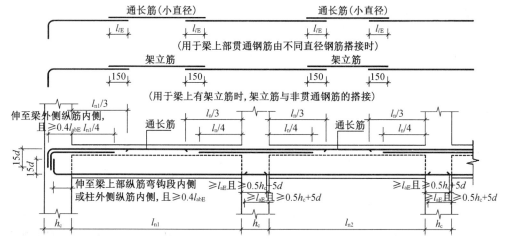

图 3-31 框架梁中间支座锚固构造

③ 上部支座负筋

上部支座负筋第一排：外伸长度为净跨的 1/3，第二、三排：外伸长度为净跨的 1/4。对于端支座，为本跨的净跨；对于中间支座，取支座两边净跨的较大值。

④ 悬挑端钢筋

至少两根角筋，并不少于第一排纵筋的 1/2 伸到梁端弯折≥12d，其余 45°下弯；第二排纵筋在 0.75l 处截断，下部钢筋锚固 15d。

（2）非框架梁的下部纵向钢筋的锚固长度均为 15d。

3）柱平法

柱平法施工图系在柱平面布置图上采用列表注写方式或截面注写方式表达。

【例 3-1】 柱平法施工图列表注写方式示例见表 3-4 所示。

表 3-4　柱平法列表注写示例

柱号	标高	$b \times h$	b_1	b_2	h_1	h_2	角筋	b 边一侧中部筋	h 边一侧中部筋	箍筋
KZ1	7.5	650×600	300	350	300	300	4Φ25	5Φ25	3Φ25	φ10@100/200

【分析】 表中 KZ1 表示框架柱 1，标高一般注写各段柱的起止标高，自柱根部往上以变截面位置或截面未变但配筋改变处为界分段注写。$b \times h$ 为柱截面尺寸，b_1、b_2、h_1、h_2 是柱与轴线关系的几何参数，须对各段柱分别注写，其中 $b = b_1 + b_2$，$h = h_1 + h_2$。角筋表示柱 4 角处钢筋，b 边一侧中部筋为除角筋外 b 边的所有钢筋，h 边一侧中部筋为除角筋外 h 边的所有钢筋。

【例 3-2】 柱平法施工图截面注写方式示例见图 3-32 所示。图中虚框内标注为集中标注。

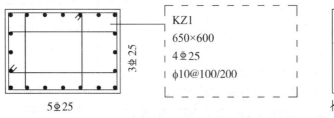
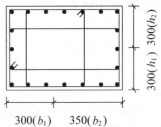

KZ1
650×600
4Φ25
φ10@100/200

3Φ25

5Φ25

$300(h_2)$
$300(h_1)$
$300(b_1)$　$350(b_2)$

图 3-32　柱平法截面注写示例

【分析】 图中虚框内标注为集中标注，标注形式是：名称，截面，角筋，箍筋数据。图中 KZ1 表示框架柱 1，650×600 为柱截面尺寸，4Φ25 为角筋，中间钢筋直接注写在截面图的相应边。截面与轴线关系 b_1、b_2、h_1、h_2 的具体数值也要标出来。

3.4.2　钢筋的配料

钢筋配料是根据构件的配筋图计算构件各钢筋的直线下料长度、根数及重量，然后编制钢筋配料单，作为钢筋备料加工的依据。构件配筋图中注明的尺寸一般是钢筋外轮廓尺寸，即从钢筋外皮到外皮量得的尺寸，称为外包尺寸。在钢筋加工时，一般也按外包尺寸进行验收。而钢筋加工前是按直线下料，钢筋弯曲时外皮伸长，内皮缩短，只有中心线长度不变（如图 3-33 所示）。这样按外包尺寸总和下料是不准确

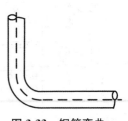

图 3-33　钢筋弯曲

的,只有按钢筋中心线长度尺寸下料加工,才能使加工后的钢筋形状、尺寸符合设计要求。钢筋弯曲后的外包尺寸和中心线长度之间的差值,称为"量度差值"。

1)钢筋的量度差值

(1)钢筋弯曲处的量度差值

钢筋弯曲处的量度差值与钢筋弯心直径及弯曲角度有关。工地为了计算方便,钢筋弯曲处的量度差值通常按以下取值:30°量度差值取 $0.3d$;45°量度差值取 $0.5d$;60°量度差值为 $0.9d$;90°量度差值为 $2d$;135°量度差值为 $2.5d$(d 为下料钢筋直径)。

(2)钢筋弯钩增加值

为了保证可靠黏结与锚固,光圆钢筋(HPB 300)末端宜做成弯钩。作为受力纵筋时,要求做 180°半圆弯钩,且平直段不小于 $3d$,无抗震要求时通常取 $3d$,则每个弯钩增加长度为 $6.25d$。

(3)箍筋下料长度

由于一根箍筋有多个弯曲和弯钩(如图 3-34),下料长度逐一计算较麻烦,所以根据常见的箍筋加工形式,将箍筋的下料长度进行简化计算。

(a) 90°/90°   (b) 90°/180°   (c) 135°/135°

图 3-34　箍筋形式

非抗震时弯钩平直段取 $5d$,抗震时弯钩平直段通常取 $\max(10d, 75)$。箍筋通常按图 3-34(c)加工,下料长度按表 3-5 进行计算。

表 3-5　箍筋调整值的计算

箍筋调整值	箍筋直径(mm)			
	4～5	6	8	10～12
量外包尺寸	40	50	60	70
量内包尺寸	80	100	120	150～170

(4)弯起钢筋增加长度

计算弯起钢筋下料长度时,可根据弯起角度,弯起钢筋坡度系数折算,见表 3-6 所示。

表 3-6　弯起钢筋坡度系数

弯起钢筋示意图	α	S	L	$S-L$
	30°	$2.00H$	$1.73H$	$0.27H$
	45°	$1.41H$	$1.00H$	$0.41H$
	60°	$1.15H$	$0.58H$	$0.57H$

注:① H 为扣去构件保护层弯起钢筋的净高度。

② $S-L$ 为弯起钢筋增加净长度。

2）钢筋下料长度计算

钢筋下料长度＝图示构件长度（高度）－保护层厚度－弯曲调整值＋弯钩增加长度（6.25d/个）＋弯起钢筋增加长度＋锚固增加长度（按规范）＋连接增加长度（按规范）

或　钢筋下料长度＝直段长度＋斜段长度－钢筋弯曲处的量度差值＋弯钩增加长度（6.25d/个）＋连接增加长度（按规范）

3）钢筋的配料单及料牌

钢筋配料单是根据施工设计图纸标定钢筋的品种、规格及外形尺寸、数量进行编号，并计算下料长度，用表格形式表达的技术文件。其内容由构件的名称、钢筋编号、钢筋简图、尺寸、钢号、数量、下料长度及重量等内容组成。它是确定钢筋下料加工的依据，是提出材料计划、签发施工任务单和限额领料单的依据，是钢筋施工的重要程序。合理的配料单能节约材料，简化施工操作。

在钢筋施工中，仅有配料单还不够，因为钢筋加工工序很多，并且在同一个钢筋加工场中有很多单位工程的各种构件的各个编号的钢筋同时在加工，这些编号的钢筋在外形上大同小异，如果在加工的钢筋上不加标志，就可能在施工中造成混乱。因而，需要将每个编号的钢筋制作一块料牌，作为钢筋加工过程的依据，也作为在钢筋安装中区别各个工程项目、构件和各种编号钢筋的标志。料牌可用 100 mm×70 mm 的薄木板或纤维板等制成，料牌正面一般写上这个编号钢筋所在单位工程项目、构件号以及构件数量，料牌反面写上钢筋编号、简图、直径、钢号、下料长度及合计根数等（如图 3-35）。

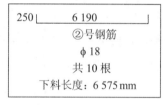

图 3-35　钢筋料牌的形式

【例 3-3】　某建筑物一层共有 10 根 L 梁，钢筋截面图如图 3-36 所示，试计算钢筋的下料长度并绘制 L 梁钢筋配料单（保护层厚度取 25 mm）。

【解】　（1）计算钢筋下料长度

①号钢筋下料长度

（6 240－2×25＋2×200）－2×2×25＋2×6.25×25＝6 802 mm

②号钢筋下料长度

6 240－2×25＋2×6.25×12＝6 340 mm

③号弯起钢筋下料长度

上直段钢筋长度　240＋50＋500－25＝765 mm

斜段钢筋长度　（500－2×25）×1.414＝636 mm

中间直段长度　6 240－2×（240＋50＋500＋450）＝3 760 mm

下料长度　（765＋636）×2＋3 760－4×0.5×25＋2×6.25×25＝6 824 mm

④号弯起钢筋下料长度（可由学生练习）

下料长度 6 824 mm

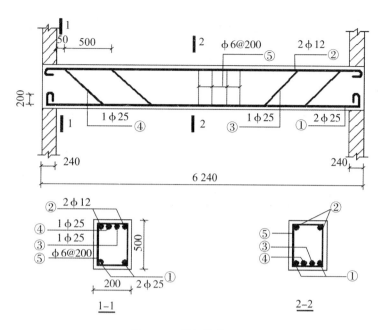

图 3-36 梁钢筋截面图

⑤号箍筋下料长度

宽度　$200-2×25=150$ mm

高度　$500-2×25=450$ mm

下料长度　$(150+450)×2+50=1\ 250$ mm

数量　$\dfrac{6\ 240-2×25}{200}+1=31.92$　取 32 根

(2) 钢筋配料单

构件 名称	钢筋 编号	简　　图	钢筋 符号	直径 (mm)	下料长度 (mm)	单位 根数	合计 根数	质量 (kg)
L1 梁 (共 10 根)	①	200 ⌐ 6 190	φ	25	6 802	2	20	523.75
	②	6 190	φ	12	6 340	2	20	112.60
	③	765 / 636 / 3 760	φ	25	6 824	1	10	262.72
	④	265 / 636 / 4 760	φ	25	6 824	1	10	262.72
	⑤	150 / 450	φ	6	1 250	32	320	88.80
	合计	φ6:88.80 kg;　　φ12:112.60 kg;　　φ25:1 049.19 kg						

【例 3-4】　某二级抗震建筑,二层楼面为现浇楼盖,楼板厚度为 100 mm,二层楼面有 6 根框架梁 KL1(1A),其配筋信息如图 3-37,混凝土 C30,钢筋主筋为 HRB 400 级,主筋锚固长度

均按 $40d$ 考虑,工程施工需要计算所标各种钢筋下料长度、梁钢筋保护层厚度取$c=25$ mm)。

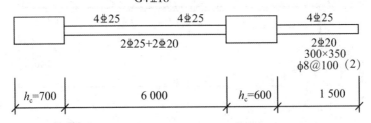

KL1(1A)300×650
$\phi8@100/150$ (2)
2Φ25
G4Φ16

4Φ25　　4Φ25　　　　4Φ25

2Φ25+2Φ20　　　　2Φ20
300×350
$\phi8@100$ (2)

$h_c=700$　　　6 000　　　$h_c=600$　　1 500

图 3-37　KL1(1A)梁配筋信息

【解】 (1) 钢筋下料长度计算

边支座锚固值计算:

Φ25　$l_{aE}=40d=40\times25=1\ 000$ mm

左支座 $l_{aE}>h_c-c=700-25=675$ mm,采取弯锚。

弯锚长度$=h_c-25$(柱保护层)$+15d-2d$(90°量度差)$=1\ 000$ mm

右支座 $l_{aE}>h_c-c=600-25=575$ mm,采取弯锚。

弯锚长度$=h_c-25$(柱保护层)$+15d-2d$(90°量度差)$=900$ mm

Φ20　$l_{aE}=40d=40\times20=800$ mm

左支座 $l_{aE}>700-25=675$ mm,采取弯锚。

右支座 $l_{aE}>600-25=575$ mm,采取弯锚。

弯锚长度$=h_c-25$(柱保护层)$+15d-2d$(90°量度差)$=835$ mm

① 2Φ25 上部通长筋

$l=1\ 000$(左锚固)$+6\ 000+600+1\ 500-25+12\ d-2d=9\ 325$ mm

② 2Φ25 上部左支座负筋

$l=\dfrac{6\ 000}{3}+1\ 000$(左锚固)$=3\ 000$ mm

③ 2Φ25 上部右支座负筋

$l=\dfrac{6\ 000}{3}+600+(1\ 500-25)+0.414\times(350-2\times25)-2\times0.5\times25$(45°量度差)

$=4\ 174$ mm

④ 2Φ25 下部钢筋

$l=1\ 000$(左锚固)$+6\ 000+900$(右锚固)$=7\ 900$ mm

⑤ 2Φ20 下部钢筋

$l=835$(左弯锚)$+6\ 000+835$(右弯锚)$=7\ 670$ mm

⑥ 2Φ20 悬挑底部筋

$l=1\ 500-25+15\times20=1\ 775$ mm

⑦ 框架梁箍筋 ϕ8

$(300+650)\times2-8\times25+60+10d$(抗震箍筋增加的)$=1\ 840$ mm

箍筋个数　　$n=\left(\dfrac{1.5\times650-50}{100}+1\right)\times2+\left(\dfrac{6\,000-2\times1.5\times650}{150}-1\right)=48$ 个

⑧ 悬挑梁箍筋 Φ8

$(300+350)\times2-8\times25+60+10d(抗震箍筋增加的)=1\,240$ mm

箍筋个数　　$n=\dfrac{1\,500-50-25}{100}=15$ 个

⑨ G4Φ16 构造筋

⑩ 构造筋拉筋

根据 16G 101—1 规定,当梁宽≤350 mm,拉筋直径为 6 mm,拉筋间距为非加密区箍筋间距的 2 倍。

$300-2\times25+2\times\max(10d,75)=400$ mm

拉筋根数

$n=\left(\dfrac{6\,000-50-50}{2\times150}+1\right)\times2(排)=42$ 根

(2) 钢筋配料单(由学生完成)

构件名称	钢筋编号	简　　图	钢号	直径(mm)	下料长度(mm)	单位根数	合计根数	质量(kg)
KL(1A)	①							
	②							
	③							
	④							
	⑤							
	⑥							
	⑦							
	⑧							
	⑨							
	⑩							

4) 弯曲调整值实用取值

在进行钢筋加工前,由于钢筋式样繁多,不可能逐根按每个弯曲点作弯曲调整值计算,而且也没有必要这样做。理论计算与实际操作的效果多少会有一些差距,主要是由于弯曲外圆弧的

不准确性所引起的;计算时按"圆弧"考虑,实际上却不是纯圆弧,而是不规则的弯弧。之所以产生这种情况,其原因与成型工具和习惯操作方法有密切关系,例如手工成型的弯弧不但与钢筋直径和要求的弯曲程度大小有关,还与扳子的尺寸以及搭扳子的位置有关,如果扳头离扳柱的距离大,即扳距大,则弯弧长,反之,扳距小,则弯弧短;又如用机械成型时,所选用的弯曲直径并不能准确地按规定的取最小值 D,有时为了减少更换,稍有偏大取值,个别情况也可能略有偏小。

因此,由于操作条件不同,成型结果也不一样,不能绝对地定出弯曲调整值是多少。通常是根据本施工单位的经验资料,预先确定符合实际需要的、实用的弯曲调整值表备用。

3.4.3 钢筋的代换

钢筋的级别、钢号和直径应按设计要求采用,若施工中缺乏设计图中所要求的钢筋,在征得设计单位的同意并办理设计变更文件后,可按下述原则进行代换。

1) 等强度代换

构件配筋受强度控制时,按代换前后强度相等的原则进行代换,称为等强度代换。如设计中所用钢筋强度为 f_{y1},钢筋总面积 A_{s1};代换后钢筋强度为 f_{y2},钢筋截面积为 A_{s2}。应使代换前后钢筋的总强度相等,即

$$A_{s2} \cdot f_{y2} \geqslant A_{s1} \cdot f_{y1} \qquad (3-1)$$

将圆面积公式代入,有

$$n_2 d_2^2 f_{y2} \geqslant n_1 d_1^2 f_{y1} \qquad (3-2)$$

当原设计钢筋与拟代换的钢筋直径相同时($d_1 = d_2$),

$$n_2 f_{y1} \geqslant n_1 f_{y1} \qquad (3-3)$$

当原设计钢筋与拟代换的钢筋级别相同时($f_{y1} = f_{y2}$)

$$n_2 d_2^2 \geqslant n_1 d_1^2 \qquad (3-4)$$

式中:f_{y1},f_{y2}——分别为原设计钢筋和拟代换钢筋的抗拉强度设计值(N/mm²);

A_{s1},A_{s2}——分别为原设计钢筋和拟代换钢筋的计算截面面积(mm²);

n_1,n_2——分别为原设计钢筋和拟代换钢筋的根数(根);

d_1,d_2——分别为原设计钢筋和拟代换钢筋的直径(mm)。

2) 等面积代换

构件按最小配筋率配筋时或代换前后钢筋同种级别不同规格钢筋之间(直径差值一般不大于 4 mm),按代换前后面积相等的原则进行代换,称为等面积代换。即:

$$A_{s2} \geqslant A_{s1} \qquad (3-5)$$

$$n_2 d_2^2 \geqslant n_1 d_1^2 \qquad (3-6)$$

3) 钢筋代换注意事项

(1) 钢筋代换后,应满足混凝土结构设计规范中所规定的钢筋间距、锚固长度、最小钢筋直径、根数的要求。

(2) 对重要受力构件如吊车梁、薄腹梁、屋架下弦等,不宜用 HPB 300 级光面钢筋代换带肋钢筋。

(3) 梁的纵向受力钢筋与弯起钢筋应分别进行代换。

(4) 当构件配筋受抗裂裂缝宽度或挠度控制时,钢筋代换后应进行抗裂裂缝宽度或挠度验算。

(5) 有抗震要求的框架,不宜以强度等级较高的钢筋代替原设计中的钢筋。

（6）预制构件吊环，必须采用未经冷拉的 1 级热轧钢筋制作，严禁以其他钢筋代换。

（7）不同种类钢筋的代换，应按钢筋受拉承载力设计值相等的原则进行。

【例 3-5】 某构件原设计用 7 根直径为 10 mm 的 HRB 400（$f_{y1}=400$ N/mm^2）钢筋，现拟用直径为 12 mm 的 HRB 500（$f_{y2}=500$ N/mm^2）钢筋代换，试计算代换后的钢筋根数。

【解】 因钢筋强度和直径均不相同，应按等强度代换进行计算，即

$$n_2 d_2^2 f_{y2} \geqslant n_1 d_1^2 f_{y1}$$

即

$$n_2 \geqslant \frac{n_1 d_1^2 f_{y1}}{d_2^2 f_{y2}} = \frac{7 \times 10^2 \times 400}{12^2 \times 500} = 3.89 \quad 取 4 根$$

故需用 4 根直径为 12 mm 的 HRB 500 钢筋代换。

【例 3-6】 某梁设计主筋为 3 根直径为 18 mm 的 HRB 400（$f_{y1}=400$ N/mm^2）钢筋，今现场无该钢筋，经设计单位同意，拟用直径为 16 mm 的 HRB 400（$f_{y1}=400$ N/mm^2）钢筋代换，试计算代换后的钢筋根数。当梁宽为 250 mm 时，钢筋按一排布置能否排下？

【解】 因钢筋规格相同，即强度相同，应按等面积代换进行计算，即

$$n_2 d_2^2 \geqslant n_1 d_1^2$$

即

$$n_2 \geqslant \frac{n_1 d_1^2}{d_2^2} = \frac{3 \times 18^2}{16^2} = 3.80 \quad 取 4 根$$

故需用 4 根直径为 16 mm 的钢筋代换。

当梁宽为 250 mm，钢筋按一排布置时，每根钢筋之间的保护层为

$$c = \frac{250 - 4 \times 16}{5} = 37.2 \text{ mm} \geqslant 25 \text{ mm}（梁的钢筋保护层取 25 mm）$$

故钢筋按一排布置能排下。

3.5 钢筋工程质量验收及安全技术

钢筋工程属于隐蔽工程，在浇筑混凝土前应对钢筋及预埋件进行隐蔽工程验收，并按规定做好隐蔽工程记录，以便查验。根据《混凝土结构工程施工质量验收规范》（GB 50204—2011）对钢筋分项工程的规定，应验收以下内容：

（1）当钢筋的品种、级别或规格需作变更时，应验收设计变更文件的办理情况。

（2）纵向受力钢筋的品种、规格、数量、位置等。

（3）钢筋的连接方式、接头位置、接头数量、接头面积百分率等。

（4）箍筋、横向钢筋的品种、规格、数量、间距等。

（5）预埋件的规格、数量、位置等。

3.5.1 原材料验收

1）主控项目

（1）钢筋进场时，应按国家现行标准《钢筋混凝土用钢》[GB/T 1499—2017（2018）]、

《混凝土结构工程施工质量验收规范》(GB 50204—2015)等规定抽取试件作屈服强度、抗拉强度、伸长率、弯曲性能和重量偏差检验,检验结果应符合相应标准的规定。

　　检查数量:按进场批次和产品的抽样检验方案确定。

　　检验方法:检查质量证明文件和抽样检验报告。

　　(2) 对按一、二、三级抗震等级设计的框架和斜撑构件(含梯段)中的纵向受力普通钢筋采用的 HRB 400E、HRB 500E、HRBF 400E 或 HRBF 500E 钢筋,其强度和最大力下总伸长率的实测值应符合下列规定:

　　① 抗拉强度实测值与屈服强度实测值的比值不应小于 1.25。

　　② 屈服强度实测值与屈服强度标准值的比值不应大于 1.3。

　　③ 最大力下总伸长率不应大于 9%。

　　检查数量:按进场的批次和产品的抽样检验方案确定。

　　检验方法:检查进场复验报告。

　　(3) 当发现钢筋脆断、焊接性能不良或力学性能显著不正常等现象时,应对该批钢筋进行化学成分检验或其他专项检验。

　　检验方法:检查化学成分等专项检验报告。

　　2) 一般项目

　　钢筋应平直、无损伤,表面不得有裂纹、油污、颗粒状或片状老锈。

　　检查数量:进场时和使用前全数检查。

　　检验方法:观察。

3.5.2　钢筋加工验收

　　1) 主控项目

　　(1) 钢筋弯折的弯弧内直径应符合下列规定:

　　① 光圆钢筋不应小于钢筋直径的 2.5 倍,如作为受力钢筋,钢筋末端做 180°弯钩,弯钩平直段长度不应小于钢筋直径的 3 倍。

　　② 400 MPa 级带肋钢筋不应小于钢筋直径的 4 倍。

　　③ 500 MPa 级带肋钢筋,当直径<28 mm 时,不应小于钢筋直径的 6 倍;当直径≥28 mm 时,不应小于钢筋直径的 7 倍。

　　④ 箍筋弯折处尚不应小于纵向受力钢筋的直径。

　　(2) 箍筋拉筋的末端应按设计要求做弯钩,并应符合下列规定:

　　对一般结构构件箍筋弯钩的弯折角度不应小于 90°,有抗震设防要求和设计有专门要求的结构构件,箍筋弯钩的弯折角度不应小于 135°,梁、柱复合箍筋中单肢箍筋两端弯钩的弯折角度均不应小于 135°。弯折后平直段长度不应小于钢筋直径的 5 倍,有抗震设防要求的结构构件,弯折后平直段长度不应小于钢筋直径的 10 倍且不应小于 75 mm。

　　检查数量:按每工作班同一类型钢筋、同一加工设备抽查不应少于 3 件。

　　检验方法:用尺量。

　　(3) 盘卷钢筋调制后应进行力学性能和重量偏差检验,其强度、断后伸长率、重量偏差应符合国家现行有关标准的规定。应对 3 个试件先进行重量偏差检验,再取其中 2 个试件进行力学性能检验。检验重量偏差时,试件切口应平滑并与长度方向垂直,其长度不应小于

500 mm,长度和重量的量测精度分别不应低于 1 mm 和 1 g。

检查数量:同一设备加工的同牌号、同一规格的调直钢筋,重量不大于 30 t 为一批,每批见证抽取 3 个试件。

检验方法:检查抽样检验报告。

2)一般项目

钢筋加工的形状、尺寸应符合设计要求,其偏差应符合表 3-7 的规定。

检查数量:按每工作班同一类型钢筋、同一加工设备抽查不应少于 3 件。

检验方法:钢尺检查。

表 3-7　钢筋加工的允许偏差

项　　目	允许偏差(mm)
受力钢筋顺长度方向全长的净尺寸	±10
弯起钢筋的弯折位置	±20
箍筋外廓尺寸	±5

3.5.3　钢筋连接验收

1)主控项目

(1)纵向受力钢筋的连接方式应符合设计要求。

检查数量:全数检查。

检验方法:观察。

(2)在施工现场,应按国家现行标准《钢筋机械连接技术规程》(JGJ 107—2016)、《钢筋焊接及验收规程》(JGJ 18—2012)的规定抽取钢筋机械连接接头、焊接接头试件作力学性能检验,其质量应符合有关规程的规定。

检查数量:按有关规程确定。

检验方法:检查产品合格证、接头力学性能试验报告。

2)一般项目

(1)钢筋的接头位置应符合设计和施工方案要求。有抗震设防要求的结构中,梁端、柱端箍筋加密区范围内不应进行钢筋搭接。接头末端至钢筋弯起点的距离不应小于钢筋直径的 10 倍。

检查数量:按现行行业技术标准规定确定。

检验方法:观察,钢尺检查。

(2)在施工现场,应按国家现行标准《钢筋机械连接技术规程》(JGJ 107—2016)、《钢筋焊接及验收规程》(JGJ 18—2012)的规定对钢筋机械连接接头、焊接接头的外观进行检查,其质量应符合有关规程的规定。

检查数量:按现行行业标准规定确定。

检验方法:观察。

(3)当受力钢筋采用机械连接接头或焊接接头时,设置在同一构件内的接头宜相互错开。纵向受力钢筋机械连接接头连接区段的长度及焊接接头连接区段的长度为 35d(d 为纵向受力钢筋的较大直径)且不小于 500 mm,凡接头中点位于该连接区段长度内的接头均属于同一连接区段。同一连接区段内,纵向受力钢筋机械连接及焊接的接头面积百分率为该区段内有接头的纵向受力钢筋截面面积与全部纵向受力钢筋截面面积的比值。同一连接区段内,纵向受力钢筋的接头面积百分率应符合设计要求。

检查数量:在同一检验批内,对梁、柱和独立基础,应抽查构件数量的 10%,且不少于 3 件;对墙和板,应按有代表性的自然间抽查 10%,且不少于 3 间;对大空间结构,墙可按相邻轴线间高度 5 m 左右划分检查面,板可按纵横轴线划分检查面,抽查 10%,且均不少于 3 面。

检验方法:观察,钢尺检查。

(4) 同一构件中相邻纵向受力钢筋的绑扎搭接接头宜相互错开。绑扎搭接接头中钢筋的横向净距不应小于钢筋直径,且不应小于 25 mm。钢筋绑扎搭接接头连接区段的长度为 1.3 L(L 为搭接长度),凡搭接接头中点位于该连接区段长度内的搭接接头均属于同一连接区段。同一连接区段内,纵向钢筋搭接接头面积百分率应符合设计要求。

检查数量和检查方法同(3)。

3.5.4 钢筋安装验收

1) 主控项目

钢筋安装时,受力钢筋的牌号、级别、规格和数量必须符合设计要求。钢筋应安装牢固,受力钢筋的安装位置、锚固方式应符合设计要求。

检查数量:全数检查。

检验方法:观察,钢尺检查。

2) 一般项目

钢筋安装位置的偏差和检验方法应符合表 3-8 中的规定。

检查数量:在同一检验批内,对梁、柱和独立基础,应抽查构件数量的 10%,且不少于 3 件;对墙和板,应按有代表性的自然间抽查 10%,且不少于 3 间;对大空间结构,墙可按相邻轴线间高度 5 m 左右划分检查面,板可按纵横轴线划分检查面,抽查 10%,且均不少于 3 面。

表 3-8 钢筋安装位置的允许偏差和检验方法

项 目			允许偏差(mm)	检验方法
绑扎钢筋网	长、宽		±10	钢尺检查
	网眼尺寸		±20	钢尺量连续 3 挡,取最大值
绑扎钢筋骨架	长		±10	钢尺检查
	宽、高		±5	钢尺检查
纵向受力钢筋	锚固长度		−20	钢尺检查
	间距		±10	钢尺量两端、中间各 1 点,取最大值
	排距		±5	
纵向受力钢筋、箍筋	保护层厚度	基础	±10	钢尺检查
		柱、梁	±5	钢尺检查
		板、墙、壳	±3	钢尺检查

续表 3-8

项　　目		允许偏差(mm)	检验方法
绑扎箍筋、横向钢筋间距		±20	钢尺量连续 3 挡,取最大值
钢筋弯起点位置		20	钢尺检查
预埋件	中心线位置	5	钢尺检查
	水平高差	+3.0	钢尺和塞尺检查

注:①检查预埋件中心线位置时,应沿纵、横两个方向量测,并取其中的较大值。

②表中梁类、板类构件上部纵向受力钢筋保护层厚度的合格率应达到 90% 及以上,且不得有超过表中数值 1.5 倍的尺寸偏差。

复习思考题

1. 钢筋如何进行分类?

2. 简述钢筋进场应如何进行验收。

3. 钢筋的加工包括哪些内容?

4. 什么是钢筋冷拉? 冷拉的作用是什么? 控制冷拉的方法有哪些?

5. 什么是钢筋弯曲成型? 弯曲成型的顺序是什么? 钢筋弯曲如何进行画线?

6. 简述钢筋绑扎安装常见的质量通病。

7. 简述钢筋连接的类型和连接接头的有关规定。

8. 什么是钢筋的机械连接? 机械连接的方式有哪些? 机械连接有哪些优点?

9. 钢筋有哪些焊接方法,各自的适用范围是什么?

10. 简述钢筋焊接常见的质量通病。

11. 什么是钢筋的配料? 什么叫量度差值? 常用的弯曲角度量度差值各为多少?

12. 简述抗震框架柱的连接及柱顶纵向钢筋构造及框架梁支座的锚固要求。

13. 简述柱、墙、梁、板钢筋绑扎安装的要点和常见质量问题。

14. 钢筋代换方法及其适用范围如何? 代换时应注意哪些问题?

15. 简述钢筋工程验收的主要内容及验收要点。

16. 某梁设计主筋为 3 根 HRB 400 级直径为 20 mm 钢筋($f_{y1}=400$ N/mm²),今现场无该级钢筋,拟用 HRB 500 级直径为 18 mm 钢筋($f_{y2}=500$ N/mm²)代换,试计算需几根钢筋? 若用 HRB 335 级直径为 14 mm 钢筋代换,当梁宽为 250 mm 时,钢筋按一排布置能否排下?

17. 弯起钢筋的直径为 20 mm,箍筋的直径为 6 mm,试计算图 3-38 所示钢筋的下料长度,如进行钢筋弯曲成型,如何进行钢筋画线?

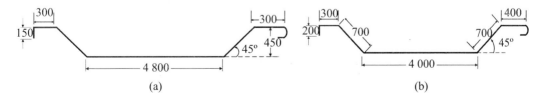

(a)　　　　　　　　　　　　　　(b)

图 3-38

18. 试计算图 3-39 截面法所示 C20 单梁钢筋的下料长度并编制配料单。

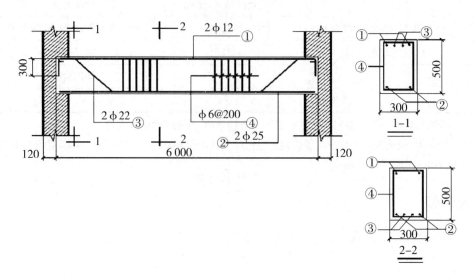

图 3-39

4　混凝土工程基本知识

本章提要：了解混凝土工程原材料，掌握混凝土施工配料，能进行混凝土的配料计算；了解混凝土施工设备和机具的性能，能正确选择混凝土施工机械；掌握混凝土的施工工艺、质量验收标准及检测方法；掌握混凝土结构施工的安全技术。

混凝土结构是指以混凝土为主要材料制成的结构，包括素混凝土结构、钢筋混凝土结构和预应力混凝土结构等。混凝土结构工程在现代建筑工程的施工中占有重要的地位。

混凝土工程包括混凝土制备、运输、浇筑捣实和养护等施工过程，各个施工过程相互联系和影响，任一施工过程处理不当都会影响混凝土工程的最终质量。因此，要使混凝土工程施工能保证结构的设计形状和尺寸，确保混凝土的强度、刚度、密实性、整体性、耐久性以及满足其他设计和施工的特殊要求，就必须严格控制混凝土的各种原材料质量和每道工序的施工质量。

4.1　混凝土材料组成及检验

结构工程中所用的混凝土是以水泥为胶凝材料，外加粗细骨料、水，按照一定配合比拌和而成的混合材料。另外，还根据需要，向混凝土中掺加外加剂和外掺和料以改善混凝土的某些性能。因此，混凝土的原材料除了水泥、砂、石、水外，还有外加剂、外掺和料（常用的有粉煤灰、硅粉、磨细矿渣等）。

4.1.1　水泥

1）常用水泥的种类

常用的水泥有：硅酸盐水泥、普通硅酸盐水泥、矿渣硅酸盐水泥、火山灰质硅酸盐水泥、粉煤灰硅酸盐水泥和复合硅酸盐水泥。

2）常用水泥的选用（见表 4-1）

表 4-1　常用水泥的选用

混凝土工程特点或所处环境条件		优先选用	可以使用	不得使用
环境条件	在普通气候环境中的混凝土	普通硅酸盐水泥	矿渣硅酸盐水泥、火山灰质硅酸盐水泥、粉煤灰硅酸盐水泥	
	在干燥环境中的混凝土	普通硅酸盐水泥	矿渣硅酸盐水泥	火山灰质硅酸盐水泥、粉煤灰硅酸盐水泥
	在高湿度环境中或永远处在水下的混凝土	矿渣硅酸盐水泥	普通硅酸盐水泥、火山灰质硅酸盐水泥、粉煤灰硅酸盐水泥	

续表 4-1

	混凝土工程特点或所处环境条件	优先选用	可以使用	不得使用
环境条件	严寒地区的露天混凝土、寒冷地区的处在水位升降范围内的混凝土	普通硅酸盐水泥	矿渣硅酸盐水泥	火山灰质硅酸盐水泥、粉煤灰硅酸盐水泥
	严寒地区处在水位升降范围内的混凝土	普通硅酸盐水泥		火山灰质硅酸盐水泥、粉煤灰硅酸盐水泥、矿渣硅酸盐水泥
	受侵蚀性环境水或侵蚀性气体作用的混凝土	根据侵蚀性介质的种类、浓度等具体条件按专门（或设计）规定选用		
	厚大体积的混凝土	粉煤灰硅酸盐水泥、矿渣硅酸盐水泥	普通硅酸盐水泥、火山灰质硅酸盐水泥	硅酸盐水泥、快硬硅酸盐水泥
工程特点	要求快硬的混凝土	快硬硅酸盐水泥、硅酸盐水泥	普通硅酸盐水泥	矿渣硅酸盐水泥、火山灰质硅酸盐水泥、粉煤灰硅酸盐水泥
	高强（大于 C60）的混凝土	硅酸盐水泥	普通硅酸盐水泥、矿渣硅酸盐水泥	火山灰质硅酸盐水泥、粉煤灰硅酸盐水泥
	有抗渗性要求的混凝土	普通硅酸盐水泥、火山灰质硅酸盐水泥		矿渣硅酸盐水泥
	有耐磨性要求的混凝土	硅酸盐水泥、普通硅酸盐水泥	矿渣硅酸盐水泥	火山灰质硅酸盐水泥、粉煤灰硅酸盐水泥

注：①蒸汽养护时用的水泥品种，宜根据具体条件通过试验确定。

②复合硅酸盐水泥选用应根据其混合材料的比例确定。

3）水泥的检查与验收

（1）品种验收

根据供货单位的发货明细表或入库通知单及质量合格证，分别核对水泥包装上所注明的工厂名称，生产许可证号，品种名称，代号，等级，包装年、月、日和批号。按国家标准规定，掺火山灰质混合材料的普通水泥应标上"掺火山灰"字样。包装袋两侧应印有水泥名称的强度等级，硅酸盐水泥和普通水泥的印刷采用红色；矿渣水泥的印刷采用绿色；火山灰和粉煤灰水泥采用黑色。

（2）数量验收

水泥分袋装和散装两种型式。袋装水泥每袋净重 50 kg±1 kg。随机抽取 20 袋，水泥总质量不得少于 1 000 kg，散装水泥平均堆积密度为 1 450 kg/m³，袋装压实的水泥为 1 600 kg/m³。

检查数量：按同一生产厂家、同一等级、同一品种、同一批号且连续进场的水泥，袋装不超过 200 t 为一批，散装不超过 500 t 为一批，每批抽样不少于一次。

（3）质量验收

出厂水泥应保证出厂强度等级，其余技术要求应符合国家标准要求。对于氧化镁、三氧化硫、初凝时间、安定性中任一项不符合产品标准规定时，应按废品处理；对于细度、终凝时间中任一项不符合产品标准规定或混合材料掺加量超过最大限量和强度等级低于商品强度等级的指标时为不合格品。水泥包装标识中，水泥品种、强度等级、生产者名称和出厂编号不全者也属于不合格品。

检验方法：检查产品合格证、出厂检验报告和进场复验报告。为能及时得知水泥强度，可按《水泥强度快速检验方法》(JC/T 738—2004)预测水泥 28 天强度。

钢筋混凝土结构、预应力混凝土结构中，严禁使用含氯化物的水泥。

4）水泥的保管

入库的水泥应按品种、强度等级、出厂日期分别堆放，并树立标志，做到先到先用，不得将不同品种、标号或不同出厂日期的水泥混用。

水泥要防止受潮，现场仓库应尽量密闭，仓库地面、墙面要干燥。存放袋装水泥时，水泥应垫起离地、离墙 30 cm 以上，且堆放高度不超过 10 包。临时露天暂存水泥也应用防雨篷布盖严，底板要垫高，并采取防潮措施。

水泥储存时间不宜过长，以免结块降低强度。常用水泥在正常环境中存放 3 个月，强度将降低 10%～20%；存放 6 个月，强度将降低 15%～30%。为此，水泥存放时间自出厂之日算起不得超过 3 个月（快凝水泥为 1 个月）。当在使用中对水泥质量有怀疑或水泥出厂超过 3 个月（快硬硅酸盐水泥超过 1 个月）时应进行复验，并按复验结果使用。

水泥不得和石灰石、石膏、白垩等粉状物料混放在一起。

4.1.2 砂

砂、石子是混凝土的骨架材料，因此又称粗细骨料。骨料有天然骨料、人造骨料。在工程中常用天然骨料。

1）砂的分类

砂按其产源可分为天然砂和人工砂。

由自然条件作用而形成的，粒径在 5 mm 以下的岩石颗粒，称为天然砂。天然砂可为河砂、湖砂、海砂和山砂。海砂中氯离子对钢筋有腐蚀作用，因此，海砂一般不宜作为混凝土的骨料。

人工砂又分为机制砂和混合砂。人工砂为经除土处理的机制砂、混合砂的统称。机制砂是由机械破碎、筛分制成的，粒径小于 4.75 mm 的岩石颗粒，但不包括软质岩、风化岩石的颗粒。混合砂是由机制砂和天然砂混合制成的砂。

按砂的粒径可分为粗砂、中砂和细砂，目前是以细度模数来划分粗砂、中砂和细砂，习惯上仍用平均粒径来区分，见表 4-2 所示。

表 4-2 砂的分类

粗细程度	细度模数 μ_i	平均粒径(mm)
粗砂	3.7～3.1	0.5 以上
中砂	3.0～2.3	0.35～0.5
细砂	2.2～1.6	0.25～0.35

2）砂的质量要求

表 4-3　砂的质量要求

质　量	项　目		质量指标
含泥量 （按重量计，%）	混凝土强度 等级	≥C60	≤2.0
		C55～C30	≤3.0
		≤C25	≤5.0
泥块含量 （按重量计，%）		≥C60	≤0.5
		C55～C30	≤1.0
		≤C25	≤2.0
有害物质限量	云母含量（按重量计%）		≤2.0
	轻物质含量（按重量计%）		≤1.0
	硫化物及硫酸盐含量（折算成 SO_3 按重量计%）		≤1.0
	有机物含量（用比色法试验）		颜色不应深于标准色，如深于标准色，则应按水泥胶砂强度试验方法进行强度对比试验，抗压强度比不应低于 0.95
坚固性	混凝土所处的环境条件	在严寒及寒冷地区室外使用，并经常处于有腐蚀性介质作用或经常处于水位变化区的地下结构或有抗疲劳、耐磨、抗冲击等要求的混凝土潮湿或干湿交替状态下的混凝土	5 次循环后重量损失（%） ≤8
		其他条件下使用的混凝土	≤10

3）砂的检验与验收

生产单位应按批对产品进行质量检验。在正常情况下，机械化集中生产的天然砂，以 400 m³ 或 600 t 为一检验批；人工分散生产的，以 200 m³ 或 300 t 为一检验批。不足上述规定者也以一批检验。每批至少应进行颗粒级配和含泥量检验。

砂的质量检测报告内容应包括委托单位、样品编号、工程名称、样品产地和名称、代表数量、检测条件、检测依据、检测项目、检测结果、结论等。

4）砂的运输和堆放

砂在运输、装卸和堆放过程中应防止离析和混入杂质，应按产地、种类和规格分别堆放并树立标志，以便使用。

4.1.3　石子

1）石子的分类

普通混凝土所用的石子可分为碎石和卵石。由天然岩石或卵石经破碎、筛分而得的粒径大于 5 mm 的岩石颗粒，称为碎石；由自然条件作用而形成的粒径大于 5 mm 的岩石颗粒，称为卵石。

2）石子质量要求

混凝土骨料要质地坚固、颗粒级配良好、含泥量要小，有害杂质含量要满足国家有关标准，尤其是可能引起混凝土碱—骨料反应的活性硅、云石等含量必须严格控制。

表 4-4　石子的质量要求

质量项目			质量指标
针状、片状颗粒含量，按重量计（%）	混凝土强度等级	≥C60	≤8
		C55～C30	≤15
		≤C25	≤25
含泥量按重量计（%）		≥C60	≤0.5
		C55～C30	≤1.0
		≤C25	≤2.0
泥块含量按重量计（%）		≥C60	≤0.5
		C55～C30	≤0.5
		≤C25	≤0.7
碎石压碎指标值（%）	混凝土强度等级	沉积岩　C60～C40	≤10
		沉积岩　≤C35	≤16
		变质岩或深层的火成岩　C60～C40	≤12
		变质岩或深层的火成岩　≤C35	≤20
		火成岩　C60～C40	≤13
		火成岩　≤C35	≤30
卵石压碎指标值（%）	混凝土强度等级	C55～C40	≤12
		≤C35	≤16
坚固性	混凝土所处的环境条件	在严寒及寒冷地区室外使用，并经常处于有腐蚀性介质作用或经常处于水位变化区的地下结构或有抗疲劳、耐磨、抗冲击等要求的混凝土潮湿或干湿交替状态下的混凝土　5次循环后重量损失（%）	≤8
		在其他条件下使用的混凝土	≤12
有害物质限量	硫化物及硫酸盐含量（折算成 SO_3 按重量计，%）		≤1.0
	卵石中有机质含量（用比色法试验）		颜色应不深于标准色。如深于标准色，则应配制成混凝土进行强度对比试验，抗压强度比应不低于0.95

3）石子的检验与验收

生产厂家和供货单位应提供产品合格证及质量检验报告。

使用单位在收货时应按同产地同规格分批验收。用大型工具（如火车、货船或汽车）运输的以 400 m³ 或 600 t 为一验收批,用小型工具(如马车、拖拉机等)运输的以 200 m³ 或 300 t 为一验收批。不足上述者以一验收批论处。

每验收批至少应进行颗粒级配、含泥量、泥块含量及针状、片状颗粒含量检验。对重要工程或特殊工程应根据工程要求增加检测项目。对其他指标的合格性有怀疑时应予以检验。当质量比较稳定、进料量又较大时,可定期检验。

4) 石子的运输和堆放

碎石或卵石在运输、装卸和堆放过程中应防止颗粒离析和混入杂质,应按产地、种类和规格分别堆放并树立标志,以便使用。堆料高度不宜超过 5 m,但对单粒级或最大粒径不超过 20 mm 的连续粒级,堆料高度可以增加到 10 m。

4.1.4 水

1) 一般规定

一般符合国家标准的生活饮用水,可直接用于拌制各种混凝土,当使用其他来源水时,水质必须符合国家有关标准的规定。

2) 混凝土拌和用水的技术要求

(1) 用于拌和混凝土的拌和用水所含物质对混凝土、钢筋混凝土和预应力混凝土不应产生以下有害作用:①影响混凝土的和易性和凝结;②有损于混凝土的强度发展;③降低混凝土的耐久性,加快钢筋腐蚀及导致预应力钢筋脆断;④污染混凝土表面。

(2) 采用待检验水和蒸馏水或符合国家标准的生活用水,试验所得的水泥初凝时间差及终凝时间差均不得大于标准规定时间的 30 min。

(3) 采用待检验水配制的水泥砂浆或混凝土的 28 天抗压强度,不得低于用蒸馏水或符合国家标准的生活饮用水拌制的对应砂浆或混凝土抗压强度的 90%。若有早期抗压强度要求时,需增加 7 天的抗压强度试验。

(4) 水的 pH、不溶物、可溶物、氯化物、硫酸盐、硫化物的含量应符合表 4-5 的要求。

表 4-5 混凝土拌和用水中物质含量限值

项　目	预应力混凝土	钢筋混凝土	素混凝土
pH	>5	>4.5	>4
不溶物(mg/L)	<2 000	<2 000	<5 000
可溶物(mg/L)	<2 000	<5 000	<10 000
氯化物(以 Cl^- 计)(mg/L)	<500①	<1 200	<3 500
硫酸盐(以 SO_4^{2-} 计)(mg/L)	<600	<2 700	<2 700
硫化物(以 S^{2-} 计)(mg/L)	<100	—	—

注:使用钢丝或经热处理钢筋的预应力混凝土氯化物含量不得超过 350 mg/L。

4.1.5 矿物掺和料

矿物掺和料,指以氧化硅、氧化铝为主要成分,在混凝土中可以代替部分水泥、改善混凝土性能,且掺量不小于 5% 的具有火山灰活性的粉体材料。

在混凝土中加适量的掺和料,既可以节约水泥,降低混凝土的水泥水化总热量,也可以改善混凝土的性能。尤其是高性能混凝土中,掺入一定量的外加剂和掺和料,可以起到降低温升、改善工作性、增进后期强度、改善混凝土内部结构、提高耐久性、节约资源等作用,是实现其有关性能指标的主要途径。

按同一厂家、同一品种、同一技术指标、同一批号且连续进场的矿物掺合料,粉煤灰、石灰石粉、磷渣粉和钢铁渣粉不超过 200 t 为一批,粒化高炉矿渣粉和复合矿物掺合料不超过 500 t 为一批,沸石粉不超过 120 t 为一批,硅粉不超过 30 t 为一批,每批抽样数量不应少于一次。检验方法为检查资料证明文件和抽样检验报告。

4.1.6 外加剂

外加剂是在混凝土拌和过程中掺入的,并能按要求改善混凝土性能的材料。

1) 外加剂的种类

根据其用途和用法不同,总体上可分为早强剂、减水剂、缓凝剂、膨胀剂、防冻剂、引气剂、防锈剂、防水剂等。

2) 外加剂的质量控制

外加剂使用前必须详细了解其性能,准确掌握其使用方法,要通过实际试验检查其性能,任何外加剂不得盲目使用。

选用的外加剂应有供货单位提供的产品说明书,出厂检验报告及合格证,掺外加剂混凝土性能检验报告。外加剂运到工地后必须立即取代表性样品进行检验,进货与工程试配时一致方可使用。若发现不一致时,应停止使用。

外加剂的掺量,应按其品种并根据使用要求、施工条件、混凝土原材料等因素通过试验确定。外加剂的掺量(按固体计算),应以水泥重量的百分率表示,称量误差不应超过规定计量的 2%。所用的粗、细骨料,应符合国家现行的有关标准的规定。掺用外加剂混凝土的制作和使用,还应符合国家现行的混凝土外加剂质量标准以及有关的标准、规范的规定。

3) 外加剂检验与验收

按同一厂家、同一品种、同一性能、同一批号且连续进场的混凝土外加剂不超过 50 t 为一批,每批抽样数量不应少于一次。检验方法为检查质量证明文件和抽样检验报告。

4.2 混凝土施工配合比计算及施工配料

混凝土的施工配合比,应保证结构设计对混凝土强度等级及施工对混凝土和易性的要求,并应符合合理使用材料、节约水泥的原则。必要时,还应符合抗冻性、抗渗性等要求。对于有特殊要求的混凝土,其配合比设计尚应符合有关标准的专门规定。

4.2.1 混凝土施工配制强度确定

施工配合比是以实验室配合比为基础而确定的,普通混凝土的实验室配合比设计是在确定了相应混凝土的施工配制强度后,按照《普通混凝土配合比设计规程》(JGJ 55—2011)的方法和要求进行设计确定。

混凝土制备之前按下式确定混凝土的施工配制强度,以达到95%的保证率,当混凝土的设计强度等级小于C60时,配置强度应按下式确定:

$$f_{cu,o} = f_{cu,k} + 1.645\sigma \tag{4-1}$$

式中:$f_{cu,o}$——混凝土的施工配制强度(N/mm^2);

$\quad$ $f_{cu,k}$——设计的混凝土强度标准值(N/mm^2);

$\quad$ σ——施工单位的混凝土强度标准差(N/mm^2)。

当混凝土的设计强度等级不小于C60时,配置强度应按下式确定:

$$f_{cu,o} \geqslant 1.15 f_{cu,k}$$

当施工单位具有近1~3个月的同一品种混凝土强度的统计资料时,且试件组数不小于30时,σ可按下式计算:

$$\sigma = \sqrt{\dfrac{\sum\limits_{i=1}^{N} f_{cu,i}^2 - N\mu_{f_{cu}}^2}{N-1}} \tag{4-2}$$

式中:$f_{cu,i}$——统计周期内同一品种混凝土第i组试件强度(N/mm^2);

$\quad$ $\mu_{f_{cu}}$——统计周期内同一品种混凝土N组强度的平均值(N/mm^2);

$\quad$ N——统计周期内相同混凝土强度等级的试件组数,$N\geqslant25$。

注:同一品种混凝土系指混凝土强度等级相同且生产工艺和配合比基本相同的混凝土。

对于强度等级不大于C30混凝土,当混凝土强度标准差计算值不小于3.0 MPa时,按上式计算结果取值;当小于3.0 MPa时,取3.0MPa。对于强度等级大于C30且小于C60混凝土,当混凝土强度标准差计算值不小于4.0 MPa时,按上式计算结果取值;当小于4.0 MPa时,取4.0 MPa。

施工单位如无近期同一品种混凝土强度统计资料时,σ可按表4-6取值。

表 4-6　混凝土强度标准差 σ(N/mm^2)

混凝土强度标准差	低于C20	C25~C45	C50~C55
σ	4.0	5.0	6.0

注:表中σ值,反映我国施工单位的混凝土施工技术和管理的平均水平,采用时可根据本单位情况作适当调整。

4.2.2　和易性

混凝土的和易性是指混凝土拌和后既便于浇筑,又能保持其匀质性,不出现离析现象,即具有一定的黏聚性和流动性。故国家规范对混凝土的最大水胶比、最低强度等级均做了规定,见表4-7。

表 4-7 结构混凝土材料的耐久性基本要求

4

混凝土工程基本知识

环境等级	最大水胶比	最低强度等级	最大氯离子含量（％）	最大碱含量（kg/m³）
一	0.60	C20	0.30	不限制
二 a	0.55	C25	0.20	3.0
二 b	0.50(0.55)	C30(C25)	0.15	3.0
三 a	0.45(0.50)	C35(C30)	0.15	3.0
三 b	0.40	C40	0.10	3.0

注：①氯离子含量系指其占胶凝材料总量的百分比。

②预应力构件混凝土中的最大氯离子含量为 0.06％；其最低混凝土强度等级宜按表中的规定提高 2 个等级。

③素混凝土构件的水胶比及最低强度等级的要求可适度放松。

④有可靠工程经验时，二类环境中的最低混凝土强度等级可降低 1 个等级。

⑤处于严寒和寒冷地区二 b、三 a 类环境中的混凝土应使用引气剂，并可采用括号中的有关参数。

⑥当使用非碱活性骨料时，对混凝土中的碱含量可不作限制。

除配置 C15 及其以下强度等级的混凝土外，混凝土的最小胶凝材料用量应符合表 4-8 的规定。

表 4-8　混凝土最小胶凝材料用量

最大水胶比	最小胶凝材料用量（kg/m³）		
	素混凝土	钢筋混凝土	预应力混凝土
0.60	250	280	300
0.55	280	300	300
0.50	320		
≤0.45	330		

4.2.3　混凝土施工配合比的确定

混凝土施工配合比不同于实验室配合比，实验室配合比是指砂、石等原料处于完全干燥状态下。而在现场施工中，砂、石两种原材料都采用露天堆放，不可避免地含有一些水分，其含水量随着气候的变化而变化，配料时必须把这部分含水量考虑进去，才能保证混凝土配合比的准确，从而保证混凝土的质量。所以在施工时应及时测量砂、石的含水率，并将混凝土的实验室配合比换算成考虑了砂石含水率条件的施工配合比。

若混凝土的实验室配合比为水泥：砂：石：水 $=1:s:g:w$，而现场测出砂的含水率为 $\bar{\omega}_s$，石的含水率为 $\bar{\omega}_g$，则换算后的施工配合比为：

$$水泥：砂：石：水 = 1：s(1+\bar{\omega}_s)：g(1+\bar{\omega}_g)：(w-s \cdot \bar{\omega}_s - g \cdot \bar{\omega}_g) \quad (4-3)$$

按实验室配合比 1 m³ 混凝土的水泥用量为 C(kg)，计算施工配合比时保持混凝土的水灰比不变（水灰比改变，混凝土的性能会发生变化），则每立方米混凝土的各种材料的实际用量为：

水泥：C　　　　　　　　砂：$C \cdot s(1+\bar{\omega}_s)$

石子：$C \cdot g(1+\bar{\omega}_g)$　　　　水：$C \cdot (w-s \cdot \bar{\omega}_s - g \cdot \bar{\omega}_g)$

施工现场的混凝土配料要求计算出每一盘(拌)的各种材料下料量,为了便于施工计量,对于用袋装水泥时,计算出的每盘水泥用量应取半袋的倍数。

【例 4-1】 已知某混凝土的实验室配合比为 280∶820∶1100∶199(为每立方米混凝土用量),已测出砂的含水率为 3.5%,石的含水率为 1.2%,搅拌机的出料容积为 400 L,若采用袋装水泥(50 kg 一袋),求每搅拌一罐混凝土所需各种材料的用量。

【解】 混凝土的实验室配合比折算为:$1∶s∶g∶w=1∶2.93∶3.93∶0.71$

将原材料的含水率考虑进去计算出施工配合比 $1∶3.03∶3.98∶0.56$

每搅拌一罐混凝土水泥用量为:$280×0.4=112$ kg,实用两袋水泥 100 kg

搅拌一罐混凝土砂用量为:$100×3.03=303$ kg

搅拌一罐混凝土石用量为:$100×3.98=398$ kg

搅拌一罐混凝土水用量为:$100×0.56=56$ kg

注:搅拌混凝土出料容积(m³) $=\dfrac{搅拌机出料容积(L)}{1\,000}$

4.2.4　材料称量

施工配合比确定以后,就需对材料进行称量,并要保证必要的精度,称量是否准确将直接影响混凝土的强度。工程上一般采用磅秤作为计量工具,为保证其称量精度,应定期校检,并注意检修。称量误差对混凝土的强度会产生不同程度的影响,我国施工规范规定混凝土原材料每盘称量的允许误差:水泥、掺和料为±2%;粗、细骨料为±3%;水、外加剂为±1%。

4.3　混凝土搅拌

混凝土搅拌,就是将水、水泥和粗细骨料等各种组成材料拌制成质地均匀、颜色一致、具备一定流动性的过程。通过搅拌,还要使材料达到强化、塑化的作用。由于混凝土配合比是按照细骨料恰好填满粗骨料的间隙,而水泥浆又均匀地分布在粗细骨料表面的原理设计的。如果搅拌得不均匀就不能获得密实的混凝土,影响混凝土的质量,所以混凝土搅拌是混凝土施工过程中很重要的一道工序。

混凝土搅拌的方法,除工程量很小且分散用人工拌制外,皆应采用机械搅拌。

4.3.1　混凝土搅拌机

混凝土搅拌机按其搅拌原理分为自落式和强制式两类。

1) 自落式搅拌机

自落式搅拌机的工作机构为一可转动的搅拌筒,筒内壁焊有弧形叶片。这种搅拌机的搅拌鼓筒是垂直放置的,当搅拌筒绕水平轴旋转时,弧形叶片不断地将混合料提到一定高度,混凝土拌和料在鼓筒内做自由落体式翻转搅拌,从而达到搅拌的目的。搅拌时间一般为90~120 s/盘,其构造见图 4-1 所示。

根据构造不同,自落式搅拌机搅拌筒又分为鼓筒式、锥形反转出料式和双锥式 3 种,如图 4-2 所示。

双锥反转出料式搅拌机(如图 4-3 所示)是自落式搅拌机中较好的一种,宜于搅拌塑性混凝土。它在生产率、能耗、噪音和搅拌质量等方面都比鼓筒式搅拌机好。它正转搅拌,反转出料,构造简单,制造容易。

自落式搅拌机主要是利用拌筒内材料的自重进行工作,比较节约能源。在使用中筒体和叶片磨损较小,易于清理,但搅拌力量小,动力消耗大,效率低,多用于搅拌塑性混凝土和低流动性混凝土。由于搅拌过程对混凝土骨料有较大的磨损,从而对混凝土质量产生不良影响,现已逐步被强制式搅拌机所替代。

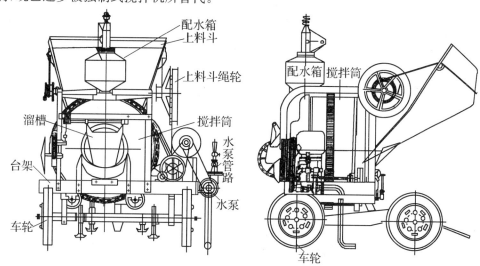

图 4-1　自落式搅拌机

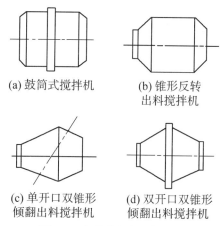

(a) 鼓筒式搅拌机　(b) 锥形反转出料搅拌机

(c) 单开口双锥形倾翻出料搅拌机　(d) 双开口双锥形倾翻出料搅拌机

图 4-2　自落式混凝土搅拌机搅拌筒的几种形式

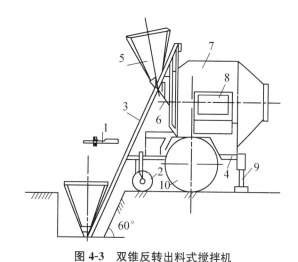

图 4-3　双锥反转出料式搅拌机

1—牵引架;2—前支轮;3—上料架;4—底盘;5—料斗;6—中间料斗;7—锥形搅拌筒;8—电器箱;9—支腿;10—行走轮

2) 强制式搅拌机

强制式搅拌机鼓筒内有若干组叶片,搅拌时叶片绕竖轴或卧轴旋转,利用叶片强迫物料朝着各个方向运动。由于各物料颗粒的运动方向、速度各不相同,相互之间产生剪切位移而相互穿插、扩散,从而在很短的时间内使物料拌和均匀,其搅拌机理被称为剪切搅拌机理(如图 4-4 所示)。

(a) 涡浆式　(b) 搅拌盘固定　(c) 搅拌盘反向旋　(d) 搅拌盘同向　(e) 单卧轴式　(f) 双卧轴式
　　　　　的行星式　　转的行星式　　旋转的行星式

图 4-4　强制式混凝土搅拌机的几种形式

强制式搅拌机的搅拌作用比自落式搅拌机强烈,适用于搅拌干硬性或低流动性混凝土和轻骨料混凝土。也可搅拌流动性混凝土,具有搅拌质量好、搅拌速度快、生产效率高、操作简便及安全等优点。但其转速比自落式搅拌机高,机件磨损严重,一般需用高强合金钢或其他耐磨材料做内衬,多用于集中搅拌站。

强制搅拌机在构造上可分为立轴式和卧轴式两类。其中卧轴式搅拌机是一种较为新型的搅拌机,可分为单轴式和双轴式(如图 4-5 所示)两类。

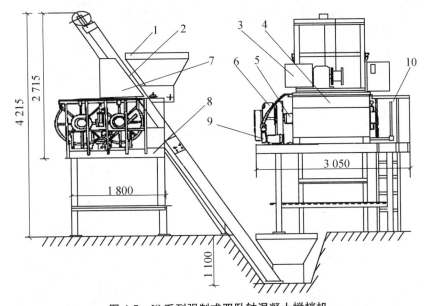

图 4-5　JS 系列强制式双卧轴混凝土搅拌机

1—进料斗;2—上料架;3—卷扬机构;4—搅拌筒;5—搅拌装置;
6—搅拌传动装置;7—电气系统;8—机架;9—供水系统;10—卸料机构

3) 搅拌机的选择

在选择搅拌机时,要根据工程量大小、混凝土的坍落度、骨料尺寸等决定,既要满足技术上的要求,也要考虑经济效益和节约能源。除了要选定搅拌机的种类,还要根据工程施工工期和混凝土的需求强度选定型号和台数。

我国规定混凝土搅拌机以其出料容量升数(L)为标定规格,故我国混凝土搅拌机的系列型号为 50 L、150 L、250 L、350 L、500 L、750 L、1 000 L、1 500 L 和 3 000 L。在建筑工程中 250 L、350 L、500 L、750 L 这 4 种型号比较常用。

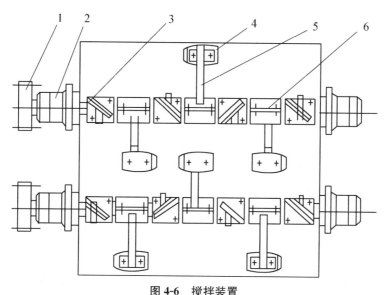

图 4-6 搅拌装置

1—大齿轮;2—支承座;3—侧叶片;4—叶片;5—搅拌臂;6—搅拌轴

4.3.2 现场混凝土搅拌站

现场混凝土搅拌站必须考虑工程任务大小、施工现场条件、机具设备等情况,因地制宜地设置。一般宜采用流动性组合方式,使所有机械设备采取装配连接结构,基本能做到拆装、搬运方便,有利于建筑工地转移。搅拌站的设计尽量做到自动上料、自动称量、机动出料和集中操纵控制,有相应的环境保护措施,使搅拌站后台上料作业走向机械化、自动化生产。

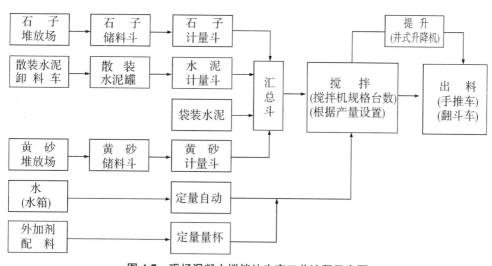

图 4-7 现场混凝土搅拌站生产工艺流程示意图

1)移动式搅拌站

主要特点是:搬迁方便,占用场地较小,制作简便,不需专用设备,基本上适合于一般中小型施工现场。搅拌站后台的场地要求不高,适应性强,砂石分散或集中堆放均不影响后台装置的使用,全部后台上料使用一般通用机械即可,如装载机、轻便翻斗车等,还有一机多用的优点。

2）装配式搅拌站

此搅拌站上料采用拉铲。特点是采用型钢和钢板制成的装配结构,装拆比较方便,便于转运,既适用于施工现场,也适合于固定的集中搅拌站,供应一定范围内的零星分散工地所需的混凝土。砂、石、水泥都能自动控制称量,自动下料,组成一条联动线。操作简便,称量准确。

3）简易移动式搅拌站(图 4-8)

由 400 L 自落式搅拌机 1 台、2.5 m³ 砂石储料斗各 1 台、光电控制磅秤 2 台、电器操纵箱 1 只、0.5 m³ 液压铲车 1 台等组成。具有占地面积小、投资少、上马快、转移灵活等优点,适用于工程分散、工期短、混凝土量不大的施工现场。

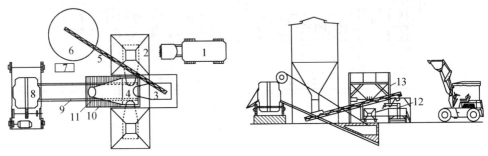

图 4-8 简易移动式搅拌站示意图

1—铲车;2—骨料料斗;3—水泥称料斗;4—集料斗;5—螺旋输送机;6—水泥筒仓;7—操纵台;
8—搅拌机;9—导轨;10—地坑;11—地下导轨;12—磅秤;13—料斗架

4.3.3 混凝土搅拌制度

为了获得质量优良的混凝土拌合物,除正确选择搅拌机外,还必须确定合理的搅拌制度,即搅拌时间、投料顺序和进料容量等。

1）混凝土搅拌时间

搅拌时间是指从原材料全部投入搅拌筒开始搅拌时起,到开始卸料时为止所经历的时间。它与混凝土搅拌质量密切相关,随搅拌机类型和混凝土的和易性的不同而变化。在一定范围内随搅拌时间的延长强度有所提高,但过长时间的搅拌,会使不坚硬的粗骨料在大容量搅拌机中因脱角、破碎等而影响混凝土的质量,既不经济也不合理。加气混凝土也会因搅拌时间过长而使含气量下降。为了保证混凝土的质量,混凝土搅拌的最短时间见表 4-9 所示。

表 4-9 混凝土搅拌的最短时间(s)

混凝土坍落度 (mm)	搅拌机机型	搅拌机出料容量(L)		
		<250	250~500	>500
≤40 mm	强制式	60	90	120
>40,且<100	强制式	60	60	90
≥100	强制式	60		

注:①混凝土搅拌时间指从全部材料装入搅拌筒中起,到开始卸料时止的时间段。

②当掺有外加剂与矿物掺和料时,搅拌时间应当适当延长。

③采用自落式搅拌机时,搅拌时间宜延长 30 s。

④当采用其他形状的搅拌设备时,搅拌的最短时间也可按设备说明书的规定或经试验确定。

2）投料顺序

投料顺序应从提高搅拌质量、减少叶片和衬板的磨损、减少拌合物与搅拌筒的黏结、减少水泥飞扬、改善工作环境等方面综合考虑确定。常用的有一次投料法和二次投料法。

一次投料法是在上料斗中先装石子，再加水泥和砂，然后一次投入。对自落式搅拌机要在搅拌筒内先加部分水，投料时砂压住水泥，水泥不致飞扬，且水泥和砂先进入搅拌筒形成水泥砂浆，可缩短包裹石子的时间。对立轴强制式搅拌机，因出料口在下部，不能先加水，应在投入原料的同时，缓慢均匀分散地加水。

二次投料法又分为预拌水泥砂浆法、预拌水泥净浆法和水泥裹砂石法（又称 SEC 法）等。预拌水泥砂浆法是先将水泥、砂和水加入搅拌筒内进行充分搅拌，成为均匀的水泥砂浆后再加入石子搅拌成均匀的混凝土。预拌水泥净浆法是先将水泥和水充分搅拌成均匀的水泥净浆后再加入砂和石搅拌成混凝土。水泥裹砂石法是先将全部的石子、砂和 70% 的拌和水倒入搅拌机，拌和 15 s 使骨料湿润，再倒入全部水泥进行造壳搅拌 30 s 左右，然后加入 30% 的拌和水再进行糊化搅拌 60 s 左右即完成。

国内外的试验表明，二次投料法搅拌的混凝土与一次投料法相比较，混凝土强度可提高约 15%。在强度等级相同的情况下，可节约水泥约 15%～20%。

3）进料容量

进料容量是将搅拌前各种材料的体积累积起来的数量，又称干料容量。进料容量与搅拌机搅拌筒的几何容量有一定的比例关系，一般情况下为 0.22～0.40。

搅拌机不宜超载过多，如自落式搅拌机超载 10% 以上时，会使材料在搅拌机筒内无充分的空间进行掺和，影响混凝土拌合物的均匀性，并且在搅拌过程中混凝土会溅出。反之，如装料过少，又不能充分发挥搅拌机的效率。对强制式搅拌机，其超载不宜超过 30%。

4.3.4 冬期施工注意事项

（1）冬期施工混凝土用外加剂，应符合现行国家标准《混凝土外加剂应用技术规范》（GB 50119）的有关规定。采用非加热养护方法时，混凝土中宜掺入引气剂、引气型减水剂或含有引气组分的外加剂，混凝土含气量宜控制在 3.0%～5.0%。

（2）冬期施工混凝土配合比，应根据施工期间环境气温、原材料、养护方法、混凝土性能要求等经试验确定，并宜选择较小的水胶比和坍落度。

① 宜加热拌合水，当仅加热拌合水不能满足热工计算要求时，可加热骨料；拌合水与骨料的加热温度可通过热工计算确定，加热温度不应超过表 4-10 的规定。

② 水泥、外加剂、矿物掺和料不得直接加热，应置于暖棚内预热。

表 4-10　拌合水及骨料最高温度

水泥种类	拌合水（℃）	骨料（℃）
42.5 以下	80	60
42.5、42.5R 及以上	60	40

（3）冬期施工混凝土搅拌应符合下列规定：

① 液体防冻剂使用前应搅拌均匀，由防冻剂溶液带入的水分应从混凝土拌合水中扣除。

② 蒸汽法加热骨料时，应加大对骨料含水率测试频率，并应将由骨料带入的水分从混凝土拌合水中扣除。

③ 混凝土搅拌前应对搅拌机械进行保温或采用蒸汽进行加温,搅拌时间应比常温搅拌时间延长 30~60 s。

④ 混凝土搅拌时应先投入骨料与拌合水,预拌后再投入胶凝材料与外加剂。胶凝材料、引气剂或含引气组分外加剂不得与 60 ℃以上热水直接接触。

(4) 混凝土拌合物的出机温度不宜低于 10 ℃,入模温度不应低于 5 ℃;预拌混凝土或需远距离运输的混凝土,混凝土拌合物的出机温度可根据距离经热工计算确定,但不宜低于 15 ℃。大体积混凝土的入模温度可根据实际情况适当降低。

4.3.5 搅拌施工及质量要求

1) 材料配合比

严格掌握混凝土材料配合比。在搅拌机旁挂牌公布,便于检查。各种仪器应定时校验,并经常保持准确。骨料含水率应经常测定。雨天施工时,应增加测定次数,随时调整用水量和粗细骨料的用量。砂、石子必须严格过磅,不得随意加减用水量。混凝土原材料按重量计的允许偏差不得超过下列规定:水泥、外加掺和料±2%;粗细骨料±3%;水、外加剂溶液±1%。

2) 搅拌要求

搅拌混凝土前,加水空转数分钟,使搅拌筒表面润湿,然后将多余水排干。搅拌第一罐混凝土时,考虑到筒壁上黏附砂浆的损失,宜按配合比多加入 10%的水泥、水、细骨料的用量,或减少 10%的粗骨料用量,使富余的砂浆布满鼓筒内壁及搅拌叶片,防止第一罐混凝土拌合物中的砂浆偏少。在每次用搅拌机开拌之始,应注意监视与检测开拌初始的前二、三罐混凝土拌合物的和易性。如不符合要求,应立即分析情况并处理,直至拌合物和易性符合要求方可持续生产。

当开始按新的配合比进行拌制或原材料有变化时,亦应注意开拌鉴定与检测工作。使用外加剂时,应注意检查核对外加剂品名、生产厂名、牌号等。使用时一般宜先将外加剂制成外加剂溶液,并预加入拌用水中,当采用粉状外加剂时,也可采用定量小包装外加剂另加载体的掺用方式。当用外加剂溶液时,应经常检查外加剂溶液的浓度,并应经常搅拌外加剂溶液,使溶液浓度均匀一致,防止沉淀。溶液中的水量,应包括在拌和用水量内。

搅拌好的混凝土要做到基本卸尽。在全部混凝土卸出之前不得再投入拌和料,更不得采取边出料边进料的方法。严格控制水灰比和坍落度,未经试验人员同意不得随意加减用水量。混凝土搅拌完毕或预计停歇 1 h 以上时,应将混凝土全部卸出,倒入石子和清水,搅拌 5~10 min,把粘在料筒上的砂浆冲洗干净后全部卸出不留积水,以免机械生锈,保持机械清洁完好。

3) 泵送混凝土的拌制

泵送混凝土宜采用混凝土搅拌站供应的预拌混凝土,也可在现场设置搅拌站,供应泵送混凝土,但不得采用手工搅拌的混凝土进行泵送。

泵送混凝土的交货检验,应在交货地点,按国家现行《预拌混凝土》(GB/T 14902)的有关规定进行交货检验;现场拌制的泵送混凝土供料检验,应按国家现行标准《预拌混凝土》(GB/T 14902)的有关规定执行。

在寒冷地区冬期拌制泵送混凝土时,除应满足现行的《混凝土泵送施工技术规程》(JGJ/T 10)的规定外,尚应制定冬期施工措施。

4) 质量要求

在搅拌工序中,拌制的混凝土拌合物的均匀性应按要求进行检查。在检查混凝土均匀

性时,应在搅拌机卸料过程中,从卸料流出的 1/4～3/4 之间部位采取试样。检测结果应符合下列规定:

(1) 混凝土中砂浆密度,两次测值的相对误差不应大于 0.8%。

(2) 单位体积混凝土中粗骨料含量,两次测值的相对误差不应大于 5%。

混凝土搅拌的最短时间应符合表 4-9 的规定,混凝土的搅拌时间,每一工作班至少应抽查两次。

混凝土搅拌完毕后,应按下列要求检测混凝土拌合物的各项性能:

① 混凝土拌合物的稠度,应在搅拌地点和浇筑地点分别取样检测,每工作班不应少于 1 次,评定时应以浇筑地点的为准。在检测坍落度时,还应观察混凝土拌合物的黏聚性和保水性,全面评定拌合物的和易性。

② 根据需要,如果应检查混凝土拌合物的其他质量指标时,检测结果也应符合各自的要求,如含气量、水胶比和水泥含量等。

4.4 混凝土运输

混凝土的运输是指将混凝土从搅拌站送到浇筑点的过程。运输方法的选用应根据建筑物的结构特点,混凝土的总运输量与每日所需的运输量,水平及垂直运输的距离,现有设备的情况以及气候、地形与道路条件等因素综合考虑。

4.4.1 混凝土运输设备

运输混凝土的设备种类很多,根据空间位置的不同可分为水平运输设备和垂直运输设备,水平运输设备又可分为地面水平运输设备和楼面水平运输设备;根据工作方式的不同可分为间歇式运输设备(如手推车、自卸汽车、机动翻斗车、搅拌运输车,各种类型的井架、桅杆、塔吊以及其他起重机械)和连续式运输设备(如皮带运输机、混凝土泵等)两类,可根据工程情况和设备配置选用。

1) 地面水平运输设备

地面水平运输设备有双轮手推车、机动翻斗车、混凝土搅拌运输车。双轮手推车和机动翻斗车多用于路程较短的现场内运输。当混凝土需要量较大、运距较远或使用商品混凝土时,则多采用混凝土搅拌运输车。

(1) 手推车

双轮手推车是施工工地上普遍使用的水平运输工具,具有小巧、轻便等特点,不但适用于一般的地面水平运输,还能在脚手架、施工栈道上使用;也可与塔吊、井、架等配合使用,解决垂直运输。常用的容积约为 0.07～0.1 m^3,载重约 200 kg。

(2) 机动翻斗车

机动翻斗车系用柴油机装配而成,最大行

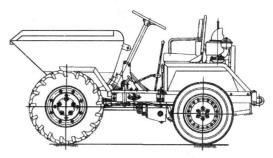

图 4-9 机动翻斗车

驶速度达 35 km/h。车前装有容量为 400 L、载重 1 000 kg 的翻斗。具有轻便灵活、结构简单、转弯半径小、速度快、自动卸料、操作维护简便等特点。适用于短距离水平运输混凝土及砂、石等材料,见图 4-9 所示。

（3）混凝土搅拌运输车

混凝土搅拌运输车是一种用于长距离输送混凝土的高效能机械,它是将运送混凝土的搅拌筒安装在汽车底盘上,而以混凝土搅拌站生产的混凝土拌合物灌装入搅拌筒内,直接运至施工现场,供浇筑作业需要。在运输途中,混凝土搅拌筒始终在不停地慢速转动,从而使筒内的混凝土拌合物可连续得到搅动,以保证混凝土通过长途运输后仍不致产生离析现象。也可将混凝土干料装入筒内,在运输途中加水搅拌,减少由于长途运输而引起的混凝土坍落度损失。见图 4-10 所示。

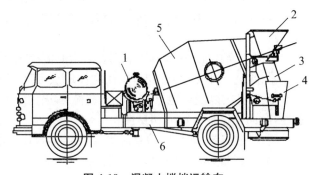

图 4-10　混凝土搅拌运输车

1—水箱;2—进料斗;3—卸料斗;4—活动卸料溜槽;
5—搅拌筒;6—汽车底盘

2）楼面水平运输设备

楼面水平运输设备可用双轮手推车、皮带运输机,也可用塔式起重机、混凝土泵送等。楼面运输搭设马道时应采取措施保证模板和钢筋位置,并防止混凝土离析。

3）混凝土垂直运输设备

混凝土垂直运输设备,多采用塔式起重机加料斗、井架或混凝土泵送等。

（1）井架运输

井架、龙门架适用于多层、高层建筑施工中混凝土运输。

井架装有自动倾卸料斗或升降平台,采用自动倾卸料斗时,混凝土装在料斗内提升到施工楼层。由井架、台灵拔杆、卷扬机、吊盘、自动倾卸吊斗及钢丝缆风绳等组成,具有一机多用、构造简单、装拆方便等优点。起重高度一般为 25～40 m。见图 4-11 所示。

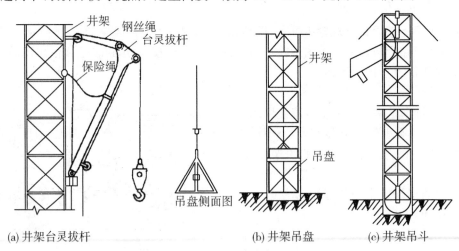

(a) 井架台灵拔杆　　　　　(b) 井架吊盘　　　　　(c) 井架吊斗

图 4-11　井架运输机

龙门架装有升降平台,装有混凝土的双轮手推车直接推到升降平台上,然后提升到施工楼层。再将手推车沿铺在楼面上的跳板推到浇筑地点。

（2）塔式起重机运输

塔式起重机是高层建筑施工中垂直于楼面的主要运输机械,把它和一些浇筑用具配合起来,能很好地完成混凝土的运输任务。料斗是其中一种常用的配套工具,用料斗运输混凝土的最大优点就是混凝土不受振动。料斗的容量、形式可根据机械的起重能力、结构特点及施工方法等情况选择。料斗容积一般为 0.4 m³,使用时,要求料斗不得漏浆,且便于开启和关闭料斗的斗门。

塔式起重机工作幅度大,当搅拌机设在其工作范围之内,可以同时完成水平和垂直运输而不需二次倒运。若搅拌站较远,可用翻斗车将混凝土从搅拌站运到起重机起重范围之内装入料斗。

（3）施工电梯

施工电梯是高层建筑施工中主要的垂直运输设备。它附着在外墙或其他结构部位上,随建筑物升高,架设高度可达 200 m 以上。

施工电梯的主要部件由基础、立柱导轨井架、带有底笼的平面主框架、梯笼和附墙支撑组成,其主要特点是用途广泛,适应性强,安全可靠。

（4）混凝土泵

混凝土泵运输又称泵送混凝土。混凝土泵是一种有效的混凝土运输和浇筑工具,它以泵为动力,沿管道输送混凝土,可以一次完成水平及垂直运输,将混凝土直接输送到浇筑地点,是发展较快的一种混凝土运输方法,具有输送能力大、速度快、效率高、节省人力、能连续作业等特点。

① 混凝土泵构造原理

混凝土泵的种类很多,有活塞泵、气压泵和挤压泵等类型,目前应用最为广泛的是活塞泵。根据其构造和工作机理的不同,活塞泵又可分为机械式和液压式两种,常采用液压式。液压式活塞泵按推动活塞的介质不同又可分为油压式和水压式两种,而以油压式居多。

液压活塞泵,是一种较为先进的混凝土泵,其工作原理见图 4-12 所示。当混凝土泵工作时,搅拌好的混凝土拌和料装入料斗,吸入端片阀移开,排出端片阀关闭,活塞在液压作用下带动活塞左移,混凝土混合料在自重及真空吸力作用下进入混凝土缸内。然后,液压系统中压力油的进出方向相反,活塞右移,同时吸入端片阀关闭,压出端片阀移开,混凝土被压入管道,输送到浇筑地点。由于混凝土泵的出料是一种脉冲式的,所以一般混凝土泵都有两套缸体左右并列,交替出料,通过Y形导管送入同一管道,使出料稳定。

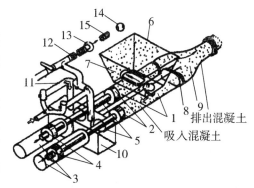

图 4-12　液压活塞式混凝土泵工作原理

1—混凝土缸；2—推压混凝土的活塞；3—液压缸；
4—液压活塞；5—活塞杆；6—料斗；7—吸入阀门；
8—排出阀门；9—Y形管；10—水箱；11—水洗装置
换向阀；12—水洗用高压软管；13—水洗用法兰；
14—海绵球；15—清洗活塞

② 混凝土汽车泵或移动泵车

将液压活塞式混凝土泵固定安装在汽车底

盘上,使用时开至需要施工的地点,进行混凝土泵送作业,称为混凝土汽车泵或移动泵车。一般情况下,此种泵车都附带装有全回转三段折叠臂架式的布料杆。整个泵车主要由混凝土推送机构、分配闸阀机构、料斗搅拌装置、悬臂布料装置、操作系统、清洗系统、传动系统、汽车底盘等部分组成,见图4-13所示。这种泵车使用方便,适用范围广,它既可以利用在工地配置装接的管道输送到较远、较高的混凝土浇筑部位,也可以发挥随车附带的布料杆的作用,把混凝土直接输送到需要浇筑的地点。

施工时,现场规划要合理布置混凝土泵车的安放位置。一般混凝土泵应尽量靠近浇筑地点,并要满足两台混凝土搅拌输送车能同时就位,使混凝土泵能不间断地得到混凝土供应,进行连续压送,以充分发挥混凝土泵的有效能力。

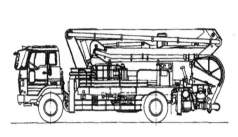

图4-13 混凝土汽车泵

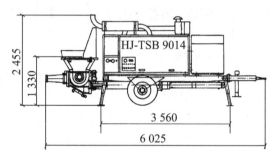

图4-14 固定式混凝土泵

混凝土泵车的输送能力一般为80 m³/h;在水平输送距离为520 m和垂直输送高度为110 m时,输送能力为30 m³/h。

③ 固定式混凝土泵

固定式混凝土泵使用时,需用汽车将它拖带至施工地点,然后进行混凝土输送。这种形式的混凝土泵主要由混凝土推送机构、分配闸机构、料斗搅拌装置、操作系统、清洗系统等组成。它具有输送能力强、输送高度高等特点,一般最大水平输送距离为250～600 m,最大垂直输送高度为150 m,输送能力为60 m³/h左右,适用于高层建筑的混凝土输送。见图4-14所示。

④ 混凝土泵车布料杆

混凝土泵车布料杆,是在混凝土泵车上附装的既可伸缩也可曲折的混凝土布料装置。混凝土输送管道就设在布料杆内,末端是一段软管,用于混凝土浇筑时的布料工作。图4-15是一种三折叠式布料杆混凝土浇筑范围示意图。这种装置的布料范围广,在一般情况下不需再行配管。

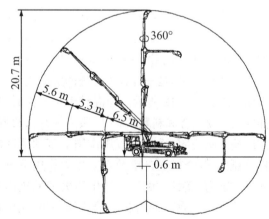

图4-15 三折叠式布料杆浇筑范围示意图

4.4.2 混凝土运输

匀质的混凝土拌合物是介于固体和液体之间的弹塑性体,其中的骨料由于作用于其上的内摩阻力、黏聚力和重力处于平衡状态,而能在混凝土拌合物内均匀分布和处于固定位置。在运输过程中,由于运输工具的颠簸振动等动力的作用,黏聚力和内摩阻力将明显削弱。由此骨料失去平衡状态,在自重作用下向下沉落,质量越大,向下沉落的趋势越强。由于粗、细骨料和水泥浆的质量各异,因而各自聚集在一定深度,形成分层离析现象,这对混凝土质量是有害的。为此,运输道路要平坦,运输工具要选择恰当,运输距离要限制,以防止分层离析。

1)混凝土运输的基本要求

混凝土运输应保证混凝土的浇筑工作连续进行。运输混凝土的容器应严密、不漏浆,容器内壁应平整光洁、不吸水,黏附的混凝土应及时清除。运输过程中混凝土应保持良好的均匀性,不分层,不离析,保证浇筑时规定的坍落度。

2)输送时间

混凝土运输、输送入模的过程应保证混凝土连续浇筑,从运输到输送入模的延续时间不宜超过表4-11的规定,且不应超过表4-12的规定。掺早强型减水剂、早强剂的混凝土,以及有特殊要求的混凝土,应根据设计及施工要求,通过试验确定允许时间。

表4-11　运输到输送入模的延续时间(min)

条　件	气　温	
	≤25 ℃	>25 ℃
不掺外加剂	90	60
掺外加剂	150	120

表4-12　运输、输送入模及其间歇总的时间限值(min)

条　件	气　温	
	≤25 ℃	>25 ℃
不掺外加剂	180	150
掺外加剂	240	210

3)输送道路

场内输送道路应尽量平坦,以减少运输时的振荡,避免造成混凝土分层离析。同时还应考虑布置环形回路,施工高峰时宜设专人管理指挥,以免车辆互相拥挤阻塞。临时架设的桥道要牢固,桥板接头须平顺。

浇筑基础,可采用单向输送主道和单向输送支道的布置方式;浇筑柱子,可采用来回输送主道和盲肠支道的布置方式;浇筑楼板,可采用来回输送主道和单向输送支管道结合的布置方式。对大型混凝土工程,还应加强现场指挥和调度。

4)季节施工

在风雨或暴热天气输送混凝土,容器上应加遮盖,以防进水或水分蒸发。冬期施工应加以保温,夏季最高气温超过 40 ℃时应有隔热措施。

4.4.3　冬期施工注意事项

(1)冬期施工运输混凝土拌合物,应使热量损失尽量减少,可采取下列措施:

① 正确选择放置搅拌机的地点,尽量缩短运距,选择最佳的运输路线。

② 正确选择运输容器的形式、大小和保温材料。

③ 尽量减少装卸次数并合理组织装入、运输和卸出混凝土的工作。

（2）混凝土在浇筑前，应清除模板和钢筋上的冰雪和污垢，装运拌合物的容器应有保温措施。

4.4.4 运输设备施工要求

1）混凝土搅拌运输车运输

（1）混凝土必须在最短的时间内均匀无离析地排出，出料干净、方便，能满足施工的要求，如与混凝土泵联合输送时，其排料速度应能相匹配。

（2）混凝土搅拌输送车在运送混凝土时，通常的搅动转速为 $2\sim4$ r/min，整个输送过程中拌筒的总转数应控制在 300 转以内。若混凝土搅拌输送车采用干料自行搅拌混凝土时，搅拌速度一般应为 $6\sim18$ r/min；搅拌应从混合料和水加入搅筒起，直至搅拌结束，转数应控制在 $70\sim100$ 转。

（3）从搅拌输送车运卸的混凝土中，分别取 1/4 和 3/4 处试样进行坍落度试验，两个试样的坍落度值之差不得超过 3 cm。

2）泵送混凝土运输

泵送混凝土的运送应采用混凝土搅拌运输车。在现场搅拌站搅拌的泵送混凝土可采取适当的方式运送，但必须防止混凝土的离析和分层，混凝土搅拌运输车的数量应根据所选用混凝土泵的输出量决定。

（1）混凝土搅拌运输车的现场行驶道路应符合下列规定：① 混凝土搅拌运输车行车的线路宜设置成环行车道，并应满足重车行驶的要求；② 车辆出入口处，宜设置交通安全指挥人员；③ 夜间施工时，在交通出入口的运输道路上应有良好照明；④ 危险区域，应设警戒标志。

（2）混凝土搅拌运输车装料前，必须将拌筒内积水倒净。运输途中，严禁往拌筒内加水。泵送混凝土运送延续时间可按下列要求执行：① 未掺外加剂的混凝土，可按表 4-13 执行；② 掺木质素磺酸钙时，宜不超过表 4-14 的规定；③ 采用其他外加剂时，可按实际配合比和气温条件测定混凝土的初凝时间，其运输延续时间不宜超过所测得的混凝土初凝时间的 1/2。

表 4-13　泵送混凝土运输延续时间

混凝土出机温度（℃）	运输延续时间（min）
25～30	50～60
5～25	60～90

表 4-14　掺木质素磺酸钙时的泵送混凝土运输延续时间（min）

混凝土强度等级	气温（℃）	
	≤25	>25
≤C30	120	90
>C30	90	60

（3）混凝土搅拌运输车给混凝土泵喂料时，应符合下列要求：① 喂料前，应用中、高速旋转拌筒，使混凝土拌和均匀，避免出料的混凝土分层离析；② 混凝土泵进料斗上，应安置网筛并设专人监视喂料，以防粒径过大的骨料或异物进入混凝土泵造成堵塞；③ 喂料时，反

转卸料应配合泵送均匀进行,且应使混凝土保持在集料斗内高度标志线以上;④ 暂时中断泵送作业时,应使拌筒低转速搅拌混凝土。

使用混凝土泵输送混凝土时,严禁将质量不符合泵送要求的混凝土入泵。混凝土搅拌运输车喂料完毕后,应及时清洗拌筒并排尽积水。

3）施工要求

（1）混凝土运送至浇筑地点,如混凝土拌合物出现离析或分层现象,应对混凝土拌合物进行二次搅拌。如需进行长距离运输可选用混凝土搅拌运输车运输,可将配好的混凝土干料装入混凝土筒内,在接近现场的途中再加水拌制,这样可以避免由于长途运输而引起的混凝土坍落度损失。

（2）混凝土运至浇筑地点时,应检测其坍落度,所测坍落度值应符合设计和施工要求。其允许偏差值应符合有关标准的规定。

（3）混凝土拌合物运至浇筑地点时的温度,最高不宜超过 35 ℃,最低不宜低于 5 ℃。

4.5 混凝土浇筑

混凝土的浇筑工作包括布料、摊平、捣实和抹面修整等工序,它对混凝土的密实性和耐久性,以及结构的整体性和外形的正确性等都有重要影响。混凝土浇筑应达到以下要求:所浇混凝土必须均匀密实,强度符合要求;保证结构构件几何尺寸准确和钢筋、预埋件的位置正确;拆模后混凝土表面要平整、密实。

由于许多混凝土工程属于隐蔽工程,因而对混凝土量大的工程、重要工程或重点部位的浇筑,以及其他施工中的重大问题,均应随时填写施工记录。

4.5.1 混凝土浇筑及振捣设备

1）混凝土浇筑布料斗（图 4-16）

混凝土浇筑布料斗为混凝土水平与垂直运输的一种转运工具。混凝土装进浇筑斗内,由起重机吊送至浇筑地点直接布料。浇筑斗是用钢板拼焊成备箕式,容量一般为 1 m³。两边焊有耳环,便于挂钩起吊。上部开口,下部有门,门出口为 40 cm×40 cm,采用自动闸门,以便打开和关闭。

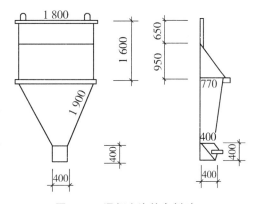

图 4-16　混凝土浇筑布料斗

2）混凝土吊斗（图 4-17）

混凝土吊斗有圆锥形、高架方形、双向出料形等,斗容量 0.7～1.4 m³。混凝土由搅拌机直接装入后,用起重机吊至浇筑地点。

3）混凝土振动设备分类（图 4-18）

（1）内部振动器

内部振动器又称插入式振动器,是建筑工地应用最多的一种振动器,形式有硬管的、软管的,振动部分有锤式、棒式、片式等,振动频率有高有低。其工作部分是一棒状空心圆柱体,内部装有偏心振子,在电动机带动下高速转动而产生高频微幅的振动。主要适用于大体积混凝土、基础、柱、梁、墙、厚度较大的板,以及预制构件的捣实工作。当钢筋十分稠密或结构厚度很薄时,其使用就会受到一定的限制。根据振动棒激振原理,内部振动器有偏心式和行星滚锥式(简称行星式)两种。

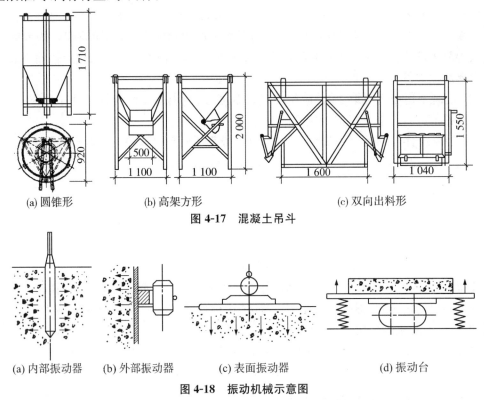

(a) 圆锥形　　(b) 高架方形　　(c) 双向出料形

图 4-17　混凝土吊斗

(a) 内部振动器　(b) 外部振动器　(c) 表面振动器　(d) 振动台

图 4-18　振动机械示意图

① 偏心轴式内部振动器是利用振动棒中心具有偏心质量的转轴产生高频振动,其振动频率为 5 000～6 000 次/min。

② 行星滚锥式内部振动器是利用振动棒中一端空悬的转轴放置时其下垂端圆锥部分沿棒壳内圆锥面滚动,形成滚动的行星运动而驱动棒产生圆振动,其振动频率为 12 000～15 000 次/min,振捣效果好,且构造简单,使用寿命长,是目前常用的内部振动器。

(2) 表面振动器

表面振动器又称为平板振动器,其工作部分是一钢制或木制平板,板上装一个带偏心块的电动振动器。振动力通过平板传递给混凝土,由于其振动作用深度较小,因此适用于表面积大而平整的结构物,如楼板、地面、屋面、板形薄壳等薄壁结构。

(3) 附着式振动器

附着式振动器又称外部振动器,它通过螺栓或夹钳等固定在模板外侧的横档或竖档上,不与混凝土直接接触,偏心块放置所产生的振动力通过模板传给混凝土,使之振实。但模板应有足够的刚度。对于小截面直立构件,插入式振动器的振动棒很难插入,可使用附着式振动器。附着式振动器的设置间距应通过试验确定,一般情况下可每隔 1～1.5 m 设置一个。由于振动作用不能深远,仅适用于振捣钢筋较密、厚度较小以及不宜使用插入式振动器的结构构件。

（4）振动台

振动台由上部框架和下部支架、支承弹簧、电动机、齿轮同步器、振动子等组成。上部框架是振动台的台面，上面可固定放置模板，通过螺旋弹簧支承在下部的支架上，振动台只能作上下方向的定向振动，是混凝土制品厂中的固定生产设备，适用于混凝土预制构件的振捣。

4）设备使用注意事项

（1）用插入式振动器振动混凝土时的注意事项

① 振动器与模板的距离不应大于振动器作用半径的 7/10 倍，并应尽量避免碰撞钢筋、模板、预埋件等。振动器应垂直插入，并插入下层混凝土 50～100 mm，以促使上下层混凝土结合成整体。

② 采用插入式振动器捣实普通混凝土的移动间距，不宜大于作用半径的 1.5 倍；捣实轻骨料混凝土的间距，不宜大于作用半径的 1 倍。

③ 每一插点的振捣时间一般为 20～30 s，高频振动器不应少于 10 s，应使混凝土捣实（即表面呈现浮浆和不再沉落为限）。

④ 插点要排列均匀，插点的分布有行列式和交错式两种。

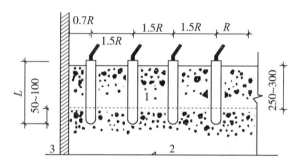

图 4-19 内部振动器的插入深度

1—新浇混凝土；2—下层已振捣但尚未初凝的混凝土；3—模板；
R—振动棒有效作用半径；L—振动棒长度

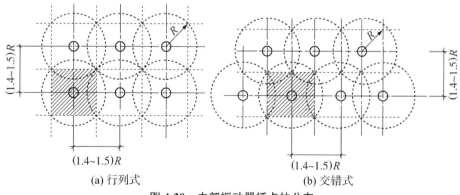

(a) 行列式　　　　　　　(b) 交错式

图 4-20 内部振动器插点的分布

（2）用表面振动器振动混凝土时的注意事项

① 在无筋或单层钢筋结构中，每次振实的厚度不大于 250 mm；在双层钢筋结构中，每次振实厚度不大于 120 mm。

② 表面振动器的移动间距，应保证振动器的平板覆盖已振实部分的边缘，以使该处的

混凝土振实出浆为准。

③ 也可进行两遍振实,第一遍和第二遍的方向要互相垂直,第一遍主要使混凝土密实,第二遍则使表面平整。

4.5.2　浇筑前的准备工作

1) 制定施工方案,进行安全与技术交底

施工方案中,应根据混凝土工程量和结构特点,结合现场条件,确定混凝土的施工进度、浇筑顺序、施工缝留设位置、劳动组织、技术措施和操作要点、质量要求、安全技术等,并在浇筑前向工人队组进行详细交底。

2) 水电及原材料的供应,机具、劳动力准备及检查

混凝土施工前,施工所需要的各种原材料、各种机具如搅拌机、振捣器、运输设备、料斗、串筒等都要到位。浇筑前,必须核实一次浇筑完毕或浇筑至某施工缝前的工程材料,以免停工待料。劳动力的组织要安排合理,特别是有多个工种参与施工时,要做好各工种之间的配合工作。

所用的机具均应在浇筑前进行检查和试运转,同时配有专职技工随时检修,并考虑发生故障时的修理时间。重要工程,应有备用的搅拌机和振动器。特别是采用泵送混凝土,一定要有备用泵。在混凝土浇筑期间,要保证水、电、照明不中断。为了防备临时停水停电,事先应在浇筑地点储备一定数量的原材料(如砂、石、水泥、水等)和人工拌和捣固用的工具,以防出现意外的施工停歇缝。

3) 基底准备

混凝土浇筑前,基底标高和基础轴线位置必须检查无误,确保无积水、无垃圾。

4) 检查模板、支架、钢筋和预埋件

在浇筑前,应检查和控制模板、钢筋、保护层和预埋件等的尺寸、规格、数量和位置,其偏差应符合现行国家标准《混凝土结构工程施工质量验收规范》(GB 50204)的规定。此外,还应检查模板支撑的稳定性及模板接缝的密合情况。

模板应检查以下几个方面:标高、位置、尺寸等是否符合设计要求;起拱高度是否正确;支撑系统是否稳定牢固;组合模板的连接件和支撑是否按规定设置,模板拼缝是否严密;预埋件、预埋孔洞的数量、位置是否正确;模板内的杂物是否清除;模板是否已浇水润湿或涂刷隔离剂;金属模板中的缝隙和孔洞也应予以封闭;检查安全设施、劳动配备是否妥当,能否满足浇筑速度的要求。

钢筋的隐蔽验收有以下几个方面:钢筋的位置、规格、数量是否满足设计要求;钢筋的搭接长度、接头位置是否符合规定;控制保护层厚度的垫块或支架是否按规定设好;钢筋上的油污、铁锈是否已清除等。

5) 掌握天气季节变化情况

根据工程需要和季节施工特点,应准备好在浇筑过程中所必需的抽水设备和防雨、防暑、防寒等物资。加强气象预测预报的联系工作。在混凝土施工阶段应掌握天气的变化情况,特别是在雷雨台风季节和寒流突然袭击之际更应注意,以保证混凝土连续浇筑的顺利进行,确保混凝土质量。

6) 其他准备工作

在地基或基土上浇筑混凝土,应清除淤泥和杂物,并应有排水和防水措施。

对干燥的非黏性土,应用水湿润;对未风化的岩石应用水清洗,但其表面不得留有积水。

4.5.3 浇筑厚度及间歇时间

1）浇筑层厚度

为了使混凝土振捣密实，必须分层浇筑，每层浇筑厚度与捣实方法、结构的配筋情况有关，应符合表 4-15 的规定。

表 4-15　混凝土浇筑层厚度

捣实混凝土的方法		浇筑层的厚度（mm）
插入式振捣		振捣器作用部分长度的 1.25 倍
表面振动		200
人工捣固	在基础、无筋混凝土或配筋稀疏的结构中	250
	在梁、墙板、柱结构中	200
	在配筋密列的结构中	150
轻骨料混凝土	插入式振捣	300
	表面振动（振动时需加荷）	200

2）浇筑间歇时间

浇筑混凝土应连续进行。如必须间歇时，其间歇时间宜缩短，并应在前层混凝土凝结之前将次层混凝土浇筑完毕。混凝土运输、浇筑及间歇的全部时间不得超过表 4-16 的规定，当超过规定时间时必须设置施工缝。

表 4-16　混凝土运输、浇筑和间歇的时间

混凝土强度等级	气　温	
	≤25 ℃	>25 ℃
≤C30	210 min	180 min
>C30	180 min	150 min

注：当混凝土中掺有促凝或缓凝型外加剂时，其允许时间应通过试验确定。

4.5.4 冬期施工

（1）冬期不得在强冻胀性地基土上浇筑混凝土，在弱冻胀性地基土上浇筑时，基土应进行保温，以免遭冻。

（2）用人工加热养护的整体式结构，其浇筑程序及施工缝的设置，应能防止产生较大的温度应力，如混凝土的加热温度超过 40 ℃时，可采取以下措施：

① 支承在已浇筑完毕的厚大结构上的梁，应用钢板制成的垫板将梁与厚大结构隔开，使梁在加热和冷却时可以自由伸缩。

② 如梁不能按①所述方法进行浇筑，而在设计中又未考虑到附加温度应力时，则梁的混凝土浇筑与加热应分段进行，段之间的间隔长度不应小于 1/8 梁的跨度，也不得小于 0.7 m。间断处应在已浇筑的混凝土冷却至 15 ℃以下时才可用混凝土填实并加热养护。

③ 与支座不做刚性连接的连接梁,应在长度不超过 20 m 段落上同时加热。

④ 多跨刚架的连续横梁,如刚架支柱的高度与横梁截面高度之比小于 15 时,应按②所规定的方法浇筑和加热混凝土。当刚架的跨度≤8 m 时,应每隔两个跨度留出间断处;当刚架的跨度>8 m 时,应每隔一个跨度留出间断处。

⑤ 与小跨度的大型横梁相连的高柱,应按同一高度进行混凝土的浇筑和加热,否则在柱子之间的横梁上留出间断处。

⑥ 互相平行又彼此间以刚性连接的梁(在同一柱上又与柱刚性连接的两根吊车梁),应同时进行加热。

⑦ 浇筑和加热肋形楼板时,应按②和④的规定进行,在纵向和横向两个方向留在间断处,梁与板应同时进行浇筑和加热养护。

(3)浇筑基础大体积混凝土时,施工前要对地基进行保温以防止冻胀。新拌混凝土的入模温度以 7~12 ℃为宜。混凝土内部温度与表面温度之差不得超过 20 ℃,必要时做保温覆盖。

(4)浇筑装配式结构接头的混凝土,应先将结合处的表面加热到正温。浇筑后的接头混凝土在温度不超过 45 ℃的条件下,应养护至设计要求强度,当设计无要求时,其强度不得低于设计的混凝土强度标准值的 75%。

4.5.5 浇筑质量要求

(1)在浇筑工序中,应控制混凝土的均匀性和密实性。混凝土拌合物运至浇筑地点后应立即浇筑入模,其坍落度应满足表 4-17 的要求。在浇筑过程中,如发现混凝土拌合物的均匀性和坍落度发生较大的变化,应及时处理。

表 4-17　混凝土浇筑时的坍落度

结构种类	坍落度(mm)
基础或地面等的垫层、无配筋的大体积结构(挡土墙、基础等)或配筋稀疏的结构	10~30
板、梁和大型及中型截面的柱子等	30~50
配筋密列的结构(薄壁、斗仓、筒仓、细柱等)	50~70
配筋特密的结构	70~90

注:①本表是指采用机械振捣的坍落度;采用人工捣实时可适当增大。
　　②需要配置大坍落度混凝土时,应掺用外加剂。
　　③曲面或斜面结构混凝土,其坍落度值应根据实际需要另行选定。
　　④轻骨料混凝土的坍落度,应比表中数值减少 10~20 mm。

(2)浇筑混凝土时,应注意防止混凝土的分层离析。混凝土由料斗、漏斗、混凝土输送管、运输车内卸出进行浇筑时,如自由倾落高度过大,由于粗骨料在重力作用下,克服黏聚力后的下落动能大,下落速度较砂浆快,因而可能形成混凝土离析。为此,混凝土自由倾落高度一般不宜超过 2 m,在竖向结构中浇筑混凝土的高度不得超过 3 m,否则应采用串筒、斜槽、溜管等下料(如图 4-21 所示)。

(3)浇筑混凝土时,应经常观察模板、支架、钢筋、预埋件和预留孔洞的情况,当发现有变形、移位时,应立即停止浇筑,并应在已浇筑的混凝土凝结前修整完好。浇筑竖向结构混凝土前,底部应先填以 50~100 mm 厚与混凝土成分相同的水泥砂浆。梁和板应同时浇筑混凝土。较大尺寸的梁(梁的高度大于1 m)、拱和类似的结构可单独浇筑。但施工缝的设置应符合有关规定。

(4) 混凝土在浇筑及静置过程中,应采取措施防止产生裂缝。混凝土因沉降及干缩产生的非结构性的表面裂缝,应在混凝土终凝前予以修整。在浇筑与柱和墙连成整体的梁和板时,应在柱和墙浇筑完毕后停歇1~1.5 h,使混凝土获得初步沉实后再继续浇筑,以防止接缝处出现裂缝。

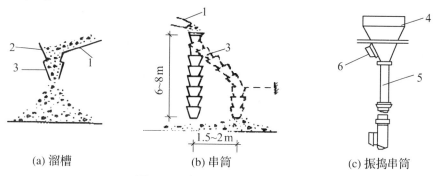

(a) 溜槽   (b) 串筒   (c) 振捣串筒

图 4-21   防止混凝土离析的措施

1—溜槽;2—挡板;3—串筒;4—漏斗;5—节管;6—振动器

4.5.6   泵送混凝土的浇筑

1) 泵送混凝土对模板和钢筋的要求

(1) 对模板的要求

由于泵送混凝土的流动性大和施工的冲击力大,因此在设计模板时,必须根据泵送混凝土对模板侧压力大的特点,确保模板和支撑有足够的强度、刚度和稳定性。模板的最大侧压力,可根据混凝土的浇筑速度、浇筑高度、密度、坍落度、温度、外加剂等主要影响因素进行计算。布料设备不得碰撞或直接搁置在模板上,手动布料杆下的模板和支架应进行加固。

采用内部振捣器时,新浇筑的混凝土作用于模板的最大侧压力,可按下列公式计算,并取两式中的较小值。

$$F = 0.22\gamma_c t_0 \beta_1 \beta_2 \, v^{1/2} \tag{4-4}$$

$$F = \gamma_c H \tag{4-5}$$

式中:F——新浇筑混凝土对模板的最大侧压力(kN/m²);

γ_c——混凝土的重力密度(kN/m³);

t_0——新浇混凝土的初凝时间(h),可按实测确定,当缺乏试验资料时,可采用 $t_0 = 200/(T+15)$ 计算(T 为混凝土的温度℃);

v——混凝土的浇筑速度(m/h);

H——混凝土侧压力计算位置处至新浇混凝土顶面的总高度(m);

β_1——外加剂影响修正系数,不掺外加剂时取1.0,掺具有缓凝作用的外加剂时取1.2;

β_2——混凝土坍落度修正系数,当坍落度小于100 mm时,取1.10;不小于100 mm时,取1.15。

(2) 对钢筋的要求

注意保护钢筋,一旦钢筋骨架发生变形或位移,应及时纠正。混凝土板和块体结构的水平钢筋应设置足够的钢筋撑脚或钢支架。钢筋骨架重要节点应采取加固措施。手动布料杆应设钢支架架空,不得直接支承在钢筋骨架上。

2) 混凝土的泵送

混凝土泵的操作是一项专业技术工作,安全使用及操作,应严格执行使用说明书和其他有关规定。同时,应根据使用说明书制定专门操作要点。操作人员必须经过专门培训合格后,方可上岗独立操作。

在安置混凝土泵时,应根据要求将其支腿完全伸出,并插好安全销,在场地软弱时应采取措施在支腿下垫枕木等,以防混凝土泵的移动或倾翻。

混凝土泵与输送管连通后,应按所用混凝土泵使用说明书的规定进行全面检查,符合要求后方能开机进行空运转。混凝土泵启动后,应先泵送适量的水,以湿润混凝土泵的料斗、活塞及输送管的内壁等直接与混凝土接触的部位。经泵送水检查,确认混凝土泵和输送管中没有异物后,可以采用与将要泵送的混凝土内除粗骨料外的其他成分相同配合比的水泥砂浆,也可以采用纯水泥浆或1:2水泥浆。润滑用的水泥浆或水泥砂浆应分散布料,不得集中浇筑在同一处。

开始泵送时,混凝土泵应处于慢速、匀速并随时可能反泵的状态。泵送的速度应先慢后快,逐步加速。同时,应观察混凝土泵的压力和各系统的工作情况,待各系统运转顺利后再按正常速度进行泵送。混凝土泵送应连续进行。如必须中断时,其中断时间不得超过混凝土从搅拌至浇筑完毕所允许的延续时间。

泵送混凝土时,混凝土泵的活塞应尽可能保持在最大行程运转。一是提高混凝土泵的输出效率;二是有利于机械的保护。混凝土泵的水箱或活塞清洗室中应经常保持充满水。泵送时,如输送管内吸入了空气,应立即进行反泵吸出混凝土,将其置于料斗中重新搅拌,排出空气后再泵送。

在混凝土泵送过程中,如果需要接长输送管且长于3 m时,应按照前述要求仍应预先用水和水泥浆或水泥砂浆进行湿润和润滑管道内壁。混凝土泵送过程中,不得把拆下的输送管内的混凝土撒落在未浇筑的地方。

3) 泵送混凝土的浇筑顺序及布料方法

泵送混凝土的浇筑应根据工程结构特点、平面形状和几何尺寸,混凝土供应和泵送设备能力、劳动力和管理能力,以及周围场地大小等条件,预先划分好混凝土浇筑区域。

(1) 泵送混凝土的浇筑顺序

① 当采用混凝土输送管输送混凝土时,应由远而近浇筑。

② 在同一区域的混凝土,应按先竖向结构后水平结构的顺序,分层连续浇筑。

③ 当不允许留施工缝时,区域之间、上下层之间的混凝土浇筑间歇时间不得超过混凝土初凝时间。

④ 当下层混凝土初凝后,浇筑上层混凝土时,应先按留施工缝的规定处理。

(2) 泵送混凝土的布料方法

① 在浇筑竖向结构时,布料设备的出口离模板内侧面不应小于50 mm,并且不向模板内侧面直冲布料,也不得直冲钢筋骨架。

② 浇筑水平结构混凝土时,不得在同一处连续布料,应在2~3 m范围内水平移动布料,且宜垂直于模板。

4）施工要求

当向下泵送混凝土时，应先把输送管上气阀打开，待输送管下段混凝土有了一定压力时方可关闭气阀。

当多台混凝土泵同时泵送施工或与其他输送方法组合输送混凝土时，应预先规定各自的输送能力、浇筑区域和浇筑顺序，并应分工明确、互相配合、统一指挥。

泵送过程中被废弃的和泵送终止时多余的混凝土，应按预先确定的处理方法和场所及时进行妥善处理。混凝土泵送即将结束前，应正确计算尚需用的混凝土数量，并应及时告知混凝土搅拌处。泵送完毕，应将混凝土泵和输送管清洗干净。在排除堵物，重新泵送或清洗混凝土泵时，布料设备的出口应朝安全方向，以防堵塞物或废浆高速飞出而伤人。

混凝土浇筑分层厚度一般为 300～500 mm。当水平结构的混凝土浇筑厚度超过500 mm 时，可按 1:6～1:10 坡度分层浇筑，且上层混凝土应超前覆盖下层混凝土 500 mm以上。振捣泵送混凝土时，振动棒插入的间距一般为 400 mm 左右，振捣时间一般为 15～30 秒，并且在 20～30 min 后对其进行二次复振。对于有预留洞、预埋件和钢筋密集的部位，应预先制定好相应的技术措施，确保顺利布料和振捣密实。在浇筑混凝土时，应经常观察，当发现混凝土有不密实等现象时应立即采取措施。

水平结构的混凝土表面，应适时用木抹子磨平搓毛两遍以上。必要时，还应先用铁滚筒压两遍以上，以防止产生收缩裂缝。

5）保障措施

当混凝土泵出现压力升高且不稳定、油温升高、输送管有明显振动等现象而泵送困难时，不得强行泵送，并应立即查明原因，采取措施排除。一般可先用木槌敲击输送管弯管、锥形管等部位，并进行慢速泵送或反泵，防止堵塞。当输送管被堵塞时，应采取下列方法排除：

（1）反复进行反泵和正泵，逐步吸出混凝土，重新搅拌后再进行泵送。

（2）可用木槌敲击等方法查明堵塞部位，若确实查明了堵管部位，可在管外击松混凝土后重复进行反泵和正泵，排除堵塞。

（3）当上述两种方法无效时，应在混凝土卸压后拆除堵塞部位的输送管，排出混凝土堵塞物后再接通管道。重新泵送前，应先排除管内空气，拧紧接头。

在混凝土泵送过程中，若需要有计划地中断泵送时，应预先考虑确定的中断浇筑部位，停止泵送；并且中断时间不要超过 1 h。同时应采取下列措施：

（1）混凝土泵车卸料清洗后重新泵送，采取措施或利用臂架将混凝土泵入料斗中，进行慢速间歇循环泵送；有配管输送混凝土时，可进行慢速间歇泵送。

（2）固定式混凝土泵，可利用混凝土搅拌运输车内的料进行慢速间歇泵送；或利用料斗内的混凝土拌合物，进行间歇反泵和正泵。

（3）慢速间歇泵送时，应每隔 4～5 min 进行 4 个行程的正、反泵。

4.5.7 混凝土施工缝

1）施工缝的设置

由于施工技术和施工组织上的原因，不能连续将结构整体浇筑完成，并且间歇的时间预计将超出表 4-16 规定的时间时，应预先选定适当的部位设置施工缝。

设置施工缝应该严格按照规定，认真对待。如果位置不当或处理不好会引起质量事故，轻则开裂渗漏,影响寿命,重则危及结构安全,影响使用。因此要高度重视。

施工缝应设置在结构受剪力较小且便于施工的部位。留缝应符合下列规定:

(1)柱子留置在基础的顶面、梁或吊车梁牛腿的下面、吊车梁的上面、无梁楼板柱帽的下面(图4-22)。

(2)和板连成整体的大断面梁,留置在板底面以下20～30 mm处。当板下有梁托时,留在梁托下部。

(3)单向板,留置在平行于板的短边的任何位置。

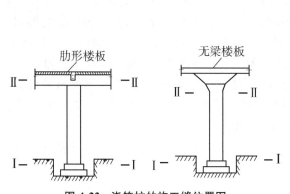

图4-22　浇筑柱的施工缝位置图

Ⅰ—Ⅰ、Ⅱ—Ⅱ表示施工缝位置

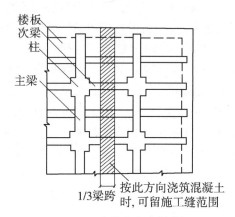

图4-23　浇筑有主次梁楼板
的施工缝位置图

(4)有主次梁的楼板,宜顺着次梁方向浇筑,施工缝应留置在次梁跨度的中间三分之一范围内(图4-23)。

(5)墙,留置在门洞口过梁跨中1/3范围内,也可留在纵横墙的交接处。

(6)双向受力楼板、大体积混凝土结构、拱、弯拱、薄壳、蓄水池、斗仓、多层刚架及其他结构复杂的工程,施工缝应按设计要求留置。下列情况可作参考:

① 斗仓施工缝可留在漏斗根部及上部,或漏斗斜板与漏斗主壁交接处(图4-24)。

② 一般设备地坑及水池,施工缝可留在坑壁上,距坑(池)底混凝土面30～50 cm的范围内。

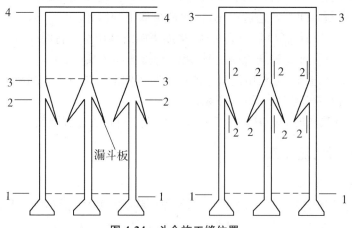

图4-24　斗仓施工缝位置

1—1、2—2、3—3、4—4—施工缝位置

（7）承受动力作用的设备基础，不应留施工缝；如必须留施工缝时，应征得设计单位同意。一般可按下列要求留置：

① 基础上的机组在担负互不相依的工作时，可在其间留置垂直施工缝。

② 输送辊道支架基础之间，可留垂直施工缝。

（8）在设备基础的地脚螺栓范围内留置施工缝时应符合下列要求：

① 水平施工缝的留置，必须低于地脚螺栓底端，其与地脚螺栓底端距离应大于150 mm；直径小于30 mm的地脚螺栓，水平施工缝可以留在不小于地脚螺栓埋入混凝土部分总长度的3/4处。

② 垂直施工缝的留置，其地脚螺栓中心线间的距离不得小于250 mm，并不得小于5倍螺栓直径。

2）施工缝的处理

在施工缝处浇筑混凝土，必须对施工缝进行必要的处理。同时，已浇混凝土抗压强度不应小于 $1.2 \, N/mm^2$。混凝土达到 $1.2 \, N/mm^2$ 的时间，可通过试验决定。

（1）在已硬化的混凝土表面上继续浇筑混凝土前，应清除垃圾、水泥薄膜、表面上松动砂石和软弱混凝土层，同时还应加以凿毛，用水冲洗干净并充分湿润，一般不宜少于24 h，残留在混凝土表面的积水应予以清除。

（2）施工缝位置附近有回弯钢筋时，要做到钢筋周围的混凝土不受松动和损坏。钢筋上的油污、水泥砂浆及浮锈等杂物也应清除。

（3）在浇筑前，水平施工缝宜先铺上10～15 mm厚的水泥砂浆一层，其配合比与混凝土内的砂浆成分相同。

（4）从施工缝处开始继续浇筑时，要注意避免直接靠近缝边下料。机械振捣前，宜向施工缝处逐渐推进，并距80～100 cm处停止振捣，但应加强对施工缝接缝的捣实工作，使其紧密结合。

（5）承受动力作用的设备基础的施工缝处理，应遵守下列规定：

① 标高不同的两个水平施工缝，其高低接合处应留成台阶形，台阶的高度比不得大于1。

② 在水平施工缝上继续浇筑混凝土前，应对地脚螺栓进行一次观测校正。

③ 垂直施工缝处应加插钢筋，其直径为12～16 mm，长度为50～60 cm，间距为50 cm。在台阶式施工缝的垂直面上亦应补插钢筋。

3）后浇带的设置

后浇带是为了在现浇钢筋混凝土结构施工过程中，克服由于温度、收缩而可能产生有害裂缝所设置的临时施工缝。该缝需根据设计要求保留一段时间后再浇筑，将整个结构连成整体。

后浇带的设置距离，应考虑在有效降低温差和收缩应力的条件下通过计算来获得。在正常的施工条件下，有关规范对此的规定是，如混凝土置于室内和土中，则设置距离为30 m；如在露天，则为20 m。

后浇带保留时间应根据设计确定，若设计无要求时，一般至少保留28天以上。

后浇带的宽度应考虑施工简便，避免应力集中。一般其宽度为70～100 cm。后浇带内的钢筋应完好保存。后浇带的构造见图4-25所示。

后浇带在浇筑混凝土前，必须将整个混凝土表面按照施工缝的要求进行处理。填充后浇带的混凝土可采用微膨胀或无收缩水泥，也可采用普通水泥加入相应的外加剂拌制，但必须要求填筑混凝土的强度等级比原结构强度提高一级，并至少保持15天的湿润养护。

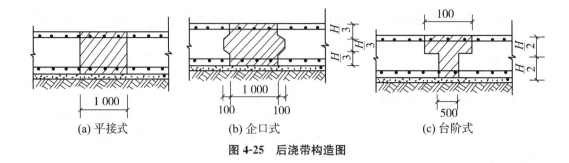

图 4-25 后浇带构造图

4.5.8 现浇混凝土结构浇筑

1) 基础浇筑

在地基上浇筑混凝土前,对地基应事先按设计标高和轴线进行校正,并应清除淤泥和杂物;同时,注意排除开挖出来的水和开挖地点的流动水,以防冲刷新浇筑的混凝土。

(1) 柱基础浇筑

① 台阶式基础施工时(图 4-26),可按台阶分层一次浇筑完毕(预制柱的高杯口基础的高台部分应另行分层),不允许留设施工缝。每层混凝土要一次卸足,顺序是先边角后中间,务必使砂浆充满模板。

② 浇筑台阶式柱基时,为防止垂直交角处可能出现吊脚(上层台阶与下口混凝土脱空)现象,可采取以下措施:

a. 在第一级混凝土捣固下沉 2～3 cm 后暂不填平,继续浇筑第二级。先用铁锹沿第二级模板底圈做成内外坡,然后再分层浇筑,外圈边坡的混凝土于第二级振捣过程中自动摊平,待第二级混凝土浇筑后,再将第一级混凝土齐模板顶边拍实抹平(图 4-26)。

b. 捣完第一级后拍平表面,在第二级模板外先压以 20 cm×10 cm 的压角混凝土并加以捣实后再继续浇筑第二级。待压角混凝土接近初凝时,将其铲平重新搅拌利用。

c. 如条件许可,宜采用柱基流水作业方式,即顺序先浇一排杯基第一级混凝土,再回转依次浇第二级。这样对已浇好的第一级将有一个下沉的时间,但必须保证每个柱基混凝土在初凝之前连续施工。

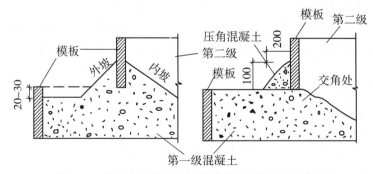

图 4-26 台阶式柱基础交角处混凝土浇筑方法示意图

③ 为保证杯形基础杯口底标高的正确性,宜先将杯口底混凝土振实并稍停片刻后再浇筑振捣杯口模四周的混凝土,振动时间要尽可能缩短。同时,还应特别注意杯口模板的位

置,应在两侧对称浇筑,以免杯口模挤向一侧或由于混凝土泛起而使芯模上升。为提高杯口芯模周转利用率,可在混凝土初凝后终凝前将芯模拔出,并将杯壁划毛。高杯口基础,由于这一级台阶较高且配置钢筋较多,可采用后安装杯口模的方法,即当混凝土浇捣到接近杯口底时,安杯口模,再继续浇捣。

④ 锥式基础,应注意斜坡部位混凝土的捣固质量,在振捣器振捣完毕后,用人工将斜坡表面拍平,使其符合设计要求。

⑤ 现浇柱下基础时,要特别注意连接钢筋的位置,防止移位和倾斜,发现偏差时及时纠正。

(2) 条形基础浇筑

① 浇筑前,应根据混凝土基础顶面的标高在两侧木模上弹出标高线;如采用原槽土模时,应在基槽两侧的土壁上交错打入长 10 cm 左右的标杆,并露出 2～3 cm,标杆面与基础顶面标高平,标杆之间的距离在 3 m 左右。

② 根据基础深度宜分段分层连续浇筑,一般不留施工缝。各段层间应相互衔接,每段间浇筑长度控制在 2～3 m 距离,做到逐段逐层呈阶梯形向前推进。

(3) 设备基础浇筑

① 一般应分层浇筑,并保证上下层之间不留施工缝,每层混凝土的厚度为 20～30 cm。每层浇筑顺序应从低处开始,沿长边方向自一端向另一端浇筑,也可采取中间向两端或两端向中间浇筑的顺序。

② 对一些特殊部位,如地脚螺栓、预留螺栓孔、预埋管道等,浇筑混凝土时要控制好混凝土上升速度,使其均匀上升,同时防止碰撞,以免发生位移或歪斜。对于大直径地脚螺栓,在混凝土浇筑过程中,应用经纬仪随时观测,发现偏差及时纠正。

a. 地脚螺栓:地脚螺栓一般利用木横梁固定在模板上口,浇筑时要注意控制混凝土的上升速度,使两边均匀上升,不使模板上口位移,以免造成螺栓位置偏差。地脚螺栓的丝扣部分应预先涂好黄油,用塑料布包好,防止在浇筑过程中沾上水泥浆或碰坏。当螺栓固定在细长的钢筋骨架上,并要求不下沉变位时,必须根据具体情况对钢筋骨架进行核算,看其是否能承受螺栓锚板自重和浇筑混凝土的重量与冲压力。如钢筋骨架不能满足以上要求时,则应另加钢板支承。

对锚板下混凝土要振捣密实。一般在浇筑该部位混凝土时,板外侧混凝土应略加高些,再细心振捣使混凝土压向板底,直至板边缝周围有混凝土浆冒出为止。如锚板面积较大,则可在板中间钻一小孔,通过小孔观察,看到混凝土浆冒出,证明该部位混凝土已密实,否则易造成空隙。

b. 预留栓孔:预留栓孔一般采用楔形木塞或模壳板留孔,由于一端固定,一端悬空,在浇筑时应注意保证其位置垂直正确。木塞宜涂以油脂以便易于脱模。浇筑后,应在混凝土初凝时及时将木塞取出,否则将会造成难拔并可能损坏预留孔附近的混凝土。

c. 预埋管道:浇筑有预埋大型管道的混凝土时常会出现蜂窝。为此,在浇筑混凝土时应注意粗骨料颗粒不宜太大,稠度应适宜,先振捣管道的底和两侧,待有浆冒出时再浇筑盖面混凝土。

③ 承受动力作用的设备基础的上表面与设备基座底部之间,用混凝土(或砂浆)进行二次浇筑时,应遵守下列规定:

a. 浇筑前应先清除地脚螺栓、设备底座部分及垫板等处的油污、浮锈等杂物,并将基础混凝土表面冲洗干净,保持湿润。

b. 浇筑混凝土(或砂浆),必须在设备安装调整合格后进行。其强度等级应按设计规定;如设计无规定时,可按原基础的混凝土强度等级提高一级,并不得低于 C15。混凝土的粗骨料粒径可根据缝隙厚度选用 5～15 mm,当缝隙厚度小于 40 mm 时,宜采用水泥砂浆。

c. 二次浇筑混凝土的厚度超过 20 cm 时应加配钢筋,配筋方法由设计确定。

④ 浇筑地坑时,可根据地坑面积的大小、深浅以及壁的厚度不同,采取一次浇筑或地坑底板和壁分别浇筑的施工方法。对采用一次浇筑,其内模板应做成整体式并预先架立好。当坑底板混凝土浇筑完后,紧接着浇筑坑壁。为保证底和壁接缝处的质量,在拌制用于该处的混凝土时可按原配合比将石子用量减半。如采用底和壁分开浇筑,其内模板待底板混凝土浇筑完并达到一定强度后,视壁高度可一次或分段支模。施工缝宜留在坑壁上,距坑底混凝土面 30～50 cm 并做成凹槽形式。施工中要特别重视和加强对坑壁以及分层、分段浇筑的混凝土之间的密实性。机械振捣的同时,宜用小木槌在模板外面轻轻敲击配合,以防拆模后出现蜂窝、麻面、孔洞和断层等施工缺陷。

⑤ 雨期施工时,应采取搭设雨篷或分段搭雨篷的办法进行浇筑,一般均要事先做好防雨措施。

2) 大体积混凝土浇筑

(1) 大体积混凝土基础的整体性要求高,一般要求混凝土连续浇筑,一气呵成。施工工艺上应做到分层浇筑、分层捣实,但又必须保证上下层混凝土在初凝之前结合好,不致形成施工缝。在特殊情况下可以留有基础后浇带。即在大体积混凝土基础中预留有一条后浇的施工缝,将整块大体积混凝土分成两块或若干块浇筑,待所浇筑的混凝土经一段时间的养护干缩后,再在预留的后浇带中浇筑补偿收缩混凝土,使分块的混凝土连成一个整体。

基础后浇带的浇筑,考虑到补偿收缩混凝土的膨胀效应,当后浇带的直径长度大于50 m 时,混凝土要分两次浇筑,时间间隔为 5～7 天。要求混凝土振捣密实,防止漏振,也避免过振。混凝土在硬化前 1～2 h,应抹压,以防沉降裂缝的产生。

(2) 浇筑方案应根据整体性要求、结构大小、钢筋疏密、混凝土供应等具体情况,选用如下 3 种分层方式,分层的厚度取决于振动器的棒长和振动力的大小,也要考虑混凝土的供应量大小和可能浇筑量的多少,一般为 20～30 cm。

① 全面分层(图 4-27(a)):在整个基础内全面分层浇筑混凝土,要做到第一层全面浇筑完毕回来浇筑第二层时,第一层浇筑的混凝土还未初凝,如此逐层进行,直至浇筑完毕。这种方案适用于结构平面尺寸不太大,施工时从短边开始,沿长边进行较适宜。必要时亦可分为两段,从中间向两端或从两端向中间同时进行。

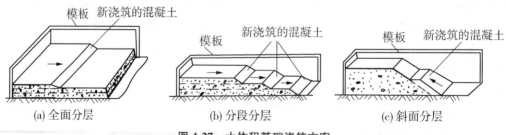

(a) 全面分层　　　　(b) 分段分层　　　　(c) 斜面分层

图 4-27　大体积基础浇筑方案

② 分段分层(图 4-27(b)):适宜于厚度不太大而面积或长度较大的结构。混凝土从底层开始浇筑,进行一定距离后回来浇筑第二层,如此依次向前浇筑以上各分层。

③ 斜面分层(图 4-27(c)):适用于结构的长度超过厚度的 3 倍。振捣工作应从浇筑层的下端开始,逐渐上移,以保证混凝土施工质量。

(3) 浇筑混凝土所采用的方法,应使混凝土在浇筑时不发生离析现象。混凝土自高处自由倾落高度超过 2 m 时,应沿串筒、溜槽、溜管等下落,以保证混凝土不致发生离析现象。串筒布置应适应浇筑面积、浇筑速度和摊平混凝土堆的能力,但其间距不得大于 3 m,布置方式为交错式或行列式。

(4) 浇筑大体积基础混凝土时,由于凝结过程中水泥会散发出大量的水化热,因而造成内外温度差较大,易使混凝土产生裂缝。为防止大体积混凝土浇筑后产生温度裂缝,必须采取措施降低混凝土的温度应力,减少浇筑后混凝土的内外温差(不宜超过 25 ℃)。为此,应优先选用水化热低的水泥,降低水泥用量,掺入适量的掺和料,降低浇筑速度和减小浇筑层厚度,或采取人工降温措施。必要时,在经过计算和取得设计单位同意后可留施工缝而分段分层浇筑。具体措施如下:

① 应优先选用水化热较低的水泥,如矿渣水泥、火山灰质水泥或粉煤灰水泥。在保证混凝土基本性能要求的前提下,尽量减少水泥用量,在混凝土中掺入适量的矿物掺和料,采用 60 天或 90 天的强度代替 28 天的强度控制混凝土配合比。适当掺加一定的毛石块。

② 尽量降低混凝土的用水量。在混凝土中掺加缓凝剂,适当控制混凝土的浇筑速度和每个浇筑层的厚度,以便在混凝土浇筑过程中释放部分水化热。

③ 尽量降低混凝土的入模温度,一般要求混凝土的入模温度不宜超过 28 ℃,可以用冰水冲洗骨料,在气温较低时浇筑混凝土。

④ 在结构内部埋设管道或预留孔道(如混凝土大坝内),混凝土养护期间采取灌水(水冷)或通风(风冷)的方法排出内部热量。

⑤ 尽量减小混凝土所受的外部约束力,如模板、地基面要平整,或在地基面设置可以滑动的附加层。

⑥ 在冬期施工时,混凝土表面要采取保温措施,减缓混凝土表面热量的散失,减小混凝土内外温差。

3) 框架浇筑

(1) 多层框架按分层分段施工,水平方向以结构平面的伸缩缝分段,垂直方向按结构层次分层。在每层中先浇筑柱,再浇筑梁、板。柱子浇筑宜在梁板模板安装后,钢筋未绑扎前进行,以便利用梁板模板稳定柱模和作为浇筑柱混凝土操作平台之用。浇筑一排柱的顺序应从两端同时开始,向中间推进,以免因浇筑混凝土后由于模板吸水膨胀,断面增大而产生横向推力,最后使柱发生弯曲变形。

(2) 浇筑混凝土时,浇筑层的厚度不得超过表 4-15 的数值。浇筑混凝土时应连续进行,如必须间歇时,应按表 4-16 的规定执行。混凝土浇筑过程中,要分批做坍落度试验,如坍落度与原规定不符时应调整配合比。

(3) 混凝土浇筑过程中,要保证混凝土保护层厚度及钢筋位置的正确性。不得踩踏钢筋,不得移动预埋件和预留孔洞的原来位置,如发现偏差和位移应及时校正。特别要重视竖向结构的保护层和板、雨篷结构负弯矩部分钢筋的位置。

（4）在竖向结构中浇筑混凝土时，应遵守下列规定：

① 柱子应分段浇筑，边长大于 40 cm 且无交叉箍筋时，每段的高度不应大于 3.5 m。凡柱断面在 40 cm×40 cm 以内并有交叉箍筋时，应在柱模侧面开不小于 30 cm 高的门洞，装上斜溜槽分段浇筑，每段高度不得超过 2 m。

② 墙与隔墙应分段浇筑，每段的高度不应大于 3 m。采用竖向串筒导送混凝土时，竖向结构的浇筑高度可不加限制。

③ 分层施工开始浇筑上一层柱时，底部应先填以 5～10 cm 厚水泥砂浆一层，其成分与浇筑混凝土内砂浆成分相同，以免底部产生蜂窝现象。

④ 在浇筑剪力墙、薄墙、立柱等狭深结构时，为避免混凝土浇筑至一定高度后，由于积聚大量浆水而可能造成混凝土强度不匀的现象，宜在浇筑到适当的高度时，适量减少混凝土的配合比用水量。

（5）肋形楼板的梁板应同时浇筑，浇筑方法应先将梁根据高度分层浇捣成阶梯形，当达到板底位置时即与板的混凝土一起浇捣，随着阶梯形的不断延长，则可连续向前推进（图 4-28）。倾倒混凝土的方向应与浇筑方向相反（图 4-29）。当梁的高度大于 1 m 时，允许单独浇筑，施工缝可留在距板底面以下 2～3 cm 处。

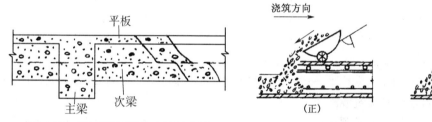

图 4-28　梁、板同时浇筑方法示意图　　　　图 4-29　混凝土倾倒方向

（6）浇筑无梁楼盖时，在离柱帽下 5 cm 处暂停，然后分层浇筑柱帽，下料必须倒在柱帽中心，待混凝土接近楼板底面时，即可连同楼板一起浇筑。

（7）当浇筑柱梁及主次梁交叉处的混凝土时，一般钢筋较密集，特别是上部负筋又粗又多，因此，既要防止混凝土下料困难，又要注意砂浆挡住石子不下去。必要时，这一部分可改用细石混凝土进行浇筑，与此同时，振捣棒头可改用片式并辅以人工捣固配合。

4）剪力墙浇筑

剪力墙浇筑应采取长条流水作业，分段浇筑，均匀上升。墙体浇筑混凝土前或新浇混凝土与下层混凝土结合处，应在底面上均匀浇筑 5 cm 厚与墙体混凝土成分相同的水泥砂浆或减石子混凝土。砂浆或混凝土应用铁锹入模，不应用料斗直接灌入模内。混凝土应分层浇筑振捣，每层浇筑厚度控制在 60 cm 左右。浇筑墙体混凝土应连续进行，如必须间歇，其间歇时间应尽量缩短，并应在前层混凝土初凝前将次层混凝土浇筑完毕。墙体混凝土的施工缝一般宜设在门窗洞口上，接槎处混凝土应加强振捣，保证接槎严密。

洞口浇筑混凝土时，应使洞口两侧混凝土高度大体一致。振捣时，振捣棒应距洞边 30 cm 以上，从两侧同时振捣，以防止洞口变形，大洞口下部模板应开口并补充振捣。构造柱混凝土应分层浇筑，内外墙交接处的构造柱和墙同时浇筑，振捣要密实。采用插入式振捣器捣实普通混凝土的移动间距不宜大于作用半径的 1.5 倍，振捣器距离模板不应大于振捣器作用半径的 1/2,不碰撞各种埋件。

混凝土浇捣过程中,不可随意挪动钢筋,要经常加强检查钢筋保护层厚度及所有预埋件的牢固程度和位置的准确性。混凝土墙体浇筑振捣完毕后,将上口甩出的钢筋加以整理,用木抹子按标高线将墙上表面混凝土找平。

5) 拱壳浇筑

拱壳结构属于大跨度空间结构,其外形尺寸的准确与否对结构受力性能大有关系。因此,在施工中不仅要保持准确的外形,同时,对混凝土的均匀性、密实性、整体性都较普通结构要求高。浇筑程序要以拱壳结构的外形构造和施工特点为基础,着重注意施工荷载的对称性和连续作业。

(1) 长条形拱

① 一般应沿其长度分段浇筑,各分段接缝应与拱的纵向轴线垂直。

② 浇筑时,为使模板保持设计形状,在每一区段中应自拱脚至拱顶对称地浇筑。如浇筑拱顶两侧部分,拱顶模板有升起情况时,可在拱顶尚未被浇筑的模板上加砂袋等临时荷载。

(2) 筒形薄壳

① 筒形薄壳结构应对称浇筑,在边梁和横隔板的下部浇筑完毕后再继续浇筑壳板和横隔板的上部(图 4-30)。

② 多跨连续筒形薄壳结构,可自中央跨开始或自两边向中央对称地逐跨浇筑,每跨按单跨筒形薄壳施工(图 4-31)。

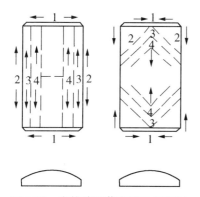

图 4-30 浇筑筒形薄壳顺序示意图

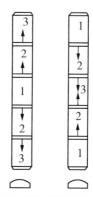

图 4-31 浇筑多跨连续筒形薄壳顺序示意图

(3) 球形薄壳

① 球形薄壳结构,可自薄壳的周边向壳顶呈放射线状或螺旋状环绕壳体对称浇筑(图 4-32)。

② 施工缝应避免设置在下部结构的接合部分和四周的边梁附近,可按周边为等距的圆环形状设置。

(4) 扁壳结构

① 扁壳结构,以四面横隔交角处为起点,分别对称地向扁壳的中央和壳顶推进,直到将壳体四周的三角形部分浇筑完毕,使上部壳体成圆球形时,再按球形壳的浇筑方法进行(图 4-33)。

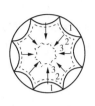 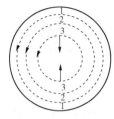

图 4-32　浇筑球形薄壳顺序示意图　　　　图 4-33　浇筑扁壳顺序示意图

② 施工缝应避免设置在下部结构的接合部分、四面横隔与壳板的接合部分和扁壳的四角处。

（5）浇筑拱形结构的拉杆

如拉杆有拉紧装置者，应先拉紧拉杆，并在拱架落下后再行浇筑。

（6）浇筑壳体结构应采取的措施

浇筑壳体结构时，为了不降低周边壳体的抗弯能力和经济效果，其厚度一定要准确，在浇筑混凝土时应严加控制。控制其厚度可采取如下措施：

① 选择混凝土坍落度时，按机械振捣条件进行试验，以保证混凝土浇筑时在模板上不致有坍流现象为原则。当周边壳体模板的最大坡度角大于 35°～40°时，要用双层模板。

② 按壳体一定位置处的厚度，做好和壳体同强度等级的混凝土立方块，固定在模板上，沿着壳体的纵横方向，摆成 1～2 m 间距的控制网，以保证混凝土设计厚度。

③ 按一半或整个薄壳断面各点厚度，做成几个厚度控制尺（图 4-34）。浇筑时以尺的上缘为准进行找平。浇筑后取出并补平。

④ 用扁铁和螺栓制成的平尺掌握厚度，平尺的各点支架高度可用螺栓杆调节（图 4-35）。

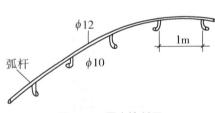 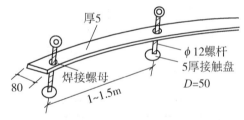

图 4-34　厚度控制尺　　　　　　　　　图 4-35　厚度控制平尺

6）喷射混凝土浇筑

喷射混凝土的特点，是采用压缩空气进行喷射作业，将混凝土的运输和浇筑结合在同一个工序内完成。一般大量用于大跨度空间结构（如网架、悬索等）屋面、地下工程的衬砌、坡面的护坡、大型构筑物的补强、矿山以及一些特殊工程。喷射混凝土有"干法"喷射和"湿法"喷射两种施工方法。

干法喷射就是砂石和水泥经过强制式搅拌机拌和后，用压缩空气将干性混合料送入管道，再送到喷嘴里，在喷嘴里引入高压水，与干料合成混凝土，最终喷射到建筑物或构筑物上。干法施工比较方便，使用较为普遍。但由于干料喷射速度快，在喷嘴中与水拌和的时间短，水泥的水化作用往往不够充分。另外，由于机械和操作上的原因，材料的配合比和水灰比不易严格控制，因此对混凝土的强度及匀质性不如湿法施工好。

湿法喷射就是在搅拌机中按一定配合比搅拌成混凝土混合料后，再由喷射机通过胶管从喷嘴中喷出,在喷嘴处不再加水。湿法施工由于预先加水搅拌,水泥的水化作用比较充分,因此与干法施工相比,混凝土强度的增长速度可提高约100%,粉尘浓度减少约50%~80%,材料回弹减少约50%,节约压缩空气约30%~60%。但湿法施工的设备比较复杂,水泥用量较大,也不宜用于基面渗水量大的地方。

喷射混凝土中由于水泥颗粒与粗骨料互相撞击,连续挤压,因而可采用较小的水灰比,使混凝土具有足够的密实性、较高的强度和较好的耐久性。

为了改善喷射混凝土的性能,可掺加占水泥重量2.5%~4.0%的高效速凝剂,一般可使水泥在3 min内初凝,10 min达到终凝,有利于提高早期强度,增大混凝土喷射层的厚度,减少回弹损失。喷射混凝土中加入少量(一般为混凝土重量的3%~4%)的钢纤维(直径0.3~0.5 mm,长度20~30 mm),能够明显提高混凝土的抗拉、抗剪、抗冲击和抗疲劳强度。

7)现场预制构件浇筑

(1)浇筑方法

① 屋架:预制钢筋混凝土屋架,外形尺寸大,杆件断面小,钢筋排列密,在节点与端头部分更密,混凝土多为高强度等级,为了保证安装质量,对铁件埋设位置要求准确,外形尺寸和杆件截面均应与设计尺寸相符,各杆件的中轴线须保持在同一水平面内。如为预应力时,预留孔道要准确留设。整榀屋架混凝土应一次浇成,不许留施工缝。

屋架支模分平卧、平卧重叠和立式3种方式,其中以平卧生产在现场采用较为广泛。平卧和平卧重叠的浇筑程序基本相同。从屋架一端开始以沿上下弦为主,包括腹杆齐头并进向屋架的另一端推进,当腹杆为预制杆件时,可由屋架上弦中间节点向两边推进,分别从上弦经端节点再沿屋架下弦,最后在下弦中间节点会合;亦可由屋架下弦中间节点向两边推进,经端节点分别沿上弦在中间节点会合,这种浇筑程序有利于掌握抽管时间。对杆件厚度大于30 cm和预应力屋架设有上下两排芯管时,应分层浇筑,上下层前后连续距离宜保持在3~4 m以内。立式生产,第一步浇筑下弦;第二步浇筑全部斜杆与竖杆,使所有这些杆件同时一起到上弦的下皮;第三步浇上弦。

② 柱:预制柱的构造特点是长度较长,分上柱和下柱两部分。上下柱交接处有挑出的牛腿,是柱中钢筋最密的地方。柱边往往有许多伸出的钢筋,以便与圈梁或墙体连接,其埋置标高必须准确,柱顶和牛腿面上有预埋铁板,要求埋设准确,以保证屋架和吊车梁的安装。柱子要求一次捣完,不允许留设施工缝。浇筑程序:从一端向另一端推进,分层浇筑时,每层厚度宜在20~30 cm范围内。

③ 吊车梁:吊车梁可卧式浇筑,亦可采用两根并列立式浇筑。在卧式生产中,浇捣非预应力吊车梁,可由一端开始向另一端推进。当浇捣预应力鱼腹式吊车梁时,由于下翼缘预埋芯管多,浇捣麻烦,宜从一端开始由两组分别以上下翼缘为主,向另一端推进。

(2)施工要点

① 浇筑前应检查,模板尺寸要准确,支撑要牢靠;钢筋骨架有无歪斜、扭曲、结扎(点焊)松脱等现象;预埋件和预留孔洞的数量、规格、位置是否与设计图纸相符;如有问题,要及时处理改正。保护层垫块厚度要适当。做好隐蔽工程验收记录,并清除杂物。

② 混凝土在搅拌后应尽快地浇筑完毕,使混凝土能保持一定的工作度,以免操作困难。浇筑过程中要经常注意保持钢筋、埋件、螺栓孔以及预留孔道等位置的准确;浇筑时应根据构件的厚度一次或分层连续施工,应注意将模板四周各个节点处以及锚固铁板与混凝土之

间捣实。

③ 对于柱牛腿部位钢筋密集处，原则上要慢浇、轻捣、多捣，并可用带刀片的振动棒进行振实。对有芯模的四侧，也应注意对称下料振动，以防芯模因单侧压力过大而产生偏移。

④ 预制腹杆的两端混凝土表面要凿毛，伸出的主筋应有足够的锚固长度，伸入现浇混凝土构件内，浇筑前预制构件接触混凝土的面要充分湿润。采用预制腹杆拼装时，注意保证各个节点中线对中并在同一平面内。

⑤ 平卧重叠生产，须待下一层预制构件的混凝土强度达到设计强度的30％以上时方可涂刷隔离剂，进行上一层构件的支模、放钢筋及浇筑混凝土，重叠高度一般不超过 3～4 层，并要防止下层已浇好的构件与上层侧模板之间的缝隙漏浆，避免拆除侧模后出现的蜂窝、麻面等情况。立式浇筑过程中要经常检查模板及支撑的牢固，对各个节点的捣固工作要特别仔细。

⑥ 浇筑完毕后，须将混凝土表面抹平压光。不足之处应用同样材料填补，不可用补砂浆的办法来修正构件表面尺寸。所有预制构件与后浇混凝土接触的表面均须做成毛面，在构件制作前尽可能考虑，否则在拆模后要及时凿毛处理。

⑦ 梁端柱体预留孔洞，宜用钢管（或圆钢）作芯模，混凝土初凝前后将芯模拔出较为合适。芯模要经常转动，抽芯时以旋转向外抽为宜，以保证不缩孔、不坍落，抽出后再用钢丝刷将孔壁刷毛。

⑧ 采用胶皮管（胶囊）作芯管时，应根据孔道的数量和分布情况，配置相应形状的点焊钢筋网格，将胶皮管卡定，钢筋网格的间距应根据胶皮管的性能和管壁的厚薄确定，但不应大于 50 cm，曲线孔道宜加密，绑扎钢筋时钢丝头必须朝外，钢筋对焊接头的毛刺应磨平，以免刺破胶皮管。浇筑混凝土前应对胶皮管进行充气（或充水）试压，检查管壁以及两端封闭接头处是否渗漏。使用时胶皮管表面要涂润滑油，放入模板后进行充气，压力宜在 0.7～0.8 N/mm²，并应使压力保持稳定。浇筑过程中，应密切注意防止胶管位移，或由于充气压力变化而引起管径收缩。待构件浇筑完毕，混凝土初凝后终凝前即可放气抽出。放气抽管时间一般在 4 h 左右，气温较低时时间可稍长些。

4.6　混凝土养护与拆模

为保证已浇筑好的混凝土在规定龄期内达到设计要求的强度和耐久性，并防止产生收缩和温度裂缝，必须认真做好养护工作。

混凝土养护的原因：混凝土浇筑捣实后逐渐凝固硬化，这个过程主要由水泥的水化作用来实现，而水化作用必须在适当的温度和湿度条件下才能完成。因此，为了保证混凝土有适宜的硬化条件，使其强度不断增长，必须进行养护。

混凝土养护的方法有自然养护和人工养护。

4.6.1　自然养护

1）养护工艺

（1）覆盖浇水养护

利用平均气温高于 5 ℃的自然条件,用适当的材料对混凝土表面加以覆盖并浇水,使混凝土在一定时间内保持水泥水化作用所需的适当温度和湿度条件。

覆盖浇水养护应符合下列规定:

① 覆盖浇水养护应在混凝土浇筑完毕后的 12 h 内进行。

② 混凝土的浇水养护时间,对采用硅酸盐水泥、普通硅酸盐水泥或矿渣硅酸盐水泥拌制的混凝土不得少于 7 天,对掺用缓凝型外加剂、矿物掺和料或有抗渗性要求的混凝土不得少于 14 天。当采用其他品种水泥时,混凝土的养护应根据所采用水泥的技术性能确定。

③ 浇水次数应根据能保持混凝土处于湿润的状态来决定。

④ 混凝土的养护用水宜与拌制水相同。

⑤ 当日平均气温低于 5 ℃时不得浇水。

大面积结构如地坪、楼板、屋面等可采用蓄水养护。储水池一类工程可于拆除内模混凝土达到一定强度后注水养护。

（2）薄膜布养护

在有条件的情况下,可采用不透水、气的薄膜布(如塑料薄膜布)养护。用薄膜布把混凝土表面敞露的部分全部严密地覆盖起来,保证混凝土在不失水的情况下得到充足的养护。这种养护方法的优点是不必浇水,操作方便,能重复使用,能提高混凝土的早期强度,加速模具的周转。但应该保持薄膜布内有凝结水。

（3）薄膜养生液养护

混凝土的表面不便浇水或使用塑料薄膜布养护时,可采用涂刷薄膜养生液,防止混凝土内部水分蒸发的方法进行养护。薄膜养生液养护是将可成膜的溶液喷洒在混凝土表面,溶液挥发后在混凝土表面凝结成一层薄膜,使混凝土表面与空气隔绝,使混凝土中的水分不再被蒸发,从而完成水化作用。这种养护方法一般适用于表面积大的混凝土施工和缺水地区。但应注意薄膜的保护。

2）养护条件

在自然气温条件下(高于 5 ℃),对于一般塑性混凝土应在浇筑后 10～12 h 内(炎夏时可缩短至 2～3 h),对高强混凝土应在浇筑后 1～2 h 内,即用麻袋、草帘、锯末或砂进行覆盖,并及时浇水养护,以保持混凝土具有足够的润湿状态。混凝土浇水养护日期可参照表 4-18。

混凝土在养护过程中,如发现遮盖不好,浇水不足,以致表面泛白或出现干缩细小裂缝时要立即仔细加以遮盖,加强养护工作,充分浇水,并延长浇水时间加以补救。在已浇筑的混凝土强度达到 1.2 N/mm² 以后,才能在其上来往行人和安装模板及支架等。荷重超过时应通过计算,并采取相应措施。

表 4-18　混凝土浇水养护时间参考表

分　类		浇水养护时间（天）
拌制混凝土的水泥品种	硅酸盐水泥、普通硅酸盐水泥、矿渣硅酸盐水泥	≥7
	火山灰质硅酸盐水泥、粉煤灰硅酸盐水泥	≥14
	矾土水泥	≥3
抗渗混凝土、混凝土中掺缓凝型外加剂		≥14

注：①如平均气温低于 5 ℃时，不得浇水。

　　②采用其他品种水泥时，混凝土的养护应根据水泥技术性能确定。

4.6.2　人工养护

1）蒸汽养护

蒸汽养护是缩短养护时间的方法之一，一般宜用 65 ℃左右的温度蒸养。混凝土在较高湿度和温度条件下可迅速达到要求的强度。施工现场由于条件限制，现浇预制构件一般可采用临时性地面或地下的养护坑，上盖养护罩或用简易的帆布、油布覆盖。蒸汽养护分为 4 个阶段：

（1）静停阶段。是指混凝土浇筑完毕至升温前在室温下先放置一段时间。这主要是为了增强混凝土对升温阶段结构破坏作用的抵抗能力。一般需 2～6 h。

（2）升温阶段。是混凝土原始温度上升到恒温阶段。温度急速上升，会使混凝土表面因体积膨胀太快而产生裂缝。因而必须控制升温速度，一般为 10～25 ℃/h。

（3）恒温阶段。是混凝土强度增长最快的阶段。恒温的温度应随水泥品种不同而异，普通水泥的养护温度不得超过 80 ℃，矿渣水泥、火山灰水泥可提高到 85～90 ℃。恒温加热阶段应保持 90%～100% 的相对湿度。

（4）降温阶段。在降温阶段内，混凝土已经硬化，如降温过快，混凝土会产生表面裂缝，因此降温速度应加以控制。一般情况下，构件厚度在 10 cm 左右时，降温速度每小时不大于 20～30 ℃。

为了避免由于蒸汽温度骤然升降而引起混凝土构件产生裂缝变形，必须严格控制升温和降温的速度。出槽的构件温度与室外温度相差不得大于 40 ℃，当室外为负温度时，不得大于 20 ℃。

2）其他热养护

（1）热模养护

热模养护是将蒸汽通在模板内进行养护。此法用气少，加热均匀，既可用于预制构件，又可用于现浇墙体，用于现浇框架结构柱的养护方法见图 4-36 所示。

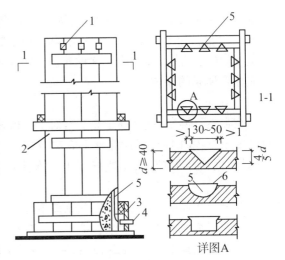

图 4-36　柱子用热模法养护

1—出气孔；2—模板；3—分气箱；4—进气管；

5—蒸汽管；6—薄铁皮

（2）棚罩式养护

棚罩式养护是在混凝土构件上加盖养护棚罩。棚罩的材料有玻璃、透明玻璃钢、聚酯薄膜、聚乙烯薄膜等，其中以透明玻璃钢和透明塑料薄膜为佳。棚式的形式有单坡、双坡、拱形等，一般多用单坡或双坡。棚罩内的空腔不宜过人，一般略大于混凝土构件即可。棚罩内的温度，夏季可达 60～75 ℃，春秋季可达 35～45 ℃，冬季在 20 ℃左右。

（3）覆盖式养护

覆盖式养护是在混凝土成型、表面略平后，其上覆盖塑料薄膜进行封闭养护。

塑料薄膜应采用耐老化的，接缝应采用热黏合。覆盖时应紧贴四周，用砂袋或其他重物压紧盖严，防止被风吹开而影响养护效果。塑料薄膜采用搭接时，其搭接长度应大于30 cm。据试验，气温在 20 ℃以上，只盖一层塑料薄膜，养护最高温度达 65 ℃，混凝土构件在 1.5～3 天内达到设计强度的 70%，缩短养护周期 40%以上。如在冬季，通常再盖一层气垫薄膜。

4.6.3　冬期养护的一般规定

（1）冬期施工的混凝土，为了缩短养护时间，一般应选用硅酸盐水泥或普通硅酸盐水泥，用蒸汽直接养护混凝土时，应选用矿渣硅酸盐水泥。水泥的强度等级不宜低于 42.5，每立方米混凝土中的水泥用量不宜少于 300 kg，水灰比不应大于 0.60 并加入早强剂。

（2）整体浇筑的结构，采用蒸汽加热养护时，混凝土的升温和降温速度不得超过表 4-19 的规定。

表 4-19　混凝土的升温降温速度

表面系数	升温速度（℃/h）	降温速度（℃/h）
≥6	15	10
<6	10	5

注：①表面系数系指结构冷却的表面积（m²）与结构全部体积（m³）的比值。

②厚大体积的混凝土，应根据实际情况确定。

（3）用蒸汽直接加热养护混凝土，当采用普通硅酸盐水泥时混凝土的温度不超过 80 ℃，当采用矿渣硅酸盐水泥时可提高到 85 ℃。

电热养护混凝土的温度，应符合表 4-20 的规定。

表 4-20　电热养护混凝土的最高允许温度

水泥强度等级	表面系数		
	<10	10～15	>15
32.5	70 ℃	50 ℃	45 ℃
42.5	40 ℃	40 ℃	35 ℃

（4）模板和保温层，应在混凝土冷却到 5 ℃后方可拆除。当混凝土与外界温差大于 20 ℃时，拆模后的混凝土表面应临时覆盖，使其缓慢冷却。

（5）未完全冷却的混凝土有较高的脆性，所以结构在冷却前不得遭受冲击荷载或动力荷载的作用。

（6）冬期施工期间，施工单位应与气象部门保持密切联系，随时掌握天气预报和寒潮、大风警报，以便及时采取防护措施。

4.6.4 混凝土拆模

混凝土结构浇筑后，达到一定强度方可拆模，模板拆卸日期应按结构特点和混凝土所达到的强度来确定。

现浇混凝土结构的拆模期限：

（1）不承重的侧面模板，应在混凝土强度能保证其表面及棱角不因拆模板而受损坏，方可拆除。

（2）承重的模板应在混凝土达到下列强度以后才能拆除（按设计强度等级的百分率计算）：

板及拱：跨度为 2 m 及小于 2 m	50%
跨度为大于 2 m 至 8 m	75%
梁（跨度为 8 m 及小于 8 m）	75%
承重结构（跨度大于 8 m）	100%
悬臂梁和悬臂板	100%

（3）钢筋混凝土结构如在混凝土未达到上述所规定的强度时进行拆模及承受部分荷载，应经过计算，复核结构在实际荷载作用下的强度。

（4）已拆除模板及其支架的结构，应在混凝土达到设计强度后才允许承受全部计算荷载。施工中不得超载使用，严禁堆放过量建筑材料。当承受施工荷载大于计算荷载时，必须经过核算加设临时支撑。

4.7　混凝土工程质量验收与安全技术

4.7.1 混凝土分项工程质量检验

1）一般规定

（1）结构构件的混凝土强度应按现行国家标准《混凝土强度检验评定标准》（GB/T 50107）的规定分批检验评定。划入同一检验批的混凝土，其施工持续时间不宜超过 3 个月。

对采用蒸汽法养护的混凝土结构构件，其混凝土试件应先随同结构构件同条件蒸汽养护，再转入标准条件养护至 28 天或设计规定龄期。当混凝土中掺入矿物掺和料时，确定混凝土强度时的龄期可按现行国家标准《粉煤灰混凝土应用技术规范》（GB/T 50146）等的规定取值。

（2）检验评定混凝土强度用的混凝土试件的尺寸及强度的尺寸换算系数应按表 4-21 取用；其标准成型方法、标准养护条件及强度试验方法应符合现行国家标准《普通混凝土力学性能试验方法标准》（GB/T 50081）的规定。

表 4-21　混凝土试件的尺寸及强度的尺寸换算系数

骨料最大粒径(mm)	试件尺寸(mm)	强度的尺寸换算系数
≤31.5	100×100×100	0.95
≤40	150×150×150	1.00
≤63	200×200×200	1.05

注:对强度等级为 C60 及以上的混凝土试件,其强度换算系数可通过试验确定。

(3) 当混凝土试件强度评定不合格时,应委托具有资质的检测机构按国家现行有关标准的规定对结构构件中的混凝土强度进行检测推定,并应按规范规定进行处理。

(4) 混凝土有耐久性指标要求时,应按现行行业标准《混凝土耐久性检验评定标准》(JGJ/T 193)的规定检验评定。

(5) 大批量、连续生产的同一配合比混凝土,混凝土生产单位应提供基本性能试验报告。

(6) 预拌混凝土的原材料质量、制备等应符合现行国家标准《预拌混凝土》(GB/T 14902)的规定。

(7) 水泥、外加剂进场检验,当为获得认证的产品或同一厂家、同一品种、同一规格的产品,连续三次进场检验均一次检验合格时,其检验批容量可扩大一倍。

2) 原材料

(1) 主控项目

① 水泥进场时应对其品种、级别、包装或散装仓号、出厂日期等进行检查,并应对其强度、安定性及其他必要的性能指标进行复验,其质量必须符合现行国家标准《通用硅酸盐水泥》(GB 175)等的规定。当在使用中对水泥质量有怀疑或水泥出厂超过 3 个月(快硬硅酸盐水泥超过 1 个月)时,应进行复验,并按复验结果使用。钢筋混凝土结构、预应力混凝土结构中,严禁使用含氯化物的水泥。

② 混凝土中掺用外加剂的质量及应用技术应符合现行国家标准《混凝土外加剂》(GB 8076)、《混凝土外加剂应用技术规范》(GB 50119)等和有关环境保护的规定。预应力混凝土结构中,严禁使用含氯化物的外加剂。钢筋混凝土结构中,当使用含氯化物的外加剂时,混凝土中氯化物的总含量应符合现行国家标准《混凝土质量控制标准》(GB 50164)的规定。

(2) 一般项目

① 混凝土中掺用矿物掺和料的质量应符合现行国家标准《用于水泥和混凝土中的粉煤灰》(GB/T 1596)等的规定。矿物掺和料的掺量应通过试验确定。

② 普通混凝土所用的粗、细骨料的质量应符合国家现行标准《普通混凝土用砂质量标准及检验方法》(JGJ 52)的规定。

a. 混凝土中的粗骨料,其最大颗粒粒径不得超过构件截面最小尺寸的 1/4,且不得超过钢筋最小净距的 3/4。

b. 对混凝土实心板,骨料的最大粒径不宜超过板厚的 1/3,且不得超过 40 mm。

③ 拌制混凝土宜采用饮用水;当采用其他水源时,水质应符合国家现行标准《混凝土用水标准》(JGJ 63)的规定。

3)混凝土拌合物

(1)主控项目

① 预拌混凝土进场时,其质量应符合现行国家标准《预拌混凝土》(GB/T 14902)的规定。

② 混凝土拌合物不应离析。

③ 混凝土中绿离子含量和碱总含量应符合现行国家标准《混凝土结构设计规范》(GB 50010)的规定和设计要求。

检查数量:同一配合比的混凝土检查不应少于1次。

检验方法:检查原材料试验报告和绿离子碱的总含量计算书。

④ 首次使用的混凝土配合比应进行开盘鉴定,其原材料强度、凝结时间、稠度等应满足设计配合比的要求。

检查数量:同一配合比的混凝土检查不应少于1次。

检验方法:检查开盘鉴定资料和强度试验报告。

(2)一般项目

① 混凝土拌合物稠度应满足施工方案要求。

检查数量:混凝土施工取样和试件留置一同进行。

检验方法:检查稠度抽样检验记录。

② 混凝土有耐久性指标要求时,应在施工现场随机抽取试件进行耐久性检验,其检验结果应符合国家现行有关标准的规定和设计要求。

检查数量:同一配合比的混凝土检查不应少于1次。

检验方法:检查试件耐久性试验报告。

③ 混凝土有抗冻要求时,应在施工现场进行混凝土含气量检验,其检验结果应符合国家现行有关标准的规定和设计要求。

检查数量:同一配合比的混凝土检查不应少于1次。

检验方法:检查混凝土含气量试验报告。

4)混凝土施工

(1)主控项目

结构混凝土的强度等级必须符合设计要求,用于检查结构构件混凝土强度的试件,应在混凝土的浇筑地点随机抽取。取样与试件留置应符合下列规定:

① 每拌制 100 盘且不超过 100 m³ 的同一配合比的混凝土,取样不得少于 1 次。

② 每工作班拌制的同一配合比的混凝土不足 100 盘时,取样不得少于 1 次。

③ 当一次连续浇筑超过 1 000 m³ 时,同一配合比的混凝土每 200 m³ 取样不得少于 1 次。

④ 每一楼层、同一配合比的混凝土,取样不得少于 1 次。

⑤ 每次取样应至少留置一组标准养护试件,同条件养护试件的留置组数应根据实际需要确定。

(2)一般项目

① 施工缝的位置应在混凝土浇筑前按设计要求和施工技术方案确定。施工缝的处理应按施工技术方案执行。

② 后浇带的留置位置应按设计要求和施工技术方案确定。后浇带混凝土浇筑应按施工技术方案进行。

③ 混凝土浇筑完毕后,应按施工技术方案及时采取有效的养护措施,同时,还应符合下列要求:采用塑料布覆盖养护的混凝土,其敞露的全部表面应覆盖严密,并应保持塑料布内有凝结水;混凝土强度达到 1.2 N/mm^2 前,不得在其上踩踏或安装模板及支架;当采用其他品种水泥时,混凝土的养护时间应根据所采用水泥的技术性能确定;混凝土表面不便浇水或使用塑料布时,宜涂刷养护剂;对大体积混凝土的养护,应根据气候条件按施工技术方案采取控温措施。

4.7.2 现浇混凝土结构分项工程质量检验

1) 一般规定

(1) 现浇结构的外观质量缺陷,应由监理(建设)单位、施工单位等各方根据其对结构性能和使用功能影响的严重程度,按表 4-22 确定。

表 4-22 现浇结构外观质量缺陷

名称	现 象	严重缺陷	一般缺陷
露筋	构件内钢筋未被混凝土包裹而外露	纵向受力钢筋有露筋	其他钢筋有少量露筋
蜂窝	混凝土表面缺少水泥砂浆而形成石子外露	构件主要受力部位有蜂窝	其他部位有少量蜂窝
孔洞	混凝土中孔穴深度和长度均超过保护层厚度	构件主要受力部位有孔洞	其他部位有少量孔洞
夹渣	混凝土中夹有杂物且深度超过保护层厚度	构件主要受力部位有夹渣	其他部位有少量夹渣
疏松	混凝土中局部不密实	构件主要受力部位有疏松	其他部位有少量疏松
裂缝	缝隙从混凝土表面延伸至混凝土内部	构件主要受力部位有影响结构性能或使用功能的裂缝	其他部位有少量不影响结构性能或使用功能的裂缝
连接部位缺陷	构件连接处混凝土缺陷及连接钢筋、连接件松动	连接部位有影响结构传力性能的缺陷	连接部位有基本不影响结构传力性能的缺陷
外形缺陷	缺棱掉角、棱角不直、翘曲不平、飞边凸肋等	清水混凝土构件有影响使用功能或装饰效果的外形缺陷	其他混凝土构件有不影响使用功能的外形缺陷
外表缺陷	构件表面麻面、掉皮、起砂、沾污等	具有重要装饰效果的清水混凝土表面有外表缺陷	其他混凝土构件有不影响使用功能的外表缺陷

(2) 现浇结构质量验收应在拆模后、混凝土表面未做修整和装饰前进行,并应做出记录;已经隐蔽的不可直接观察和量测的内容,可检查隐蔽工程验收记录;修整或返工的结构构件或部位应有实施前后的文字及图像记录。

2) 外观质量

(1) 主控项目

现浇结构的外观质量不应有严重缺陷。对已经出现的严重缺陷,应由施工单位提出技术处理方案,并经监理(建设)单位认可后进行处理。对裂缝或连接部位的严重缺陷及其他影响结构安全的严重缺陷,技术处理时应经设计单位认可。对经处理的部位,应重新检查验收。

（2）一般项目

现浇结构的外观质量不宜有一般缺陷。对已经出现的一般缺陷,应由施工单位按技术处理方案进行处理,并重新检查验收。

3）位置和尺寸偏差

（1）主控项目

现浇结构不应有影响结构性能和使用功能的尺寸偏差。混凝土设备基础不应有影响结构性能和设备安装的尺寸偏差。对超过尺寸允许偏差且影响结构性能和安装、使用功能的部位,应由施工单位提出技术处理方案,并经监理、设计单位认可后进行处理。对经处理的部位,应重新检查验收。

（2）一般项目

现浇结构和混凝土设备基础拆模后的位置和尺寸偏差应符合表 4-23、表 4-24 的规定。

表 4-23　现浇结构尺寸允许偏差和检验方法

项　　目			允许偏差(mm)	检验方法
轴线位置	整体基础		15	经纬仪及尺量
	独立基础		10	经纬仪及尺量
	柱、墙、梁		8	尺量
垂直度	层高	≤6 m	10	经纬仪或吊线、尺量
		>6 m	12	经纬仪或吊线、尺量
	全高(H)≤300 m		$H/30\,000+20$	经纬仪、尺量
	全高(H)>300 m		$H/10\,000$ 且≤80	经纬仪、尺量
标高	层高		±10	水准仪或拉线、尺量
	全高		±30	水准仪或拉线、尺量
截面尺寸	基础		+15,−10	尺量
	柱、梁、板、墙		+10,−5	尺量
	楼梯相邻踏步高差		6	尺量
电梯井	中心位置		10	尺量
	长、宽尺寸		+25,0	尺量
表面平整度			8	2 m 靠尺和塞尺量测
预埋件中心位置	预埋板		10	尺量
	预埋螺栓		5	尺量
	预埋管		5	尺量
	其他		10	尺量
预留洞、孔中心线位置			15	尺量

注:①检查柱轴线、中心线位置时,沿纵、横两个方向测量,并取其中偏差的较大值。
　　②H 为全高,单位为 mm。

表 4-24　现浇设备基础位置核查尺寸允许偏差及检验方法

项　　目		允许偏差（mm）	检验方法
坐标位置		20	经纬仪及尺量
不同平面标高		0，−20	水准仪或拉线、尺量
平面外形尺寸		±20	尺量
凸台上平面外形尺寸		0，−20	尺量
凹槽尺寸		+20，0	尺量
平面水平度	每米	5	水平尺、塞尺量测
	全长	10	水准仪或拉线、尺量
垂直度	每米	5	经纬仪或吊线、尺量
	全高	10	经纬仪或吊线、尺量
预埋地脚螺栓	中心线位置	2	尺量
	顶标高	+20，0	水准仪或拉线、尺量
	中心距	±2	尺量
	垂直度	5	吊线、尺量
预埋地脚螺栓孔	中心线位置	10	尺量
	截面尺寸	+20，0	尺量
	深度	+20，0	尺量
	垂直度	$h/100$ 且≤10	吊线、尺量
预埋活动地脚螺栓锚板	中心线位置	5	尺量
	标高	+20，0	水准仪或拉线、尺量
	带槽锚板平整度	5	直尺、塞尺量测
	带螺纹孔锚板平整度	2	直尺、塞尺量测

注：①检查坐标、中心线位置时，应沿纵、横两个方向测量，并取其中偏差的较大值。
　　②h 为预埋地脚螺栓孔孔深，单位为 mm。

4.7.3　混凝土强度检测

1）试件制作和强度检验

认真做好工地试件的管理工作，从试模选择、试件取样、成型、编号以至养护等，要指定专人负责，以提高试件的代表性，正确地反映混凝土结构和构件的强度。试件应用钢模制作。检查混凝土质量应做抗压强度试验。当有特殊要求时，还需做混凝土的抗冻性、抗渗性等试验。

（1）试件强度试验的方法应符合现行国家标准《普通混凝土力学性能试验方法标准》（GB/T 50081）的规定。

（2）每组 3 个试件应在同盘混凝土中取样制作，并按下列规定确定该组试件的混凝土强度的代表值：

① 取 3 个试件强度的算术平均值。

② 当 3 个试件强度中的最大值或最小值与中间值之差不超过中间值的 15％时，取中间值。

③ 当 3 个试件强度中的最大值和最小值与中间值之差均超过 15％时，该组试件不应作为强度评定的依据。

2）混凝土结构同条件养护试件强度检验

（1）同条件养护试件的留置方式和取样数量应符合下列要求：

① 同条件养护试件所对应的结构构件或结构部位，应由监理（建设）、施工等各方根据其重要性共同选定。

② 对混凝土结构工程中的各混凝土强度等级，均应留置同条件养护试件。

③ 同一强度等级的同条件养护试件，其留置的数量应根据混凝土工程量和重要性确定，不宜少于 10 组，且不应少于 3 组。

④ 同条件养护试件拆模后，应放置在靠近相应结构构件或结构部位的适当位置，并应采取相同的养护方法。

（2）同条件养护试件应在达到等效养护龄期时进行强度试验。

等效养护龄期应根据同条件养护试件强度与在标准养护条件下 28 天龄期试件强度相等的原则确定。

（3）同条件自然养护试件的等效养护龄期及相应的试件强度代表值，应根据当地的气温和养护条件按下列规定确定：

① 等效养护龄期可取按日平均温度逐日累计达到 600 ℃·天时所对应的龄期，0 ℃及以下的龄期不计入；等效养护龄期不应小于 14 天，也不宜大于 60 天。

② 同条件养护试件的强度代表值应根据强度试验结果，按现行国家标准《混凝土强度检验评定标准》（GB/T 50107）的规定确定后，乘折算系数取用。折算系数宜取 1.10，也可根据当地的试验统计结果做适当调整。

（4）冬期施工、人工加热养护的结构构件，其同条件养护试件的等效养护龄期可按结构构件的实际养护条件，由监理（建设）、施工等各方根据（2）的规定共同确定。

3）混凝土强度评定

混凝土强度应分批进行验收。同一验收批的混凝土应由强度等级相同、龄期相同以及生产工艺和配合比基本相同且不超过 3 个月的混凝土组成，并按单位工程的验收项目划分验收批，每个验收项目应按《混凝土强度检验评定标准》（GB/T 50107）确定。同一验收批的混凝土强度，应以同批内全部标准试件的强度代表值来评定。

（1）统计方法评定

① 一个检验批的样本容量应为连续的 3 组试件，其强度应同时符合下列规定：

$$m_{f_{cu}} \geqslant f_{cu,k} + 0.7\sigma_0 \qquad (4-6)$$

$$f_{cu,min} \geqslant f_{cu,k} - 0.7\sigma_0 \qquad (4-7)$$

检验批混凝土立方体抗压强度的标准差应按下式计算：

$$\sigma_0 = \sqrt{\frac{\sum_{i=1}^{n} f_{cu,i}^2 - n m_{f_{cu}}^2}{n-1}}$$

当混凝土强度等级不高于 C20 时,其强度的最小值尚应满足下式要求:

$$f_{cu,min} \geqslant 0.85 f_{cu,k}$$

当混凝土强度等级高于 C20 时,其强度的最小值尚应满足下式要求:

$$f_{cu,min} \geqslant 0.90 f_{cu,k}$$

式中:$m_{f_{cu}}$——同一检验批混凝土立方体抗压强度的平均值(N/mm^2),精确到 $0.1\ N/mm^2$;

$f_{cu,k}$——混凝土立方体抗压强度标准值(N/mm^2),精确到 $0.1\ N/mm^2$;

σ_0——检验批混凝土立方体抗压强度的标准差(N/mm^2),精确到 $0.01\ N/mm^2$;当检验批混凝土强度标准差 σ_0 计算小于 $2.0\ N/mm^2$ 时,应取 $2.5\ N/mm^2$;

$f_{cu,i}$——前一个检验期内同一品种、同一强度等级的第 i 组混凝土试件的立方体抗压强度代表值(N/mm^2),精确到 $0.1\ N/mm^2$;该检验期不应少于 60 d,也不得大于 90 d;

n——前一个检验期内的样本容量,在该期间内样本容量不应少于 45;

$f_{cu,min}$——同一检验批混凝土立方体抗压强度的最小值(N/mm^2),精确到 $0.1\ N/mm^2$。

② 当样本容量不少于 10 组时,其强度应同时满足下列要求:

$$m_{f_{cu}} \geqslant f_{cu,k} + \lambda_1 \cdot S_{f_{cu}}$$

$$f_{cu,min} \geqslant \lambda_2 \cdot f_{cu,k}$$

同一检验批混凝土立方体抗压强度的标准差应按下式计算:

$$S_{f_{cu}} = \sqrt{\frac{\sum_{i=1}^{n} f_{cu,i}^2 - n m_{f_{cu}}^2}{n-1}}$$

式中:$S_{f_{cu}}$——同一检验批混凝土立方体抗压强度的标准差(N/mm^2),精确到 $0.01\ N/mm^2$;当检验批混凝土强度标准差 $S_{f_{cu}}$ 计算值小于 $2.5\ N/mm^2$ 时,应取 $S_{f_{cu}} = 2.5\ N/mm^2$;

λ_1、λ_2——合格判定系数,按表 4-25 取用;

n——本检验期内的样本容量。

表 4-25　混凝土强度的合格判定系数

试件组数	10～14	15～19	≥20
λ_1	1.15	1.05	0.95
λ_2	0.90	0.85	

(2) 非统计方法评定

当用于评定的样本容量小于 10 组时,应采用非统计方法评定混凝土强度。

按非统计方法评定混凝土强度时,其强度应同时符合下列规定:

$$m_{f_{cu}} \geqslant \lambda_3 \cdot f_{cu,k}$$

$$f_{cu,min} \geqslant \lambda_4 \cdot f_{cu,k}$$

式中:λ_3、λ_4——合格评定系数,应按表 4-26 取用。

表 4-26　混凝土强度的非统计法合格判定系数

混凝土强度等级	<C60	≥C60
λ_3	1.15	1.10
λ_4	0.95	

（3）混凝土强度的合格性评定

① 当检验结果满足第（1）条或第（2）条的规定时，该批混凝土强度应评定为合格；当不能满足上述规定时，该批混凝土强度应评定为不合格。

② 对评定为不合格批的混凝土，可按国家现行的有关标准进行处理。

4.7.4　冬期混凝土质量检查

（1）混凝土的冬期施工，除按常温施工的要求进行质量检查外，尚应检查：

① 外加剂的质量和掺量。

② 水和骨料的加热温度。

③ 混凝土在出机时、浇筑后和硬化过程中的温度。

④ 混凝土温度降至 0 ℃时的强度（负温混凝土则为温度低于外加剂规定温度时的强度）。

（2）水、骨料及混凝土出机时的温度，每工作班至少测量 4 次。

（3）混凝土温度的测量频次：

① 采用蓄热法养护混凝土时，养护期间每昼夜测量 4 次。

② 负温混凝土，强度达到抗冻临界强度以前，每隔 2 h 测量 1 次；以后每昼夜测量 2 次。

③ 采用加热法养护混凝土时，升温、降温期间每小时测量 1 次，恒温期间每 2 h 测量 1 次。

④ 采用综合养护的混凝土，每昼夜测量 4 次。

⑤ 室外空气温度及周围环境温度，每昼夜测量 4 次。

（4）混凝土的温度测量，应按下列规定进行：

① 全部测温孔、点均应编号，绘制布置图，测量结果要写入正式记录。

② 测温孔、点应设在有代表性的结构部位和温度变化大、易冷却部位，测温孔的深度一般为 10～15 cm，或板、墙厚度的 1/2。

③ 测温时，应将温度计与外界气温做妥善隔离，可在孔口四周用保温材料塞住，温度计在测温孔内应留置 3 min 以上，方可读数。

（5）测量读数时，应使视线和温度计的水银柱顶点保持在同一水平高度上，以避免视差。读数时要迅速准确，勿使头、手或灯头接近温度计下端。找到温度计水银柱顶点后，先读小数，后读大数，记录后再复验一次，以免误读。

（6）测温人员应同时检查覆盖保温情况，并应了解结构物的浇筑日期、要求温度、养护期限等。若发现混凝土温度有过高或过低现象，应立即通知有关人员，及时采取有效措施。

（7）在混凝土施工过程中，要在浇筑地点随机取样制作试件，每次取样应同时制作 3 组试件。1 组在 20 ℃标准条件下养护至 28 天试压，得强度 f28；1 组与构件在同条件下养护，在混凝土温度降至 0 ℃时（负温混凝土为温度降至防冻剂的规定温度以下时）试压，用以检查混凝土是否达到抗冻临界强度；1 组与构件在同条件下养护至 14 天，然后转入 20 ℃标准条件下继续养护 21 天,在总龄期为 35 天时试压,得强度 f14′+21。如果 f14′+21≥f28,则可证明混凝土未遭冻害,可以将 f28 作为强度评定的依据。

4.7.5 混凝土施工安全技术

1)混凝土拌和的安全技术措施

(1)安装机械的地基应平整夯实,用支架或支脚架稳,不准以轮胎代替支撑。机械安装要平稳、牢固。对外露的齿轮、链轮、皮带轮等转动部位应设防护装置。

(2)开机前,应检查电气设备的绝缘和接地是否良好,检查离合器、制动器、钢丝绳、倾倒机构是否完好。搅拌筒应用清水冲洗干净,不得有异物。

(3)启动后应注意搅拌筒转向与搅拌筒上标示的箭头方向一致。待机械运转正常后再加料搅拌。搅拌机的加料斗升起时严禁任何人在料斗下通过或停留,不准用脚踩或用铁锹、木棒往下拨、刮搅拌筒口,工具不能碰撞搅拌机,更不能在转动时把工具伸进料斗里扒浆。工作完毕后应将料斗锁好,并检查保护装置。

(4)未经允许,禁止拉闸、合闸和进行不合规定的电气维修。若遇中途停机、停电时,应立即将料卸出,不允许中途停机后重载启动。停产、换班或定期维护时应切断电源,锁住闸刀箱。进入搅拌筒内工作时,外面应有人监护。

(5)操纵皮带机时,必须正确使用防护用品,禁止一切人员在皮带机上行走和跨越;机械发生故障时应立即停车检修,不得带病运行;拌和站的机房、平台、梯道、栏杆必须牢固可靠。站内应配备有效的吸尘装置。

(6)用手推车运料时,不得超过其容量的 3/4,推车时不得用力过猛和撒把。

2)混凝土运输的安全技术措施

(1)手推车运输混凝土的安全技术措施

运输道路应平坦,斜道坡道坡度不得超过 3%。搭设行车道板时两头需搁置平稳,并用钉子固定,在平道板下面每隔 1.5 m 需加横楞顶支撑。车道板单车行走不小于 1.4 m 宽,双车来回不小于 2.8 m 宽。推车时应注意平衡,不准奔跑、溜放、抢道或超车。推车途中,前后车距在平地不得少于 2 m,下坡不得少于 10 m。到终点卸料时应有挡车设施,双手应扶牢车柄倒料,严禁脱把伤人。用井架垂直提升时,车把不得伸出笼外,车轮前后要挡牢。行车道要经常清扫,冬季施工应有防滑措施。

(2)汽车搅拌运输混凝土的安全技术措施

装卸混凝土应有统一的联系和指挥信号。汽车向坑洼地点卸混凝土时,必须使后轮与坑边保持适当的安全距离,防止塌方翻车。卸完混凝土后,卸料装置应立即复原,不得边走边落。

(3)料斗吊送混凝土的安全技术措施

使用料斗前,应对钢丝绳、平衡梁、吊耳、吊环等起重部件进行检查,如有破损则禁止使用。料斗斗门在装料吊运前一定要关好卡牢,以防止吊运过程中被挤开抛卸;料斗卸完混凝土后应将斗门关好,并将料斗外部附着的骨料、砂浆等清除后方可吊离。放回平板车时,应缓慢下降,对准并放置平稳后方可摘钩。当混凝土在料斗内初凝,不能用于浇筑,采用翻斗处理废料时应采取可靠的安全措施,并有带班人在场监护,以防发生意外。料斗装运混凝土时严禁混凝土超出斗顶,以防坍落伤人。应经常检查维修料斗。斗门的托辊轴承要经常检查紧固,防止松脱而坠落伤人。

料斗的起吊、提升、转向、下降和就位必须听从指挥,指挥信号必须明确、准确。起吊前,指挥人员应得到两侧挂斗人员的明确信号后才能指挥起吊;起吊时应慢速,并应吊离地面30～50 cm时进行检查,确认稳妥可靠后方可继续提升或转向。料斗吊至仓面,下落到一定高度时,应减慢下降、转向及吊机行车速度,并避免紧急刹车,以免晃荡而撞击人体。要慎防料斗撞击模板、支撑、拉条和预埋件等。料斗正下方严禁站人。料斗在空间摇晃时,严禁扶拉。料斗在仓面就位时不得硬拉。

3)混凝土泵作业安全技术措施

(1)混凝土泵送设备的放置,距离基坑不得小于2 m,悬臂动作范围内禁止有任何障碍物和输电线路。风力大于6级时,不得使用混凝土输送悬臂。支腿未支牢前,不得启动悬臂;悬臂伸出时,应按顺序进行,严禁用悬臂起吊和拖拉物件。悬臂在全伸出状态时严禁移动车身;作业中需要移动时,应将上段悬臂折叠固定;前段的软管应用安全绳系牢。

(2)管道敷设线路应接近直线,少弯曲,管道的支撑与固定必须紧固可靠;管道的接头应密封,"Y"形管道应装接锥形管。禁止垂直管道直接接在泵的输出口上,应在架设之前安装不小于10 m的水平管,在水平管近泵处应装逆止阀,敷设向下倾斜的管道,下端应接一段水平管,否则应采用弯管等。如倾斜大于7°时,应在坡度上端装置排气活塞。

(3)混凝土泵送设备的停车制动和锁紧制动应同时使用,水箱应储满水,料斗内不得有杂物,各润滑点应润滑正常。操作时,操纵开关、调整手柄、手轮、控制杆、旋塞等均应放在正确位置,液压系统应无泄漏。作业前,必须按要求配制水泥砂浆润滑管道,无关人员应离开管道。混凝土输送泵的管道应连接和支撑牢固,试送合格后才能正式输送,检修时必须卸压;泵送系统工作时,不得打开任何输送管道的液压管道,液压系统的安全阀不得任意调整。用压缩空气冲洗管道时,管道出口10 m内不得站人,并应用金属网拦截冲出物,禁止用压缩空气冲洗悬臂配管。

4)混凝土工作业的安全技术措施

(1)浇灌混凝土用脚手架,工前应检查,不符合脚手架规程要求的可拒绝使用。浇筑梁、柱和框架混凝土时应设操作台,不得站在模板或支撑上操作;平台上所预留的下料孔,不用时应封盖。平台除出入口外,四周均应设置栏杆和挡板。

(2)振捣过程中,要经常观察模板、支撑、拉筋等是否变形。如发现变形有倒塌危险时应立即停止工作,并及时报告进行处理。操作时,不得碰撞、触及模板、拉条、钢筋和预埋件。不得将运转中的振捣器放在模板或脚手架上。离地面2 m以上浇捣过梁、雨篷、小平台等,不准站在搭头上操作,如无可靠的安全设备时,必须戴好安全带,并扣好保险扣。

(3)井架吊篮起吊或放下时必须关好安全门,头、手不准伸入井架内,待吊篮停稳时方能进入吊篮内工作。

(4)溜槽和串筒节间必须连接牢固,不准站在溜槽帮上焊接;浇灌混凝土用的溜槽、串筒要连接安装牢固,防止堕落伤人;下料溜筒被混凝土堵塞时应停止下料,立即处理。处理时不得直接在溜筒上攀登。

(5)操作人员使用振动器时必须穿戴绝缘胶靴和绝缘手套,湿手不得接触振捣器的电源开关,并应检查电源电压,保证电源线路良好,机械运转正常。电源线不得有接头,电源必须安装漏电保护开关或接地装置,移动振捣器或中断工作时必须切断电源,不能硬拉电线,更不能在钢筋和其他锐利物上拖拉,防止割破拉断电线而造成触电伤亡事故。电气设备的安装拆除或在运转过程中的事故处理均应由电工进行。

(6)插入式振动器使用时插入深度不准超过 60 cm,时间不能超过 1 min;插入式振捣器软轴的弯曲半径不得小于 50 cm,且不得多于 2 个弯;不得用力硬插、斜推或使钢筋夹住棒头,也不得全部插入混凝土中;平板振捣器的电源线必须固定在平板上,开关装在把手上,拉绳应干燥绝缘。

5)施工缝处理安全技术

冲毛、凿毛前应检查所有工具是否可靠。检查风砂枪枪嘴时,应先将风阀关闭,并不得面对枪嘴,也不得将枪嘴指向他人。使用砂罐时须遵守压力容器安全技术规程。当砂罐与风砂枪距离较远时,中间应有专人联系。使用风钻、风镐凿毛时,必须遵守风钻、风镐安全技术操作规程。在高处操作时应用绳子将风钻、风镐拴住,并挂在牢固的地方。用高压水冲毛,必须在混凝土终凝后进行。风管、水管须装设控制阀,接头应用铅丝扎牢。使用冲毛机操作时,还应穿戴好防护面罩、绝缘手套和长筒胶靴。冲毛时要防止泥水冲到电气设备或电力线路上。工作面的电线灯应悬挂在不妨碍冲毛的安全高度。多人同在一个工作面内操作时应避免面对面近距离操作,以防飞石、工具伤人。严禁在同一工作面上下层同时操作。仓面冲洗时应选择安全部位排渣,以免冲洗时石渣落下伤人。

6)混凝土养护时安全技术措施

禁止在不易站稳的高处向低处混凝土面上直接洒水养护。高处作业时应执行高处作业安全规程。在养护仓面上遇有沟、坑、洞时,应设明显的安全标志。必要时,可铺安全网或设置安全栏杆。养护用水不得喷射到电线和各种带电设备上。养护人员不得用湿手移动电线。养护水管要随用随关,不得使交通道转梯、仓面出入口、脚手架平台等处有长流水。

复习思考题

1. 什么是混凝土结构?常见的混凝土结构有哪些?

2. 试述工程中水泥的验收内容和验收方法,并简述水泥的保管方法。

3. 试述工程中砂、石的验收内容和验收方法。

4. 混凝土浇筑前的准备工作有哪些?混凝土的施工过程有哪些?

5. 混凝土搅拌制度包括哪些内容?什么是混凝土的搅拌时间?为什么要确定混凝土搅拌时间?

6. 什么是混凝土的施工配合比?为什么要确定混凝土的施工配合比?站在工地的角度上应该考虑哪几方面的问题?

7. 混凝土运输基本要求有哪些?混凝土运输工具有哪些?什么是混凝土的运输时间?

8. 简述钢筋混凝土框架结构的混凝土浇筑方法。

9. 如何确定大体积混凝土的浇筑方案?可采取哪些措施防止大体积混凝土裂缝的产生?

10. 混凝土振捣机械有哪些?常用于振捣哪些构件?

11. 混凝土的养护方法有哪些?自然养护的方法有哪些?自然养护应注意哪些问题?

12. 试述混凝土质量检查的内容。为保证混凝土的浇筑质量,浇筑时应注意哪些问题?

13. 简述混凝土浇筑与振捣的安全要求。

14. 混凝土常用的投料方法有哪些？各方法的投料顺序是怎样的？

15. 如何对冬期混凝土的质量进行检查？

16. 钢筋混凝土结构施工缝是如何留置位置的？

17. 在混凝土施工缝处继续浇筑混凝土时应注意哪些问题？

18. 计算题：已知混凝土的实验室配合比为 439∶566∶1202∶193，经测定砂、石含水率分别为 3% 和 1%，试确定混凝土施工配合比。混凝土搅拌使用的搅拌机出料容量为 350 L，试确定每搅拌一罐混凝土的投料量。

5 模板工程基本知识

本章提要：了解模板的作用、种类，熟悉模板的基本要求；熟悉构件模板的设计要求和施工方法；了解滑升模板、大模板等模板的适用范围，熟悉其施工工艺和施工构造；掌握模板的拆除及质量验收方法。

5.1 模板概述

混凝土结构工程施工技术近年来发展很快，为建设高质量的土木工程创造了先决条件。建设部在"关于进一步做好建筑业 10 项新技术推广应用的通知"中提出了高性能混凝土技术、高效钢筋与预应力技术、新型模板及脚手架应用技术等一系列新技术。其中模板工程方面，采用了工具式支模方法与钢框胶合板模板，还推广了全钢大模板、液压自动爬模、隧道模等机械化程度较高的模板和预应力混凝土薄板、压延型钢板等永久模板以及模板早拆体系等新技术。

混凝土结构的模板工程，是混凝土结构施工的重要措施项目。现浇框架、剪力结构模板使用量按建筑面积每平方米约为 2.5 m² 和 5 m² 左右，占混凝土结构工程总造价的 25％、总用工量的 35％、工期的 50％～60％。

目前国外先进的模板体系主要有两大类，一类是无框木梁木模板体系，另一类是带框胶合板模板体系。这种模板体系能达到装拆方便，使用灵活，施工速度快，施工用工省，周转使用次数多，可达 100 多次，从而可以大大节约木材，提高木材利用率。我国胶合板模板的施工仍停留在散装散拆的落后施工工艺上，不仅施工速度慢、用工多，而且胶合板模板使用次数少、损耗量大、木材利用率低。因此，应积极推广应用新型模板体系，促进施工技术进步，达到节约施工成本和提高木材利用率的双重目标。

5.1.1 模板的定义和基本要求

模板是钢筋混凝土按设计形状成型的模具。钢筋混凝土结构的模板由模板及支撑系统两部分组成。模板是使新拌混凝土在浇筑过程中保持设计要求的位置尺寸和几何形状，使之硬化成为钢筋混凝土结构或构件的模型，因此模板和支撑系统必须具备足够的强度、刚度和整体稳定性，保证在上述荷载作用下不发生沉陷、变形，更不得产生破坏现象。

对模板系统的基本要求是：

（1）能保证结构和构件各部分的形状、尺寸及其空间位置的准确性。

（2）模板与支撑均应具有足够的强度、刚度及整体的稳定性。

（3）模板系统构造要简单，装拆尽量方便，能多次周转使用。

（4）模板拼缝不应漏浆。

5.1.2 模板的分类

模板的种类很多,按其所用的材料不同分为木模板、钢模板、钢木模板、钢竹模板、胶合板模板、塑料模板、铝合金模板等;按其结构的类型不同分为基础模板、柱模板、楼板模板、墙模板、壳模板和烟囱模板等;按施工方法分类,有现场装拆式模板、固定式模板和移动式模板。

现场装拆式模板是按照设计要求的结构形状、尺寸及空间位置在现场组装,当混凝土达到拆模强度后即拆除模板。现场装拆式模板多用定型模板和工具式支撑。固定式模板多用于制作预制构件,是按构件的形状、尺寸在现场或预制厂制作,涂刷隔离剂,浇筑混凝土,当混凝土达到规定的强度后即脱模、清理模板,再重新涂刷隔离剂,继续制作下一批构件,各种胎模(土胎模、砖胎模、混凝土胎模)即属于固定式模板。移动式模板是随着混凝土的浇筑,模板可沿垂直方向或水平方向移动,如烟囱、水塔、墙柱混凝土浇筑采用的滑升模板、爬升模板、提升模板、大模板,高层建筑楼板采用的飞模,筒壳混凝土浇筑采用的水平移动式模板等。

5.2 构件模板

5.2.1 基础模板

基础一般来说高度不高,但体积较大,当土质良好时,可以不用侧模,采取原槽灌筑,这样比较经济。但有时也需要支模。

1) 阶梯基础模板

阶梯基础模板每一台阶模板由 4 块侧板拼钉而成,其中两块侧板的尺寸与相应的台阶侧面尺寸相等;另两块侧板长度应比相应的台阶侧面长度多150～200 mm,高度与其相等。四块侧板用木档拼成方框。上台阶模板通过轿杠木支撑在下台阶上,下层台阶模板的四周要设斜撑。斜撑一端钉在侧板的木档上;另一端顶紧在木桩上。

模板安装时,先在侧板内侧画出中线,在基坑底弹出基础中线。把各台阶侧板拼成方框。然后把下台阶模板放在基坑底,两者中线互相对准,并用水平尺校正其标高,在模板周围钉上木桩。上台阶模板放在下台阶模板上的安装方法相同(如图 5-1)。

2) 条形基础模板

条形基础模板一般由侧板、斜撑、平撑组成。侧板可用长条木板加钉竖向木档拼制,也可用短条木板加横向木档拼成。斜撑和平撑钉在木桩(或垫木)与木档之间(如图 5-2)。条形基础模板安装时,

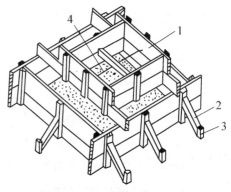

图 5-1 阶梯形基础模板
1—拼板;2—斜撑;3—木桩;4—铁丝侧板

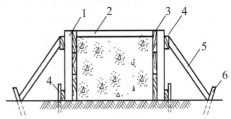

图 5-2 条形基础模板
1—竖档;2—平撑;3—模板;4—横档;
5—斜撑;6—木桩

先在基槽底弹出基础边线,再把侧板对准边线垂直竖立,校正调平无误后用斜撑钉牢。如基础较长,可先立基础两端的两块,校正后再在侧板上口拉通线,依照通线再立中间的侧板。当侧板高度大于基础台阶高度时,可在侧板内侧按台阶高度弹准线,并每隔 2 m 左右在准线上钉圆钉,作为浇捣混凝土的标志。每隔一定距离在侧板上口钉上搭头木,防止模板变形。

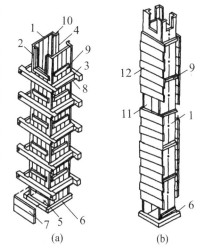

5.2.2　柱模板

柱模板断面尺寸不大但比较高,由四面侧板、柱箍、支撑组成。四面侧板一般采用 18 mm 厚胶合板做面板,竖向内楞采用 60 mm×80 mm 木方,间距(中到中)250～300 mm 左右,在木工车间制作施工现场组拼。柱支撑一般采用柱箍和木方、钢管等作为剪刀撑和抛撑,也可沿柱轴线方向搭成排架,又可兼作梁模及顶板的支撑体系。

柱侧模主要承受柱混凝土的侧压力,并经过柱侧模传给柱箍,由柱箍承受侧压力。柱箍的间距取决于混凝土侧压力的大小和侧模板的厚度,侧压力越向下越大,因此越靠近模板底端柱箍就越多,越向顶端柱箍就越少。柱模上部开有与梁模板连接的梁口,底部开设有清扫口。如柱较高,一般沿一定高度开有灌筑口(亦是振捣口),在模板的四角为防止柱面棱角碰损,可钉三角木条或贴海绵条。模板底部设有底框用以固定柱模的水平位置(如图 5-3)。独立柱支模时,四周应设斜撑(如图 5-4)。如果是框架柱,则应在柱间拉设水平和斜向拉杆,将柱连为稳定整体。

为了节约木材,还可将两块外拼板全部用短横板,(如图 5-3(b)),其中一个面上的短板有些可以先不钉死,灌筑混凝土时,临时拆开作为灌筑口,浇灌振捣后钉回。当设置柱箍时,短横板外面要设竖向拼条以便箍紧。

在安装柱模板前应先绑扎好钢筋,测出标高标在钢筋上,同时在已灌筑的地面、基础顶面或楼面上固定好柱模底部的木框,在预制的拼板上弹出中心线,根据柱边线及木框立模板并用临时斜撑固定,然后由顶部用锤球校正,使其垂直,检查无误后即用斜撑钉牢固定。同在一条直线上的柱,应先校两头的柱模,再在柱模上口中心线拉一铁丝来校正中间的柱模。柱模之间,还要用水平撑及剪刀撑相互牵搭住。

图 5-3　柱模板

1—内拼板;2—外拼板;3—柱箍;4—梁缺口;5—清理孔;6—木框;7—盖板;8—拉紧螺栓;9—拼条;10—三角木条;11—浇筑孔;12—短横板

5.2.3　梁、板模板

梁的特点是跨度大而宽度小,下面一般是架空的,因此梁模板主要由底模、侧模、支撑系统组成(如图 5-5)。

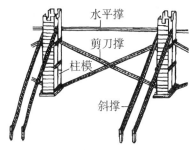

图 5-4　柱模板支撑

水平撑
剪刀撑
柱模
斜撑

梁底模、侧模板采用 18 mm 胶合面板作为面板,侧模板采用 40 mm×60 mm 木方作为内楞(横向),根据梁高合理设置,间距约 300 mm;采用 60 mm×80 mm 木方或钢管作为外楞(竖向),间距 500 mm 左右,当梁高>700 mm 时,应在梁中设置一道 M12 对拉螺栓加固,水平间距 500 mm。底模采用 60 mm×80 mm 木方横向布置,间距 300 mm 左右。

支撑系统一般采用 φ48×3.5 钢管脚手架,沿梁跨方向立杆纵距 100～120 mm,梁两侧立杆间距 600～700 mm,其他纵距 150 mm,步距 150 mm。支架最好做成可以伸缩的,以便调整高度。

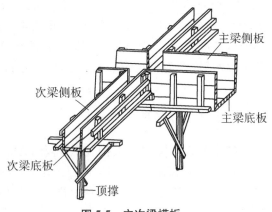

图 5-5 主次梁模板

如梁的跨度在 4 m 及 4 m 以上,应使梁底模板中部略为起拱,防止由于灌筑混凝土后跨中梁底下垂。如设计无规定时,起拱高度宜为全跨长度的 1‰～3‰。

梁模板的安装,首先安装底模,即在相对的两个柱模缺口下部外侧钉一根支座木(支座木上口的高度为梁底标高减去底模厚度),将梁的底模放在支座木上,然后竖立支撑。在底模上绑扎钢筋,安装梁侧模板,安装外竖楞、斜撑,其间距一般为 750 mm。当梁高超过 700 mm 时需加腰楞,并穿对拉螺栓拉结;梁侧模上口要拉线找直,安装牢固,以防跑模。支模时应遵守侧模包底模的原则。

大多数情况下,梁与板同时浇筑,因此梁与板的模板同时搭设(如图 5-6)。楼板的特点是面积大而厚度比较薄,侧向压力小。

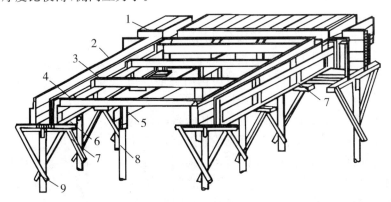

图 5-6 梁、板模板

1—楼板模板;2—梁侧模板;3—楞木;4—托木;5—杠木;6—夹木;7—短撑木;8—杠木撑;9—顶撑

楼板模板面板尽量采用 18 mm 厚整张胶合板,以 60 mm×80 mm 木方做板底支撑(内楞),中心间距 300 mm 左右,内楞(小龙骨)由外楞支撑,外楞(大龙骨)采用 50 mm×100 mm 木方或钢脚手管,中心间距 1 m 左右,以定型钢支撑、圆木或扣件式钢管脚手架作为支撑系统,脚手架排距 1.0 m,跨距 1.0 m,步距 1.5 m。支承木方的横杆与立杆的连接,一般采用双扣件。如图 5-7 所示。

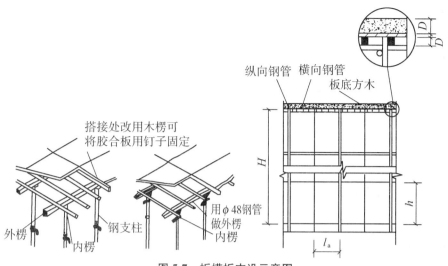

图 5-7　板模板支设示意图

　　楼板模板的安装顺序,是在主次梁模板安装完毕后进行。首先是搭设支架或安装支撑,一般从边跨开始,依次进行。第一排支撑距墙 10 cm,以防形成翘头楞木,在梁侧模板外侧弹出大龙骨的下标高线,水平线的标高应为楼板底标高减去楼板模板厚度及大、小龙骨高度,按控制线安装大龙骨,通长布置。小龙骨排设方向同大龙骨垂直。调整龙骨标高,将其调平后开始设置拉杆,以保证支撑系统的稳定性。拉杆距地 30 cm 设一道,向上每 1.5 m 设置水平拉杆一道。然后铺定型模板,铺模板时可从四周铺起,在中间收口。铺设时,用电钻打眼,螺丝与龙骨拧紧。铺好后核对楼板标高、预留孔洞及预埋铁等的部位和尺寸。

5.2.4　墙模板

　　墙模板高度大而厚度小,主要是承受混凝土的侧向压力。墙模板面板采用 18 mm 胶合板,背部支撑由内、外楞组成:直接支撑模板的为竖向内楞(又称内龙骨、立档),一般采用 60 mm×80 mm 方木,中到中间距 300 mm 左右;用以支撑内层龙骨的为横向外楞(又称外龙骨、横档),一般采用双肢 φ48×3.5 钢管脚手架或 50 mm×100 mm 方木,中到中间距 500～600 mm 左右,下部可稍密,上下两道距模板上下口 200 mm(图 5-8)。

　　墙模板安装时,根据边线先立一侧模板,临时用支撑撑住,用线锤校正模板的垂直,然后钉牵杠,再用斜撑和平撑固定。大块侧模组拼时,上下竖向拼缝要互相错开,先立两端,后立中间部分。待钢筋绑扎后,按同样方法安装另一侧模板及斜撑等。

　　为了保证墙体的厚度正确,在两侧模板之间可用小方木撑头(小方木长度等于墙厚),小方木要随着浇筑混

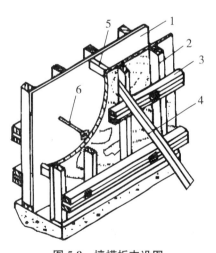

图 5-8　墙模板支设图

1—胶合板;2—内楞;3—外楞;4—斜撑;
5—撑头;6—穿墙螺栓

凝土逐个取出。为了防止浇筑混凝土的墙身鼓胀,组装墙体模板时,可用直径 12～16 mm 穿墙螺栓将墙体两侧模板拉结,每个穿墙螺栓成为主龙骨的支点,穿墙螺栓布置水平间距 600 mm 左右,竖向间距同外楞。并采用钢管＋U 形托作为斜撑,一般设中下两道,间距 600 mm 左右,以固定模板并保证模板垂直度。

5.3 常用模板类型及其工程应用特点

5.3.1 胶合板模板简介

目前,我国建筑市场大量使用着胶合板模板,胶合板模板包括木胶合板和竹胶合板。木胶合板是由木段旋切成单板或由木方刨切成薄木,再用胶粘剂胶合而成的 3 层或多层的板状材料,用奇数(5、7、9)层单板,通常最外层表板的纹理方向和胶合板板面的长向平行,因此,整张胶合板的长向为强方向,短向为弱方向,使用时必须注意。模板用木胶合板的幅面尺寸,一般宽度为 915～1 220 mm,长度为 1 830～2 440 mm 左右,厚约 12～18 mm。

竹胶合板由竹席、竹帘、竹片等多种组坯结构,及与木单板等其他材料复合,专用于混凝土施工的模板。胶合板模板具有表面平整光滑,容易脱模,耐磨性强,防水性好,模板强度和刚度较好,使用寿命较长,周转次数可达 20～30 次以上,材质轻,适宜加工大面积模板,板缝少,能满足清水混凝土施工的要求等优点。

胶合板用作楼板模板时,常规的支模方法为:用 φ48×3.5 脚手钢管搭设排架,排架上铺放间距为 400 mm 左右的 50 mm×100 mm 或者 60 mm×80 mm 方木(俗称 68 方木),作为面板下的楞木。木胶合板常用厚度为 12 mm、15 mm、18 mm,方木的间距随胶合板厚度进行调整。这种支模方法简单易行,现已在施工现场大面积采用。

胶合板用作墙模板时,常规的支模方法为:胶合板面板外侧的内楞用 50 mm×100 mm 或者 60 mm×80 mm 方木,外楞用 φ48×3.5 脚手钢管,内外模用"3"形卡及穿墙螺栓拉结。

5.3.2 定型组合钢模板

定型组合钢模板包括钢模板、连接件、支撑件三部分。其中,钢模板包括平面钢模板和拐角钢模板;连接件有 U 形卡、L 形插销、钩头螺栓、对拉螺栓、紧固螺栓、扣件等;支撑件有圆钢管、薄壁矩形钢管、内卷边槽钢、单管伸缩支撑等。

1) 钢模板

钢模板包括平模板、阴角模板、阳角模板、连接角模(如图 5-9)。

平模板用于基础、墙体、梁、板、柱等各种结构的平面部位,它由面板和肋组成,肋上设有 U 形卡孔和插销孔,利用 U 形卡和 L 形插销等拼装成大块板,板块由厚度 2.3 mm、2.5 mm 的薄钢板压轧成型。板块的宽度以 100 mm 为基础,按 50 mm 进级;长度以 450 mm 为基础,按 150 mm 进级。

平钢模板、阴角模板、阳角模板及连接角模板分别用字母 P、E、Y、J 表示,在代号后面用 4 位数表示模板规格,前两位是宽度的厘米数,后两位是长度的整分米数。如 P3015 表示宽

300 mm、长 1 500 mm 的平模板。又如 Y0507 表示肢宽为 50 mm×50 mm、长度为 750 mm 的阳角模。常用组合钢模板的尺寸见表 5-1 所示。组合钢模板配板设计中,遇有不合 50 mm 进级的模数尺寸,空隙部分可用木模填补。

表 5-1　常用组合钢模板规格

名称	宽度(mm)	长度(mm)	肋高(mm)
平板模板(P)	600、550、500、450、400、350、300、250、150、100	1 800、1 500、1 200、900、750、600、450	55
阴角模板(E)	150×150、100×150		
阳角模板(Y)	100×100、50×50		
连接角板(J)	50×50		

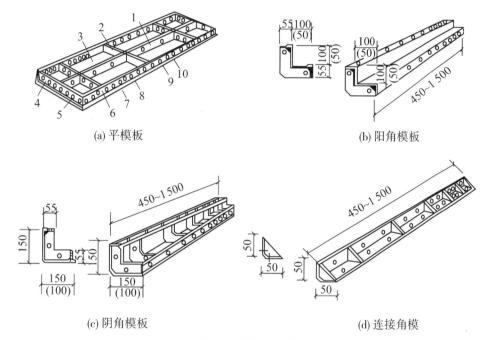

(a) 平模板　　　　　　　　(b) 阳角模板

(c) 阴角模板　　　　　　　　(d) 连接角模

图 5-9　钢模板类型

2) 连接配件

组合钢模板连接配件包括 U 形卡、L 形插销、钩头螺栓、对拉螺栓、紧固螺栓、扣件等。

U 形卡用于钢模板与钢模板间的拼接,其安装间距一般不大于 300 mm,即每隔一孔卡插一个,安装方向一顺一倒相互错开,如图 5-10(a)所示。

L 形插销用于两个钢模板端肋与端肋连接。将 L 形插销插入钢模板端部横肋的插销孔内(如图 5-10(b)所示)。当需将钢模板拼接成大块模板时,除了用 U 形卡及 L 形插销外,在钢模板外侧要用钢楞(圆形钢管、矩形钢管、内卷边槽钢等)加固,钢楞与钢模板间用钩头螺栓及"3"形扣件、蝶形扣件连接。浇筑钢筋混凝土墙体时,墙体两侧模板间用对拉螺栓连接,对拉螺栓截面应保证能安全承受混凝土的侧压力(如图 5-10(c)、(d)、(e))。

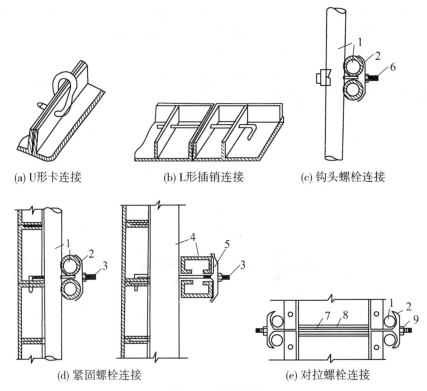

(a) U形卡连接　　(b) L形插销连接　　(c) 钩头螺栓连接

(d) 紧固螺栓连接　　　　(e) 对拉螺栓连接

图 5-10　连接配件

1—圆钢管钢楞；2—"3"形扣件；3—钩头螺栓；4—内卷边槽钢钢楞；5—蝶形扣件；
6—紧固螺栓；7—对拉螺栓；8—塑料套管；9—螺母

3）支承件

组合钢模板支承部件的作用是将已拼装完毕的模板固定并支承在相应的设计位置上，承受模板传来的一切荷载。目前在工程中常用的有钢楞、柱箍、梁卡具、圈梁卡、钢管架、斜撑、组合支柱、钢管脚手支架、平面可调桁架和曲面可变桁架等，如图 5-11～图 5-14 所示。

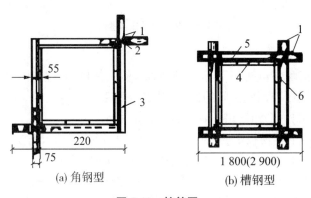

(a) 角钢型　　　　　　　(b) 槽钢型

图 5-11　柱箍图

1—插销；2—限位器；3—夹板；4—模板；5—型钢；6—钢型 B

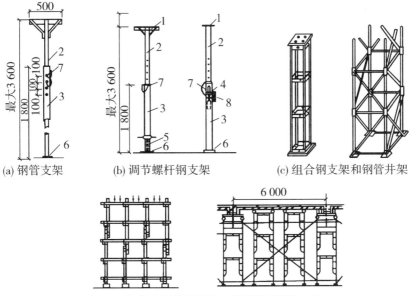

(a) 钢管支架   (b) 调节螺杆钢支架   (c) 组合钢支架和钢管井架

(d) 扣件式钢管脚手架、门型脚手架作支架

图 5-12　钢支架

1—顶板；2—插管；3—套管；4—转盘；5—螺杆；6—底板；7—插销；8—转动手柄

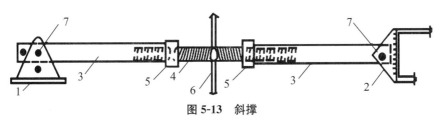

图 5-13　斜撑

1—底座；2—顶撑；3—钢管斜撑；4—花篮螺丝；5—螺母；6—旋杆；7—销钉

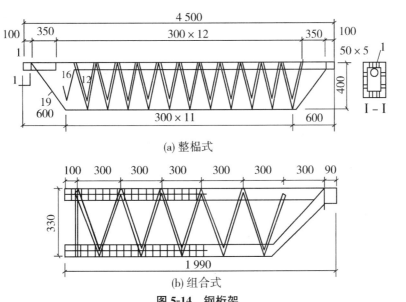

(a) 整榀式

(b) 组合式

图 5-14　钢桁架

5.3.3 大模板

大模板是进行现浇剪力墙结构施工的一种工具式模板,一般配以相应的起重吊装机械,通过合理的施工组织安排,以机械化施工方式在现场浇筑混凝土竖向(主要是墙、壁)结构构件。其特点是:以建筑物的开间、进深、层高为标准化的基础,以大模板为主要手段,以现浇混凝土墙体为主导工序,组织进行有节奏的均衡施工。为此,也要求建筑和结构设计能做到标准化,以使模板能做到周转通用。

1) 大模板工程分类

我国目前的大模板工程大体分为3类:外墙预制内墙现浇(简称"内浇外板");内外墙全现浇(简称全现浇);外墙砌砖内墙现浇(简称"内浇外砌")。

(1) 内浇外板工程

内浇外板工程的做法:内纵墙和内横墙为大模板现浇混凝土,外纵墙和山墙为预制墙板。

预制外墙板,采用单一材料或复合材料制成,其厚度主要根据各个地区保温、隔热和结构抗震的要求决定。

楼板,一般采用整间预应力大楼板、预制实心板或小块空心板。

在8度抗震设防区,当大模板工程高度超过50 m时,为了加强建筑物的整体刚度,采用现浇楼板或在预制楼板上增设现浇层和采用预制与现浇相结合的叠合楼板。

(2) 全现浇工程

这种类型的做法是内外墙均采用大模板现浇墙体混凝土。

采用这种类型,建筑物施工缝少,整体性好,造价比外墙预制类型低,对起重运输设备及预制构件生产能力的要求也比较低。但模板型号较多,支模工序复杂,湿作业多,影响施工速度;同时,外墙外模板要在高空作业条件下安装,存在安全问题。如采用外承式外模(图5-15),安全问题可以解决,但模板用钢量大,对下层墙体的强度要求高,模板周转较慢。

这种类型建造的高层数,已达30层以上。

(3) 内浇外砌工程

这种体系是大模板剪力墙与砖混结构的结合,发挥了钢筋混凝土承重墙坚固耐久和砖砌体造价低的特点。主要用于多层建筑。

内墙采用大模板现浇混凝土,外墙采用普通黏土砖、空心砖或其他砌体。

内浇外砌结构,根据建筑物层数和抗震设防烈度,在建筑区段四大角、内墙与外墙交接处采取适当的连接构造。

2) 大模板的构造

大模板由面板、加劲肋、竖楞、支撑桁架、稳定机构和操作平台、穿墙螺栓等组成,是一种现浇钢筋混凝土墙体的大型工具式模板(如图5-16)。

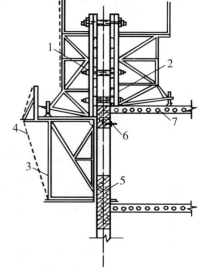

图 5-15 外承式外模
1—外墙模板;2—外墙内模;
3—外承架;4—安全网;5—现浇外墙;
6—穿墙卡具;7—楼板

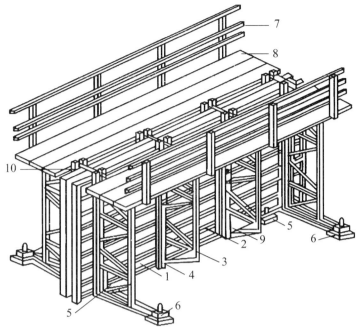

图 5-16　大模板构造示意图

1—面板；2—水平加劲肋；3—支撑桁架；4—竖楞；5—调整水平螺旋千斤顶；
6—调整垂直螺旋千斤顶；7—栏杆；8—脚手板；9—穿墙螺栓；10—固定卡具

（1）面板

面板是直接与混凝土接触的部分，通常采用钢面板（由 3～5 mm 厚的钢板制成）或胶合板面板（用 7、9 层胶合板）。面板要求板面平整、接缝严密，要具有足够的刚度。

（2）加劲肋

加劲肋的作用是固定面板，可做成水平肋或垂直肋（图 5-16 所示大模板为水平肋）。加劲肋把混凝土传给面板的侧压力传递到竖楞上去，加劲肋与金属面板焊接固定，与胶合板面板可用螺栓固定。加劲肋一般采用[65 或∠65 制作，肋的间距根据面板的大小、厚度及墙体厚度确定，一般为 300～500 mm。

（3）竖楞

竖楞的作用是加强大模板的整体刚度，承受模板传来的混凝土侧压力和垂直力并作为穿墙螺栓的支点。竖楞一般采用[65 或[80 制作，间距一般为 1.0～1.2 m。

（4）支撑桁架与稳定机构

支撑桁架采用螺栓或焊接方式与竖楞连接在一起，其作用是承受风荷载等水平力，防止大模板倾覆。桁架上部可搭设操作平台。

稳定机构为在大模板两端的桁架底部伸出支腿上设置的可调整螺旋千斤顶。在模板使用阶段，用以调整模板的垂直度，并把作用力传递到地面或楼板上；在模板堆放时，用来调整模板的倾斜度，以保证模板的稳定。

（5）操作平台

操作平台是施工人员的操作场所，有两种做法：一是将脚手板直接铺在支撑桁架的水平弦杆上形成操作平台，外侧设栏杆。这种操作平台工作面较小，但投资少，装拆方便。二是在两道横墙之间的大模板的边框上用角钢连接成为搁栅,在其上满铺脚手板。这种操作平台的优点是施工安全,但耗钢量大。

(6) 穿墙螺栓

穿墙螺栓的作用是控制模板间距,承受新浇混凝土的侧压力,并能加强模板刚度。为了避免穿墙螺栓与混凝土黏结,在穿墙螺栓外边套一根硬塑料管或穿孔的混凝土垫块,其长度为墙体厚度。穿墙螺栓一般设置在大模板的上、中、下 3 个部位,上穿墙螺栓距模板顶部 250 mm 左右,下穿墙螺栓距模板底部 200 mm 左右(如图 5-17)。

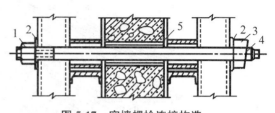

图 5-17　穿墙螺栓连接构造
1—螺母;2—垫板;3—板销;4—螺杆;5—套管

3) 大模板的平面组合方案

采用大模板浇筑混凝土墙体,模板尺寸不仅要和房间的开间、进深、层高相适应,而且模板规格要少,尽可能做到定型、统一。在施工中模板要便于组装和拆卸,保证墙面平整,减少修补工作量。大模板的平面组合方案有平模、小角模、大角模和筒形模方案等。

(1) 平模方案

采用平模方案纵横墙混凝土一般要分开浇筑,模板接缝均在纵横墙交接的阴角处,墙面平整;模板加工量少,通用性强,周转次数多,装拆方便。但由于纵横墙分开浇筑,施工缝多,施工组织较麻烦。在一个流水段范围内先支横墙模板,待拆模后再支纵墙模板,平模平面布置(图 5-18)。平模的尺寸与房间每面墙大小相适应,一个墙面采用一块模板。

这种平模适用于"内浇外板"和"内浇外砌"结构的施工。

采用这种平模进行横墙与纵墙混凝土分两次浇筑时的节点处理如下:

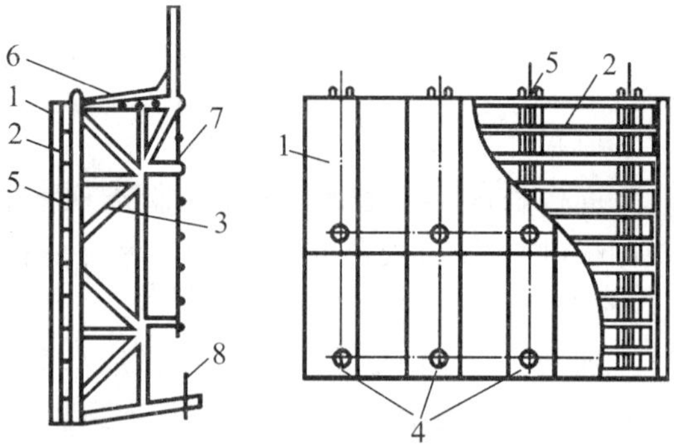

① 相邻两块横墙平模节点构造

图 5-18　平模构造示意图
1—面板;2—横肋;3—支架;4—穿墙螺栓;5—竖向主肋;
6—操作平台;7—铁爬梯;8—底脚螺栓

为使模板装拆方便,相邻两块横墙平模之间预留了 20 mm 的间隙。在支撑时用长度与模板高度相等的 Φ25 钢管堵住缝隙。在两块模板的拼缝处设有 L 形夹板支架,钢管与支架中间用木楔塞紧。木楔及夹板在模板的上中下部位设置 3 处,以使模板拼缝严密并使两块模板保持在一个平面上(如图 5-19 A 节点所示)。

② 纵墙平模与横墙的连接节点

考虑到横墙厚度的变化以及施工的偏差,同时为模板装拆方便起见,纵墙平模的长度要比开间净尺寸短 20~40 mm。支纵墙平模时,模板一端应紧贴横墙混凝土,另一端与另一道横墙表面间留出 20~40 mm 间隙。间隙处可支设由 1~2 mm 厚钢板弯成的 40 mm× 70 mm 不等边补缝角模,以防止漏浆。补缝角模与纵墙平模由木楔子固紧,使之紧贴于横墙混凝土上。当间隙宽度为 40 mm 时,补缝角模的长肢(70 mm)与纵向轴线平行。当间隙宽为 20 mm 时,补缝角模的短肢(40 mm)与纵向轴线平行(如图 5-19 B 节点所示)。

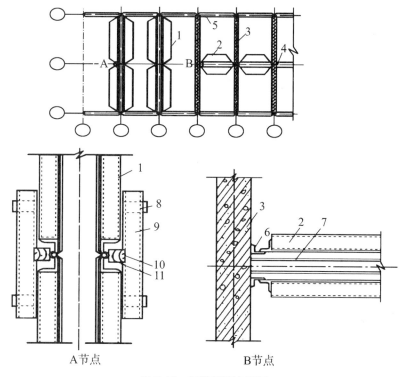

图 5-19 平模平面布置图

1—横墙平模;2—纵墙平模;3—横墙;4—纵墙;5—预制外墙板;6—补缝角模;

7—拉结钢筋;8—夹板支架;9—夹板;10—木楔;11—钢管

（2）小角模方案

一个房间的模板由 4 块平模和 4 根∠100×100×10 角钢组成。∠100×100×10 的角钢称为小角模。小角模方案在相邻的平模转角处设置角钢,使每个房间墙体的内模形成封闭的支撑体系。小角模方案纵横墙混凝土可以同时浇筑,这样房屋整体性好,墙面平整,模板装拆方便。但浇筑的混凝土墙面接缝多,阴角不够平整。

小角模有带合页式和不带合页式两种,如图 5-20 所示。

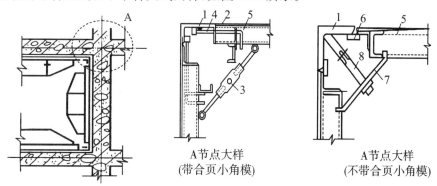

图 5-20 小角模方案

1—小角模;2—合页;3—花篮螺丝;4—转动铁拐;5—平模;6—扁铁;7—压板;8—转动拉杆

带合页式小角模即平模上带合页,角钢能自由转动和装拆。安装模板时,角钢有偏心压杆固定,并用花篮螺栓调整。模板上设转动铁拐可将角模压住,使角模稳定。

不带合页式小角模采用以平模压住小角模的方法,拆模时先拆平模,后拆小角模。

(3) 大角模方案

虽然小角模有纵横墙可一起浇注,模板整体性好,但也有模板拼缝多、墙面修理工作量大、加工精度要求高、模板安装较困难等缺点。施工时可采用大角模,大角模是由两块平模组成的 L 形大模板。在组成大角模的两块平模连接部分装置了大合页,使一侧平模以另一侧平模为支点,以合页为轴可以转动,其构造如图 5-21 所示。

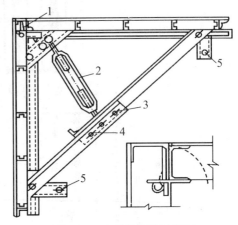

图 5-21 大角模构造示意图
1—合页;2—花篮螺丝;3—固定销;
4—活动销;5—调整用螺旋千斤顶

大角模方案是在房屋四角设 4 个大角模,使之形成封闭体系。如房屋进深较大,四角采用大角模后,较长的墙体中间可配以小平模。采用大角模方案时,纵横墙混凝土可以同时浇筑,房屋整体性好。大角模拆装方便,且可保证自身稳定。采用大角模墙体阴角方整,施工质量好,但模板接缝在墙体中部,影响墙体平整度。

4) 大模板的施工

为了提高模板的利用率,避免施工中大模板在地面和施工楼层间上、下升降,大模板施工应划分流水段,组织流水施工,使拆卸后的大模板清理后即可安装到下一段的施工墙体上。

以内、外墙全现浇体系为例,大模板混凝土施工按以下工序进行:抄平放线→敷设钢筋→固定门窗框→安装模板→浇筑混凝土→拆除模板→修整混凝土墙面→养护混凝土。

(1) 抄平放线

在每栋房屋的 4 个大角和流水段分段处,应设置标准轴线和控制桩。用经纬仪引测出各楼层的控制轴线,至少要有相互垂直的两条控制轴线。根据各层的控制轴线用钢尺放出墙位线和模板的边线。

每层房屋应设水准标点,在底层墙上确定控制水平线,并用钢尺引测出各层水平标高。在墙身线外侧用水准仪测出模板底标高,然后在墙身线外侧抹两道顶面与模板底标高一致的水泥砂浆带,作为支放模板的底垫。

(2) 敷设钢筋

墙体宜优先采用点焊网片。

钢筋的搭接部分应调直理顺,绑扎牢固。搭接部分和长度应符合设计要求。双排钢筋之间应设 S 钩以保证两排间距。钢筋与模板间应设砂浆垫块,保证钢筋位置准确和保护层厚度,垫块间距不宜大于 1 m。

流水段划分处的竖向接缝应按设计要求留出连接钢筋并绑扎牢固,以备下段连接。

当外墙用预制板时,外墙板安装前将两侧伸出的钢筋套环理直。外墙板就位后,两块外墙板的套环应与内墙的套环重合,在其中插入竖向钢筋。对每块外墙板和内墙,竖筋插入的套环数均不应少于 3 个。竖筋和钢筋套环应绑扎牢固。

（3）大模板安装和拆除

大模板进场后应检查整修,清点数量进行编号。涂刷脱模剂时,应做到涂层质地均匀,不得在模板就位后涂刷;常用的脱模剂有甲基硅树脂脱模剂、皂角脱模剂、机柴油脱模剂等。

组装时,先用塔吊将模板吊运至墙边线附近,模板斜立放稳。在墙边线内放置预制的混凝土导墙块,间距 1.5 m,一块大模板不得少于两块导墙块。将大模板贴紧墙身边线,利用调整螺栓将模板竖直,同时检查和调整两个方向的垂直度,然后临时固定。另一侧模板也同样立好后,随即在两侧模板间旋入穿墙螺栓及套管加以固定。纵、横内墙模板和角模安装好后应形成一个整体,然后即可安装外墙的外模。

在常温条件下,墙体混凝土强度必须超过 1 N/mm² 时方可拆模。拆除时应先拆除连接附件,再旋转底部调整螺栓,使模板后倾与墙体脱离。任何情况下不得在墙上口晃动、撬动或用大锤砸模板。经检查各种连接附件拆除后方可起吊模板。

模板直接吊往下一流水段进行支模,或在下一流水段的楼层上临时停放,以清除板面上的水泥浆,涂刷脱模剂。

（4）浇筑混凝土

当内、外墙使用不同混凝土时,要先浇内墙、后浇外墙。当内、外墙使用相同的混凝土时,内、外墙应同时浇筑。浇筑时,宜先浇灌一层厚 5～10 cm 左右、成分与混凝土内砂浆成分相同的砂浆。墙体混凝土的浇筑应分层连续进行,每层浇筑厚度不得大于 60 cm;每层浇筑时间不应超过 2 h 或根据水泥的初凝时间确定。门窗口两侧混凝土应同时浇筑,高度一致,以防门窗口模板走动,窗口下部混凝土浇筑时应防止漏振。混凝土浇筑到模板上口应随即找平。

使用矿渣硅酸盐水泥时,为达到浇筑后 10 h 左右拆模,以保证大模板每天周转一次,完成一个流水段作业的要求,往往需掺用早强剂。常用的早强剂有三乙醇胺复合剂和硫酸钠复合剂等。

混凝土入模时宜采用低坍落度混凝土（6～10 cm）。混凝土中可加入木质素磺酸钙等减水剂,以节约水泥或提高混凝土的工作性能。

如采用预制楼板,一般情况下,墙体混凝土强度达到 4 N/mm² 以上时方可安装楼板。如提早安装,必须采取措施支撑楼板。

5.3.4 爬升模板

爬升模板简称爬模,适用于现浇钢筋混凝土竖直或倾斜结构的施工。分为"有架爬模"（即模板爬架子、架子爬模板）和"无架爬模"（即模板爬模板）两种。

爬升模板具有大模板和滑动模板共同的优点,适用于超高层建筑施工。它与滑升模板一样,在结构施工阶段依附在建筑竖向结构上,随着结构施工而逐层上升,这样模板可以不占用施工场地,也不用其他垂直运输设备。另外,它装有操作脚手架,施工时有可靠的安全围护,故可不需搭设外脚手架,特别适用于在较狭小的场地上建造多层或高层建筑。它与大模板一样,是逐层分块安装,故其垂直度和平整度易于调整和控制,可避免施工误差的积累,也不会出现墙面被拉裂的现象。但是,爬升模板的配制量要大于大模板,原因是其施工工艺无法实行分段流水施工,因此模板的周转率低。

1)爬升模板的构造

爬升模板由大模板、爬升支架和爬升设备三部分组成,如图5-22所示。

(1)大模板

大模板的面板一般用组合式钢模板组拼或薄钢板,也可用木(竹)胶合板。横肋用[6.3槽钢。竖向大肋用[8或[10槽钢。横、竖肋的间距按计算确定。模板的高度一般为建筑标准层层高加100～300 mm(属于模板与下层已浇筑墙体的搭接高度,用于模板下端的定位和固定)。模板下端需加橡胶衬垫,以防止漏浆。模板的宽度,可根据一片墙的宽度和施工段的划分确定,其分块要求要与爬升设备能力相适应。模板的吊点,根据爬升模板的工艺要求,应设置两套吊点。一套吊点(一般为两个吊环)用于制作和吊运,在制作时焊在横肋或竖肋上;另一套吊点用于模板爬升,设在每个爬架位置,要求与爬架吊点位置相对应,一般在模板拼装时进行安装和焊接。

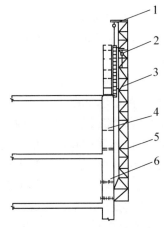

图5-22　爬升模板的构造
1—导杆;2—千斤顶;3—外模板;4—预留洞口;5—爬升支架;6—附墙连接螺栓

(2)爬升支架

爬升支架由支承架、附墙架(底座)以及吊模扁担、爬升爬架的千斤顶架(或吊环)等组成。爬升支架是承重结构,主要依靠附墙架(底座)固定在下层已有一定强度的钢筋混凝土墙体上,并随着施工层的上升而升高,主要起到悬挂模板、爬升模板和固定模板的作用。因此,爬升支架要具有一定的强度、刚度和稳定性。

爬升支架顶端高度一般要超出上一层楼层高度0.8～1.0 m,以保证模板能爬升到待施工层位置的高度。爬升支架的总高度(包括附墙架)一般应为3～3.5个楼层高度,其中附墙架应设置在待拆模板层的下一层。

(3)爬升设备

爬升设备是爬升模板的动力,可以因地制宜地选用。常用的爬升设备有电动葫芦、捯链、单作用液压千斤顶等,其起重能力一般要求为计算值的2倍以上。

捯链:又称环链手拉葫芦。选用捯链时,还要使其起升高度比实际需要起升高度大0.5～1 m,以便于模板或爬升支架爬升到就位高度时尚有一定长度的起重捯链可以摆动,便于就位和校正固定。

千斤顶:可采用穿心式千斤顶。千斤顶的底盘与模板或爬升支架的连接底座用4只M14～M16螺栓固定。插入千斤顶内的爬杆上端,用螺钉与挑架固定,安装后的千斤顶和爬杆应呈垂直状态。

2)爬升原理

以建筑物的钢筋混凝土墙体为支承主体,通过附着于已完成的钢筋混凝土墙体上的爬升支架或大模板,利用连接爬升支架与大模板的爬升设备,使一方固定,另一方做相对运动,交替向上爬升,以完成模板的爬升、下降、就位和校正等工作。其施工程序见图5-23所示。

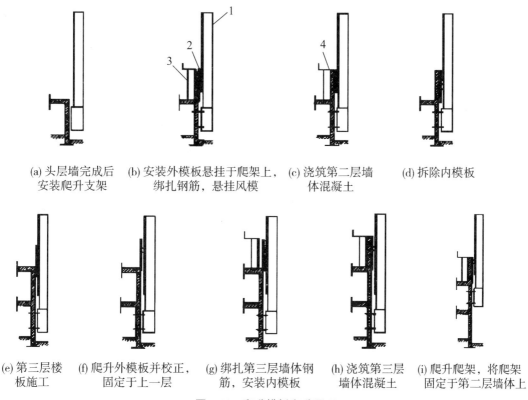

(a) 头层墙完成后　(b) 安装外模板悬挂于爬架上,　(c) 浇筑第二层墙　(d) 拆除内模板
　　安装爬升支架　　　绑扎钢筋,悬挂风模　　　　体混凝土

(e) 第三层楼　(f) 爬升外模板并校正,　(g) 绑扎第三层墙体钢　(h) 浇筑第三层　(i) 爬升爬架,将爬架
　板施工　　　　固定于上一层　　　　筋,安装内模板　　　　墙体混凝土　　　固定于第二层墙体上

图 5-23　爬升模板爬升原理

1—爬升支架;2—外模板;3—内模板;4—墙体混凝土

5.4　其他模板

5.4.1　滑升模板

液压滑升模板工程是现浇钢筋混凝土结构机械化施工的一种施工方法。是在建筑物或构筑物的底部,按照建筑物平面或构筑物平面,沿其墙、柱、梁等构件周边安装高 1.2 m 左右的模板和操作平台,随着向模板内不断分层浇筑混凝土,利用液压提升设备不断向上滑升模板连续成型,逐步完成建筑物或构筑物的混凝土浇筑工作。液压滑升模板工程最适用于现场浇筑高耸的圆形、矩形、筒壁结构,如烟囱、筒仓、冷却塔等现浇钢筋混凝土工程的施工。

1) 液压滑升模板的特点

(1) 节约大量模板和脚手架,节省劳动力,减轻劳动强度,降低施工费用。在筒仓和烟囱等工程中,采用液压滑模施工方法与普通现浇支模施工方法相比较,可以节省木材 70% 以上,节省劳动力 30%~50%,降低施工费用达 20% 左右。

(2) 可加快施工速度,缩短工期。

(3) 提高了机械化程度,能保证结构的整体性,提高工程质量。

（4）液压滑模工程耗钢量大，液压滑模装置一次性投资费用较多。

（5）对建筑的立面和造型有一定的限制。

2）液压滑升模板的组成与构造

（1）液压滑升模板的组成

液压滑升模板是由模板系统、操作平台系统和提升机具系统及施工精度控制系统等部分组成。模板系统包括模板、腰梁（又称围圈）和提升架等，模板又称围板，依赖腰梁带动其沿混凝土的表面滑动，主要作用是成型混凝土，承受混凝土的侧压力、冲击力和滑升时的摩阻力。操作平台系统包括操作平台、上辅助平台和内外吊脚手架等。提升机具系统包括支承杆、千斤顶和提升操纵装置等，是液压滑模向上滑升的动力。提升架将模板系统、操作平台系统和提升机具系统连成整体，构成整套液压滑模装置（如图 5-24）。

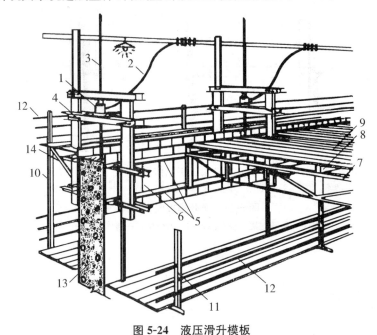

图 5-24　液压滑升模板

1—千斤顶；2—高压油管；3—支承杆；4—提升架；5—上下围圈；6—模板；7—桁架；8—搁栅；
9—铺板；10—外吊架；11—内吊架；12—栏杆；13—墙体；14—挑三脚架

（2）液压滑升模板的构造要求

① 模板按其材料不同，有钢模板、木模板、钢木组合模板等，一般以钢模板为主；按其所在部位及作用不同，可分为内模板、外模板。模板的高度一般为 0.9～1.2 m，视混凝土浇灌速度与出模时混凝土强度的发展而定。烟囱等筒壁结构可采用 1.4～1.6 m。为避免和减少混凝土浇筑时落在模外，一般采取外墙的外模比内模加高 100～150 mm。模板宽度一般为 200～500 mm，不宜超过 500 mm。为了减少滑升时模板与混凝土之间的摩阻力，模板在安装时应形成上口小、下口大的倾斜度，一般单面倾斜度为 0.2%～0.5%，以模板上口向下 1/2 模板高度处的净间距为结构截面的宽度。不得发生上口大下口小的现象，以免增加摩阻力，拉裂已浇灌的混凝土墙身。模板的倾斜度可通过改变腰梁间距或改变模板厚度或在提升架与腰梁之间加设螺丝调节等方法调整。

② 腰梁（围圈）的作用是固定模板的位置，保证模板所构成的几何形状不变，承受由模

板传来的水平力和垂直力,有的情况下还要承受操作平台的荷载。腰梁(围圈)将模板和提升架连接起来,构成模板系统。当提升架上升时,通过腰梁(围圈)带动模板,使模板随之上升。

腰梁(围圈)沿模板横向布置在模板的外侧,上下各布置一道,分别支承在提升架的立柱上。腰梁(围圈)采用角钢或槽钢制作,其截面尺寸应根据荷载的大小计算确定,一般用∟75×6 或[8。上下腰梁(围圈)的间距一般为 500～700 mm,腰梁(围圈)距模板上口不宜大于 250 mm。

当梁跨度大于 2.5 m 或提升架间距大于 2.5 m 时,应采取必要的措施提高腰梁(围圈)的刚度。转角处腰梁(围圈)必须做成刚性节点,采用整体的角腰梁(围圈)时,在转角处应加设斜撑。在荷载作用下,两个提升架之间的腰梁(围圈)横向变形应小于 3 mm。固定式腰梁(围圈)接头必须用等刚度的型钢连接,连接螺栓每边不得少于 2 个。

③ 提升架又称千斤顶架,主要是控制模板和围圈由于混凝土侧压力和冲击力而产生的向外变形,承受作用在整个模板和操作平台上的全部荷载,并将荷载传递给千斤顶。同时,提升架又是安装千斤顶,连接模板、围圈以及操作平台形成整体的主要构件。

在满足以上作用要求的前提下,结合建筑物的结构形式和提升架的安装部位,可以采用不同的提升架的构造形式(如图 5-25)。

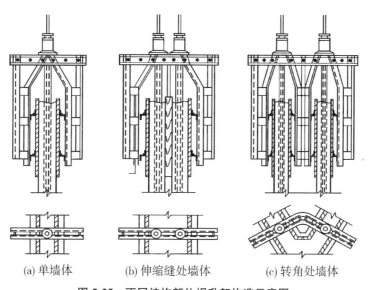

(a) 单墙体   (b) 伸缩缝处墙体   (c) 转角处墙体

图 5-25 不同结构部位提升架构造示意图

④ 操作平台系统是供材料、工具、设备堆放和施工人员进行操作的场所。其中主操作平台既是施工人员进行施工操作的场所,也是材料、工具、设备堆放的场所。故设计时,既要揭盖方便,又要结构牢稳可靠。一般来说,提升架立柱内侧的平台板采用固定式,提升架立柱外侧的平台板采用活动式。内外吊脚手架用来检查混凝土质量、表面装饰以及模板的检修和拆卸等工作(如图 5-26)。

⑤ 提升机具系统由电动机带动高压油泵,将油液通过换向阀、分油器、截止阀及管路输送给各千斤顶,在不断供油回油的过程中使千斤顶的活塞不断地被压缩、复位,通过千斤顶在支承杆上爬升而使模板装置向上滑升。原理图如图 5-27 所示。

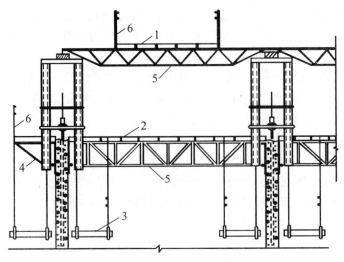

图 5-26 操作平台系统示意图

1—上辅助平台；2—主操作平台；3—吊脚手架；4—三角挑架；5—承重桁架；6—防护栏杆

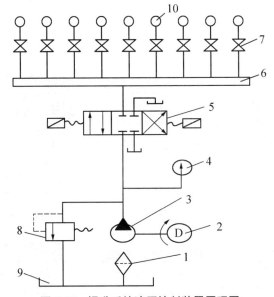

图 5-27 提升系统液压控制装置原理图

1—滤油器；2—单向回转交流电动机；3—油泵；4—压力表；6—分油器；7—截止阀；8—溢流阀；9—油箱；10—千斤顶

液压千斤顶沿着支承杆爬升，因此支承杆的直径要与所选的千斤顶的要求相适应。可采用加套管的工具式支承杆，即在支承杆外侧加设内径比支承杆直径大 2～5 mm 的套管，套管的上端与提升架横梁的底部固定，套管的下端与模板底平，套管外径最好做成上大下小的锥度，以减小滑升时的摩阻力。工具式支承杆的底部一般用钢靴或套管支承。支承杆随着施工的进行需要不断加长。

3）液压滑升模板的施工工艺

（1）滑模的组装

建筑物的基础底板（或楼板）的混凝土达到一定强度后进行滑模的组装，组装前必须清

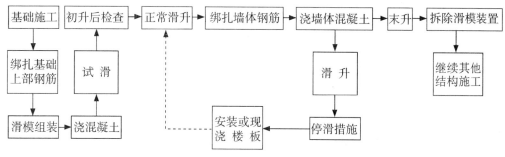

图 5-28　滑升模板施工程序

理现场,设置运输通道和施工用水、用电线路,理直钢筋等。每道工序必须有专人负责,统一指挥。

（2）混凝土施工

用于滑模施工的混凝土,除应满足设计所规定的强度、耐久性等要求外,尚应满足滑模施工的要求。为减少混凝土对模板的摩阻力,保证出模混凝土的质量,必须根据滑升速度等控制混凝土的凝结时间,使出模混凝土达到最优出模强度。浇筑混凝土时,应合理地划分区段,使浇筑时间大致相等。应严格执行分层浇筑、分层振捣、均匀交圈的方法,使每一浇筑层的混凝土表面基本保持在同一水平面上,并应有计划、均匀地变换浇筑方向。

（3）模板的滑升

初浇混凝土高度达到 600～700 mm,应对滑模装置和混凝土的凝结状态进行检查。从初浇开始,经过 3～4 h 后,即可进行试滑,此时将全部千斤顶升起 50～60 mm(1～2 个千斤顶行程)。试滑的目的是观察混凝土的凝结情况,判断混凝土能否脱模,提升时间是否适宜等。

检查合格后可进行正常滑升。正常滑升时根据混凝土的浇筑速度进行控制。当模板滑升至距建筑物顶部 1 m 左右时应放慢提升速度,在距建筑物顶部 200 mm 标高以前,随浇筑随做好抄平、找正工作,以保证最后一层混凝土均匀交圈,确保顶部标高及位置准确。

5.4.2　台模

台模是浇筑钢筋混凝土楼板的一种大型工具式模板。在施工中,可以整体脱模和转运,利用起重机从浇筑完的楼板下吊出,转移至上一楼层,中途不再落地,所以亦称"飞模"。是由台板、梁、支架、支撑、调节支腿及配件组成的工具式模板（如图 5-29）,实现一次组装、整体就位、整体拆除和整体吊升。

台模适用于高层建筑大柱网、大空间的现浇混凝土框架、框-剪,特别适合于无柱帽的无梁楼盖结构工程施工。台模由台架和面板组成,适用于高层建筑中的各种楼盖结构施工,其形状与桌相似,故又称桌模。台架为台模的支承系统,按其支承形式可分为立柱式、悬架式、整体式等,如图 5-30所示。

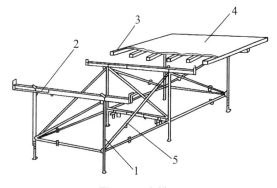

图 5-29　台模

1—台板；2—支架；3—梁；4—调节支腿；5—支撑

立柱式台模由面板、次梁和主梁及立柱等组成。

悬架式台模不设立柱,主要由桁架、次梁、面板、活动翻转翼、垂直与水平剪力撑及配套机具组成。

整体式台模由台模和柱模板两大部分组成。整个模具结构分为桁架与面板,承力柱模板、临时支撑、调节柱模伸缩装置、降模和出模机具等。

(a) 立柱式　　　　　(b) 悬架式　　　　　(c) 整体式

图 5-30　台模的形式

5.4.3　压型钢板模板

压型钢板模板,是采用镀锌或经防腐处理的薄钢板,经冷轧成具有梯波型截面的槽型钢板(如图 5-31),多用于钢结构工程。压型钢板模板在现浇混凝土结构浇筑后模板不再拆除,简化了现浇钢筋混凝土结构的模板支拆工艺,使模板的支拆工作量大大减少,从而改善了劳动条件,节约了模板支拆用工,加快了施工进度。

图 5-31　压型钢板组合楼板示意图

1—现浇混凝土楼板;2—钢筋;3—压型钢板;
4—用栓钉与钢梁焊接;5—钢梁

1) 压型钢板模板种类

压型钢板的种类按其结构功能分为组合式和非组合式两种。组合式压型钢板既起到模板的作用,又作为现浇楼板底面受拉钢筋,不但在施工阶段承受施工荷载和现浇层自重,而且在使用阶段还承受使用荷载。非组合式压型钢板只作为模板功能,只承受施工荷载和现浇层自重,不承受使用阶段荷载。

压型钢板一般采用 $0.75 \sim 1.6$ mm 厚(不包括镀锌和饰面层)的 Q235 薄钢板冷轧制成。压型钢板模板的两端是开放式的,因此两端头部分要加封沿钢板,以防混凝土从两端漏出。封沿钢板又称堵头板,其选用的材质和厚度与压型钢板相同,板的截面呈 L 形(图 5-32)。

2) 使用原则与要求

(1) 压型钢板模板在施工阶段必须进行强度和变形验算。

跨中变形应控制在 $\delta = L/200 \leqslant 20$ mm。如超过变形控制量时,应铺设后在板底设临时支撑。

(2) 压型钢板模板使用时应做构造处理,其构造形式与现浇混凝土叠合后是否组合成共同

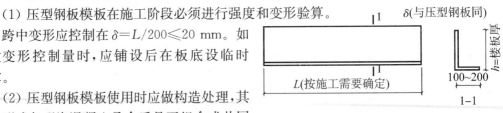

δ(与压型钢板同)

L(按施工需要确定)

h=楼板厚

$100 \sim 200$

1-1

图 5-32　封沿钢板

受力构件有关。

① 组合式

一般需要做成 3 种抗剪连接构造(见图 5-33、图 5-34、图 5-35)。

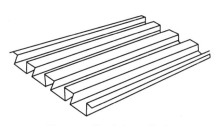

图 5-33　楔形肋压型钢板

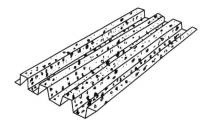

图 5-34　带压痕压型钢板

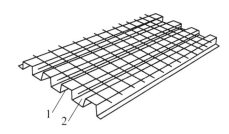

图 5-35　焊有横向钢筋的压型钢板

1—压型钢板；2—钢筋

② 非组合式

非组合式截面形式如图 5-34 和图 5-35 所示，只是不做抗剪连接构造措施处理。

3) 压型钢板模板的施工

工艺流程：找平放线→压型钢板模板按轴线、房间位置吊装就位在钢梁上→模板拆捆、人工铺设→校正、纠偏→板端与钢梁点焊固定→支设模板临时支撑→模板纵向搭接点焊连接→栓钉焊接→清理模板表面。

工艺要点：压型钢板模板在等截面钢梁上铺设时，应从一端向另一端铺设；在变截面钢梁上铺设时，应由梁中向两端铺设。铺设时，相邻跨模板端头的槽口应对齐贯通。

模板应随铺设、随校正、随点焊，以防止模板松动、滑脱。

模板与钢梁的搭接支承长度不得少于50 mm，焊点直径当设计无要求时，一般为12 mm，焊点间距一般为 200～300 mm，如图 5-36 所示。

连续板支座处两模板板端搭接长度均不少于 50 mm，先点焊成整体，再与钢梁进行栓钉锚固，如图 5-37 所示。

如为非组合式，先在搭接处将模板钻孔，间距 200～300 mm，再从圆孔与钢梁满焊固定。

压型钢板模板底部应设置临时支撑和木龙骨。支撑应垂直于模板跨度方向设置，其数量

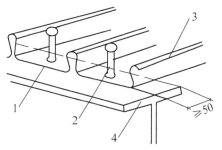

图 5-36　组合式模板与钢梁点焊固定示意图

1—点焊固定；2—锚固栓钉；3—模板；4—钢梁

按模板在施工阶段变形控制量及有关规定确定。楼板周边的封沿板与钢梁可采用点焊连接,焊点直径为 10~12 mm,焊点间距为 200~300 mm。并在封沿板上口加焊 Φ6 钢筋拉结,间距亦为 200~300 mm,以增强封沿板的侧向刚度(图 5-38)。组合式模板与钢梁栓钉焊接时,栓钉的规格、型号和焊接位置应按设计要求确定。但穿透模板焊接在钢梁上的栓钉,直径不得大于 19 mm,焊后栓钉高度应为模板波高加 30 mm。焊前,应先弹出栓钉位置线,并将模板和钢梁焊点处的表面用砂轮磨打进行处理,清除油污、锈蚀和镀锌层。施焊前应进行焊接试验,即按预定的参数焊在试件钢板上两个栓钉,冷却后作弯曲 45° 和敲击试验,检查是否出现裂缝和损坏。如其中有一个出现裂缝和损坏,应重新调整焊接工艺,重新做试验,直到检验合格后方可正式施焊。栓钉焊接的电源应与其他电源分开,其工作区应远离磁场,或采取防磁措施。

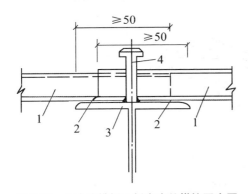

图 5-37 组合式模板两板支座处搭接固定图

1—模板;2—点焊固定;3—钢梁;4—锚固栓钉

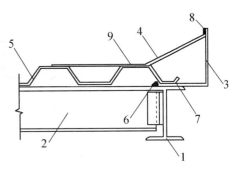

图 5-38 楼板周边封沿板做法示意图

1—主钢梁;2—次钢梁;3—封沿钢板;
4—Φ6 拉结钢筋;5—压型钢板;6、7、8、9—焊点

栓钉焊接后,以四周熔化的金属成均匀小圈且无缺陷为合格。栓钉高度(L)允许偏差为 ±2 mm,偏离垂直方向的倾角(θ)应不大于 5°。目测合格后,再按规定进行冲力弯曲试验,弯曲 15° 时焊接面不得有任何缺陷。合格的栓钉,可在弯曲状态下使用。

5.5　模板的拆除与质量验收

5.5.1　模板的拆除

模板拆除的时间,受新浇混凝土达到拆模强度要求的养护期限制。在强度满足后应尽快拆模,加速模板的周转使用,为后续工作创造条件。一般现浇混凝土结构拆模强度(拆除日期)取决于结构的性质、模板的用途和混凝土硬化速度,工程结构设计中对拆模时混凝土的强度也有具体规定。如果未做具体规定,应遵守下列规定:

1)侧模板

侧模板拆除时的混凝土强度应能保证其表面及棱角不因拆除模板而受损坏。

2)底模板及支架

底模板及支架应在与结构同条件养护的试块强度达到设计要求时方能拆模;当设计无

具体要求时,混凝土强度应符合表 5-2 的规定。

表 5-2　底模拆除时的混凝土强度要求

构件类型	构件跨度(m)	达到设计的混凝土立方体抗压强度标准值的百分率(%)
板	≤2	≥50
	>2,≤8	≥75
	>8	≥100
梁、拱、壳	≤8	≥75
	>8	≥100
悬臂构件	—	≥100

拆模时混凝土强度的确定:

(1)先查混凝土强度增长曲线——估计强度(根据水泥品种、标号,养护期平均温度、时间)。

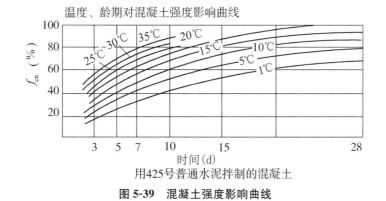

图 5-39　混凝土强度影响曲线

(2)再压同条件养护的试块——核实强度。

3)拆模顺序

模板及其支架拆除的顺序和安全措施应按施工技术方案执行,一般是符合构件受力特点,与安装模板顺序相反,先支后拆,后支先拆,先拆侧模,后拆底模,先非承重模板后承重模板。

对于肋形楼板的拆模顺序,首先拆除柱模板,然后拆除楼板底模板、梁侧模板,最后拆除梁底模板。

(1)柱模板拆除顺序为:拆除拉杆或斜撑→自上而下拆除柱箍→拆除部分竖肋→拆除模板。要从上口向外侧轻击轻撬,使模板松动,要适当加设临时支撑,以防柱子模板倾倒伤人。

(2)梁、板模板拆除顺序为:拆除支架部分水平拉杆和剪刀撑→拆除侧模板→下调楼板支柱→使模板下降→分段分片拆除楼板模板→木龙骨及支柱→拆除梁底模板及支撑系统。拆除跨度较大的梁底模板时,应从跨中开始下调支柱顶托螺杆,然后向两端逐根下调,拆除梁底模板支柱时也从跨中向两端作业。

（3）楼板层支柱的拆除，应按下列要求进行：上层楼板正在浇筑混凝土时，下层楼板的模板支柱不得拆除，再下一层楼板模板的支柱仅可拆除一部分；跨度大于等于 4 m 以上的梁下均应保留支柱，其间距不大于 3 m。

4）拆模的注意事项

（1）重大、复杂模板，事先拟定拆模方案。

（2）发现重大质量问题应停拆，处理后再拆。

（3）模板拆除时，不应对楼层形成冲击荷载。

（4）拆模时，应尽量避免混凝土表面或模板受到损坏。

（5）拆下的模板应及时加以清理、修理，按尺寸和种类分别堆放，以便下次使用。

（6）拆模以后的钢筋混凝土结构，应在混凝土达到设计强度等级后方准承受全部计算荷载。如果施工荷载产生的效应比使用荷载效应更不利时，必须经过核算并加设临时支撑，保证结构在施工阶段的安全。

5.5.2　质量验收

《混凝土结构工程施工质量验收规范》（GB 50204）对模板分项工程的有关规定如下：

1）一般规定

（1）模板应编制施工方案，爬升式模板工程、工具式模板工程及高大模板支架工程的施工方案，应按有关规定进行技术论证。

（2）模板及支架应根据安装、使用和拆除工况进行设计，并应满足承载力、刚度和整体稳固性的要求。

（3）模板及其支架拆除的顺序及安全措施应符合现行国家标准《混凝土结构工程施工规范》（GB 50666）的规定和施工方案的要求。

2）模板安装

（1）主控项目

① 模板及支架用材料的技术指标应符合国家现行标准的规定。进场时应抽样检验模板和支架材料的外观、规格和尺寸。

检查数量：按国家现行相关标准的规定确定。

检验方法：检查质量证明文件；观察；尺寸。

② 现浇混凝土结构模板及支架安装的质量，应符合国家现行有关标准的规定和施工方案的要求。

检查数量：按国家现行相关标准的规定确定。

检验方法：按国家现行相关标准的规定执行。

③ 后浇带处的模板及支架应独立设置。

检查数量：全数检查。

检查方法：观察。

④ 支架竖杆和竖向模板安装在土层上时应符合下列规定：

a. 土层应坚实、平整，其承载力和密实度应符合施工方案的要求。

b. 应有防水、排水措施；对冻胀性土，应有预防冻融措施。

c. 支架竖杆下应有底座或垫板。

检查数量：全数检查。

检查方法：观察；检查土层密实度报告、土层承载力验算或现场检测报告。

（2）一般项目

① 模板安装质量应符合下列规定：

a. 模板的接缝应严实。

b. 模板内不应有杂物、积水或冰雪等。

c. 模板与混凝土的接触面应平整、清洁。

d. 用作模板的地坪、胎膜应平整、清洁，不应有影响构件质量的下沉、裂缝、起砂或起鼓。

e. 对清水混凝土及装饰混凝土构件，应使用能达到设计效果的模板。

检验数量：全数检查。

检验方法：观察。

② 隔离剂的品种和涂刷方法应符合施工方案的要求。隔离剂不能影响结构性能及装饰施工；不能玷污钢筋、预应力筋、预埋件和混凝土接槎处；不得对环境造成污染。

检验数量：全数检查。

检验方法：检验质量证明文件；观察。

③ 模板的起拱应符合现行国家标准《混凝土结构工程施工规范》（GB 50666）的规定，并符合设计及施工方案的要求。

检验数量：在同一检验批内，对梁，跨度大于18 m应全数检查，跨度不大于18 m时应抽查构件数量的10%，且不应小于3件；对板，应有代表性的自然间的抽查10%，且不应小于3件；对大空间结构，板可按纵、横轴线划分检查面，抽查10%，且不应小于3件。

检查方法：水准仪或尺量。

④ 现浇混凝土结构多层连续支模应符合施工方案的规定。上、下层模板支架的竖杆宜对准。竖杆下层垫板的设置应符合施工方案的要求。

检验数量：全数检查。

检验方法：观察。

⑤ 固定在模板上的预埋件和预留孔洞不得遗漏，且应安装牢固。有抗渗要求的混凝土构件中的预埋件，应按设计及施工方案要求采取防渗措施。

预埋件和预留孔洞的位置应满足设计和施工要求。当设计无具体要求时，其位置偏差应符合表5-3的规定。

检查数量：在同一检验批内，对梁、柱和独立基础，应抽查构件数量的10%，且不应小于3件；对墙和板，应有代表性的自然间的抽查10%，且不应小于3件；对大空间的结构墙可按相邻轴线间高度5 m左右划分检查面，板可按纵、横轴线划分检查面，抽查10%，且不应小于3面。

检验方法：观察；尺量。

表 5-3　预埋件和预留孔洞的安装允许偏差

项　　目	允许偏差（mm）
预埋板中心线位置	3
预埋管、预留孔中心线位置	3

续表 5-3

项 目		允许偏差(mm)
插筋	中心线位置	5
	外露长度	+10,0
预埋螺栓	中心线位置	2
	外露长度	+10,0
预留洞	中心线位置	10
	尺寸	+10,0

注:检查中心线位置时,沿纵、横两个方向量测,并取其中偏差的较大值。

⑥ 现浇混凝土模板安装的尺寸偏差及检验方法应符合表 5-4 的规定。

检查数量:在同一检验批内,对梁、柱和独立基础,应抽查构件数量的 10%,且不应小于 3 件;对墙和板,应有代表性的自然间的抽查 10%,且不应小于 3 件;对大空间的结构墙可按相邻轴线间高度 5 m 左右划分检查面,板可按纵、横轴线划分检查面,抽查 10%,且不应小于 3 面。

表 5-4 现浇结构模板安装的允许偏差及检验方法

项 目		允许偏差（mm）	检验方法
轴线位置		5	钢尺检查
底模上表面标高		±5	水准仪或拉线、钢尺检查
模板内部尺寸	基础	±10	钢尺检查
	柱、墙、梁	±5	钢尺检查
墙、柱垂直度	层高≤6 m	8	经纬仪或吊线、钢尺检查
	层高＞6 m	10	经纬仪或吊线、钢尺检查
相邻模板表面高差		2	钢尺检查
表面平整度		5	2 m 靠尺和塞尺检查

注:检查轴线位置时,应沿纵、横两个方向量测,并取其中的较大值。

⑦ 预制构件模板安装的偏差应符合表 5-5 的规定。

表 5-5 预制构件模板安装的允许偏差及检验方法

项 目		允许偏差（mm）	检 验 方 法
长度	板、梁	±4	钢尺量两角边,取其中较大值
	薄腹梁、桁架	±8	
	柱	0,—10	
	墙板	0,—5	
宽度	板、墙板	0,—5	钢尺量一端及中部,取其中较大值
	梁、薄腹梁、桁、柱	+2,—3	

续表 5-5

项　目		允许偏差（mm）	检验方法
高（厚）度	板	+2，−3	钢尺量一端及中部，取其中较大值
	墙板	0，−5	
	梁、薄腹梁、桁架柱	+2，−5	
侧向弯曲	梁、板、柱	$L/1\ 000$ 且 $\leqslant 15$	拉线、钢尺量最大弯曲处
	墙板、薄腹梁、桁架	$L/1\ 500$ 且 $\leqslant 15$	
板的表面平整度		3	2 m 靠尺和塞尺检查
相邻模板表面高差		1	钢尺检查
对角线差	板	7	钢尺量两个对角线
	墙板	5	
翘曲	板、墙板	$L/1\ 500$	调平尺在两端量测
设计起拱	薄腹梁、桁架、梁	±3	拉线、钢尺量跨中

注：L 为构件长度（mm）。

检查数量：首次使用及大修后的模板应全数检查；使用中的模板应定期抽查 10%，且不应少于 5 件，不足 5 件时应全数检查。

复习思考题

1. 试述模板的定义、组成、作用及其基本要求。

2. 模板如何进行分类？有哪些类型？

3. 常见的构件模板有哪些？其构造及安装要求有哪些？

4. 试述滑升模板的工作原理、适用范围及其特点。

5. 试述液压滑升模板的施工工艺、模板的滑升。

6. 试述大模板的工程分类、构造及其施工工艺。

7. 试述模板的拆除时间要求和拆模顺序。

6 砌体工程基本知识

本章提要：了解砌体材料的种类和性能，熟悉砌体材料进场检验的要求和内容；掌握砖砌体的技术要求、组砌形式、施工工艺和质量要求；熟悉砌块排列图编制原则、安装方法和技术要求；掌握砌体工程质量验收与安全技术。

砌筑工程是指用砂浆将砖、石及各种类型砌块胶结成整体的施工工艺。砖石砌体在我国有着悠久的历史，它取材容易，造价低，施工简单，目前在建筑施工中仍占有相当大的比重。其缺点是自重大，施工主要以手工操作为主，劳动强度高，生产效率低，且烧结黏土砖占用大量农田，消耗土地资源较多，因而采用新型墙体材料是砌体改革的一个方向。

6.1 砌体材料组成及检验

砌筑工程是指砖、石和各类砌块砌体的砌筑施工。在房屋建筑工程中，虽然砖、石是脆性材料，但因砖石结构取材方便，造价低廉，施工工艺简单，因此是我国传统的建筑施工方法。其不足之处是自重大，习惯于手工操作，目前很少开展机械化施工。同时，黏土砖制砖取土，占用农田，现阶段许多地区已采用工业废料和天然材料制作中、小型砌块以代替普通黏土砖。

砌体是用砂浆将块材黏结成整体，以满足使用功能和承受结构荷载。因此，块材及砂浆的质量是影响砌体质量的重要因素。

6.1.1 砖

国家标准《墙体材料术语》(GB/T 18968—2003)中将建筑用的人造小型块材，其长度≤365 mm、宽度≤240 mm、高度≤115 mm 时称为砖；将无孔洞或孔洞率＜25％的砖称为实心砖；将孔洞率≥25％，孔的尺寸小而数量多的砖称为多孔砖，主要用于承重部位；将孔洞率≥40％，孔的尺寸大而数量少的砖称为空心砖，主要用于非承重部位。

（1）烧结普通砖（标准砖）：尺寸为 240 mm×115 mm×53 mm，分为烧结黏土砖、烧结页岩砖、烧结煤矸石砖、烧结粉煤灰砖。

（2）烧结多孔砖：分为烧结黏土多孔砖、烧结页岩多孔砖、烧结煤矸石多孔砖、烧结粉煤灰多孔砖。将孔洞率≤35％，孔的尺寸小而数量多，主要适用于承重部位的砖，均称为多孔砖。目前多孔砖分为 P 型（尺寸为 240 mm×115 mm×90 mm）和 M 型（尺寸为 190 mm×190 mm×90 mm）。当用于 6～9 度抗震设防地区房屋建筑承重部位时，孔洞率一般≤25％。

（3）烧结空心砖：分为烧结黏土空心砖、烧结页岩空心砖、烧结煤矸石空心砖、烧结粉煤灰空心砖。

（4）蒸压灰砂砖：以石灰和砂为主要材料，经高压蒸汽养护硬化而制成的砖，简称灰砂砖。通常实心砖用于承重部位，空心砖用于非承重部位。灰砂砖不得用于酸性介质或温度温差变化剧烈的地区。

（5）蒸压粉煤灰砖：以石灰和粉煤灰为主要材料，经高压蒸汽养护硬化而制成的砖，简称粉煤灰砖。通常实心砖用于承重部位，空心砖用于非承重部位。

砖墙砌体砌筑采用的普通黏土砖，外形为矩形体，其尺寸和各部位名称，长度为240 mm，宽度为115 mm，厚度为53 mm。砖根据它的表面大小不同分大面（240 mm×115 mm）、条面（240 mm×53 mm）、顶面（115 mm×53 mm）；根据外观分为一等、二等两个等级；根据强度分为 MU10、MU15、MU20、MU25、MU30，单位为 MPa（N/mm²）。

在砌筑时有时要砍砖，按尺寸不同分为"七分头"（也称七分找）、"半砖"、"二寸条"和"二寸头"（也称二分找），如图 6-1 所示。

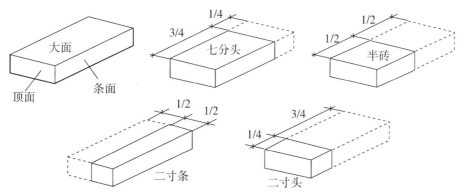

图 6-1　砖的名称

承重多孔砖的强度等级与烧结普通砖相同，非承重空心砖的强度等级为 MU5、MU3、MU2。灰砂砖根据抗压强度和抗折强度分为 MU25、MU20、MU15、MU10 四级。MU15、MU20、MU25 的灰砂砖可用于基础及其他建筑；MU10 的灰砂砖仅可用于防潮层以上的建筑。粉煤灰砖根据其抗压强度和抗折强度分为 MU20、MU15、MU10、MU7.5 四个强度等级。粉煤灰砖可用于工业与民用建筑的墙体和基础，但用于基础或用于易受冻融和干湿交替作用的建筑部位必须使用一等砖与优等砖。

6.1.2　砌块

砌块是用于砌筑的、形体大于砌墙砖的人造块材，一般为直角六面体。砌块按其系列中主规格的高度尺寸分为小型砌块（115 mm＜高度＜380 mm）、中型砌块（380 mm≤高度≤980 mm）和大型砌块（高度＞980 mm）；按用途分为承重砌块和非承重砌块；按孔洞设置状况分为空心砌块（空心率≥25%）和实心砌块（空心率＜25%）。

常用的中小型砌块有普通混凝土空心砌块和加气混凝土砌块。

1）混凝土空心砌块

工程中经常使用的中、小型混凝土空心砌块强度分为 MU3.5、MU5、MU7.5、MU10、MU15、MU20 六个等级。由普通硅酸盐水泥、中砂和粒径不大于 20 mm 的石子作为原料，经配制、拌和、成型、蒸养而成，表观密度为 1 000 kg/m³，空心率为 58%～64%。也有的混凝土空心砌块用轻质煤渣、矿渣制成。

2）蒸压加气混凝土砌块

凡以钙质材料或硅质材料为基本的原料,以铝粉等为发气剂,经过切割、蒸压养护等工艺制成的多孔、块状墙体材料称蒸压加气混凝土砌块。蒸压加气混凝土砌块用于非承重部位。蒸压加气混凝土砌块的特性为多孔轻质、保温隔热性能好、加工性能好、规格可变以及可锯、可割等优点。其抗压强度等级应满足用于围护结构或热工建筑物的要求,最低应不低于 5 N/mm²。加气混凝土砌块多应用于框架填充墙,但其干缩较大,使用不当,墙体会产生裂纹。

混凝土空心砌块一般做成椭圆形孔洞,常用的混凝土砌块形状如图 6-2 所示。

砌块的长度应满足建筑模数的要求,在竖向尺寸上结合层高与门窗来考虑,力求型号少,组装灵活,便于生产、运输和安装。

其他砌块包括陶粒混凝土砌块、粉煤灰混凝土砌块、矿渣混凝土砌块等,还有轻骨料混凝土砌块(以火山灰、煤渣、陶粒、自然煤矸石为粗骨料)、烧结空心砌块(用于非承重部位)。由于砌块的种类较多,为此,生产单位供应砌块时,必须提供产品出厂合格证,标明砌块的强度等级和质量指标。

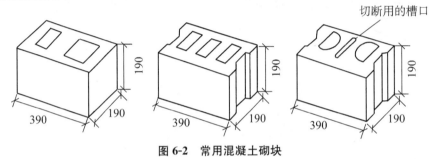

图 6-2　常用混凝土砌块

6.1.3　石材

砌筑用石料分为毛石、料石两类。

毛石又分乱毛石、平毛石。乱毛石指形状不规则的石块;平毛石指形状不规则,但有两个平面大致平行的石块。

料石按其加工面的平整程度分为细料石、半细料石、粗料石和毛料石 4 种。

细料石:通过细加工,外表规则,叠砌面凹入深度不应大于 10 mm,截面的宽度、高度不宜小于 200 mm,且不宜小于长度的 1/4。

半细料石:规格尺寸同细料石,但叠砌面凹入深度不应大于 15 mm。

粗料石:规格尺寸同细料石,但叠砌面凹入深度不应大于 20 mm。

毛料石:外形大致方正,一般不加工或仅稍加修整,高度不应小于 200 mm,叠砌面凹入深度不应大于 25 mm。

毛石:形状不规则,中部厚度不应小于 200 mm。

石料按其质量密度大小分为轻石和重石两类,质量密度不大于 18 kN/m³ 者为轻石,质量密度大于 18 kN/m³ 者为重石。

石材的强度等级,通常用边长为 70 mm 的立方体试块进行抗压强度实验,取 3 个试块破坏强度的平均值作为确定石材强度等级的依据,其强度有 MU100、MU80、MU60、MU50、MU40、MU30、MU20 七个等级。

毛石砌体所用的石材应质地坚实,无分化剥落和裂纹。用于清水墙、柱表面的石材,应色泽均匀。石材表面的泥垢、水锈等杂质,砌筑前应清除干净,以利于砂浆和块石黏结。

6.1.4 砌筑砂浆

砌筑砂浆是砌体的胶结材料,它的制备质量直接影响操作和砌体的整体强度。根据制备的场所不同分为预拌砂浆和现场拌制砂浆。预拌砂浆(也称商品砂浆)是由专业生产厂家生产的,又分为湿拌砂浆和干混砂浆;现场拌制砂浆是由水泥、细骨料和水,以及根据需要加入的石灰、活性掺合料或外加剂在现场配制成的砂浆,又分为水泥砂浆、水泥混合砂浆。

1) 预拌砂浆

预拌砂浆所用原材料不应对人体、生物及环境造成有害影响。水泥宜采用散装的通用硅酸盐水泥,且应符合现行的《通用硅酸盐水泥》(GB 175)的规定;细骨料应符合现行的《建设用砂》(GB/T 14684)的规定,且不应含有粒径大于 4.75 mm 的颗粒,天然含泥量应小于5%,泥块含量应小于2%。轻骨料、矿物掺合料、外加剂和添加剂等应符合现行国家相关标准并进行复验。

湿拌砂浆:是指水泥、细骨料、矿物掺合料、外加剂、添加剂和水,按一定比例,在搅拌站经计量、拌制后,运至使用地点,并在规定时间内使用的拌合物。湿拌砂浆应采用固定式搅拌机进行搅拌,搅拌时间不应少于 90 s。出厂需要做稠度、保水率、凝结时间、抗压强度试验。

干混砂浆:水泥、干燥骨料或粉料、添加剂以及根据性能确定的其他组分,按一定比例,在专业生产厂经计量、混合而成的混合物,在使用地点按规定比例加水或配套组分拌和使用。骨料应进行干燥处理,砂含水率应小于 0.5%,轻骨料含水率应小于 1%。宜采用电脑控制的干粉混合机进行混合,混合时间根据砂浆品种和混合机型确定。普通砌筑砂浆出厂需要做 2 h 稠度损失率、保水率、抗压强度试验,薄层砌筑砂浆需要做保水率、抗压强度试验。

预拌砂浆生产中测定细骨料、干燥骨料、轻骨料的含水率每工作班不应少于 1 次。生产过程中应避免对周围环境造成污染,所有粉料的输送及计量工序均应在密闭状态下进行,应有收尘装置。砂料场应有防扬尘措施。

2) 现场拌制砂浆

砌筑砂浆使用的水泥品种及强度等级,应根据砌体部位和所处环境来选择。水泥进场时应对其品种、等级、包装或散装仓号、出厂日期进行检查,并应对其强度、安定性进行复验,其质量必须符合现行国家标准《通用硅酸盐水泥》(GB 175)的有关规定。当在使用中对水泥质量有怀疑或水泥出厂超过 3 个月(快硬硅酸盐水泥超过 1 个月)时应复查试验,并按其结果使用。不同品种的水泥不得混合使用。生石灰应熟化成石灰膏,并用滤网过滤,为使其充分熟化,一般在化灰池中的熟化时间不少于 7 天,化灰池中储存的石灰膏应防止干燥、冻结和污染,脱水硬化后的石灰膏严禁使用。细骨料宜采用中砂并过筛,不得含有害杂物,其含泥量应满足下列要求:对水泥砂浆和强度等级不小于 M5 的水泥混合砂浆,不应超过 5%;对强度等级小于 M5 的水泥混合砂浆,不应超过 10%。凡在砂浆中掺入有机塑化剂、早强剂、缓凝剂、防冻剂等,应经试验和试配符合要求后方可使用。拌制砂浆用水,水质应符合国家现行标准。

砂浆的配合比应经试验确定,并严格执行。当砌筑砂浆的组成材料有变更时,其配合比应重新确定(当施工中采用水泥砂浆代替水泥混合砂浆时,应重新确定砂浆强度等级)。凡在砂浆中掺入有机塑化剂、早强剂、缓凝剂、防冻剂等外加剂时,应经检验和试配符合要求后方可使用。所用外加剂的技术性能应符合国家现行有关标准《砌筑砂浆增塑剂》(JG/T 164)、《混凝土外加剂》(GB 8076)、《砂浆、混凝土防水剂》(JC 474)的质量要求[摘自《砌体结构工程施工质量验收规范》(GB 50203—2011)]。

现场拌制砂浆时,各组分材料应采用重量计量,计量时要准确:水泥、微沫剂的配料精度应控制在±2%以内;砂、石灰膏、黏土膏、电石膏、粉煤灰的配料精度应控制在±5%以内。砂浆应采用机械搅拌,自投料完毕算起,搅拌时间应符合下列规定:水泥砂浆和水泥混合砂浆不得少于 2 min;水泥粉煤灰砂浆和掺用外加剂的砂浆不得少于 3 min;掺用有机塑化剂的砂浆应为 3~5 min。拌和后砂浆的稠度,砌筑实心砖墙、柱宜为 70~100 mm,砌筑平拱过梁、拱及空斗墙宜为 50~70 mm。分层度不应大于 30 mm,颜色应一致。

现场拌制的砂浆应随拌随用,拌制的砂浆应在 3 h 内使用完毕;当施工期间最高气温超过 30 ℃时,应在 2 h 内使用完毕。预拌砂浆及蒸压加气混凝土砌块专用砌筑砂浆的使用时间应按照厂方提供的说明书确定。

砂浆的强度等级是用边长 70.7 mm 的立方体试块,在(20±5)℃及正常湿度条件下,置于室内不通风处养护 28 d 的平均抗压极限强度确定的,其强度等级有 M20、M15、M10、M7.5、M5、M2.5。

对所用的砂浆应作强度检验。制作试块的砂浆应在现场取样,每一楼层或 250 m³ 砌体中的各种强度等级的砂浆,每台搅拌机应至少检查一次,每次至少留一组试块(每组 6 块),其标准养护 28 天的抗压强度应满足设计要求。同一验收批砂浆试块强度平均值应大于或等于设计强度等级值的 1.10 倍;同一验收批砂浆试块抗压强度的最小一组平均值应大于或等于设计强度等级值的 85%。

6.1.5 砌体材料的检验

(1)砌体工程所用的材料应有产品的合格证书、产品性能检测报告。块材、水泥、钢筋、外加剂等尚应有材料的主要性能的进场复验报告。严禁使用国家明令淘汰的材料。

(2)对进入施工现场的砌块材料应按产品标准进行质量验收。对质量不合格或产品等级不符合要求的,不得用于砌体工程。不得将有裂缝的砌块面砌于外墙外表面。

(3)砖砌体材料的检验

① 砖的强度等级必须符合设计要求,各项性能指标、外观质量、块型尺寸允许偏差应符合国家标准的要求。每一生产厂家的砖到现场后,按烧结普通砖、混凝土实心砖 15 万块,烧结多孔砖、混凝土多孔砖 5 万块,蒸压灰砂砖及蒸压粉煤灰砖 10 万块各为一验收批进行抽检,抽检数量为 1 组。

② 用于清水墙、柱表面的砖,应边角整齐,色泽均匀。

(4)砂浆材料的检验

① 砌体工程所用的水泥进场使用前,应分批对其强度、安定性进行复验,检验批应以同一生产厂家、同一编号为一批。当在使用中对水泥质量有怀疑或水泥出厂超过 3 个月(快硬硅酸盐水泥超过 1 个月)时应复查试验,并按其结果使用。不同品种的水泥不得混合使用。

② 砂浆用砂不得含有有害杂物。砂浆用砂的含泥量限值应满足规范要求。

③ 配制水泥石灰砂浆时,不得采用脱水硬化的石灰膏。

④ 消石灰粉不得直接使用于砌筑砂浆中。

⑤ 凡在砂浆中掺入有机塑化剂、早强剂、缓凝剂、防冻剂等,应经检验和试配符合要求后方可使用。有机塑化剂应有砌体强度的型式检验报告。

（5）小砌块材料的检验

① 施工时所用的小砌块的产品龄期应不小于 28 天。

② 小砌块的强度等级必须符合设计要求。各项性能指标、外观质量、块型尺寸允许偏差应符合国家标准的要求。抽检数量:每一生产厂家的小砌块到现场后,每 1 万块小砌块至少应抽检 1 组。用于多层以上建筑基础和底层的小砌块抽检数量不应少于 2 组。

③ 砌块块材应有产品合格证、产品性能检测报告、主要性能的进场复验报告。

（6）石砌体的检验

① 石砌体采用的石材应质地坚实,无风化剥落和裂纹。用于清水墙、柱表面的石材,应色泽均匀。

② 石材表面的泥垢、水锈等杂物,砌筑前应清除干净。

③ 石材强度等级必须符合设计要求。各项性能指标、外观质量、料石块型尺寸允许偏差应符合国家标准的要求。同一产地的石材至少应抽检一组。

④ 料石应有产品质量证明书和石材试验报告。

（7）填充墙砌体工程

① 蒸压加气混凝土砌块、轻骨料混凝土小型空心砌块砌筑时,其产品龄期应大于28 天。

② 空心砖、蒸压加气混凝土砌块、轻骨料混凝土小型空心砌块等的运输、装卸过程中严禁抛掷和倾倒。进场后应按品种、规格分别堆放整齐,堆置高度不应低于 2 m。加气混凝土砌块应防止雨淋。

③ 砖、砌块和砌筑砂浆的强度等级应符合设计要求。

④ 应检查砖或砌块的产品合格证书、产品性能检测报告和砂浆试块试验报告。

6.2　砌筑工程

6.2.1　砌体的一般要求

砌体可分为:砖砌体,主要有墙和柱;砌块砌体,多用于定型设计的民用房屋及工业厂房的墙体;石材砌体,多用于带形基础、挡土墙及某些墙体结构;配筋砌体,在砌体水平灰缝中配置钢筋网片或在砌体外部的预留槽沟内设置竖向粗钢筋的组合砌体。

砌体除应采用符合质量要求的原材料外,还必须有良好的砌筑质量,以使砌体有良好的整体性、稳定性和良好的受力性能,一般要求灰缝横平竖直,砂浆饱满,厚薄均匀,砌块应上下错缝,内外搭砌,接槎牢固,墙面垂直;要预防不均匀沉降引起开裂;要注意施工中墙、柱的稳定性;冬期施工时还要采取相应的措施。

6.2.2 基础砌筑

1）砖基础

砖基础由垫层、大放脚和基础墙构成。基础墙是墙身向地下的延伸,大放脚是为了增大基础的承压面积,所以要砌成台阶形状。大放脚有等高式和间隔式两种砌法,如图 6-3 所示。等高式的大放脚是每两皮一收,每边各收进 1/4 砖长;间隔式大放脚是两皮一收与一皮一收相间隔,每边各收进 1/4 砖长,以此往复。大放脚的底宽应根据计算而定,各层大放脚的宽度应为半砖长的整倍数(包括灰缝)。

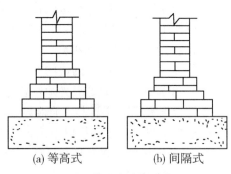

(a) 等高式   (b) 间隔式

图 6-3 基础大放脚形式

在大放脚下面为基础地基,地基一般用灰土、碎砖三合土或混凝土等。

(1)砖基础组砌形式

砖基础砌筑应采用一顺一丁或称为满条满丁的排砖方法。砌筑时,必须里外搭槎,上下皮竖缝至少错开 1/4 砖长。大放脚的最下一皮砖及每一层砖的上面的一皮砖,应用丁砖砌筑为主,这样传力较好,砌筑及回填土时也不易碰坏。并要采用一块砖、一铲灰、一挤揉的砌砖法,不得采用挂竖缝灰口的方法。

砖基础的转角处应根据错缝需要加砌七分头砖及二分头砖。图 6-4 为二砖半(620 mm)宽等高式大放脚转角处分皮砌法。砖基础的十字交接处,纵横大放脚要隔皮砌通。图 6-5 为二砖半宽等高式大放脚十字交接处分皮砌法。

(2)砖基础施工

基础垫层施工完毕经验收合格后,便可进行弹墙基线工作。弹线工作可按以下顺序进行:

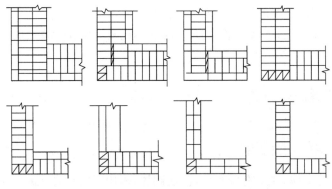

图 6-4 大放脚转角处分皮砌法

① 在基槽四角各相对龙门板的轴线标钉处拉上麻线(施工放线用的一种绳子),如图 6-6 所示。

② 沿麻线挂线锤,找出麻线在垫层上的投影点。

③ 用墨汁弹出这些投影点的连线,即墙基的外墙轴线。

④ 按基础图所示尺寸,用钢尺量出各内墙的轴线位置并弹出内墙轴线。

⑤ 用钢尺量出各墙基大放脚外边沿线,弹出墙基边线。

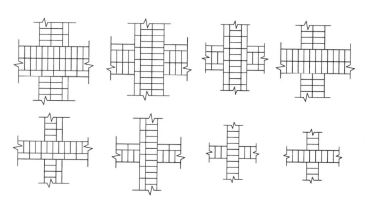

图 6-5　大放脚十字交接处砌法

⑥ 砌筑基础前应校核放线尺寸,其允许偏差应符合有关规定。

砖基础砌筑时,应按皮数杆的分层数先在转角处及交接处进行盘角,每次盘角应不超过五皮砖,再在两盘角之间拉准线,按准线逐皮砌筑中间部分,如图 6-7 所示。

内外墙砖基础应同时砌筑,当不能同时砌筑时应留斜槎或称踏步槎,斜槎的水平投影长度不应小于墙高的 2/3。当砖基础的基底标高有高有低时,应从低处砌起,并应由高处向低处搭接。当设计无要求时,搭接长度不应小于大放脚的高度,并不小于 500 mm,如图 6-8 所示。

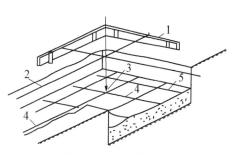

图 6-6　基础弹线
1—龙门板;2—麻线;3—线锤;
4—轴线;5—基础边线

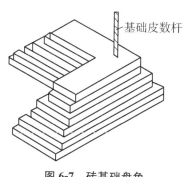

图 6-7　砖基础盘角

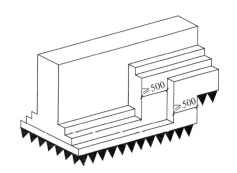

图 6-8　基础高低接头处砌法

砖基础砌筑时如有沉降缝,其两边的墙角应按直角要求砌筑,先砌一边的墙,要把舌头灰刮尽,后砌的墙可采用缩口灰砌筑。掉入沉降缝内的砂浆、杂物应随时清理干净。

砖砌大放脚如遇洞口时应预先留出位置,不得事后凿打。洞宽超过 300 mm 时,应砌平拱或设置过梁。

砖基础的水平灰缝厚度和竖向灰缝宽度应控制在 10 mm 左右,但不应小于 8 mm,也不应大于 12 mm。灰缝中砂浆应饱满。水平灰缝的砂浆饱满度不小于 80%;竖向灰缝宜采用挤浆或加浆方法,不得出现透明缝、瞎缝和假缝,严禁用水冲浆灌缝。

所有砌体不得产生通缝(在同一竖直水平面上,上下有三皮砖竖缝相交小于 20 mm)现象。

大放脚砌到最上一皮后,要从定位桩(或标志板)上拉线,把基础墙的中心线及边线引到大放脚最上皮表面,以保证基础墙位置正确。

如砖基础做防潮层时,防潮层一般应设在首层室内地面(±0.000)以下一皮砖处,即 −60 mm。防潮层应采用 1:2.5 的水泥砂浆加适量的防水剂(按水泥用量的 3%~5%)经机械搅拌均匀后铺设,铺设厚度不得小于 20 mm。

铺设防潮层前,应将墙顶面未黏结稳固的活动砖重新砌牢,清扫干净后浇水湿润,并应找出防潮层的上标高面,保证铺设的厚度。基础完工后要及时双侧回填。

2) 毛石基础

毛石基础是用毛石与水泥砂浆或水泥混合砂浆砌成。所用毛石应质地坚硬、无裂纹,强度等级一般为 MU20 以上。砂浆宜用水泥砂浆,强度等级应不低于 M5。

(1) 毛石基础形式

毛石基础可作墙下条形基础或柱下独立基础。按其断面形状有矩形、阶梯形和梯形等,如图 6-9 所示。基础顶面宽度比墙基底面宽度要大于 200 mm;基础底面宽度依设计计算而定。毛石基础的标高一般砌到室内地坪以下 50 mm,基础顶面宽度不应小于 400 mm。

毛石基础的扩大部分,如做成阶梯形,一般情况下,上级阶梯的石块应至少压砌下级阶梯的 1/2,相邻阶梯的毛石应相互错缝搭砌。阶梯形剖面应每砌 300~500 mm 高后收退一个台阶,收退几次后,达到基础顶面宽度为止;梯形剖面是上窄下宽,由下往上逐步收小尺寸;阶梯形基础每阶高不小于 300 mm。矩形剖面为满槽装毛石,上下一样宽。

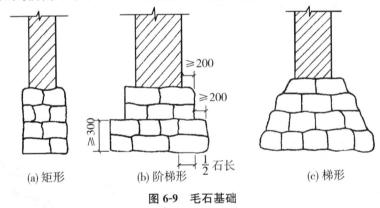

(a) 矩形　　　　　(b) 阶梯形　　　　　(c) 梯形

图 6-9　毛石基础

(2) 毛石基础施工

毛石基础砌筑,对于地下水位较高的,应采用水泥砂浆,对于地下水位较低的,考虑到可塑性的利用,宜用混合砂浆。灰缝厚度一般为 20~30 mm,砂浆应饱满,石块间较大空隙应先填塞砂浆后再用碎石块嵌实,不得采用先摆碎石块后塞砂浆或干填碎石块的方法。

砌筑基础前,必须用钢尺校核毛石基础放线尺寸,偏差不应超过规范规定。

砌筑施工工艺如下:

① 砌筑第一皮石块。第一皮石块砌筑时,应先挑选比较方整的较大的石块放在基础的四角作为角石。

角石要有 3 个平面大小相差不多,如不合适应加工修凿。以角石作为基准,将水平线拉到角石上,按线砌筑内、外皮面石,再填中间腹石。

第一皮石块应坐浆,即先在基槽垫层上摊铺砂浆,再将石块大面向下砌,并且要挤紧、稳实。砌完内、外皮面石,填充腹石后,即可灌浆。灌浆时,大的石缝中先填 1/2~1/3 的砂浆,再用碎石块嵌实,并用手锤轻轻敲实。不能先用小石块塞缝后灌浆,这样容易造成干缝和空洞,从而影响砌体质量。

② 砌筑第二皮石块。第二皮石块砌筑前,选好石块进行错缝试摆,试摆应确保上下错缝,内外搭接;试摆合格即可摊铺砂浆砌筑石块。砂浆摊铺面积约为所砌石块面积的一半,位置应在要砌石块下的中间部位,砂浆厚度控制在 40~50 mm,注意距外边 30~40 mm 内不铺砂浆。砂浆铺好后将试摆的石块砌上,石块将砂浆挤压成 20~30 mm 的灰缝厚度,使石块底面全部铺满砂浆。石块间的立缝可以直接灌浆塞缝,砌好的石块用手锤轻轻敲实,使之达到稳定状态。敲实过程中若发现有的石块不稳,可在石块的外侧加垫小石片使其稳固。切记石片不能垫在内侧,以免在荷载作用下,石块发生向外倾斜、滑移。

③ 砌筑拉结石。这是确保砌石基础整体性的关键。毛石基础同皮内每隔 2 m 左右应砌一块横贯墙身的拉结石,上下层拉结石要相互错开位置,在立面的拉结石应呈梅花状。拉结石长度:基础宽度等于或小于 400 mm 时,拉结石长度与基础宽度相等;基础宽度大于 400 mm 时,可用两块拉结石内外搭接,搭接长度不小于 150 mm,且其中一块长度不小于基础宽度的 2/3,每砌完一层,必须对中心线找平一次,保证砌体不偏斜、内陷或外凸。砌好后外侧石缝用砂浆嵌勾严密。

④ 基础顶面。毛石基础顶面的最上一皮应选用较大块的毛石砌筑,并使其顶面基本平整。

每天收工时应在当天砌筑的砌体上铺一层砂浆,表面应粗糙。夏季施工时,对砌完的砌体应用草苫覆盖养护一星期,避免风吹、日晒、雨淋。

⑤ 勾缝。毛石基础砌完后,要用抿子将灰缝用砂浆勾塞严实,经检查合格后才能填回土。

⑥ 砌筑高度控制。毛石基础每日砌筑高度不应超过 1.2 m。

6.2.3 砖墙砌筑

1)砖砌体的组砌形式

用普通砖砌筑砖墙,常用的砌体的组砌形式有一顺一丁、三顺一丁、梅花丁、五顺一丁、全顺砌法、全丁砌法、两平一侧砌法、空斗墙等,如图 6-10 所示。其中五顺一丁砌法与三顺一丁砌法基本相同,只是在两个丁砖层中间多砌两皮顺砖。

(1)一顺一丁砌法

由一皮顺砖与一丁砖相互交替砌筑而成,上下皮间的竖缝相互错开 1/4 砖长。这种砌法各皮间错缝搭接牢靠,墙体整体性较好,操作中变化小,易于掌握,砌筑时墙面也容易控制平直;但竖缝不易对齐,在墙的转角、丁字接头、门窗洞口等处都要砍砖,因此砌筑效率受到一定限制。

(2)三顺一丁砌法

由三皮顺砖与一皮丁砖相互交替叠砌而成。上下皮顺砖搭接长度为 1/2 砖长,同时要求檐墙与山墙的丁砖层不在同一皮以利于搭接。这种砌法出面砖较少,同时在墙的转角、丁字与十字接头、门窗洞口处砍砖较少,故可提高工效。

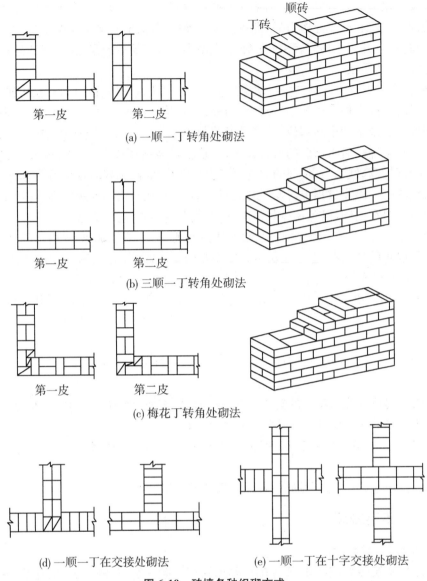

(a) 一顺一丁转角处砌法

(b) 三顺一丁转角处砌法

(c) 梅花丁转角处砌法

(d) 一顺一丁在交接处砌法　　　　(e) 一顺一丁在十字交接处砌法

图 6-10　砖墙各种组砌方式

（3）梅花丁砌法

在同一皮砖层内两块顺砖一块丁砖间隔砌筑（转角处不受此限），上下两皮间竖缝错开 1/4 砖长，丁砖必须在顺砖的中间。该砌法内外竖缝每皮都能错开，故抗压整体性较好，墙面容易控制平整，竖缝易于对齐。但因丁、顺砖交替砌筑，且操作时容易搞错，比较费工，抗拉强度不如"三顺一丁"；因外形整齐美观，所以多用于砌筑外墙。

（4）全顺砌法

每皮砖全部用顺砖砌筑，两皮间竖缝搭接长度为 1/2 砖长。此种砌法仅用于半砖隔断墙。

（5）全丁砌法

每皮砖全部用丁砖砌筑，两皮间竖缝搭接长度为 1/4 砖长。此种砌法一般多用于圆形建筑物,如水塔、烟囱、水池、圆仓等。

(6) 空斗墙砌法

空斗墙仅做围护用。有眠空斗墙是将砖侧砌(称斗)与平砌(称眠)相互交替叠砌而成,形式有一斗一眠及多斗一眠等。无眠空斗墙是由两块砖侧砌的平行壁体及相互间用侧砖丁砌横向连接而成。

2) 砖砌体的施工工艺

砖砌体的施工过程有抄平、放线、摆砖样、立皮数杆、盘角、挂线、砌筑、勾缝、清理等工序。

(1) 抄平放线(也称抄平弹线)

① 基础垫层上的放线

根据龙门板或轴线控制桩上的轴线钉,用经纬仪将基础轴线投测在垫层上(也可在对应的龙门板间拉小线,然后用线坠将轴线投测在垫层上)。再根据轴线按基础底宽,用墨线标出基础边线,作为砌筑基础的依据。如果未设垫层可在槽底钉木桩,把轴线及基础边线都投测在木桩上,如图 6-11 所示。

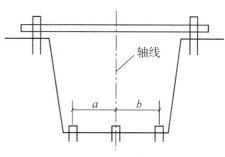

图 6-11　基础垫层上放线

基础放线是保证墙体平面位置的关键工序,是体现定位测量精度的主要环节,稍有疏忽就会造成错位。放线过程中要注意以下环节:

a. 龙门板在挖槽过程中易被碰动,因此,在投线前要对控制桩、龙门板进行复查,发现问题及时纠正。

b. 对于偏中基础,要注意偏中的方向。

c. 附墙垛、烟囱、温度缝、洞口等特殊部位要标清楚,防止遗忘。

② 基础顶面上的放线

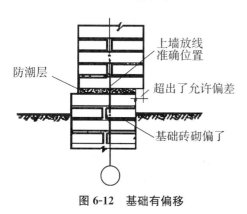

图 6-12　基础有偏移

建筑物的基础施工完成之后,应进行一次基础砌筑情况的复核。利用定位主轴线的位置来检查砌好的基础有无偏移,避免进行上部结构放线后,墙身按轴线砌时出现半面墙跨空的情形(如图6-12),只有经过复合,认为下部基础施工合格,才能在基础防潮层上正式放线。

在基础墙检查合格之后,利用墙上的主轴线,用小线在防潮层面上将两头拉通,并将线反复弹几次检查无搁碍之处,由一人在小线通过的地方选几个点画上红痕,间距 10~15 m,便于墨斗弹线。若墙的长度较短,也可直接用墨斗弹出。先将各主要墙的轴线弹出,检查一下尺寸,再将其余所有墙的轴线都弹出来。如果上部结构墙的厚度比基础窄,那么还应将墙的边线也弹出来。

轴线放完之后,检查无误,再根据图纸上标出的门、窗口位置,在基础墙上量出尺寸,用墨线弹出门口的大小,并打上交错的斜线以示洞口,不必砌砖,如图 6-13 所示,窗口一般画在墙的侧立面上,用箭头表示其位置及宽度尺寸。同时,在门、窗口的放线处还应注上宽、高尺寸。

主结构墙线放完之后,对于非承重的隔断墙的线也要同时放出。虽然在施工主体结构时隔断墙不能同时施工,但为了使瓦工能准确预留马牙槎及拉结钢筋的位置,同时放出隔墙线是必需的。

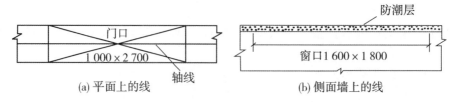

(a) 平面上的线　　　　　　　　(b) 侧面墙上的线

图 6-13　基础顶面上放线

(2) 摆砖样

摆砖样就是根据墙身的长度和组砌的方式,在弹好线的基础顶面上按选定的组砌方式先用砖试摆,核对所弹出的墨线在门窗洞口、墙垛等处是否符合砖模数,以便借助灰缝调整,使每层砖的砖块排列和砖缝宽度均匀合理。摆砖时,要求山墙摆成丁砖,横墙摆成顺砖。摆砖结束后,用砂浆把干摆的砖砌好,砌筑时注意其平面位置不得移动。

(3) 立皮数杆

皮数杆一般是用 50 mm×70 mm 的方木做成,上面画有砖的皮数、灰缝厚度、门窗、楼板、圈梁、过梁、屋架等构件的位置及建筑物各种预留洞口和加筋的高度,作为墙体砌筑时竖向尺寸的控制标志。

画皮数杆时应从±0.000 开始。从±0.000 向下到基础垫层以上为基础部分皮数杆,±0.000 以上为墙身皮数杆。楼房如每层高度相同时画到二层楼地面标高为止,平房画到前后檐口为止。画完后在杆上以每五皮砖为级数,标上砖的皮数,如 5、10、15…,并标明各种构件和洞口的标高位置及其大致图例(如图 6-14)。

皮数杆一般设置在墙的转角、内外墙交接处、楼梯间及墙面变化较多的部位,当采用里脚手架砌砖时,皮数杆则立在墙外面(如图 6-15)。如墙面过长时,应每隔 10~15 m 立一根。立皮数杆时可用水准仪测定标高,使各皮数杆立在同一标高上。在砌筑前,应检查皮数杆上±0.000 与抄平桩上的±0.000 是否符合,所立部位、数量是否符合,检查合格后方可进行施工。

(4) 盘角及挂线

墙体砌砖时,应根据皮数杆先在转角及交接处砌 3~5 皮砖,并保证其垂直平整,称为盘角。然后再在其间拉准线,依准线逐皮砌筑中间部分。盘角主要是根据皮数杆控制标高,依靠线锤、托线板(如图 6-16)使之垂直。中间墙身部分主要依靠准线使灰缝平直,一般"三七"墙以内单面挂线,"三七"墙以上双面挂线。

(5) 砌筑、勾缝

砌筑砖砌体时,砖应提前 1~2 天浇水湿润,否则,砖将从砂浆中吸收水分,从而影响砂浆的水化作用。严禁砖砌筑前浇水,因砖表面如有水膜会影响砌体质量。

砖的砌筑宜采用"三一"砌法。"三一"砌法又称为大铲砌筑法,即一铲灰、一块砖、一挤揉,并随手将挤出的砂浆刮平。这种砌法灰缝容易饱满,黏结力强,能保证砌筑质量。除"三一"砌法外也可采用铺浆法等。当采用铺浆法砌筑时,铺浆长度不宜超过 750 mm,施工期间气温超过 30 ℃时铺浆长度不宜超过 500 mm。

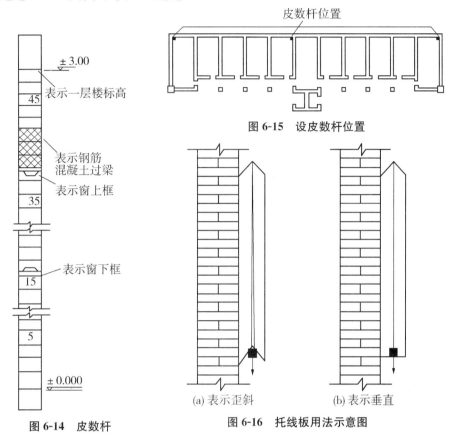

图 6-15　设皮数杆位置

图 6-14　皮数杆

(a) 表示歪斜　　　(b) 表示垂直

图 6-16　托线板用法示意图

勾缝是砌清水墙的最后一道工序,可以用砂浆随砌随勾缝,叫做原浆勾缝;也可砌完墙后再用 1∶1.5 水泥砂浆或加色砂浆勾缝,称为加浆勾缝。勾缝具有保护墙面和增加墙面美观的作用。为了确保勾缝质量,勾缝前应清除墙面黏结的砂浆和杂物并洒水湿润,在砌完墙后,应画出 10 mm 深的灰槽,灰缝可勾成凹、平、斜或凸形状。勾缝完毕还应清扫墙面。

(6) 楼层轴线的引测

为了保证各层墙身轴线的重合和施工方便,在弹墙身线时,应根据龙门板上标注的轴线位置将轴线引测到房屋的外墙基上。二层以上各层墙的轴线,可用经纬仪或垂球引测到楼层上去,同时还需根据图上轴线尺寸用钢尺进行校核。

① 首层墙体轴线引测方法

基础砌完后,根据控制桩将主墙体的轴线,利用经纬仪引到基础墙身上(如图 6-17),并用墨线弹出墙体轴线,标出轴线号或"中"字形式,即确定了上部砖墙的轴线位置。同时,用水准仪在基础露出自然地坪的墙身上,抄出 -0.100 m 或 -0.150 m 标高线,并在墙的四周都弹出墨线,作为以后砌上部墙体时控制标高的依据。

② 二层以上墙体轴线引测方法

首层楼板安装完毕、抄平之后,即可进行二层的放线工作。

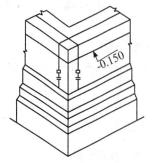

图 6-17　首层墙体轴线引测示意图

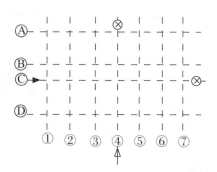

图 6-18　二层以上墙体轴线引测示意图一

a. 先在各横墙的轴线中选取在长墙中间部位的某道轴线（如图 6-18），取④轴线作为横墙中的主轴线。根据基础墙①轴线，向④轴线量出尺寸，量准确后在④轴立墙上标出轴线位置。以后每层均以此④轴立线为放线的主轴线。

同样，在山墙上选取纵墙中一条在山墙中部的轴线，如图 6-18 中的 C 轴，在 C 轴墙根部标出立线，作为以上各层放纵墙线的主轴线。

b. 两条轴线选定之后，将经纬仪支架在选定的墙体轴线前，一般离开所测高度 10 m 左右，用望远镜照

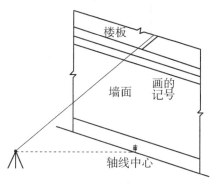

图 6-19　楼层轴线引测

准该轴线，在楼层操作人员的配合下，在楼板边棱上确定该墙体轴线的位置，并做好标记，如图 6-19 所示。依次可在楼层板确定④、C 轴的端点位置，确定互相垂直的一对主轴线。

c. 在楼层上定出了互相垂直的一对主轴线之后，其他各道墙的轴线就可以根据图纸的尺寸，以主轴线为基准线，利用钢尺及小线在楼层上进行放线。

（7）各层标高的控制

基础砌完之后，除要把主墙体的轴线，由龙门桩或龙门板上引到基础墙上外，还要在基础墙上抄出一条－0.100 m 或－0.150 m 标高的水平线。楼层各层标高除立皮数杆控制外，亦可用在室内弹出的水平线控制。

当砖墙砌起一步架高后，应随即用水准仪在墙内进行抄平，并弹出离室内地面高 500 mm 的线，在首层即为 0.5 m 标高线（现场叫五零线），在以上各层即为该层标高加 0.5 m 的标高线。这道水平线是用来控制层高及放置门、窗过梁高度的依据，也是室内装饰施工时做地面标高、墙裙、踢脚线、窗台及其他有关的装饰标高的依据。

当二层墙砌到一步架高后，随即用钢尺在楼梯间处，把底层的 0.5 m 标高线引入到上层，就得到二层 0.5 m 标高线。如层高为 3.3 m，那么从底层 0.5 m 标高线往上量 3.3 m 画一铅笔痕，随后用水准仪及标尺从这点抄平，把楼层的全部 0.5 m 标高线弹出。

3）砖墙砌体的砌筑质量要求及保证措施

砖砌体是由砖块和砂浆通过各种形式的组合而搭砌成的整体，所以砌体质量的好坏取决于组成砌体的原材料质量和砌筑方法。砌筑质量应符合《砌体结构工程施工质量验收规范》（GB 50203—2011）的要求。做到“横平竖直、砂浆饱满、组砌得当、接槎可靠”。

（1）横平竖直

砌体的灰缝应横平竖直,厚薄均匀。水平灰缝厚度宜为 10 mm,不应小于 8 mm,也不应大于 12 mm。否则在垂直荷载作用下上下两层将产生剪力,使砂浆与砌块分离从而引起砌体破坏;砌体必须满足垂直度要求,否则在垂直荷载作用下将产生附加弯矩而降低砌体承载力。砌体的竖向灰缝应垂直对齐,对不齐而错位,称为游丁走缝,会影响墙体外观质量。

要做到横平竖直,首先应将基础找平,砌筑时严格按皮数杆拉线,将每皮砖砌平,同时经常用 2 m 托线板检查墙体垂直度,厚 370 mm 以上的墙应双面挂线,发现问题应及时纠正。

（2）砂浆饱满

为保证砖块均匀受力和使块体紧密结合,要求水平灰缝砂浆饱满,厚薄均匀。水平灰缝太厚在受力时砌体的压缩变形增大,还可能使砌体产生滑移,这对墙体结构很不利。如灰缝过薄,则不能保证砂浆的饱满度,对墙体的黏结力削弱,影响整体性。砂浆的饱满程度以砂浆饱满度表示,用百格网检查,要求饱满度达到 80% 以上。同样,竖向灰缝亦应控制厚度保证黏结,不得出现透明缝、瞎缝和假缝,以避免透风漏雨,影响保温性能。

（3）错缝搭接

为了提高砌体的整体性、稳定性和承载力,砖块排列应遵守上下错缝、内外搭接的原则,不能出现通缝、错缝或搭接长度一般不小于 1/4 砖长（60 mm）。在砌筑时尽量少砍砖,承重墙最上一皮砖应采用丁砖砌筑,在梁或梁垫的下面、砖砌体台阶的水平面上以及砌体的挑出层（挑檐、腰线）也应整砖丁砖砌筑。砖柱或宽度小于 1 m 的窗间墙应选用整砖砌筑。

（4）接槎可靠

整个房屋的纵横墙应相互连接牢固,以增加房屋的强度和稳定性。砖墙的转角处和交接处一般应同时砌筑,若不能同时砌筑,应将留置的临时间断做成斜槎。实心墙的斜槎长度不应小于墙高度的 2/3;接槎时必须将接槎处的表面清理干净,浇水湿润,填实砂浆并保持灰缝顺直。如临时间断处留斜槎确有困难,非抗震设防及抗震设防烈度低于 6 度、7 度地区,除转角处外也可留直槎,但必须做成凸槎,并加设拉结筋。拉结筋的数量为每 120 mm 墙厚放置一根直径 6 mm 的钢筋,间距沿墙高不得超过 500 mm,埋入长度从墙的留槎处算起,每边均不得少于 500 mm,对抗震设防烈度为 6 度、7 度地区,不得小于 1 000 mm,末端应有 90°弯钩,如图 6-20 所示。

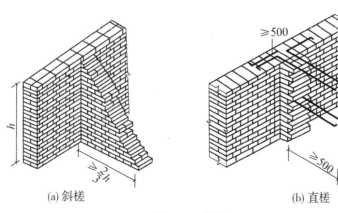

（a）斜槎　　　　　　　　　（b）直槎

图 6-20　接槎

（5）砖砌体的有关规定

① 砂浆的配合比应采用重量比,石灰膏或其他塑化剂的掺量应适量,微沫剂的掺量（按100％纯度计）应通过试验确定。

普通黏土砖在砌筑前应浇水润湿,含水率宜为 10％～15％,灰砂砖和粉煤灰砖可不必润砖。

② 砌筑顺序的规定:基底标高不同时,应从低处砌起,并应由高处向低处搭砌。当设计无要求时,搭接长度不应小于基础扩大部分的高度。

基础高低台的合理搭接对保证基础砌体的整体性至关重要,故对有高低台的基础应从低处砌起。在设计无要求时,高低台的搭接长度应符合规范规定。

砌体的转角处和交接处应同时砌筑,这样可以保证墙体的整体性,从而大大提高砌体结构的抗震性能。当不能同时砌筑时,应按规定留槎、接槎。

③ 临时施工洞、孔、脚手眼的设置规定:在墙上留置临时施工洞口,其侧边离交接处墙面不应小于 500 mm,洞口净宽度不应超过 1 m,临时施工洞口应做好补砌。

不得在下列墙体或部位设置脚手眼:

a. 120 mm 厚墙、料石清水墙和独立柱。

b. 过梁上与过梁成 60°角的三角形范围及过梁净跨度 1/2 的高度范围内。

c. 宽度小于 1 m 的窗间墙。

d. 砌体门窗洞口两侧 200 mm（石砌体为 300 mm）和转角处 450 mm（石砌体为 600 mm）范围内。

e. 梁或梁垫下及其左右 500 mm 范围内。

f. 设计不允许设置脚手眼的部位。

6.2.4 砌块砌筑

用砌块代替普通黏土砖作为墙体材料是墙体改革的重要途径。目前工程中多采用中小型砌块。中型砌块施工,是采用各种吊装机械及夹具将砌块安装在设计位置,一般要按建筑物的平面尺寸及预先设计的砌块排列图逐块按次序吊装、就位、固定。小型砌块施工,与传统的砖砌体砌筑工艺相似,也是手工砌筑,但在形状、构造上有一定的差异。

1）砌块安装前的准备工作

（1）编制砌块排列图

砌块砌筑前,应根据施工图纸的平面、立面尺寸,并结合砌块的规格,先绘制砌块排列图,砌块排列图如图 6-21 所示。绘制砌块排列图时在立面图上按比例绘出纵横墙,标出楼板、大梁、过梁、楼梯、孔洞等位置,在纵横墙上绘出水平灰缝线,然后以主规格为主、其他型号为辅,按墙体错缝搭砌的原则和竖缝大小进行排列。在墙体上大量使用的主要规格砌块,称为主规格砌块;与它相搭配使用的砌块,称为副规格砌块。小型砌块施工时,也可不绘制砌块排列图,但必须根据砌块尺寸和灰缝厚度计算皮数和排数,以保证砌体尺寸符合设计要求。

若设计无具体规定,砌块应按下列原则排列:

① 尽量多用主规格的砌块或整块砌块,减少非主规格砌块的规格与数量。

② 砌筑应符合错缝搭接的原则,搭接长度不得小于砌块高的 1/3,且不应小于150 mm。

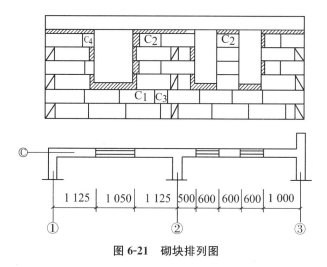

图 6-21　砌块排列图

当搭接长度不足时,应在水平灰缝内设置 2φ4 的钢筋网片予以加强,网片两端离该垂直缝的距离不得小于 300 mm。

③ 外墙转角处及纵横交接处应用砌块相互搭接,如不能相互搭接,则每两皮应设置一道拉结钢筋网片。

④ 水平灰缝一般为 10～20 mm,有配筋的水平灰缝为 20～25 mm。竖缝宽度为 15～20 mm,当竖缝宽度大于 40 mm 时应用与砌块同强度的细石混凝土填实,当竖缝宽度大于 100 mm 时应用砖砌死。

⑤ 当楼层高度不是砌块(包括水平灰缝)的整数倍时,用砖砌死。

⑥ 对于空心砌块,上下皮砌块的壁、肋、孔均应垂直对齐,以提高砌体的承载能力。

（2）砌块的堆放

砌块的堆放位置应在施工总平面图上周密安排,应尽量减少二次搬运,使场内运输路线最短,以便于砌筑时起吊。堆放场地应平整夯实,使砌块堆放平稳,并做好排水工作;砌块不宜直接堆放在地面上,应堆在草袋、煤渣垫层或其他垫层上,以免砌块底面玷污。砌块的规格、数量必须配套,不同类型分别堆放。

（3）砌块的吊装

砌块墙施工时砌块的吊装使用砌块夹具及钢丝索具,如图 6-22、图 6-23 所示。台灵架用于安装砌块,它由起重杆、支架、底盘和卷扬机等组成,如图 6-24 所示。

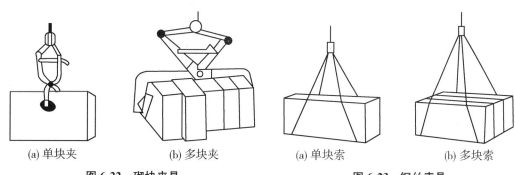

(a) 单块夹　　　　(b) 多块夹　　　　(a) 单块索　　　　(b) 多块索

图 6-22　砌块夹具　　　　　　　图 6-23　钢丝索具

2）砌块砌体施工

（1）砌筑墙体时应遵守的基本规定

① 龄期不足 28 天及潮湿的小砌块不得进行砌筑。

② 应在房屋四角或楼梯间转角处设立皮数杆，皮数杆间距不宜超过 15 m。

③ 应尽量采用主规格小砌块，小砌块的强度等级应符合设计要求，并应清除小砌块表面污物和芯柱用小砌块孔洞底部的毛边。

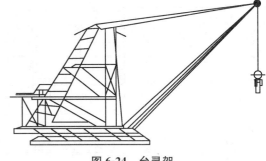

图 6-24　台灵架

④ 从转角处或定位处开始，内外墙同时砌筑，纵横墙交错搭接，外墙转角处严禁留直槎，宜从两个方面同时砌筑；墙体临时间断处应砌成斜槎，斜槎长度不应小于高度的 2/3（一般按一步脚手架高度控制）；如留斜槎确有困难，除外墙转角处及抗震设防地区，墙体临时间断处不应留直槎外，可从墙面伸出 200 mm 砌成阴阳槎，并沿墙高每三皮砌块（600 mm）设拉结筋或钢筋网片，接槎部位宜延至门窗洞口。

⑤ 应对孔错缝搭砌，个别情况当无法对孔砌筑时，普通混凝土小砌块的搭接长度不应小于 90 mm，轻骨料混凝土小砌块不应小于 120 mm；当不能保证此规定时，应在灰缝中设置拉结钢筋或网片。

⑥ 承重墙体不得采用小砌块与黏土砖等其他块体材料混合砌筑。

⑦ 严禁使用断裂小砌块或壁勒中有竖向凹形裂缝的小砌块砌筑承重墙体。

⑧ 砂浆稠度，用于普通混凝土小砌块时宜为 50 mm，用于轻骨料混凝土小砌块时宜为 70 mm。

⑨ 砌体内不宜设脚手眼。砌体相邻工作的高度差不得大于一层楼高或 4 m。

⑩ 施工中需要在砌体中设置临时施工洞口，其侧边离交接处的墙面不应小于 600 mm，并在顶部设过梁；填砌施工洞口的砌筑砂浆强度等级应提高一级。

⑪ 砌筑设计应根据气温、风压、墙体部位及小砌块材质等不同情况分别控制。常温条件下的日砌筑高度，普通混凝土小砌块控制在 1.8 m 内，轻骨料混凝土小砌块控制在 2.4 m 内。

（2）砌块施工工艺

砌块施工的主要工序为铺灰、吊砌块就位、校正、灌缝和镶砖等。

① 铺灰。采用稠度良好（50～70 mm）的水泥砂浆，铺 3～5 m 长的水平缝。夏季及寒冷季节应适当缩短，铺灰应均匀平整。

② 砌块安装就位。采用摩擦式夹具，按砌块排列图将所需砌块吊装就位。砌块就位应对准位置徐徐下落，使夹具中心尽可能与墙中心线在同一垂直面上，砌块光面在同一侧，垂直落于砂浆层上，待砌块安放稳妥后才可松开夹具。

③ 校正。用线锤和托线板检查垂直度，用拉准线的方法检查水平度。用撬棍、楔块调整偏差。

④ 灌缝。采用砂浆灌竖缝，两侧用夹板夹住砌块，超过 30 mm 宽的竖缝采用不低于 C20 的细石混凝土灌缝，收水后进行嵌缝，即原浆勾缝。以后，一般不应再撬动砌块，以防破坏砂浆的黏结力。

⑤ 镶砖。当砌块间出现较大竖缝或过梁找平时应镶砖。采用 MU10 级以上的砖，最

后一皮用丁砖镶砌。镶砖工作必须在砌砖校正后即刻进行,镶砖时应注意使砖的竖缝灌密实。

6.2.5 配筋砌体砌筑

配筋砌体是由配置钢筋的砌体作为建筑物主要受力构件的结构。配筋砌体有网状配筋砌体柱、水平配筋砌体墙、砖砌体和钢筋混凝土面层或钢筋砂浆面层组合砌体柱(墙)、砖砌体和钢筋混凝土构造柱组合墙、配筋砌块砌体剪力墙。

1) 配筋砌体的构造要求

配筋砌体的基本构造与砖砌体相同,不再赘述,下面主要介绍构造的不同点。

(1) 砖柱(墙)网状配筋的构造

砖柱(墙)网状配筋,是在砖柱(墙)的水平灰缝中配有钢筋网片。钢筋上、下保护层厚度不应小于 2 mm。所用砖的强度等级不低于 MU10,砂浆的强度等级不应低于 M7.5。采用钢筋网片时,宜采用焊接网片,钢筋直径宜采用 3~4 mm;采用连弯网片时,钢筋直径不应大于 8 mm,且网的钢筋方向应互相垂直,沿砌体高度方向交错设置。钢筋网中钢筋的间距不应大于 120 mm,并不应小于 30 mm;钢筋网片竖向间距不应大于五皮砖,且不应大于400 mm。

(2) 组合砖砌体的构造

组合砖砌体是指砖砌体和钢筋混凝土面层或钢筋砂浆面层的组合砌体构件,有组合砖柱、组合砖壁柱和组合砖墙等。

组合砖砌体构件的构造为:面层混凝土强度等级宜采用 C20。面层水泥砂浆强度等级不宜低于 M10,砖强度等级不宜低于 MU10,砌筑砂浆的强度等级不宜低于 M7.5。砂浆面层厚度宜采用 30~45 mm,当面层厚度大于 45 mm 时,其面层宜采用混凝土。

(3) 砖砌体和钢筋混凝土构造柱组合墙

组合墙砌体宜用强度等级不低于 MU7.5 的普通砌墙砖与强度等级不低于 M5 的砂浆砌筑。

构造柱截面尺寸不宜小于 240 mm×240 mm,其厚度不应小于墙厚。砖砌体与构造柱的连接处应砌成马牙槎,并应沿墙高每隔 500 mm 设 2φ6 拉结钢筋,且每边伸入墙内不宜小于 600 mm。柱内竖向受力钢筋一般采用 HPB 300 级钢筋,对于中柱不宜少于 4φ12,对于边柱不宜少于 4φ4,其箍筋一般采用 φ6@200 mm,楼层上下 500 mm 范围内宜采用 φ6@100 mm。构造柱竖向受力钢筋应在基础梁和楼层圈梁中锚固。

组合砖墙的施工程序应先砌墙后浇混凝土构造柱。

(4) 配筋砌块砌体构造要求

砌块强度等级不应低于 MU10;砌筑砂浆不应低于 M7.5;灌孔混凝土不应低于 C20。配筋砌块砌体柱边长不宜小于 400 mm;配筋砌块砌体剪力墙厚度连梁宽度不应小于190 mm。

2) 配筋砌体的施工工艺

配筋砌体施工工艺的弹线、找平、排砖摆底、墙体盘角、选砖、立皮数杆、挂线、留槎等施工工艺与普通砖砌体要求相同,下面主要介绍其不同点。

(1) 砌砖及放置水平钢筋

砌砖宜采用"三一砌砖法",即"一块砖,一铲灰,一揉压",水平灰缝厚度和竖直灰缝宽度一般为 10 mm,但不应小于 8 mm,也不应大于 12 mm。砖墙(柱)的砌筑应达到上下错缝、内外搭砌、灰缝饱满、横平竖直的要求。皮数杆上要标明钢筋网片、箍筋或拉结筋的位置,钢筋安装完毕并经隐蔽工程验收后方可砌上层砖,同时要保证钢筋上下至少各有 2 mm 保护层。

(2)砂浆(混凝土)面层施工

组合砖砌体面层施工前应清除面层底部的杂物,并浇水湿润砖砌体表面。砂浆面层施工从下而上分层施工,一般应两次涂抹。第一次是刮底,使受力钢筋与砖砌体有一定保护层;第二次是抹面,使面层表面平整。混凝土面层施工应支设模板,每次支设高度一般为 50~60 cm,并分层浇筑,振捣密实,待混凝土强度达到 30% 以上才能拆除模板。

(3)构造柱施工

构造柱竖向受力钢筋,底层锚固在基础梁上,锚固长度不应小于 35d(d 为竖向钢筋直径),并保证位置正确。受力钢筋接长,可采用绑扎接头,搭接长度为 35d,绑扎接头处箍筋间距不应大于 200 mm。楼层上下 500 mm 范围内箍筋间距宜为 100 mm。砖砌体与构造柱连接处应砌成马牙槎,从每层柱脚开始,先退后进,每一马牙槎沿高度方向的尺寸不宜超过 300 mm,并沿墙高每隔 500 mm 设 2φ6 拉结钢筋,且每边伸入墙内不宜小于 600 mm;预留的拉结钢筋应位置正确,施工中不得任意弯折。浇筑构造柱混凝土之前,必须将砖墙和模板浇水湿润(若为钢模板,不浇水,刷隔离剂),并将模板内落地灰、砖碴和其他杂物清理干净。浇筑混凝土可分段施工,每段高度不宜大于 2 m,或每个楼层分两次浇灌,应用插入式振动器,分层捣实。

构造柱钢筋竖向移位不应超过 100 mm,每一马牙槎沿高度方向尺寸不应超过 300 mm。钢筋竖向位移和马牙槎尺寸偏差每一构造柱不应超过 2 处。

6.2.6 填充墙砌筑

在框架结构的建筑中,墙体一般只起围护与分隔的作用,常用体轻、保温性能好的烧结空心砖或小型空心砌块砌筑,其施工方法与施工工艺与一般砌体施工有所不同,主要为:

砌体和块体材料的品种、规格、强度等级必须符合图纸设计要求,规格尺寸应一致,质量等级必须符合标准要求,并应有出厂合格证明、试验报告单;蒸压加气混凝土砌块和轻骨料混凝土小型砌块砌筑时的产品龄期应超过 28 天。蒸压加气混凝土砌块和轻骨料混凝土小型砌块应符合《建筑放射性核素限量》的规定。

填充墙砌体应在主体结构及相关分部已施工完毕,并经有关部门验收合格后进行。砌筑前,应认真熟悉图纸以及相关构造及材料要求,核实门窗洞口位置和尺寸,计算出窗台及过梁圈梁顶部标高,并根据设计图纸及工程实际情况编制出专项施工方案和施工技术交底。

填充墙砌体施工工艺及要求如下:

1)基层清理

在砌筑砌体前应对墙基层进行清理,将基层上的浮浆灰尘清扫干净并浇水湿润。块材的湿润程度应符合规范及施工要求。

2)施工放线

放出每一楼层的轴线、墙身控制线和门窗洞的位置线。在框架柱上弹出标高控制线以控制门窗上的标高及窗台高度,施工放线完成并经过验收合格后方能进行墙体施工。

3)墙体拉结钢筋

(1)墙体拉结钢筋有多种留置方式,目前主要采用预埋钢板再焊接拉结筋、用膨胀螺栓固定先焊在铁板上的预留拉结筋以及采用植筋方式埋设拉结筋等方式。

(2)采用焊接方式连接拉结筋,单面搭接焊的焊缝长度应不小于 $10d$,双面搭接焊的焊缝长度应不小于 $5d$。焊接不应有边、气孔等质量缺陷,并进行焊接质量检查验收。

(3)采用植筋方式埋设拉结筋,埋设的拉结筋位置较为准确,操作简单,不伤结构,但应通过抗拔试验。

4)构造柱钢筋

在填充墙施工前应先将构造柱钢筋绑扎完毕,构造柱竖向钢筋与原结构上预留插孔的搭接绑扎长度应满足设计要求。

5)立皮数杆、排砖

(1)在皮数杆上框柱、墙上排出砌块的皮数及灰缝厚度,并标出窗、洞及墙梁等构造标高。

(2)根据要砌筑的墙体长度、高度试排砖,摆出门、窗及孔洞的位置。

(3)外墙壁第一皮砖擺底时,横墙应排丁砖,梁及梁垫的下面一皮砖、窗台等水平面上一皮应用丁砖砌筑。

6)填充墙砌筑

(1)拌制砂浆

① 砂浆配合比应用重量比,计量精度为:水泥±2%,砂及掺和料±5%,砂应计入其含水量对配料的影响。

② 宜用机械搅拌,投料顺序为砂→水泥→掺和料→水,搅拌时间不少于 2 min。

③ 砂浆应随拌随用,水泥砂浆或水泥混合砂浆一般在拌和后 3～4 h 内用完,气温在 30 ℃以上时应在 2～3 h 内用完。

(2)砖或砌块应提前 1～2 天浇水湿润,湿润程度以达到水浸润砖体深度 15 mm 为宜,含水率为 10%～15%。不宜在砌筑时临时浇水,严禁干砖上墙,严禁在砌筑后向墙体洒水。蒸压加气混凝土砌块因含水率大于 35%,所以只能在砌筑时洒水湿润。

(3)砌筑墙体

① 砌筑蒸压加气混凝土砌块和轻骨料混凝土小型空心砌块填充墙时,墙底部应砌不小于300 mm 高烧结普通砖、多孔砖或普通混凝土空心砌块或浇筑 200 mm 高混凝土坎台,混凝土强度等级宜为 C20。

② 填充墙砌筑必须内外搭接、上下错缝、灰缝平直、砂浆饱满。操作过程中要经常进行自检,如有偏差应随时纠正,严禁事后采用撞砖纠正。

③ 填充墙砌筑时,除构造柱的部位外,墙体的转角处和交接处应同时砌筑,严禁无可靠措施的内外墙分砌施工。

④ 填充墙砌体的灰缝厚度和宽度应正确。烧结空心砖、轻骨料混凝土小型空心砌块的砌体灰缝应为 8～12 mm。蒸压加气混凝土砌块砌体,当采用水泥砂浆、水泥混合砂浆或蒸压加气混凝土砌块砂浆砌筑时,水平灰缝厚度及竖向灰缝宽度不应超过 15 mm;蒸压加气混凝土砌块砌体采用蒸压加气混凝土砌块黏结砂浆时,水平灰缝厚度、竖向灰缝宽度宜

为 3～4 mm。

⑤ 墙体一般不留槎,如必须留置临时间断处,应砌成斜槎,斜槎长度不应小于高度的 2/3;施工时不能留成斜槎时,除转角处外,可于墙中引出直凸槎(抗震设防地区不得留直槎)。直槎墙体每间隔高度≤500 mm,应在灰缝中加设拉结钢筋,拉结筋数量按 120 mm 墙厚放一根 Φ6 的钢筋,埋入长度从墙的留槎处算起,两边均不应小于 500 mm,末端应有 90°弯钩。拉结筋不得穿过烟道和通气管。

⑥ 砌体接槎时,必须将接槎处的表面清理干净,浇水湿润,并应填实砂浆,保持灰缝平直。

⑦ 木砖预埋:木砖经防腐处理,木纹应与钉子垂直,埋设数量按洞口高度确定。洞口高度≤2 m 时每边放 2 块,高度在 2～3 m 时每边放 3～4 块。预埋木砖的部位一般在洞口上下四皮砖处开始,中间均匀分布或按设计预埋。

⑧ 设计墙体上有预埋、预留的构造,应随砌随留、随复核,确保位置正确,构造合理。不得在已砌筑好的墙体中打洞;墙体砌筑中,不得在搁置脚手架。

⑨ 凡穿过砌块的水管,应严格防止渗水、漏水。在墙体内敷设暗管时,只能垂直埋设,不得水平开槽,敷设应在墙体砂浆达到强度后进行。混凝土空心砌块预埋管应提前专门作有预埋槽的砌块,不得在墙上开槽。

⑩ 加气混凝土砌块切锯时应用专用工具,不得用斧子或瓦刀任意砍劈,洞口两侧应选用规则整齐的砌块砌筑。

7) 构造柱、圈梁

(1) 有抗震要求的砌体填充墙按设计要求应设置构造柱、圈梁,构造柱的宽度由设计确定,厚度一般与墙壁等厚,圈梁宽度与墙等宽,高度不应小于 120 mm。圈梁、构造柱的插筋应提前预埋在结构混凝土构件中或后植筋,预留长度应符合设计要求。构造柱施工时按要求应留设马牙槎,马牙槎宜先退后进,进退尺寸不小于 60 mm,高度不宜超过 300 mm。当设计无要求时,构造柱应设置在填充墙的转角处、T 形交接处或端部;当墙长大于 5 m 时,应间隔设置。圈梁宜设在填充墙高度的中部。

(2) 支设构造柱、圈梁模板时,宜采用对拉栓式夹具。为了防止模板与砖墙接缝处漏浆,宜用双面胶条黏结。构造柱模板根部应留垃圾清扫孔。

(3) 在浇灌构造柱、圈梁混凝土前,必须向柱或梁内砌体和模板浇水湿润,并将模板内的落灰清除干净,先注入适量的水泥砂浆,再浇灌混凝土。振捣时,振捣器应避免碰到墙体,严禁通过墙体传振。

6.2.7 砌体工程冬期施工

当室外日平均气温连续 5 d 稳定低于 5 ℃时,砌体工程应采取冬期施工措施。冬期施工期限以外,当日最低气温低于 0 ℃时也应按冬期施工措施执行。砌体工程冬期施工应有完整的冬季施工方案。

(1) 冬季施工所用材料应符合以下规定:

① 石灰膏、电石膏等应防止受冻,如遭冻结,应经融化后使用。

② 拌制砂浆用砂不得含有冰块和大于 10 mm 的冻结块。

③ 砌体用块体不得遭水浸冻。

（2）冬期施工砂浆试块的留置，除应按常温规定要求外，尚应增加1组与砌体同条件养护的试块，用于检验转入常温28 d的强度。如有特殊需要，可另外增加相应龄期的同条件养护试块。

（3）冬期施工，中砖、小砌块浇（喷）水湿润应符合下列规定：

① 烧结普通砖、烧结多孔砖、蒸压灰砂砖、蒸压粉煤灰砖、烧结空心砖、吸水率较大的轻骨料混凝土小型空心砌块在气温高于0 ℃条件砌筑时，应浇水湿润；在气温低于、等于0 ℃条件下砌筑时，可不浇水，但必须增大砂浆稠度。

② 普通混凝土小型空心砌块、混凝土多孔砖、混凝土实心砖及采用薄灰砌筑法的蒸压加气混凝土砌块，不应对其浇（喷）水湿润。

（4）拌和砂浆时水的温度不得超过80 ℃，砂的温度不得超过40 ℃，且水泥不得与80 ℃以上热水直接接触；砂浆稠度宜较常温适当增大，且不得二次加水调整砂浆和易性。

（5）每日砌筑后或砌筑间歇期间，宜及时在砌体表面进行保护性覆盖，砌体面层不得留有砂浆。继续砌筑前，应将砌体表面清理干净。

（6）砌体工程可选用掺外加剂法和暖棚法进行施工。

① 掺外加剂法。可在砂浆中掺入一定数量的氯盐（以氯化钠为主）或亚硝酸盐等外加剂以降低冰点，使砂浆中的水分在一定的负温下不冻结。这种施工方法简便、经济、可靠，是砌体工程冬期施工广泛采用的方法。另外，砌筑砂浆温度不应低于5 ℃，且每日砌筑高度不宜超过1.2 m；墙体留置的洞口，距交接墙处不应小于500 mm。如采用氯盐砂浆施工，应对砌体中配置的钢筋及钢筋预埋件进行防腐处理。

② 暖棚法。暖棚法就是利用简易结构和廉价的保温材料，将需要砌筑的工作面封闭起来，使砌筑工程始终在常温下施工和养护。采用暖棚法施工，块材在砌筑时的温度不应低于5 ℃，棚内温度距结构底面0.5 m处也不应低于5 ℃，必要时可采取棚内加热。暖棚法成本高、效率低、消耗能源，故一般用于地下室工程、基础工程以及工期紧迫的砌体工程，如局部抢建工程。

6.3 砌体工程质量验收与安全技术

6.3.1 砌体工程的质量要求

（1）砌体施工质量控制等级。砌体施工质量控制等级分为三级，其标准应符合表6-1的要求。

表6-1 砌体施工质量控制等级

项目	施工质量控制等级		
	A	B	C
现场质量管理	监督检查制度健全，并严格执行；施工方有在岗专业技术管理人员，人员齐全，并持证上岗	监督检查制度基本健全，并能执行；施工方有在岗专业技术管理人员，持证上岗	监督检查有制度；施工方有在岗专业技术管理人员

续表 6-1

项目	施工质量控制等级		
	A	B	C
砂浆、混凝土强度	试块按规定制作,强度满足验收规定,离散性小	试块按规定制作,强度满足验收规定,离散性较小	试块按规定制作,强度满足验收规定,离散性大
砂浆拌和	机械拌和:配合比计量控制严格	机械拌和:配合比计量控制一般	机械拌和或人工拌和:配合比计量控制较差
砌筑工人	中级工以上,其中高级工不少于30%	高级工、中级工不少于70%	初级工以上

资料来源:《砌体结构工程施工质量验收规范》(GB 50203—2011)。

(2)对砌体材料的要求。砌体工程所用的材料应有产品的合格证书、产品性能检测报告。块材、水泥、钢筋、外加剂等尚应有材料主要性能的进场复验报告。严禁使用国家明令淘汰的材料。

(3)任意一组砂浆试块的强度不得低于设计强度的85%。

(4)基础放线尺寸的允许偏差。砌筑基础前,应校核放线尺寸,允许偏差应符合表6-2的规定。

(5)砖砌体应横平竖直,砂浆饱满,上下错缝,内外搭砌,接槎牢固。

(6)砖砌体尺寸、位置的允许偏差及检验方法应符合表6-3的规定。

(7)配筋砌体的构造柱位置及垂直度的允许偏差应符合表6-4的规定。

(8)钢筋安装位置的允许偏差及检验方法应符合表6-5的规定。

(9)填充墙砌体一般尺寸的允许偏差应符合表6-6的规定。

(10)填充墙砌体的砂浆饱满度及检验方法应符合表6-7的规定。

表 6-2 放线尺寸的允许偏差

长度 L、宽度 B(m)	允许偏差(mm)	长度 L、宽度 B(m)	允许偏差(mm)
L(或 B)≤30	±5	60<L(或 B)≤90	±15
30<L(或 B)≤60	±10	L(或 B)>90	±20

资料来源:《砌体结构工程施工质量验收规范》(GB 50203—2011)。

表 6-3 砖砌体尺寸、位置的允许偏差及检验

项	项　　目			允许偏差(mm)	检验方法	抽检数量
1	轴数位移			10	用经纬仪和尺或用其他测量仪器检查	承重墙、柱全数检查
2	基础、墙、柱顶面标高			±15	用水准仪和尺检查	不应小于5处
3	墙面垂直度	每层		5	用2m托线板检查	不应小于5处
		全高	10 m	10	用经纬仪、吊线和尺或其他测量仪器检查	外墙全部阳角
			10 m	20		
4	表面平整度	清水墙、柱		5	用2 m靠尺和楔形塞尺检查	不应小于5处
		混水墙、柱		8		

续表 6-3

项	项 目		允许偏差（mm）	检验方法	抽检数量
5	水平灰缝平直度	清水墙	7	拉 5 m 线和尺检查	不应小于 5 处
		混水墙	10		
6	门窗洞口高、宽（后塞口）		±10	用尺检查	不应小于 5 处
7	外墙上、下窗口偏移		20	以底层窗口为准，用经纬仪或吊线检查	不应小于 5 处
8	清水墙游丁走缝		20	以每层第一皮砖为准，用吊线和尺检查	不应小于 5 处

资料来源：《砌体结构工程施工质量验收规范》（GB 50203—2011）。

表 6-4　配筋砌体的构造柱位置及垂直度的允许偏差

序	项 目			允许偏差（mm）	检验方法
1	中心线位置			10	用经纬仪和尺检查或用其他测量仪器检查
2	层间错位			8	用经纬仪和尺检查或用其他测量仪器检查
3	垂直度	每层		10	用 2 m 托线板检查
		全高	≤10 m	15	用经纬仪、吊线和尺检查，或用其他测量仪器检查
			>10 m	20	

资料来源：《砌体结构工程施工质量验收规范》（GB 50203—2011）。

表 6-5　钢筋安装位置的允许偏差及检验方法

项 目		允许偏差（mm）	检验方法
受力钢筋保护层厚度	网状配筋砌体	±10	检查钢筋网成品，钢筋网放置位置局部剔缝观察，或用探针刺入灰缝内检查，或用钢筋位置测定仪测定
	组合砖砌体	±5	支模前观察与尺量检查
	配筋小砌块砌体	±10	浇筑灌孔混凝土前观察检查与尺量检查
配筋小砌块砌体墙凹槽中水平钢筋间距		±10	钢尺量连续三档，取最大值

表 6-6　填充墙砌体尺寸位置的允许偏差

项次	项 目		允许偏差（mm）	检验方法
1	轴线位移		10	用尺检查
2	垂直度（每层）	≤3 m	5	用 2 m 托线板或吊线、尺检查
		>3 m	10	
3	表面平整度		8	用 2 m 靠尺和楔形塞尺检查
4	门窗洞口高、宽（后塞口）		±5	用尺检查
5	外墙上、下窗口偏移		20	用经纬仪或吊线检查

资料来源：《砌体结构工程施工质量验收规范》（GB 50203—2011）。

表 6-7　填充墙砌体的砂浆饱满度及检验方法

砌体分类	灰缝	饱满度及要求	检验方法
空心砖砌体	水平	≥80%	采用百格网检查块体底面或侧面砂浆的黏结痕迹面积
	垂直	填满砂浆,不得有透明缝、瞎缝、假缝	
蒸压加气混凝土砌块、轻骨料混凝土小型空心砌块砌体	水平	≥80%	
	垂直	≥80%	

资料来源:《砌体结构工程施工质量验收规范》(GB 50203—2011)。

6.3.2　砌体工程的安全与防护措施

为了避免事故发生,做到文明施工,在砌筑过程中必须采取适当的安全措施。

砌筑操作前必须检查操作是否符合安全要求,脚手架是否牢固、稳定,道路是否通畅,机具是否完好,安全设施和防护用品是否齐全,经检查符合要求后方可施工。

砌筑工程安全与防护措施如下:

(1)严禁在墙顶上站立画线、刮缝、清扫墙、柱面和检查等工作。

(2)砍砖应面向内打,以免落下的碎砖伤人。

(3)超过胸部以上的墙面不得继续砌筑,必须及时搭设好架设工具。不能用不稳定的工具或物体在脚手板上面垫高而继续作业。

(4)从砖垛上取砖时,应先取高处的后取低处的,防止垛倒砸到人。

(5)垂直运输的吊笼、滑车、绳索、刹车等必须满足负荷要求。吊运时不得超载,使用过程中应经常检查,若发现有不符合规定者应及时采取措施。

(6)起重机械吊运砖时应采用砖笼,不得直接放于跳板上。吊砂浆的料斗不能装得过满。吊运砖时吊臂回转范围内的人员不得在下面行走或停留。

(7)在地面用铁锤打石时,应先检查铁锤有无破裂,锤柄是否牢固,同时应看清附近是否危险,然后方可落锤敲击。严禁在墙顶或架上修改石材,且不得在墙上徒手移动料石,以免压破或擦伤手指。

(8)夏季要做好防雨措施,严防雨水冲走砂浆而使砌体倒塌。

(9)各种脚手架在投入使用前必须由专人负责与安全人员共同进行检查,履行交接验收手续。

(10)钢管脚手架应用外径为 48～51 mm,壁厚 3～3.5 mm,无严重锈蚀、弯曲、压扁或裂纹的钢管。

(11)钢管脚手架杆件的连接必须使用合格的玛钢扣件,不得使用铅丝和其他材料绑扎。

(12)脚手架立杆间距不得大于 1.5 m,大横杆间距不得大于 1.2 m,小横杆间距不得大于 1 m。

(13)脚手架必须按楼层与结构拉结牢固,拉结点垂直距离不得超过 4 m,水平距离不得超过 6 m。拉结材料必须有可靠的强度。

(14)脚手架的操作面必须满铺脚手板,离墙面不得大于 200 mm,不得有空隙、探头板和飞跳板。脚手板操作面应设护身栏杆和挡脚板。防护高度为 1 m。

（15）脚手架必须保证整体结构不变形。凡高度在 20 m 以上的脚手架,纵向必须设置剪刀撑,其宽度不超过 7 根立杆,与水平面夹角应为 45°～60°。高度在 20 m 以下时,必须设置正反斜支撑。

复习思考题

1. 试述砌筑砂浆的类型及其各自的性能与用途。

2. 试述拌制掺有外加剂的粉煤灰砂浆的投料顺序。

3. 试述砖砌体的砌筑工艺。

4. 砖砌体的质量要求有哪些?

5. 对砖墙砌筑临时间断处的留槎与接槎的要求有哪些?

6. 对于混凝土小型空心砌块砌体所使用的材料,除强度满足计算要求外,还应该符合哪些要求?

7 防水工程基本知识

本章提要：了解建筑防水的分类，防水材料的种类、基本性能；熟悉屋面防水、地下室防水的构造形式；掌握屋面防水、地下室防水的施工工艺和施工质量要求。

防水工程施工在建筑工程施工中占有重要地位。工程实践表明，防水工程施工质量的好坏，不仅关系到建(构)筑物的使用寿命，而且直接影响到人们生产、生活环境和卫生条件。因此，防水工程的施工必须严格遵守有关操作规程，切实保证工程质量。

防水工程按其构造做法可分为两大类，即结构构件自防水和采用各种防水层防水。其中防水层又可分为刚性防水层(如防水砂浆)和柔性防水层(如各种防水卷材)。结构构件自防水和刚性防水层防水均属于刚性防水，柔性防水层属柔性防水。

近些年来，我国在传统防水技术的基础上，已研究、开发和应用了很多新型防水材料，并推广了其施工技术。

7.1 防水材料

防水材料是防水工程的物质基础，是建筑工程不可缺少的主要建筑材料之一，是保证建筑物与构筑物防止雨水浸入、地下水及其他水分渗透的主要屏障，防水材料的优劣对建筑防水工程影响极大。常用的防水材料有防水卷材、防水涂料、刚性防水材料、建筑密封材料及防水剂等。

7.1.1 防水卷材

防水卷材是指以原纸、纤维毡、纤维布、金属箔、塑料膜、纺织物等材料中的一种或几种复合为胎基、浸涂石油沥青、煤沥青和高聚物改性沥青制成的或以合成高分子材料为基料，加入助剂及填充料经过多种工艺加工而成的、长条形片状成卷供应并起防水作用的产品。

防水卷材分为沥青防水卷材、高聚物改性沥青防水卷材和合成高分子防水卷材。传统的沥青防水卷材有二毡三油和三毡四油防水卷材，由于污染大、强度小、易老化等原因正逐渐退出市场。本节主要介绍目前建筑施工广泛使用的 SBS、APP 改性沥青防水卷材，聚乙烯丙纶(涤纶)防水卷材，PVC、TPO 高分子防水卷材，自粘复合防水卷材。

1) SBS、APP 改性沥青防水卷材

SBS、APP 改性沥青防水卷材具有不透水性能强、抗拉强度高、延伸率大、耐高低温性能好、施工方便等特点，适用于工业与民用建筑的屋面、地下等处的防水防潮以及桥梁、停车场、游泳池、隧道等建筑物的防水。

此外，常见的改性沥青防水卷材还有 PVC 改性焦油沥青防水卷材、再生胶改性沥青防水卷材等。这类防水卷材按厚度可分为 2 mm、3 mm、4 mm、5 mm 等规格，一般为单层铺设,也可复合使用,根据不同卷材可采用热熔法、冷粘法和自粘法施工。

常见高聚物改性沥青防水卷材的特点和适用范围见表 7-1 所示。

表 7-1　常见高聚物改性沥青防水卷材的特点和适用范围

卷材名称	特　点	适用范围	施工工艺
SBS 改性沥青防水卷材	耐高、低温性能有明显提高,卷材的弹性和耐疲劳性明显改善	单层铺设的屋面防水工程或复合使用,适用于寒冷地区和结构变形频繁的建筑	冷施工铺贴或热熔铺贴
APP 改性沥青防水卷材	具有良好的强度、延伸性、耐热性、耐紫外线照射及耐老化性能	单层铺设,适用于紫外线辐射强烈及炎热地区屋面使用	热熔法或冷粘法铺贴
PVC 改性焦油沥青防水卷材	有良好的耐热及耐低温性能,最低开卷温度为 -18 ℃	有利于在冬季施工	可热作业,也可冷施工
再生胶改性沥青防水卷材	有一定的延伸性,且低温柔性较好,有一定的防腐蚀能力,价格低廉,属低档防水卷材	变形较大或档次较低的防水工程	热沥青粘贴
废橡胶粉改性沥青防水卷材	比普通石油沥青纸胎油毡的抗拉强度、低温柔性均明显改善	叠层使用于一般屋面防水工程,宜在寒冷地区使用	热沥青粘贴

2) 聚乙烯丙纶(涤纶)防水卷材

聚乙烯丙纶(涤纶)防水卷材具有优良的机械强度、抗渗性能、低温性能、耐腐蚀性和耐候性,广泛应用于各种建筑结构的屋面、墙体、厕浴间、地下室、冷库、桥梁、水池、地下管道等工程的防水、防渗、防潮、隔气等工程。

3) PVC、TPO 高分子防水卷材

PVC 高分子防水卷材是一种性能优异的高分子防水卷材,具有拉伸强度大、延伸率高、收缩率小、低温柔性小、使用寿命长等特点。产品性能稳定,质量可靠,施工方便,广泛应用于各类工业与民用建筑、地铁、隧道、水利、垃圾掩埋场、化工、冶金等多个领域的防水、防渗、防腐工程。

TPO 高分子防水卷材具有超强的耐紫外线、耐自然老化能力、优异的抗穿刺性能、高撕裂强度、高断裂延伸性等特点,主要用于工业与民用建筑及公共建筑的各类屋面防水工程。

4) 自粘复合防水卷材

自粘复合防水卷材具有强度高、延伸性强、自愈性好、施工简便、安全性高等特点,广泛适用于工业与民用建筑的室内、屋面、地下防水工程,蓄水池、游泳池及地铁、隧道防水工程,木结构及金属结构屋面的防水工程。

7.1.2　建筑防水涂料

建筑防水涂料在常温下是一种液态物质,将它涂抹在基层结构物的表面,能形成一层坚韧的防水膜,从而起到防水装饰和保护的作用。防水涂料在建筑工程中适用于屋面、墙面、地下室等的防水、防潮及较为复杂结构的建筑物表面、沟、槽的维修和翻修防水。

防水涂料分为 JS 聚合物水泥基防水涂料、聚氨酯防水涂料、水泥基渗透结晶型防水涂料等。

1) JS 聚合物水泥基防水涂料

JS 聚合物水泥基防水涂料具有较高的断裂伸长率和拉伸强度,优异的耐水、耐碱、耐候、耐老化性能，使用寿命长等特点。广泛应用于屋面、内外墙、厕浴间、水池及地下工程防水、防渗、防潮。

2）聚氨酯防水涂料

聚氨酯防水涂料以其优异的性能在建筑防水涂料中占有重要地位，素有"液体橡胶"的美誉。使用聚氨酯防水涂料进行防水工程施工，涂刷后形成的防水涂膜耐水、耐碱、耐久性优异，黏结良好，柔韧性强。广泛适用于屋面、地下室、厕浴间、桥梁、冷库、水池等工程的防水、防潮，亦可用于形状复杂、管道纵横部位的防水，也可作为防腐涂料使用。

3）水泥基渗透结晶型防水涂料

水泥基渗透结晶型防水涂料是一种刚性防水材料，具有独特的呼吸、防腐、耐老化、保护钢筋能力，环保、无毒、无公害，施工简单、节省人工等特点。广泛应用于隧道、大坝、水库、发电站、核电站、冷却塔、地下铁道、立交桥、桥梁、地下连续墙、机场跑道、桩头桩基、废水处理池、蓄水池、工业与民用建筑地下室、屋面、厕浴间的防水施工，以及混凝土建筑施工等所有混凝土结构弊病的维修堵漏。

在涂膜防水层中还设有增强用的聚酯无纺布、化纤无纺布等材料，成为胎体增强材料。用胎体增强节点可提高适应变形能力和涂膜防水层的抗裂性能。

防水涂料的使用，应考虑建筑的特点、环境条件和使用条件等因素，结合防水涂料的特点和性能指标选择。

7.1.3　刚性防水材料

刚性防水材料通常指防水砂浆和防水混凝土，俗称刚性防水。它是以水泥、砂、石为原料或掺入少量外加剂（防水剂）、高分子聚合物等材料，通过调整配合比、抑制或减少孔隙率、改变空隙特征、增加原材料界面间的密实性等方法配制成具有一定抗渗能力的水泥砂浆或混凝土类防水材料。通常用于地下工程的防水与防渗。

1）防水混凝土

防水混凝土是以调整混凝土的配合比、掺外加剂或使用新品种水泥等方法提高自身的密实性、憎水性和抗渗性，使其满足抗渗压力大于 0.6 MPa 的不透水性的混凝土，具有节约材料、成本低廉、渗漏水时易于检查、便于修补、耐久性好等特点。主要适用于一般工业、民用及公共建筑的地下防水工程。

防水混凝土兼有结构层和防水层的双重功效。其防水机理是依靠机构构件（如梁、板、柱、墙体等）混凝土自身的密实性，再加上一些构造措施（如设置坡度、变形缝或者使用嵌缝膏、止水环等），达到结构自防水的目的。

2）防水砂浆

防水砂浆具有操作简单、造价便宜、易于修补等特点。仅适用于结构刚度大、建筑物变形小、基础埋深小、抗渗要求不高的工程，不适用于有剧烈振动、处于侵蚀性介质及环境温度高于 100 ℃的工程。

应用人工抹压的防水砂浆，这种砂浆主要依靠特定的某种外加剂，如防水剂、膨胀剂、聚合物等，以提高水泥砂浆的密实性或改善砂浆的抗裂性，从而达到防水抗渗的目的。

7.1.4　建筑密封材料

建筑工程用防水密封材料是嵌填于建筑物的接缝、门窗框四周、玻璃镶嵌部位及建筑裂缝等处起水密、气密性作用的材料。主要用于屋面、地下工程及其他部位的嵌缝密封防水，在自防水屋面中，也可配合构件板面涂刷防水涂料以取得较好的防水效果。建筑密封材料可以分为膏糊状的不定型材料（如腻子、各类嵌缝密封膏、胶泥等）和垫状的定型密封材料（如止水条、止水带、防水垫和遇水膨胀橡皮等）。

我国早期使用的是马牌油膏，20 世纪 60 年代以后研制了改性沥青嵌缝油膏、聚氯乙烯嵌缝油膏，现已广泛应用。近年来研制出新型的以高分子材料为原料的弹性密封膏，如丙烯酸类密封膏、聚氨酯密封膏、聚硫橡胶及硅酮密封材料等。

（1）沥青嵌缝油膏是以石油沥青为基料，加入改性材料、稀释剂及填充料混合制成的密封膏。沥青嵌缝油膏主要作为屋面、墙面和沟槽的防水嵌缝材料。施工时，缝内应清洁干燥，先涂刷冷底子油一道。干燥后即可嵌填油膏，油膏表面可加石油沥青、油毡、砂浆、塑料等覆盖层。

（2）聚氯乙烯嵌缝膏和塑料油膏。聚氯乙烯嵌缝膏又称聚氯乙烯胶泥，是以煤焦油为基料按一定比例加入聚氯乙烯树脂、增塑剂、稳定剂及填充料，在 130~140 ℃下塑化而成的热施工防水嵌缝材料，简称 PVC 嵌缝膏。塑料油膏是在 PVC 嵌缝膏的基础上改性发展起来的一种热施工弹塑性防水材料。上述两种胶泥具有弹性大、黏结力强、耐候性和低温柔性好、老化缓慢、耐酸碱、耐油等优点，可用于屋面工程、构配件嵌缝防水防渗、防潮和防腐，以及水渠、管道的接缝。

（3）丙烯酸类密封膏。该种油膏是丙烯酸树脂掺入增塑剂、分散剂、碳酸钙、增量剂等配制而成，有溶剂型和水乳型两种，常用水乳型。该类密封膏不产生污渍、抗紫外线性能优良，且在 -34~80 ℃范围性能良好。主要用于屋面、墙板、门窗嵌缝，属于中等价格和性能的产品，一般在常温下用挤枪填于各种清洁、干燥的缝内。

（4）聚氨酯密封膏。这种膏具有弹性、黏结性、耐候性好以及与混凝土黏结性好等优点，可作为屋面、墙面的接缝，尤其是游泳池工程、公路及机场跑道的补缝和接缝。

（5）聚硫类防水密封材料。是以液态聚硫橡胶为主剂和金属过氧化物等硫化剂反应，在常温下形成一种双组分型密封材料。这种材料具有优异的耐候性、气密性、水密性和良好的低温柔性，使用温度范围广泛，对金属、非金属材质有良好的黏结力，可常温或加温固化。主要用于高层建筑接缝及窗框周围防水、防尘密封，中空玻璃周边密封，建筑门窗玻璃装嵌密封，游泳池、贮水槽、上下管道和冷藏库等接缝的密封。

7.1.5 防水剂

防水剂是由化学原料配制而成的一种能起到速凝和提高水泥浆或混凝土不透水性的外加剂。按一定比例掺入水泥砂浆或混凝土中以形成防水砂浆或防水混凝土。以往使用的防水剂有氯化物金属盐类防水剂、金属皂类防水剂和硅酸钠防水剂，近年来又有有机硅建筑防水剂、无机铝盐防水剂、M1500 水泥密封剂、V 形混凝土膨胀剂和 FS 系列混凝土防水剂等。

7.2 地下室防水工程

地下工程埋设在地下或水中，长期经受地下水或潮湿环境的浸泡，因而地下防水工程比屋面防水工程要求更高,难度更大。地下防水工程施工的特点是:质量要求高,不允许出现渗水或湿渍;施工条件差,需要在基坑内露天、水中作业;防水材料品种多、性能差异大,质量性能不易保证;成品保护难和薄弱部位多(如变形缝、施工缝、后浇带、穿墙管道、穿墙螺栓、预埋铁件、预留孔洞、阴阳角等均属防水薄弱部位)。

地下防水工程施工应遵循下述原则:杜绝防水层对水的吸附和毛细渗透;接缝严密,形成封闭的整体;杜绝所留孔洞造成的渗漏;防止不均匀沉降而拉裂防水层;防水层必须做到渗漏范围以外。为贯彻以上原则,地下防水工程施工期间,首先应做好排除地面水和降低地下水位工作,地下水位标高应低于基底以下 300 mm,保持基坑土体干燥,创造良好的施工条件;其次,应采用合理的地下工程防水方案。目前,主要有以下几种防水方案:

(1) 结构自防水。依靠防水混凝土本身的抗渗性和密实性来进行防水。结构本身既是承重围护结构,又是防水层。因此,它具有施工简便、工期较短、改善劳动条件、节省工程造价等优点,是解决地下防水的有效途径,从而被广泛采用。

(2) 设防水层。即在结构物的外侧增加防水层,以达到防水的目的。常用的防水层有水泥砂浆、卷材、沥青胶结料和金属防水层,可根据不同的工程对象、防水要求及施工条件选用。

(3) 渗排水防水。利用盲沟、渗排水层等措施来排除附近的水源以达到防水目的。适用于形状复杂、受高温影响、地下水为上层滞水且防水要求较高的地下建筑。

7.2.1　防水混凝土工程施工

防水混凝土结构具有材料来源丰富、施工简便、工期短、造价低、耐久性好等优点,是我国地下结构防水的一种主要形式。防水混凝土可通过调整配合比,或掺加外加剂、掺合料等措施配制而成,其抗渗等级不得小于 P6,其试配混凝土的抗渗等级应比设计要求提高 0.2 MPa。常用的防水混凝土有普通防水混凝土、外加剂防水混凝土(如三乙醇胺、氯化铁、加气剂或减水剂等)和膨胀水泥防水混凝土。

用于防水混凝土的水泥品种宜采用硅酸盐水泥、普通硅酸盐水泥,采用其他品种水泥时应经试验确定。宜选用坚固耐久、粒形良好的洁净石子,其最大粒径不宜大于 40 mm。砂宜选用坚硬、抗风化性强、洁净的中粗砂,不宜使用海砂。用于拌制混凝土的水,应符合相关标准规定。

防水混凝土胶凝材料总用量不宜小于 320 kg/m³,在满足混凝土抗渗等级、强度等级和耐久性条件下,水泥用量不宜小于 260 kg/m³;砂率宜为 35%~40%,泵送时可增至 45%;水胶比不得大于 0.50,在有侵蚀介质时水胶比不宜大于 0.45;防水混凝土宜采用预拌商品混凝土,其入泵坍落度宜控制在 120~160 mm,坍落度每小时损失不应大于 20 mm,总损失值不应大于 40 mm;掺引气剂或引气型减水剂时,混凝土含气量应控制在 3%~5%;预拌制混凝土的初凝时间宜为 6~8 h;防水混凝土应采用机械拌制,搅拌时间不宜少于 2 min。

普通防水混凝土适用于一般工业与民用建筑及公共建筑的地下防水工程。膨胀水泥混凝土因密实性和抗裂性均较好而适用于地下工程防水和地上防水构筑物的后浇带。外加剂防水混凝土应按地下防水结构的要求及具体条件选用,其外加剂掺量、特点及其适用范围参见表 7-2。

表 7-2　外加剂防水混凝土

种　类		特　点	适用范围	掺量(外加剂／水泥重)
三乙醇胺防水混凝土		早强、抗渗标号高	工期紧迫,要求早强、抗渗要求高的工程	0.05%
加气剂防水混凝土		抗冻性好	有抗冻要求、低水化热要求的工程(f_{cu}≤20 MPa)	0.03%～0.05%
减水剂防水混凝土	木钙	流动性好,抗渗标号高	钢筋密集、薄壁结构、泵送混凝土、滑模结构等,或有缓凝与促凝要求的工程	0.2%～0.3%
	NNO,MF			0.5%～1.0%
氯化铁防水混凝土		抗渗性最好	水中结构,无筋、少筋结构,砂浆修补抹面	3%左右

　　防水混凝土工程质量的好坏不仅取决于设计与材质等因素的影响。施工质量亦有重大影响,工程实践证明,施工质量低下是地下结构渗漏水的主要原因之一,因此施工时应特别强调质量问题。

　　1) 防水混凝土的施工要点

　　(1) 关于模板。模板应表面平整,拼缝严密不漏浆,吸水性好,有足够的承载力和刚度。一般情况下模板固定仍采用对拉螺栓,为防止在混凝土内造成引水通路,应在对拉螺栓或管套中部加焊(满焊)φ70～80 mm 的止水环或方形止水片,如图 7-1 所示。如模板上钉有预埋小方木,则拆模后将螺栓贴底割去,再抹膨胀水泥砂浆封堵,效果更好。

　　(2) 关于混凝土浇筑。混凝土应严格按配料单进行配料,为了增强均匀性,应采用机械搅拌,搅拌时间至少 2 min,运输时防止漏浆和离析。混凝土浇筑时应分层连续浇筑,其自由倾落高度不得大于1.5 m,并采用机械振捣,不得漏振、欠振。

　　(3) 关于养护。防水混凝土的养护条件对其抗渗性影响很大,终凝后 4～6 h 即应覆盖草袋,12 h 后浇水养护,3 天内浇水 4～6 次/天,3 天后 2～3 次/天,养护时间不少于 14 天。

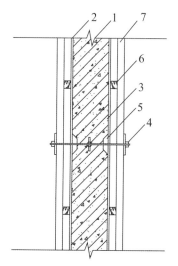

图 7-1　预埋螺栓加焊止水环

1—防水混凝土;2—模板;3—止水环;
4—螺栓;5—预埋方木;6—横楞;7—竖楞

　　(4) 关于拆模。防水混凝土不能过早拆模,一般在混凝土浇筑 3 天后,将侧模板松开,在其上口浇水养护 14 天后方可拆除。拆模时混凝土必须达到 70% 的设计强度,应控制混凝土表面温度与环境温度之差≤15 ℃。

　　2) 薄弱部位的混凝土浇筑注意事项

　　(1) 施工缝的施工

　　底板混凝土应连续浇筑不得留施工缝;墙体水平施工缝宜留在底板表面以上 300 mm,剪力和弯矩较小处,且距孔洞边缘不宜小于 300 mm。垂直施工缝应避开地下水和裂隙水较多的地段,并尽量与变形缝相结合。施工缝的形式如图 7-2 所示,有凸缝、凹缝、钢板止水带等。施工缝部位应认真做好防水处理,使上下层黏结密实,从而可以阻隔地下水的渗透。

水平施工缝与垂直施工缝继续浇筑前,应将其表面浮浆和杂物清除干净,先铺净浆,再铺30~50 mm厚的1:1水泥砂浆或涂刷混凝土界面处理剂,并及时浇灌混凝土。

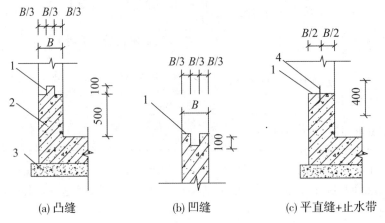

(a) 凸缝　　　　　　　(b) 凹缝　　　　　　(c) 平直缝+止水带

图 7-2　施工缝的形式

1—施工缝;2—构筑物;3—垫层;4—止水带(钢板或橡胶)

(2) 穿墙管道应在浇筑混凝土前预埋

所有预埋管道和预留孔均应在混凝土浇筑前埋设,并进行检查校准,严禁浇后打洞。结构变形或管道伸缩量较小时,穿墙管可采用主管外焊止水板或粘遇水膨胀橡胶圈直接埋入混凝土内的固定式防水法,并应预留凹槽,槽内用嵌缝材料嵌填密实。采用遇水膨胀止水圈的穿墙管,管径宜小于 50 mm,止水圈应用胶黏剂满粘固定于管上,并应涂缓胀剂,其防水构造见图 7-3 所示。结构变形或管道伸缩量较大或有更换要求时,应采用套管式防水法,套管应加焊止水环,金属止水环应与主管满焊密实,翼环与套管应满焊密实,并在施工前将套管内表面清理干净,见图 7-4 所示。穿墙管线较多时,宜相对集中,采用穿墙盒方法。穿墙盒的封口钢板应与墙上的预埋角钢焊严,并从钢板上的预留浇注孔注入改性沥青柔性密封材料或细石混凝土处理。

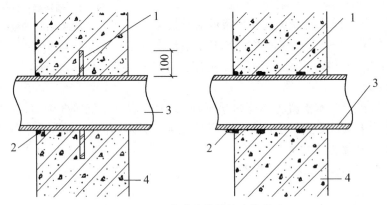

图 7-3　固定式穿墙管防水构造

1—止水环(遇水膨胀橡胶条);2—嵌缝材料;3—主管;4—混凝土结构

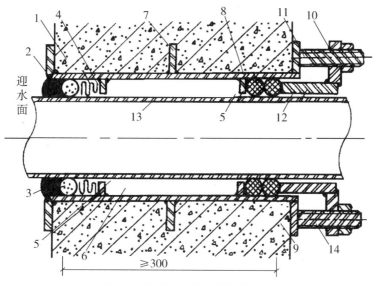

图 7-4　套管式穿墙管的构造做法

1—翼环；2—嵌缝密封材料；3—衬垫条；4—填缝材料；5—挡圈；6—套管；7—止水环；
8—橡胶圈；9—套管翼盘；10—螺母；11—双头螺栓；12—短管；13—主管；14—法兰盘

（3）结构变形缝防水处理

地下工程变形缝的设置应满足密封防水、适应变形、施工方便、容易检查的要求。常用
的构造做法采用中埋式橡胶止水带（见图 7-5）或金属止水带与外贴防水层或遇水膨胀橡胶
条复合使用的方式。遇水膨胀橡胶条是一种新型建筑防水材料，遇水后能吸水膨胀，最大膨
胀率 2.5～5.5 倍（可调），挤密新老混凝土之间缝隙形成不透水的可塑性胶体，规格 30 mm
（宽）×5 mm（厚）×延长米。常见防水构造形式见图 7-6 和图 7-7 所示。

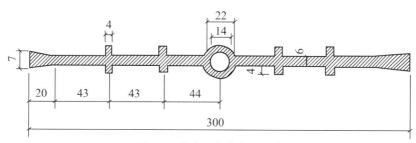

图 7-5　橡胶止水带断面形式

安装止水带时，圆环中心必须对准变形缝中央，安装必须固定好位置，不得偏移。浇筑与
止水带接触的混凝土时，应严格控制水灰比和水泥用量，并不得出现粗骨料集中或漏振现象，
对底板或顶板设置的止水带底部，应特别注意振捣密实，排除气泡。振捣棒不得碰撞止水带。

（4）后浇带施工

后浇带是大面积混凝土结构的刚性接缝，适用于不允许设置柔性变形缝且后期变形已
趋于稳定的结构。应留设在受力较小、变形较小的部位，间距宜为 30～60 m，宽度宜为 700
～1 000 mm。断面形式可留成平直缝、阶梯缝或企口缝，结构钢筋不得断开（图 7-8）。应注
意留缝位置准确，断口垂直，边缘混凝土密实。补缝混凝土应优先选用补偿收缩混凝土，强

度等级应比两侧混凝土提高一个等级,浇筑时应做结合层并细致捣实,认真浇水养护,养护时间不得少于 14 天。

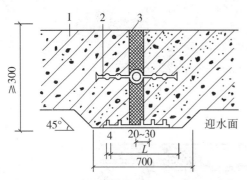

图 7-6 中埋式止水带与外贴防水层复合使用

1—混凝土结构;2—中埋式止水带(≥300 mm);
3—填缝材料;4—外贴防水层(防水卷材和防水
涂层均≥400 mm)

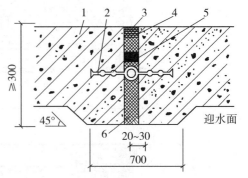

图 7-7 中埋式止水带与遇水膨胀橡胶条
和嵌缝材料复合使用

1—混凝土结构;2—中埋式止水带(≥300 mm);
3—嵌缝材料;4—背衬材料;5—遇水膨胀橡胶条;
6—填缝材料

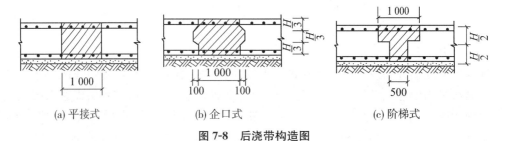

(a) 平接式   (b) 企口式   (c) 阶梯式

图 7-8 后浇带构造图

3) 防水混凝土结构层施工工艺

(1) 施工准备工作

施工前应做好以下准备工作:编制施工方案(包括连续浇筑时的程序,施工缝的位置及防水处理方法,大体积混凝土底板采取分区分层浇筑,高墙体分层交圈浇筑的划分,运输车辆及人员的行走路线,浇筑的起点流向以及减少内外温差的措施等);防水混凝土的试配和选择材料工作;做好各种防水、止水材料及设备工具的准备;做好地下工程排降水以及防止地面水流入基坑;落实任务,明确责任,做好技术与安全交底。

(2) 施工工艺与技术要求

包括模板的安装,钢筋的绑扎安装,设备管线的安装,混凝土制备,防水混凝土的运输,防水混凝土的浇筑、养护。防水混凝土的养护对抗渗性能影响极大,混凝土早起脱水或养护过程中缺少必要的水分和温度,抗渗性会大幅度降低。因此,当混凝土进入终凝(浇后 4~6 h)时即应覆盖草袋,并经常浇水养护,保持湿润以防干裂,养护时间不少于 14 天。防水混凝土拆模时,必须注意结构表面与周围气温的温差不应过大,否则结构表面会产生温度应力而开裂,影响混凝土的抗渗性;拆模后应及时填土,以避免干缩和温差引起开裂。在基础周围 800 mm 以内宜用灰土或亚黏土回填,并分层夯实,每层厚度不大于 300 mm。施工时应防止损伤防水构造。

防水混凝土结构的抗渗性能,应以标准条件下养护的防水混凝土抗渗试块的试验结果评定。抗渗试块的留置组数,每单位工程不得少于 2 组。试块应在浇筑地点制作,其中至少有 1 组应在标准条件下养护,其余试块应与构件在相同条件下养护。试块养护期不少于 28 天,不超过 90 天,如原材料、配合比或施工方法有变化均应另行留置试块。

7.2.2 水泥砂浆防水层施工

水泥砂浆防水层是用水泥砂浆、素灰(纯水泥浆)交替抹压涂刷 4 层或 5 层的多层抹水泥砂浆防水层。其防水原理是分层闭合,构成一个多层整体防水层,各层的残留毛细孔道互相堵塞住,使水分不可能透过其毛细孔,从而具有较好的抗渗防水性能。

水泥砂浆防水层包括普通防水砂浆、聚合物水泥砂浆和掺外加剂或掺和料防水砂浆。由于普通防水砂浆的多层做法比较烦琐,因此在工程中已不多用。不适用于环境有侵蚀性、持续振动或温度高于 80 ℃ 的地下工程。

水泥砂浆防水层做法分为外抹面防水(或称迎水面防水)和内抹面防水(也称背水面防水)。对外抹面(迎水面)基的防水常采用 5 层做法;对内抹面(背水面)基的防水常采用 4 层做法。采用 4 层抹面水泥砂浆防水层施工方法见表 7-3 所示,5 层抹面水泥砂浆防水层的施工方法与 4 层抹面的前 4 层相同,只是在第 4 层水泥砂浆抹压 2 遍后用毛刷均匀涂刷水泥浆一道(厚 1 mm),最后抹平压光。

防水层的施工顺序,一般是先抹顶板,再抹墙面,后抹地面。施工前要进行如下基层处理:清洁表面,浇水湿润,修补缺损,使表面平整、坚实、粗糙、清洁、潮湿,以增强防水层与基层间的黏结力。

表 7-3　4 层抹面水泥砂浆防水层施工法

层次	水灰比(重量比)	操作要求	作用
第一层灰层厚 2 mm	0.4～0.5	(1) 分两次抹压,基层浇水湿润后,先均匀刮抹 1 mm 厚素灰作为结合层,并用铁抹子往返用力刮抹 5～6 遍,使素灰填实基层空隙,以增加防水层的黏结力,随后再抹 1 mm 厚的素灰找平层,厚度要均匀; (2) 抹完后,用湿毛刷或排笔蘸水在素灰层表面一次均匀水平涂刷一遍,以堵塞及填平毛细孔道,增加不透水性	防水层的第一道防线
第二层水泥砂浆层厚 4～5 mm	0.4～0.45水泥:砂=1:2.5	(1)在素灰初凝时进行,即当素灰干燥到用手指能按入水泥砂浆层 1/4～1/2 时进行,抹压要轻,以免破坏素灰层,但也要使水泥砂浆层薄薄压入素灰层 1/4 左右,以使第一、二层结合牢固; (2)水泥砂浆初凝前用扫帚将表面扫成横条纹	起骨架和保护素灰作用
第三层素灰层厚 2 mm	0.37～0.4	(1)待第二层水泥砂浆凝固并具有一定强度后(一般隔 24 h)适当浇水湿润即可进行第三层,操作方法同第一层,其作用也和第一层相同; (2)施工时如第二层表面析出有游离氢氧化钙的白色薄膜,则需要用水冲洗并刷干净后再进行第三层,以免影响第三层之间的黏结,形成空鼓	防水作用
第四层水泥砂浆层厚 4～5mm	0.4～0.45水泥:砂=1:2.5	(1)配合比与操作方法同第二层水泥砂浆,但抹完后不扫条纹,而是在水泥砂浆凝固前,水分蒸发过程中,分次用铁抹子抹压 5～6 遍,以增加密实性,最后再压光; (2)每次抹压间隔时间应视施工现场湿度大小、气温高低及通风条件而定,一般抹压前 3 遍的间隔时间为 1～2 h,最后从抹到压光,夏季约 10～12 h,冬季最长 14 h,以免砂浆凝固后反复抹压破坏了其表面的水泥结晶,使强度降低而产生起砂现象	由于水泥砂浆凝固前抹压了 5～6 遍,增加了密实性,因此不仅起着保护第三层素灰和骨架的作用,而且还具有防水作用

防水层每层应连续施工,素灰层与砂浆层应在同一天内施工完毕。素灰层要求薄而均匀,抹灰后不宜干撒水泥粉;揉浆时应严禁加水,以免引起防水层开裂、起粉、起砂。收压应在水泥砂浆初凝前,收水 70% 时进行。第一遍收压表面要粗毛,第二遍收压表面要细毛,使砂浆密实。防水层的施工缝必须留阶梯形槎,接槎的层次要分明,不允许水泥砂浆与水泥砂浆搭接,而应先在阶梯坡形接槎处均匀涂刷水泥浆一层,以保证接槎不透水。接槎位置需离开阴阳角 200 mm。阴阳角均应做成圆弧形或钝角,圆弧半径,阳角宜为 10 mm,阴角宜为 50 mm(见图 7-9)。抹完后,养护温度不宜低于 5 ℃并保持湿润,养护时间不得少于 14 天。

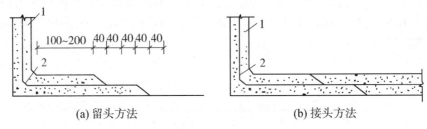

(a) 留头方法   (b) 接头方法

图 7-9　刚性防水层施工缝的处理

1—砂浆层;2—素灰层

7.2.3　地下卷材防水层施工

卷材防水层是指防水卷材和相应的胶结材料胶合而成的一种单层或多层防水层。目前常用的卷材品种主要有高聚物改性沥青防水卷材、合成高分子防水卷材。根据防水卷材胎体材料的不同可分为纤维胎、金属箔胎、复合胎、黄麻布、聚酯毡等品种,从而形成了防水卷材高、中、低档系列品种。如 APP 改性沥青防水卷材(聚酯胎)就属于高档防水材料,SBS 改性沥青防水卷材(黄麻胎)就属于中、低档防水卷材。再如三元乙丙橡胶属高档合成高分子防水卷材。

卷材防水是地下防水工程的主要做法。卷材防水层适用于铺贴在整体的混凝土结构基层上以及铺贴在整体的水泥砂浆、沥青砂浆等找平层上。基层表面必须牢固、平整、圆滑、清洁、干燥且易于黏结。地下防水卷材应尽量采用品质优良的沥青卷材或合成高分子防水卷材和高聚物改性沥青防水卷材等新型高效防水材料。

根据卷材铺贴在地下结构的内侧或外侧可分为外防水和内防水两种。外防水,即将卷材铺贴在地下防水结构的迎水面的铺贴法,采用全外包,其防水效果良好,因其可借助土压力压紧卷材并与承重结构一起抵抗地下水的渗透侵蚀作用,因而应用广泛。外防水卷材的铺贴方法有外防外贴法和外防内贴法。

1) 外防外贴法施工

外贴法是在地下防水结构墙体做好以后,把卷材防水层直接铺贴在外表面上,然后再砌筑保护墙,如图 7-10 所示。

外贴法的施工程序:

(1) 浇筑防水结构底板混凝土垫层,在垫层上抹 1:3 水泥砂浆找平层,抹平压光。

(2) 在底板垫层上砌永久性保护墙,保护墙的高度为 $B+(200\sim500)$ mm(B 为底板厚度),墙下平铺油毡条一层。

（3）在永久性保护墙上砌临时性保护墙，保护墙的高度为 150×（油毡层数＋1）。临时性保护墙应用石灰砂浆砌筑。

（4）在永久性保护墙和垫层上抹 1∶3 水泥砂浆找平层，转角要抹成圆弧形。在临时性保护墙上抹石灰砂浆做找平层，并刷石灰浆。若用模板代替临时性保护墙，应在其上涂刷隔离剂。

（5）保护墙找平层基本干燥后，满涂冷底子油一道，但临时性保护墙不涂冷底子油。

（6）在垫层及永久性保护墙上铺贴卷材防水层，转角处加贴卷材附加层，铺贴时应先底面、后立面，四周接头甩槎部位应交叉搭接（错开长度 150 mm），并贴于保护墙上，从垫层折向立面的卷材永久性保护墙的接触部位应用胶结材料紧密贴严，与临时性保护墙（或围护结构模板接触部位）应分层临时固定在该墙（或模板）上。

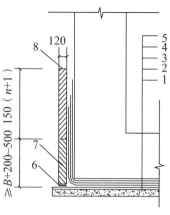

图 7-10　外贴法

1—垫层；2—找平层；3—卷材防水；
4—保护层；5—构筑物；6—卷材；
7—永久性保护墙；8—临时性保护墙

（7）油毡铺贴完毕，在底板垫层和永久性保护墙卷材面上抹热沥青或玛琋脂，并趁热撒上干净的热砂，冷却后在垫层、永久性保护墙和临时性保护墙上抹 1∶3 水泥砂浆，作为卷材防水层的保护层。

（8）浇筑防水结构的混凝土底板和墙身混凝土时，保护墙作为墙体外侧的模板。

（9）防水结构混凝土浇筑完工并检查验收后，拆除临时保护墙，清理出甩槎接头的卷材，如有破损进行修补后再依次分层铺贴防水结构外表面的防水卷材。此处卷材可错槎接缝，上层卷材盖过下层卷材不应小于 150 mm，接缝处加盖条。

（10）卷材防水层铺贴完毕，立即进行渗漏检验，有渗漏的立即修补，无渗漏时砌永久性保护墙。永久性保护墙每隔 5～6 m 及转角处应留缝，缝宽不小于 20 mm，缝内用油毡或沥青麻丝填塞。保护墙与卷材防水层之间的缝隙，随砌砖随用 1∶3 水泥砂浆填满。保护墙施工完毕，随即回填土。

2）外防内贴法施工

内贴法施工是在地下防水结构墙体未做之前，先将永久性保护墙全部砌完，再将卷材铺贴在永久性保护墙和底板垫层上，待防水层全部做完，最后浇筑围护结构混凝土。如图 7-11 所示。

内贴法的施工程序如下：

（1）做混凝土垫层，如保护墙较高，可采取加大永久性保护墙下垫层厚度的做法，必要时可配置加强钢筋。

（2）在混凝土垫层上砌永久性保护墙，保护墙厚度采用一砖墙，其下干铺油毡一层。

（3）保护墙砌好后，在垫层和保护墙表面抹 1∶3 水泥砂浆找平层，阴阳角处应抹成钝角或圆角。

（4）找平层干燥后，刷冷底子油 1～2 遍。冷底子油干燥后，将卷材防水层直接铺贴在保护墙和垫层上。铺贴卷材防

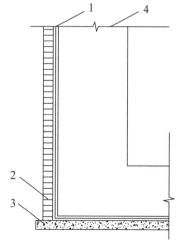

图 7-11　内贴法

1—卷材防水层；2—保护墙；
3—垫层；4—构筑物（未施工）

水层时应先铺立面,后铺平面。铺贴立面时,应先转角,后大面。

(5)卷材防水层铺贴完毕,及时做好保护层,平面上可浇一层30~50 mm厚的细石混凝土或抹一层1:3水泥砂浆,立面保护层可在卷材表面刷一道沥青胶结料,趁热撒一层热砂,冷却后再在其表面抹一层1:3 水泥砂浆保护层,并搓成麻面,以利于与混凝土墙体的黏结。

(6)浇筑防水结构的底板和墙体混凝土,回填土。

粘贴卷材的沥青胶结材料厚度一般为1.5~2.5 mm;卷材的搭接长度,长边不应小于100 mm,短边不应小于150 mm,上下层及相邻两幅卷材的接缝应错开1/3~1/2幅宽,且不得相互垂直铺贴。在立面与平面的转角处,卷材的接缝应留在平面上距立面不小于600 mm处;在所有转角处均应铺贴附加层。附加层可用两层同样卷材或一层抗拉强度高的卷材,如无胎油毡、沥青玻璃布油毡,附加层应按加固处形状仔细粘贴紧密。

采用外贴法时,每层卷材应先铺底面,后铺立面。多层卷材的交接处应交叉搭接。错槎接缝连接,上层卷材应盖过下层卷材。采用内贴法施工时,卷材宜先铺立面,后铺平面。铺贴立面时,先转角后大面。

7.2.4　涂膜防水工程施工

地下防水工程采用涂膜技术具有明显的优越性。涂膜防水就是在结构表面基层上涂上一定厚度的防水材料,经固化后形成封闭的具有良好弹性性能的涂膜防水层。常用的防水涂料有合成树脂、合成橡胶或高聚物改性沥青乳液等。涂膜防水的厚度小于3 mm 的为薄质涂料,厚度大于3 mm 的为厚质涂料。

涂膜防水具有重量轻,耐候性、耐水性、耐蚀性优良,适用性强,冷作业,易于维修等优点。但是,又有涂布厚度不易均匀,抵抗结构变形和动水压力的能力差等缺点。

地下工程涂膜防水层的设置可分为内防水(防水涂膜刷在结构内壁)、外防水(防水涂膜刷于结构外壁)以及内外结合防水3种形式。涂膜外表面应设置砂浆、砖或饰面等保护层。

涂膜防水层的施工工艺一般为:基层处理→涂刷底层涂料→增强涂布或补涂→涂布第一道涂膜防水层→增强涂布或补涂→涂布第二道涂膜防水层→做保护层。

涂膜施工时,环境温度在10~30 ℃为宜;在低温或高温、霜、雪、大风(5级风以上)的天气不宜进行涂膜施工。对于薄质涂料的施工和厚质涂料的施工工艺要求略有不同。

1)薄质涂料施工

薄质涂料一般指水乳型或溶剂型高聚物改性防水涂料及合成高分子防水涂料。薄膜涂料施工一般采用涂刷法或喷涂法。胎体材料施工有湿铺法和干铺法两种。湿铺法施工工序是先刷涂料,使涂料侵入胎体布孔眼,并与下层已固化的涂膜结成整体。涂膜防水层一般分为3道涂布。涂膜施工应注意涂布均匀,厚度一致,不得漏涂。底层涂料用量一般为0.15~0.20 kg/m²;底层涂布24 h以上,固化干燥后方可进行下道工序——增强涂布或增补涂布。增强涂布是采用条形或块状加设玻璃纤维布,前、后两道工序的涂刮方向应相互垂直,最后一道涂膜干燥固化后即可设置保护层。

2)厚质涂料施工

厚质涂料一般指沥青基防水涂料。涂料中有较多的填充料,成模干固时间长。为此,施工前应试验测定涂膜的厚度和总厚度以及涂布间隔时间,并且应考虑人工干燥法加速成膜。厚质涂料的工序与薄质涂料基本相同。

7.3 屋面防水工程

屋面防水工程是房屋建筑的一项重要工程。根据建筑物的类别、重要程度、使用功能要求以及防水层耐用年限等有关技术规范将屋面防水分为Ⅰ、Ⅱ两个等级,屋面工程具体防水等级和设防要求见表7-4。根据不同的屋面防水等级,设计人员进行屋面工程的设计时,应对屋面工程的防水、保温、隔热综合考虑。对防水有特殊要求的建筑屋面,应进行专项防水设计。屋面工程设计应满足以下基本规定:

（1）具有良好的排水功能和阻止水侵入建筑物内的作用。

（2）冬季保温减少建筑物的热损失和防止结露。

（3）夏季隔热降低建筑物对太阳辐射热的吸收。

（4）适应主体结构的受力变形和温差变形。

（5）承受风、雪荷载的作用不产生破坏。

（6）具有阻止火势蔓延的性能。

（7）满足建筑外形美观和使用的要求。

表 7-4　屋面工程具体防水等级和设防要求

项　目	屋面防水等级	
	Ⅰ级	Ⅱ级
建筑物类别	重要建筑和高层建筑	一般建筑
防水层合理使用年限	20 年	10 年
设防要求	2 道防水设防	1 道防水设防
防水层做法	卷材防水层和卷材防水层 卷材防水层和涂膜防水层 复合防水层 瓦＋防水层 压型金属板＋防水垫层	卷材防水层 涂膜防水层 复合防水层 瓦＋防水层 压型金属板＋金属面绝热夹芯板

屋面工程包括保温层、找平层、卷材防水层、细部构造4个分项工程。构造层次有结构层、隔汽层、找坡层、找平层、隔离层、保温隔热层、卷材防水层、保护层,屋面的基本构造层次见表7-5。目前,常用的屋面防水做法有屋面卷材防水、屋面涂膜防水,设计人员可根据建筑物的性质、使用功能、气候条件等因素进行组合,具体施工应根据工程设计而定。

表 7-5　屋面的基本构造层次

屋面类型	基本构造层次（自上而下）
卷材、涂膜屋面	保护层、隔离层、防水层、找平层、保温层、找平层、找坡层、结构层
	保护层、保温层、防水层、找平层、找坡层、结构层
	种植隔热层、保护层、耐根穿刺防水层、防水层、找平层、保温层、找平层、找坡层、结构层

续表 7-5

屋面类型	基本构造层次(自上而下)
卷材、涂膜屋面	架空隔热层、防水层、找平层、保温层、找平层、找坡层、结构层
	蓄水隔热层、隔离层、防水层、找平层、保温层、找平层、找坡层、结构层
瓦屋面	块瓦、挂瓦条、顺水条、持钉层、防水层或防水垫层、保温层、结构层
	沥青瓦、持钉层、防水层或防水垫层、保温层、结构层
金属板屋面	压型金属板、防水垫层、保温层、承托网、支承结构
	上层压型金属板、防水垫层、保温层、底层压型金属板、支承结构
	金属面绝热夹芯板、支承结构
玻璃采光顶	玻璃面板、金属框架、支承结构
	玻璃面板、点支承装置、支承结构

注:①表中结构层包括混凝土基层和木基层;防水层包括卷材和涂膜防水层;保护层包括块体材料、水泥
　　砂浆、细石混凝土保护层。
　　②有隔汽要求的屋面,应在保温层与结构层之间设隔汽层。

7.3.1 卷材防水屋面

卷材防水屋面是用胶结材料粘贴卷材进行防水的屋面,具有重量轻、防水性能好的优点,其防水层(卷材)的柔韧性好,能适应一定程度的结构振动和胀缩变形。卷材防水层所用卷材主要有高聚物改性沥青防水卷材和合成高分子防水卷材两大系列。

1)卷材屋面构造要求

(1)结构层

结构层施工质量的好坏将直接影响屋面工程质量。结构层应有足够的强度和刚度,承受荷载时不致产生显著变形。铺设屋面隔汽层和找平层以前,结构层必须清扫干净。

(2)找坡层和找平层

屋面找坡层的作用主要是为了快速排水和不积水,一般工业厂房和公共建筑只要对顶棚水平度要求不高或建筑功能允许,应首先选择结构找坡,既节省材料、降低成本,又减轻了屋面荷载。混凝土结构层宜采用结构找坡,坡度不应小于 3%;当采用材料找坡时,宜采用质量轻、吸水率低和有一定强度的材料,坡度宜为 2%。

当用材料找坡时,为了减轻屋面荷载和施工方便,可采用质量轻和吸水率低的材料。找坡材料的吸水率宜小于 20%,过大的吸水率不利于保温及防水。找坡层应具有一定的承载力,保证在施工及使用荷载的作用下不产生过大变形。

找平层直接铺抹在结构层或保温层上。找平层的厚度及技术要求见表 7-6。

表 7-6　找平层厚度和技术要求

类　别	基层种类	厚度(mm)	技术要求
水泥砂浆找平层	整体现浇混凝土	15～20	1:2.5～1:3(水泥:砂)体积比,宜掺抗裂纤维
	整体或板状材料保温层	20～25	
细石混凝土找平层	板状材料保温层	30～35	混凝土强度等级 C20,宜加工钢筋网片
	装配式混凝土板	30～35	混凝土强度等级 C20

找平层施工必须保证施工质量,原材料、配合比必须符合设计要求和有关规定。找平层施工表面要平整,黏结牢固,没有松动、起壳、起砂等现象。找平层必须符合设计要求,用 2 m 左右长的方尺找平。找平层的两个面相接处,如墙、天窗壁、伸缩缝、女儿墙、管道泛水处以及檐口、天沟、斜沟、水落口、屋脊等均应做成圆弧,其圆弧半径高聚物改性沥青卷材为 50 mm,合成高分子卷材为 20 mm。

找平层施工时,每个分格内的水泥砂浆应一次连续铺成,应由远到近、由高到低,待砂浆稍收水后用抹子压实抹平;终凝前,轻轻取出嵌缝条,注意成品保护。如气温低于 0 ℃ 则不宜施工,找平层完工后 12 h 要浇水养护,硬化后,分格缝应嵌填密封材料。

(3)隔离层

隔离层的作用是找平、隔离。设在卷材防水层、保温层与刚性保护层之间,其目的是减少防水层与其他层次之间的黏结力、机械咬合力、摩擦力;同时可防止保护层施工时对防水层的损坏。对于不同的屋面保护层材料,所用的隔离层材料有所不同,一般为低等级砂浆、土工布、无纺聚酯纤维布、塑料薄膜或干铺沥青卷材等,其适用范围及技术要求见表 7-7。

表 7-7　隔离层材料的适用范围和技术要求

隔离层材料	适用范围	技术要求
塑料薄膜	块体材料、水泥砂浆保护层	0.4 mm 厚聚乙烯膜或 3 mm 厚发泡聚乙烯膜
土工布	块体材料、水泥砂浆保护层	200 g/m² 聚酯无纺布
卷材	块体材料、水泥砂浆保护层	石油沥青卷材一层
低强度等级砂浆	细石混凝土保护层	10 mm 厚黏土砂浆,石灰膏:砂:黏土=1:2.4:3.6 10 mm 厚石灰砂浆,石灰膏:砂=1:4 5 mm 厚掺有纤维的石灰砂浆

(4)保温、隔热层

保温层应根据所需传热系数或热阻选择吸水率低、密度和导热系数小并有一定强度的轻质、高效的保温材料。有板状材料保温层、纤维材料保温层、整体材料保温层等。屋面坡度较大时,保温层应采取防滑措施;纤维材料做保温层时,应采取防止压缩的措施;封闭式保温层或保温层干燥有困难的卷材屋面,宜采取排汽构造措施。目前常用的保温材料见表 7-8。

表 7-8　保温层及其保温材料

保温层	保温材料
板状材料保温层	聚苯乙烯泡沫塑料、硬质聚氨酯泡沫塑料、膨胀珍珠岩制品、泡沫玻璃制品、加气混凝土砌块、泡沫混凝土砌块
纤维材料保温层	玻璃棉制品、岩棉、矿渣棉制品
整体材料保温层	喷涂硬泡聚氨酯，现浇泡沫混凝土

隔热层根据地域、气候、屋面形式、环境及使用功能等条件，采取种植、架空和蓄水等方式。种植隔热层的构造层次应包括植被层、种植土层、过滤层和排水层等，种植土四周应设挡墙，挡墙下部应设泄水孔，并应与排水出口连通。架空隔热层宜在屋顶有良好通风的建筑物上采用，不宜在寒冷地区采用，架空隔热层的高度宜为 180～300 mm，架空板与女儿墙的距离不应小于 250 mm，当屋面宽度大于 10 m 时，架空隔热层中部应设置通风屋脊。蓄水隔热层不宜在寒冷地区、地震设防地区和振动较大的建筑物上采用，蓄水隔热层的蓄水池应采用强度等级不低于 C25、抗渗等级不低于 P6 的现浇混凝土，蓄水池内宜采用 20 mm 厚防水砂浆抹面。

（5）保护层

保护层的作用是延长卷材或涂膜防水层的使用期限。对于不上人屋面和上人屋面的要求，所用保护层的材料有所不同。目前常用的材料简单易得，施工方便，经济可靠。保护层适用范围和技术要求应符合表 7-9 的规定。

采用淡色涂料做保护层时，应与防水层黏结牢固，厚薄应均匀，不得漏涂。铝箔、矿物粒料，通常是在改性沥青防水卷材生产过程中，直接覆盖在卷材表面作为保护层，覆盖铝箔时要求平整，无皱折，厚度应大于 0.05 mm；矿物粒料粒度应均匀一致，并紧密黏附于卷材表面。水泥砂浆做保护层时，表面应抹平压光，并应设表面分格缝，分格面积宜为 1 m²。采用块体材料做保护层时，宜设分格缝，其纵横间距不宜大于 10 m，分格缝宽度宜为 20 mm，并应用密封材料嵌填。采用细石混凝土做保护层时，表面应抹平压光，并应设分格缝，其纵横间距不应大于 6 m，分格缝宽度宜为 10～20 mm，并应用密封材料嵌填。块体材料、水泥砂浆、细石混凝土保护层与女儿墙或山墙之间，应预留宽度为 30 mm 的缝隙，缝内宜填塞聚苯乙烯泡沫塑料，并应用密封材料嵌填。

表 7-9　保护层材料的适用范围和技术要求

保护层材料	适用范围	技　术　要　求
浅色涂料	不上人屋面	丙烯酸系反射涂料
铝箔	不上人屋面	0.05 mm 厚铝箔反射膜
矿物粒料	不上人屋面	不透明的矿物粒料
水泥砂浆	不上人屋面	20 mm 厚 1∶2.5 或 M15 水泥砂浆
块体材料	上人屋面	地砖或 30 mm 厚 C20 细石混凝土预制块
细石混凝土	上人屋面	40 mm 厚 C20 细石混凝土或 50 mm 厚 C20 细石混凝土内配 A4@100 双向钢筋网片

2）卷材防水的施工工艺

基层表面清理、修补→喷、涂基层处理剂→节点附加增强处理→定位、弹线、试铺→铺贴卷材→收头、节点密封→清理、检查、修整→淋（蓄）水试验→保护层施工。

（1）基层表面清理、修补

卷材防水施工前首先检查其基层质量是否符合规定和设计要求，并进行清理、清扫。若存在凹凸不平、起砂、起皮、裂缝、预埋件固定不牢等缺陷，应及时进行修补。检查基层干燥度是否符合要求，干燥程度的简易检验方法为用 $1 m^2$ 卷材平坦地干铺在找平层上，静置 3～4 h 后掀开检查，找平层覆盖部位与卷材上未见水印即可铺设。

（2）喷、涂基层处理剂

选择好合适的基层处理剂，检查其质保资料和阅读使用说明书。基层处理剂可采用喷涂法或涂刷法施工。喷、涂基层处理剂前，应用毛刷对屋面节点、周边、拐角等处先行涂刷，然后均匀喷、涂于基层表面，要求喷、涂均匀，厚薄一致，不能漏刷、露底，干燥后（常温经过 4 h）开始铺贴卷材。

（3）节点附加增强处理

节点即细部构造，是屋面工程中最容易出现渗漏的薄弱环节。调查表明，在渗漏的屋面工程中，70%以上是节点渗漏，主要包括天沟、泛水、水落口、管根、檐口、阴阳角等处。在节点处首先铺贴 1～2 层卷材附加层，附加层的做法应参照现行的施工图集、施工规范要求和设计要求执行。下面列举几种节点附加增强处理的做法。

① 天沟、檐沟防水构造

在天沟、檐沟与屋面交接处空铺宽度不应小于 200 mm 的附加层；对外檐封口的防水层应收头固定密封，上面用水泥砂浆抹压。如图 7-12 所示。

② 泛水防水构造

铺贴泛水处的卷材应采用满粘法。墙体为砖墙时，卷材收头可直接铺至女儿墙压顶下，用压条钉压固定并用密封材料封闭严密，压顶应做防水处理（图 7-13(a)）；卷材收头也可压入砖墙凹槽内

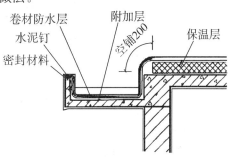

图 7-12　檐沟防水构造示意图

固定密封，凹槽距屋面找平层高度不应小于 250 mm，凹槽上部的墙体应做防水处理（图 7-13(b)）。墙体为混凝土时，卷材收头可采用金属压条钉压，并用密封材料封固（图 7-13(c)）。

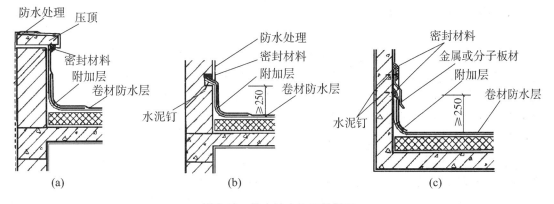

图 7-13　泛水防水构造示意图

③ 变形缝防水构造

变形缝处的泛水高度不小于 250 mm,变形缝内宜填充泡沫塑料,上部填放衬垫材料,并用卷材封盖,顶部应加扣混凝土盖板或金属盖板。如图 7-14 所示。

④ 水落口防水构造

水落口埋设标高,应考虑水落口设防时增加的附加层和柔性密封层的厚度及排水坡度加大的尺寸;水落口周围直径 500 mm 范围内坡度不应小于 5%,并应用防水涂料涂封,其厚度不应小于 2 mm。水落口与基层接触处,应留宽 20 mm、深 20 mm 的凹槽,嵌填密封材料(图 7-15(a)(b))。

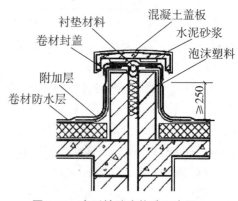

图 7-14 变形缝防水构造示意图

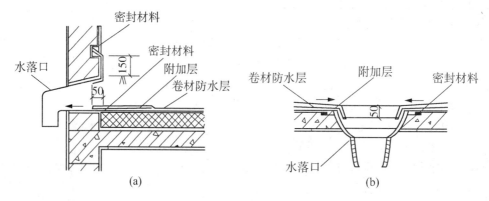

(a)　　　　　　　　　　　(b)

图 7-15 水落口防水构造示意图

(4)铺贴卷材

① 铺贴卷材的顺序

同一屋面铺贴时应先铺贴细部节点、附加层和屋面排水比较集中等部位,然后由最低处向上进行。天沟、檐沟卷材铺贴应顺天沟、檐沟去向,减少卷材搭接,有多跨和高低跨时,应按先高后低、先远后近的顺序进行。大面积屋面施工时,应根据屋面特征及面积大小等因素合理划分流水施工段并在屋面基层上放出每幅卷材的铺贴位置,弹上标记。施工段的界线宜设在屋脊、天沟、变形缝处。

② 铺贴卷材的方向

铺贴卷材应根据屋面坡度和屋面是否有振动来确定。屋面坡度小于 3% 时,卷材宜平行屋脊铺贴;屋面坡度在 3%～15% 时,卷材可平行或垂直于屋脊铺贴;屋面坡度大于 15% 或屋面受振动时,沥青防水卷材应垂直于屋脊铺贴。高聚物改性沥青和合成高分子防水卷材可平行或垂直于屋脊铺贴,但上下层卷材不得垂直铺贴。

③ 铺贴卷材搭接及宽度要求

铺贴卷材采用搭接法,平行屋脊的搭接缝,应顺流水方向(见图 7-16);垂直屋脊的搭接缝,应顺年最大频率风向。上下层及相邻两幅卷材的搭接缝应错开,叠层铺贴的各层卷材,在天沟与屋面的交接处,应采用叉接法搭接,搭接缝应错开;搭接缝宜留在屋面或天沟侧面,不宜留在沟底。高聚物改性沥青和合成高分子卷材的搭接缝应用密封材料封严。高聚物改性沥青和合成高分子防水卷材搭接宽度见表7-10。

表7-10　卷材搭接宽度

卷材类别		搭接宽度(mm)
合成高分子防水卷材	胶黏剂	80
	胶黏带	50
	单缝焊	60,有效焊接宽度不小于25
	双缝焊	80,有效焊接宽度10×2+空腔宽
高聚物改性沥青防水卷材	胶黏剂	100
	自粘	80

资料来源:《屋面工程技术规范》(GB 50345—2012)。

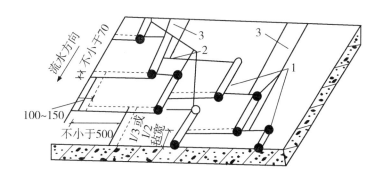

图7-16　卷材平行于屋脊铺贴
1—第一层卷材;2—第二层卷材;3—干铺卷材

④ 铺贴卷材的施工方法

高聚物改性沥青防水卷材的施工方法一般有冷粘法、自粘法、热熔法;而合成高分子防水卷材的施工方法一般有冷粘法、自粘法、热风焊接法。其中冷粘法是指在常温下采用胶黏剂(带)将卷材与基层或卷材之间黏结的施工方法;自粘法是指采用带有自粘胶的防水卷材进行黏结的施工方法;热熔法是指采用火焰加热熔化热熔型防水卷材底层的热熔胶进行黏结的施工方法;热风焊接法是指采用热空气焊枪进行防水卷材搭接黏合的施工方法。

根据卷材与基层或卷材之间粘贴的方法不同又分为满粘法、条粘法、点粘法、空铺法。其中满粘法是指卷材与基层全部黏结的施工方法,适用于屋面面积小、屋面结构变形不大且基层较干燥的情况;条粘法是指在铺设防水卷材时,卷材与基层采用条状黏结的施工方法;点粘法是指在铺设防水卷材时,卷材或打孔卷材与基层采用点状黏结的施工方法;空铺法是指在铺设防水卷材时,卷材与基层在周边一定宽度内黏结,其余部分不黏结的施工方法。

卷材防水层上有重物覆盖或基层变形较大时,应优先采用空铺法、点粘法、条粘法,但距屋面周边 800 mm 内以及叠层铺贴的各层卷材之间应满粘。立面或大坡面铺贴防水卷材时,应采用满粘法。

冷粘法施工要点:胶黏剂涂刷应均匀,不露底,不堆积。卷材空铺、点粘、条粘时,应按规定的位置及面积涂刷胶黏剂。铺贴卷材应平整顺直,搭接尺寸准确,接缝应满涂胶黏剂,并排尽卷材下面的空气,辊压黏结牢固,不得扭曲、皱折。破折溢出的胶黏剂随即刮平封口,也可采用热熔法接缝。接缝口应用密封材料封严,宽度不应小于 10 mm。

自粘法施工要点:卷材底面胶黏剂表面敷有一层隔离纸,铺贴时只要剥去隔离纸即可直接铺贴。应注意隔离纸必须完全撕净,彻底排除卷材下面的空气,并辊压后黏结牢固。低温施工时,立面、大坡面及搭接部位宜采用热风机加热后随即粘牢。

热熔法施工要点:采用专用的导热油炉加热烘烤卷材与基层接触的底面,加热温度不应高于 200 ℃,使用温度不应低于 180 ℃。铺贴时,可采用滚铺法,即边加热烘烤边滚动卷材铺贴的方法。喷火枪头与卷材保持 50~100 mm 距离,与基层呈 30°~45°角,将火焰对准卷材与基层交接处,同时加热卷材底面热熔胶面和基层,至热熔胶层出现黑色光泽,发亮至稍有微泡缓缓出现,慢慢放下卷材平铺于基层,然后排气辊压,使卷材与基层粘牢。要求铺贴的卷材平整顺直,搭接尺寸准确,不得扭曲。

热风焊接法施工要点:卷材铺贴应平整顺直,搭接尺寸正确;施工时焊接缝的结合面应清扫干净,应无水滴、油污及附着物。先焊长边搭接缝后焊短边搭接缝,焊接处不得有漏焊、缺焊、焊焦或焊接不牢的现象,也不得损害非焊接部位的卷材。

(5)淋(蓄)水试验

防水层做完后及时做淋水试验(淋水 2 h,无积水,无渗漏)或蓄水试验(蓄水 24 h 无渗漏),合格后封闭屋面,防止防水层遭到破坏。

(6)保护层施工

卷材铺设完毕,经检查合格后,应立即进行保护层的施工,及时保护防水层免受损伤,从而延长卷材防水层的使用年限。上人屋面保护层包括细石混凝土保护层(刚性保护层)和块体材料保护层;不上人屋面保护层有水泥砂浆保护层和浅色涂料保护层。

涂料保护层一般在现场配置,施工前防水层表面应干净无杂物,涂刷应均匀,不漏涂。水泥砂浆、块体材料或细石混凝土作保护层时,应设置隔离层与防水层分开,保护层宜留设分格缝。分格缝对于水泥砂浆保护层宜为 4~6 m,分格面积块体材料保护层宜小于 100 m²,细石混凝土保护层不宜大于 36 m²。刚性保护层与女儿墙、山墙之间应预留宽度为 30 mm 的缝隙,并用密封材料嵌填严密。

7.3.2 涂膜防水屋面

涂膜防水屋面适用于防水等级为 Ⅱ 级的屋面防水,也可作为 Ⅰ 级屋面多道防水设防中的一道防水层。涂膜防水屋面是指在屋面基层上涂刷防水涂料,经固化后形成一层有一定厚度和弹性的整体涂膜,从而达到防水目的的一种防水屋面形式。这种屋面具有施工操作简便、无污染、冷操作、无接缝、能适应复杂基层、防水性能好、温度适应性强、容易修补等特点。

所用的防水涂料有高聚物改性沥青防水涂料和合成高分子防水涂料、聚合物水泥防水涂膜 3 类。根据防水涂料形成液态的方式可分为溶剂型、反应型和水乳型 3 类。

1）涂膜防水屋面构造

涂膜防水屋面构造如图 7-17 所示。

2）涂膜防水层施工

涂膜防水层施工工艺流程：清理、验收基层→涂刷基层处理剂→施工缓冲层及附加层→施工涂膜防水层→淋（蓄）水试验→施工屋面保护层→检查验收。

（1）基层处理剂涂刷

基层处理剂与防水材料应相适应。水乳型防水涂料，可用掺 0.2%～0.5% 乳化剂的水溶液或软化水稀释质量比为 1:0.5～1:1；若为溶剂型防水涂料，可直接用相应的溶剂稀释后的涂料薄涂；高聚物改性沥青防水涂料也可用石油沥青冷底子油。聚合物水泥涂料由聚合物乳液与水泥在施工现场调配而成，应随配随用。要求涂刷均匀，覆盖完全，干燥后方可进行涂膜施工。

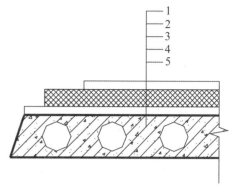

图 7-17　无保温层涂膜防水构造
1—保护层；2—涂膜防水层；3—基层处理剂；
4—水泥砂浆找平层；5—结构层

（2）涂膜防水层施工

① 涂膜防水层涂布方法

刷浆法：一般用棕刷、长柄刷、圆滚刷蘸防水涂料进行涂刷。也可边倒涂料于基层边上用刷子刷开刷匀，但倒料时要控制涂料均匀倒洒，涂布立面时则采用蘸刷法。用于涂刷立面和细部节点处理以及黏度较小的各种防水涂料的小面积施工。

刮涂法：利用橡皮刮刀、钢皮刮刀、油灰刀和牛角刀等工具将厚质防水涂料均匀批刮于防水基层上。刮涂时，先将涂料倒在基层上，然后用力按刀，使刮刀与被刮面的倾角为 50°～60°，来回将涂料刮涂 1～2 次，不能往返多次，以免出现"皮干里不干"现象。用于黏度较大的各种防水涂料的大面积施工。

喷涂法：将涂料倒入储料或供料桶中，利用压缩空气，通过喷枪将涂料均匀喷涂于基层上，其特点为涂膜质量好、工效高、劳动强度低。涂料出口应与被喷面垂直，喷枪移动时应与喷面平行。用于黏度较小的高聚物改性沥青防水涂料和合成高分子防水涂料的大面积施工。

② 涂膜防水层施工要点

涂布时先立面后平面。涂刷遍数、间隔时间、用量等，必须按事先试验确定的数据进行，总厚度应符合设计要求。在前一遍涂料干燥后，应将涂层上的灰尘、杂质清除干净，缺陷（如气泡、皱折、露底、翘边等）处理后，再进行后一遍涂料的涂刷。各遍涂料的涂刷方向应相互垂直，涂层之间的接槎，在每遍涂刷时应退槎 50～100 mm，接槎时应超过 50～100 mm，避免接槎处渗漏。

涂料涂布应分条按顺序进行，分条宽度 0.8～1.0 m（与胎体增强材料宽度相一致），以免操作人员踩坏刚涂好的涂层。

涂层间夹铺胎体增强材料时，应在涂料第二遍或第三遍涂刷时铺设，要边涂布边铺设胎体。胎体应铺贴平整，排除气泡，并与涂料黏结牢固。在胎体上涂布涂料时，应使涂料浸透胎体,覆盖完全,不得有胎体外露现象。最上面的涂层厚度不应小于 1 mm。

7.3.3 刚性防水屋面

刚性防水工程是以水泥、砂、石为原料,掺入少量外加剂、高分子聚合物等材料,通过调整配合比、减少孔隙率、增加密实度而配制的具有一定抗渗能力的水泥砂浆或混凝土防水材料做防水层的屋面。刚性防水屋面主要有普通细石混凝土防水屋面、补偿收缩混凝土防水屋面、块体刚性防水屋面等。它适用于屋面结构刚性较大、地质条件较好、无保温层的装配式或整体浇筑的钢筋混凝土屋盖,但不适用于设有松散保温材料层的屋面以及有较大震动或冲击的建筑屋面。刚性防水屋面要求设计可靠、构造合理、精心施工、确保质量。细石混凝土刚性防水屋面的构造形式如图 7-18 所示。

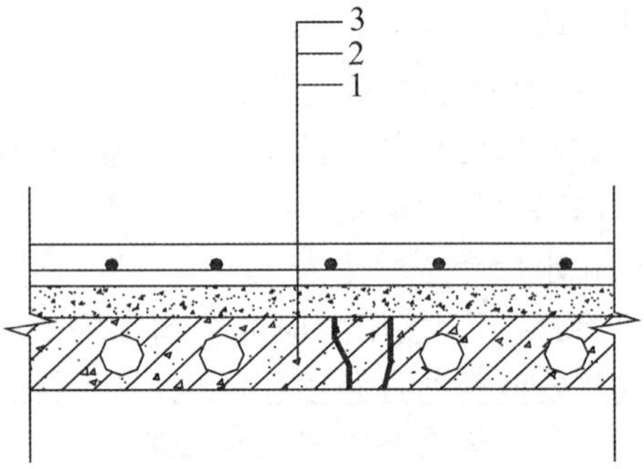

图 7-18　刚性防水构造
1—结构层;2—隔离层;3—细石混凝土防水层

1) 结构层施工

当屋面结构层为装配式钢筋混凝土屋面板时,应采用稀释混凝土灌缝,强度等级不应小于 C20 级,并可掺微膨胀剂,板缝内应设置构造钢筋,板端缝应用密封材料嵌缝处理。找坡应采用结构找坡,坡度宜为 2%~3%。天沟、檐沟应用水泥砂浆找坡,找坡厚度大于 20 mm 时,宜采用细石混凝土。刚性防水屋面的结构层宜为整体浇筑的钢筋混凝土结构。承重结构的施工同卷材防水屋面。

2) 隔离层施工

在结构层与防水层之间设有一道隔离层,以使结构层与防水层的变形互不制约,从而减少防水层受到的拉应力,避免开裂。隔离层可有石灰黏土砂浆或纸筋灰、麻筋灰、卷材、塑料薄膜等起隔离作用的材料制成。

(1) 石灰黏土砂浆隔离层施工

基层板面清扫干净、洒水湿润后,将石灰膏∶砂∶黏土配合重量比为1∶2.4∶3.6的配制料铺抹在板面上,厚度约 10~20 mm,表面压实、抹光、平整、干燥后进行防水层施工。

(2) 卷材隔离层施工

用 1∶3 水泥砂浆将结构层找平,并压实抹光养护,再在干燥的找平层上铺一层 3~8 mm 的干细砂滑动层,然后铺一层卷材搭接缝用热沥青玛琋脂胶结,或在找平层铺一层塑料薄膜作为隔离层。注意保护隔离层。

3) 刚性防水层施工

刚性防水层宜设分格缝,分格缝应设在屋面板支承处、屋面转折处或交接处。分格缝间距一般宜不大于 6 m,或"一间一分格"。分格面积以不超过 36 m² 为宜,缝宽宜为 20~40 mm,分格缝中应嵌填密封材料。刚性防水层与山墙、女儿墙、变形缝两侧墙体交接处应留有宽度为 30 mm 的缝隙,并用密封材料嵌填。泛水处应铺设卷材或涂膜附加层,收头和变形缝做法应符合设计或规范要求。

(1) 现浇细石混凝土防水层施工

首先清理干净隔离层表面,支分隔缝模板,不设隔离层时,可在基层上刷一遍 1∶1 素水泥浆,放置 Φ4~6 的双向冷拔低碳钢丝网片,间距为 100~200 mm,位置宜居中稍偏上,保护层厚度不小于 10 mm,且在分格处断开。混凝土的浇筑按先远后近、先高后低的顺序,一次浇完一个分格,不留施工缝,防水层厚度不宜小于 40 mm,泛水高度不应低于 120 mm,泛水转角处要做成圆弧或钝角。混凝上宜用机械振捣,直至密实和表面泛浆,泛浆后用铁抹子压实抹平。混凝土收水初凝后,及时取出分格缝隔板,修补缺损,二次压实抹光;终凝前进行第三次抹光;终凝后,立即养护,养护时间不得少于 14 天。施工合适气温为 5~35 ℃。

(2) 补偿收缩混凝土防水层施工

在细石混凝土中掺入膨胀剂,硬化后产生微膨胀来补偿混凝土的收缩,钢筋约束混凝土膨胀,又使混凝土产生预压自应力,从而提高其密实性和抗裂性,提高抗渗能力。膨胀剂的掺量可按内掺法计算,按配合比准确称量,膨胀剂与水泥同时投料,连续搅拌时间应不少于 3 min。补偿收缩混凝土防水层的施工要求与普通细石混凝土防水层基本相同,可参照执行。

7.3.4 屋面接缝密封防水工程

屋盖系统的各种节点及接缝是屋面渗漏水的主要途径,因此,对于工业与民用建筑屋面的这些部位均用密封材料进行防水处理,接缝密封防水处理典型构造如图 7-19 所示。

1) 接缝基层处理

可采用钢丝刷缝机或普通钢丝刷将板缝两侧 20~30 mm 处的浮浆与碎渣刷干净,并将灰尘吹净,基层必须干燥。接缝尺寸由设计确定,缝宽宜为 5~30 mm;接缝深度可取缝宽的 0.5~0.7 倍且不小于 5 mm。嵌缝的底部应设置背衬材料。

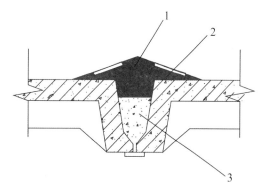

图 7-19 接缝密封防水示意图
1—保护层;2—油膏;3—背衬材料

常用的背衬有各种泡沫塑料棒、油毡条等,其作用是控制密封材料的嵌填深度,防止密封材料与接缝底部黏结,并有较大的变形能力。

2) 密封材料防水施工

密封材料防水施工工艺流程:基层的检查和修补→填塞背衬材料→涂刷基层处理剂→嵌填密封材料→抹平压光修整→固化、养护→检查→保护层施工。

(1) 填塞背衬材料应在涂刷基层处理剂前进行,填塞的高度要保证最小接缝深度的要求。圆形背衬材料其直径应大于接缝宽度 1~2 mm;方形背衬材料则应与缝宽相同,浅缝时可使用片状材料。

(2) 涂刷基层处理剂一般用刷子进行,干燥 20~60 min 后立即嵌填密封材料。嵌填密封材料的方法有热灌法和冷嵌法。热灌法是将密封材料加热至 110~130 ℃呈流塑状立即灌缝的施工工艺。遇雨、雪天气或混凝土表面有霜露时不得施工。灌缝工具可采用特制的灌缝车或塑化炉;在檐口、山墙等节点处宜采用鸭嘴壶。灌填缝的顺序应从下向上,先灌垂直于屋脊的板缝,并对准缝中浇灌;再灌平行于屋脊的板缝,并靠高侧浇灌。改性石油沥青密封材料和合成高分子密封材料则常用冷嵌法施工。冷嵌法施工多采用手工操作,用刮刀或专用的挤出枪嵌填。挤出枪嵌填时,枪嘴要伸入缝内贴近接缝底部,并朝移动方向倾斜一定角度,边挤边匀速移动,使材料充满接缝。接头应采用斜槎,尽可能采用一次嵌填。嵌填结束未干前,可用刮刀压平与修整。板缝嵌填完密封材料后,可采取临时性或永久性保护措施,以避免碰损及污染。保护层宽度应不小于 100 mm。

(3)防水屋面工程竣工后,要加强使用过程的管理、维护和维修。严禁在防水层和保温隔热层上凿孔打洞、重物冲击、堆放杂物和增设构筑物。排水系统要保持畅通,在雨期和冬期到来前应对屋面进行检查与清理,并且对水落口、天沟、檐口等处要特别注意。

7.4 其他防水工程

建筑物除了屋面、地下工程防水以外,卫生间也是不可忽视的防水部位。卫生间施工面积小,穿墙管道多,设备多,阴阳转角复杂,长期处于潮湿受水状态等不利条件。传统做法是卷材防水,随着新材料新工艺的发展,现以涂膜防水代替各种卷材防水,尤其是选用性能优良的新型涂料,可以使卫生间的地面和墙面形成一个没有接缝、封闭严密的整体防水层,从而提高其防水工程质量。

7.4.1 卫生间地面防水层施工

卫生间地面的结构层施工后即可进行找平层施工,其做法基本同屋面。管道根部、阴角、阳角部位应做成半径为 30～50 mm 的圆弧过渡,用专用抹子抹光压实。此外,地面应做成排水坡度,蹲位大便器、地漏应比地面低 5～10 mm。

卫生间地面防水层的施工方法与屋面防水层的施工方法基本相同。地面的面层做完后再做墙面面层。现浇楼板施工时,为防止墙根渗水,可采用混凝土反边做法。

卫生间地面防水层施工完毕应做蓄水试验。蓄水 24 h,观察无渗漏后再做卫生间的面层装修。

7.4.2 卫生器具的安装

(1)地漏安装。地漏的集水口要低于卫生间地面 5～10 mm,地面的坡度应坡向地漏。地漏安装后应及时填筑细石混凝土,并做塞口防护。

(2)蹲式大便器安装。大便器与下水接口应采用直插衔接。排水管接口隐蔽前需做试水检查。

(3)浴盆安装。浴盆底的地面比卫生间地面高出 10～20 mm,并用 3‰ 坡度使积水排向地漏;浴盆所靠近的墙面应做防水层,并高出浴盆 500～600 mm;浴盆与墙面结合处可用密封胶嵌填,以防渗漏。

7.4.3 卫生间渗漏与堵漏技术

卫生间用水频繁,防水处理不当就会发生渗漏,主要表现在楼板管道滴漏水、地面积水、墙壁潮湿渗水,甚至下层顶板和墙壁也出现滴水等现象。治理卫生间的渗漏,必须先查找渗漏的部位和原因,然后采取有效的针对措施。

1）板面及墙面渗水

（1）原因

混凝土、砂浆施工质量不好，存在微孔渗漏；板面、隔墙出现轻微裂缝；防水涂层施工质量不好或被损坏。

（2）堵漏措施

① 拆除卫生间渗漏部位饰面材料，涂刷防水材料。

② 如有开裂现象，则应对裂缝先进行增强防水处理，再刷防水涂料。增强处理一般采用贴缝法、填缝法和填缝加贴缝法。贴缝法主要适用于微小的裂缝，可刷防水涂料并加贴纤维材料或布条，作防水处理。填缝法主要用于较显著的裂缝，施工时要先进行扩缝处理，将缝扩展成 15 mm×15 mm 左右的 V 形槽，清理干净后刮填嵌缝材料。填缝加贴缝法除采用填缝处理外，在缝表面再涂刷防水涂料，并粘纤维材料处理。

③ 当渗漏不严重，饰面拆除困难，也可直接在其表面刮涂透明或彩色聚氨酯防水涂料。

2）卫生洁具及穿楼板管道、排水管口等部位渗漏

（1）原因

细部处理方法欠妥，卫生洁具及管口周边填塞不严；管口连接件老化；由于振动及砂浆、混凝土收缩等原因，出现裂隙；卫生洁具及管口周边未用弹性材料处理，或施工时嵌缝材料及防水涂料黏结不牢；嵌缝材料及防水涂层被拉裂或拉离黏结面。

（2）堵漏措施

① 将漏水部位彻底清理，刮填弹性嵌缝材料。

② 在渗漏部位涂刷防水涂料，并粘贴纤维材料增强。

③ 更换老化管口连接件。

复习思考题

1. 试述防水卷材的种类、特点及适用范围。

2. 试述防水涂料的种类、防水机理及特点。

3. 试述密封材料的种类及其适用范围。

4. 试述卷材防水屋面各构造层的做法及施工工艺。

5. 试述油毡热铺法和冷铺法施工的要点。

6. 试述卷材防水屋面的质量及防止和处理质量通病的方法。

7. 如何预防刚性防水屋面的开裂？

8. 试述刚性防水屋面的质量要求。

9. 试述涂膜防水层施工的要点。

10. 试述密封防水的构造及施工工艺。

11. 防水混凝土结构穿墙螺栓应如何处理？

12. 试述地下刚性多层防水的施工步骤。

13. 试述地下防水工程卷材外贴法的施工步骤。

14. 试述卫生间防水的施工要点及其质量要求。

15. 简述地下防水工程中变形缝的施工做法及质量要求。

8 装饰工程基本知识

本章提要：了解建筑装饰的作用和内容；掌握楼地面工程、墙柱面工程、天棚工程、门窗工程的施工工艺、施工要点与质量要求。

建筑装饰是设置于房屋或构筑物表面的饰面层，不仅能保护建筑物（或构筑物）的结构免受自然风雨、潮气的侵蚀，提高维护结构的耐久性，增加建筑物的美观和艺术形象，而且能改善清洁卫生条件，美化城市和居住环境，同时还有隔热、隔音、防潮等作用。

装饰工程内容包括楼地面工程、墙柱面工程、天棚工程、门窗工程、玻璃工程等。装饰工程的工程量大、施工工期长、耗用的劳动量多，而且装饰工程的施工一般是在屋面防水工程完成之后进行的。因此，为了加快工程进度，降低工程成本，满足装饰功能，增强装饰效果，装饰工程的发展方向是：必须不断提高装饰工程工业化、专业化施工水平；实现结构与装饰合一；大力发展新型装饰材料；广泛采用胶黏剂和涂料、滚涂、弹涂等工艺。

8.1 楼地面工程

8.1.1 楼地面的组成与分类

1）楼地面的组成

楼地面是建筑的楼层地坪与底层地坪的总称，由面层、垫层和基层等部分组成。

2）楼地面的分类

楼地面按面层材料分为土、灰土、三合土、水泥砂浆、混凝土、水磨石、陶瓷锦砖、木地面、塑料地面等；按面层结构分为整体地面（如灰土、水泥砂浆、现浇水磨石、三合土等）、块体地面（如缸砖、拼花木板、马赛克、水泥花砖、预制水磨石块、大理石板材、花岗石板材等）。

8.1.2 楼地面的施工

1）水泥砂浆面层

水泥砂浆地面面层的厚度不小于 20 mm，一般用硅酸盐水泥、普通硅酸盐水泥与中砂或粗砂配制。

其工艺流程如下：

(1) 清理基层。将垫层上松散的混凝土、落地灰等清理干净。

(2) 洒水润湿。前一天将垫层表面浇水湿润。

(3) 涂刷素灰结合层。在垫层面均匀撒干水泥，用喷壶洒水，随刷随铺水泥砂浆面层。

(4) 塌饼和冲筋。用水平仪测出房间内各塌饼标高，间距为 1.5 m，然后将塌饼连接成冲筋。

(5) 铺灰、压光。在两筋中间铺砂浆，用木刮尺依冲筋高度边压边刮平水泥浆，用木抹子压实,再用铁板压抹头遍。在砂浆初凝后和终凝前用铁板反复压光为止。

（6）养护。地面压光 24～48 h 后可浇水养护。夏季 24 h 以后浇水养护 5 天,春秋季 48 h 后浇水养护 7 天,每天浇水 2～4 次。

当施工大面积水泥砂浆面层时,应按设计要求留设分格缝,防止砂浆面层产生不规则裂缝。

水泥砂浆面层强度低于 5 MPa 时,不准上人行走或进行其他作业。

2）细石混凝土地面

细石混凝土地面厚度一般为 30～40 mm,混凝土的强度等级不低于 C20,所用碎石或卵石粒径不大于 15 mm 或面层厚度的 2/3,浇筑时的坍落度不应大于 3 mm,用水泥标号不低于 32.5 的普通硅酸盐水泥。细石混凝土地面的一个主要优点就是可以抑制水泥砂浆地面的干缩性。

铺设混凝土时要预先在地坪四周弹出水平线,然后刷一道水灰比为 0.4～0.5 的水泥浆,随即铺混凝土,由里面向门口方向铺设,用刮尺找平,再用铁滚筒或表面振动器来回纵横滚压,直至表面泛浆。最后进行抹平和压光,洒水并进行养护。

3）现制水磨石楼地面

水磨石地面是采用水泥、石子和水拌合物铺设而成。应铺设在混凝土垫层及水泥砂浆结合层上。

水泥宜用标号不低于 32.5 的硅酸盐水泥,彩色水磨石面层应用白水泥。石子采用白云石、大理石、花岗石、玄武岩等岩石制成的石子,粒径为 4～12 mm。玻璃条为 3 mm 厚、10 mm 宽,长度按实配料。应用耐碱、耐晒的矿物粉末颜料。草酸采用块状或粉末状的均可。

其施工工艺流程如下:

（1）基层处理。检查垫层平整度和标高,不密实或疏松的垫层应剔除,落地灰、油污等清洗干净。

（2）浇水湿润

（3）设置标筋。根据墙上弹的水平线,先在四周拉线做塌饼,用干硬性砂浆做成标筋。

（4）刮糙打底。根据做好标筋的标高,边摊砂浆边用刮尺拍实刮平,随即用木抹子压实搓毛,低凹处补砂浆刮平,再用木抹子压实搓毛。

（5）养护。高温天气浇水养护 2～3 天,低温或冬季施工宜浇水养护 3～5 天。

（6）嵌分格条。按设计要求在刮糙的面层弹分格线,彩色磨石地面采用玻璃条时,在顺分格线上,首先用白水泥浆刷成白水泥带,再弹嵌线条。嵌条时首先用平口直尺靠直分格线,将玻璃条紧贴木直尺的侧面,用小铁皮将素水泥浆在分格条下做成八字角,八字角做好后用毛刷沾水轻轻刷一道。如图 8-1 所示。

（7）粉磨石子面层。楼地面清扫干净后浇水湿润,薄薄撒一层水泥并扫均匀,随即将拌好的水泥石子浆顺嵌条铺好,然后再铺镶框中间。用铁板将水泥石子浆由中间向四角推送,压实抹平,在其表面均匀地干撒一层石子,然后用滚筒纵横来回碾压至表面出浆为止。

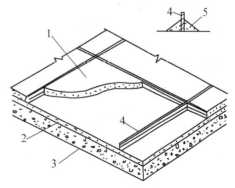

图 8-1 水磨石立嵌条
1—水泥石子浆;2—水泥砂浆层;
3—混凝土垫层;4—嵌条;5—水泥稠浆

如按设计要求掺颜料的,颜料掺量不超过水泥用量的 12%。

(8)磨光。试磨时以不掉石子为准。磨石子分 3 遍进行:磨第一遍采用 60~90 号金刚石,洒水后磨至表面光亮,用水冲洗后,用素水泥浆进行补浆,然后约养护 2 天;磨第二遍采用 90~120 号金刚石,洒水后细磨至表面平滑,用水冲洗后养护 2 天;第三遍采用 180~240 号金刚石,洒水后细磨至表面光亮,用水冲洗后涂草酸,再用 280 号油石磨至白浆表面光滑为止。用水冲洗后晾干,待表面干燥、发白后进行打蜡。

4)缸砖地面

这类地面是采用缸砖、水泥砖等铺在水泥砂浆和砂等结合层的地面面层,其铺砌形式一般采用"直行""对角"或"人字形"等铺法(如图 8-2)。

  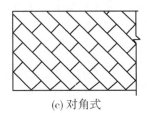

(a)直行式　　　　　　　(b)人字式　　　　　　　(c)对角式

图 8-2　砖的铺砌形式

工艺流程为:找平→弹线→铺贴→整平→调缝→修整→勾缝→养护。

铺贴前先将垫层清扫干净,浇水湿润。缸砖等材料提前在水中浸泡 20 min 后取出晾干。铺贴前,按标高在基层四周预排四边的砖。然后拉线,逐块用 1:3 水泥浆或混合砂浆坐浆,用木铲柄敲击,使其与基层紧密结合。再用水平尺找平,砖与砖之间应有 2~3 mm 的缝隙,宽度不超过 5 mm,并用水泥浆擦缝。最后清除并擦净表面多余浆迹,浇水养护。

5)块材地面

块材地面是在混凝土基层上用水泥砂浆或水泥浆铺设陶瓷马赛克、水泥花砖、预制水磨石、花岗石、大理石、青石板等各种装饰块材。这类地面具有光洁、美观、耐用、耐腐蚀、耐磨等优点,多用于公共建筑及住宅地面。

块材地面施工前先安装踏脚板。板块粘贴前,清扫基层并洒水湿润,地面光滑的要凿毛。黏合层的厚度应控制在 10~15 mm,然后在相应部位弹十字线。再根据标准线确定铺砌顺序和标准块位置,对每个房间的板块应按图案、色泽和纹理进行试排,并确定板块间的缝隙。然后将块材浸水湿润,对好纵横缝进行铺贴。用小木锤轻轻敲击板块,使砂浆振实,再用同色水泥浆进行擦缝,等缝内水泥凝结后再将面层清洗干净。

6)拼花木地板地面

拼花木板面层应采用水曲柳、核桃木、柞木等质地优良、不易腐朽开裂的木材,做成有企口、槽口或截口接缝的拼花木板,如图 8-3 所示。

  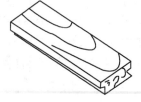

图 8-3　拼花木板

铺设前,在墙四周弹出设计线,将垫木等材料做防腐处理,然后把木搁栅对准中线摆好,再依次摆正中间的木搁栅。铺设拼花地板时,应根据设计图案和尺寸弹线,然后按所弹的线试铺。铺板前,先将基层清扫干净,刷一层稀释的水溶性胶黏剂。铺贴时,按施工线位置沿轴线由中央向四面铺贴,按照顺序在基层上涂刷厚 1 mm 左右的胶黏剂。等胶黏剂不粘手时即可将背面涂有一层胶黏剂的木地板向基层上粘贴。

拼花木板的铺设形式有席纹式、人字式、方格式等,如图 8-4 所示。

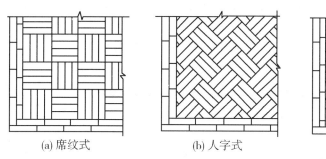

| (a) 席纹式 | (b) 人字式 | (c) 方格式 |

图 8-4　拼花木板铺设形式

7) 硬质纤维板面层

硬质纤维板使用尿酸树脂水泥、环氧树脂、沥青胶结料或其他胶黏剂。建筑石油沥青采用 10 号或 30 号。

找平层应具有足够的强度,表面洁净,无杂物而且应基本干燥。首先用手提砂轮机对找平层表面打磨,然后在找平层上和纤维板背面同时涂刷黏结剂,找平层上的涂刷厚度应控制在约 1 mm,纤维板背面的厚度一般控制在 0.5 mm 左右。黏结剂涂刷静止 5 min 后根据设计图案进行铺贴。铺贴时,要边铺贴边加压,直到黏结剂向周边溢出为止。纤维板铺设后覆盖适量的重物,持续 1~2 天,以保证黏结剂强度一致、黏结牢固。最后,卸去重物,清理纤维板表面,即可进行磨光、油漆、打蜡等工作。

8.1.3　楼地面工程的质量要求

(1) 在铺设地面与楼面时,应检查各层的厚度、标高及平整度等是否符合规定。

(2) 楼地面各层的强度和密实度以及上下层结合是否牢固。

(3) 混凝土等各类整体面层、块体面层以及拼花木板、硬质纤维板面层不得有空鼓。

(4) 楼地面面层不应有裂纹、脱皮、麻面和起砂等现象,踢脚板与墙面应紧密结合。

8.2　墙柱面工程

墙柱表面一般镶贴块料面层形成装饰层。块料面层的种类很多,基本上可以分为饰面砖和饰面板两大类。饰面砖有釉面瓷砖、玻璃锦砖、陶瓷锦砖等;饰面板有天然大理石、花岗石、青石板等天然石饰面板,预制水磨石、人造大理石等人造石饰面板,不锈钢板、涂层钢板、铝合金饰面板等金属饰面板,胶合板、木条板等木质饰面板,以及塑料饰面板、玻璃饰面板等。墙柱面工程的材料、规格、图案、线条、固定方法和砂浆种类均应符合设计要求。

8.2.1　墙柱面工程饰面材料的质量要求

（1）饰面砖（板）的品种、规格颜色、图案以及镶贴方法应符合设计要求。

（2）饰面砖（板）表面应平整、边缘整齐，颜色一致，不得有歪斜、翘曲、空鼓、缺棱、掉角等缺陷。

（3）饰面砖（板）与基层以及底层与基层均应黏结牢固，墙裙、门窗贴脸等突出墙面的厚度应一致。

（4）施工所用胶结材料的种类、质量及掺入量均应符合设计要求。

（5）墙柱面工程饰面安装的允许偏差及检验方法，应符合表 8-1、表 8-2 的规定。

表 8-1　墙柱面工程饰面安装的允许偏差及检验方法

项次	项目	允许偏差（mm）							检验方法
		石板			陶瓷板	木板	塑料	金属	
		光面	剁斧石	蘑菇石					
1	立面垂直度	2	3	3	2	2	2	2	用 2 m 垂直检测尺检查
2	表面平整度	2	3	—	2	1	3	3	用 2 m 靠尺和塞尺检查
3	阴阳角方正	2	4	4	2	2	3	3	用直角检测尺检查
4	接缝直线度	2	4	4	2	2	2	1	拉 5 m 线，不足 5 m 拉通线，用钢直尺检查
5	墙裙、勒脚上口直线度	2	3	3	2	2	2	2	拉 5 m 线，不足 5 m 拉通线，用钢直尺检查
6	接缝高低差	1	3	—	1	1	1	1	用钢直尺和塞尺检查
7	接缝宽度	1	2	2	1	1	1	1	用钢直尺检查

表 8-2　墙柱面工程饰面砖质量允许偏差

项次	项目	允许偏差（mm）		检验方法
		外墙面砖	内墙面砖	
1	立面垂直度	3	2	用 2 m 垂直检测尺检查
2	表面平整度	4	3	用 2 m 靠尺和塞尺检查
3	阴阳角方正	3	3	用直角检测尺检查
4	接缝直线度	3	2	拉 5 m 线，不足 5 m 拉通线，用钢直尺检查
5	接缝高低差	1	1	用钢直尺和塞尺检查
6	接缝宽度	1	1	用钢直尺检查

8.2.2 饰面砖安装工艺

1）釉面瓷砖施工

釉面瓷砖有白色、彩色、印花图案等多种品种，表面光滑、美观，装饰效果好，常用于卫生间、厨房、游泳池等墙面。

釉面瓷砖施工前应经挑选、预排（其中，内墙饰面砖排列方式主要有"直缝"和"错缝"两种；外墙面砖排列方式较多，如图 8-5 所示），使规格、颜色一致，灰缝均匀，同时在清水中浸泡 2~3 h，取出晾干或擦干。基层清扫干净后，用 1:3 水泥砂浆打底，要求表面平整、粗糙、划毛并养护 1~2 天即可镶贴。

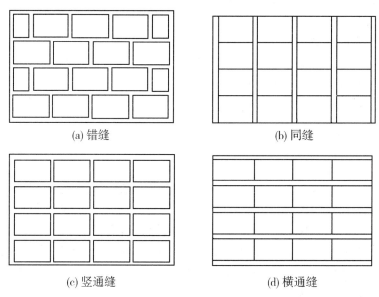

(a) 错缝　　　　　　　　　　　　(b) 同缝

(c) 竖通缝　　　　　　　　　　　(d) 横通缝

图 8-5　外墙面面砖排列方式

在清理干净的基层表面，依照瓷砖的实际尺寸，弹好水平与竖直的控制线，按设计的镶贴形式和接缝宽度计算纵横皮数。应注意在同一墙面上横竖方向均不得出现一排以上的非整砖，将不足的部分尽量留在与邻墙连接的阴角处。

镶贴时，采用质量比为 1:2 或 1:3 的水泥砂浆做结合层，或采用水泥混合砂浆（质量比为水泥:石灰膏:砂=1:0.3:3），或采用掺有少量 107 胶的水泥浆（质量比为水泥:107 胶:水=10:0.5:2.6），也可采用胶黏剂镶贴。镶贴时，先浇水湿润底层，再在瓷砖背面满刮砂浆，根据弹线稳好平尺板。贴时一般从阳角开始，由下往上逐层镶贴。将釉面砖贴于墙上后，用小铲轻敲砖面，使灰缝挤满，加强与基层的黏结牢固。整行镶贴后，用长靠尺横向校正一次，对于高于标志的砖，可轻轻敲压，使其平整；对于低于标志的砖，应取下重贴，不得在砖后塞灰，以免空鼓。全部镶贴完毕后进行质量检查，然后用清水冲洗面砖。室外墙面接缝应用水泥浆勾缝；室内墙面接缝宜采用与面砖同色的石膏或水泥浆擦嵌密实。待整个墙面与嵌化材料硬化后再用棉丝将砖面擦干净。

外墙面镶贴顺序、要求等与内墙面基本相同。

2) 陶瓷锦砖施工

陶瓷锦砖又名马赛克,玻璃锦砖又名玻璃马赛克,具有色彩品种多、强度高、吸水率低、不透水等特点,常用于室内墙面,近几年也用于外墙面装饰。

陶瓷锦砖镶贴之前应按设计要求核实墙面的实际尺寸并对基层进行处理,根据门窗洞口横竖装饰线条的布置,明确墙角、墙垛、线条、分格、窗台等节点细部处理,按整砖模数绘制出细部构造详图,然后根据砖排模数和分格要求绘制出施工大样图,以保证墙面完整和镶贴各部位操作顺利。

镶贴陶瓷锦砖饰面时,一般由下而上进行,按已弹好的水平线安放八字靠尺或直靠尺,并用水平尺校正垫平。一般是两个人协同操作。镶贴于墙面后,可按顺序揭纸,揭纸后检查缝的平直大小,校正拨直,最后进行擦缝。

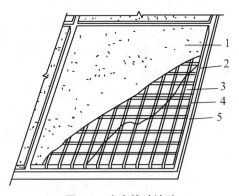

图 8-6 陶瓷锦砖镶贴
1—刷水后上灰浆;2—缝里灌细砂;
3—陶瓷锦砖底面;4—陶瓷锦砖护面纸;
5—可放 4 张陶瓷锦砖木垫板

8.2.3 饰面板安装工艺

1) 石材饰面板安装

常用的天然石饰面板要求棱角方正、表面平整、石质细密、光泽度好,不得有裂纹、色斑、风化等缺陷。选材时应使饰面色彩和谐,纹理自然、对称、均匀。人造石饰面板要求几何尺寸准确,表面平整光滑,石粒均匀,色彩协调,无气孔,裂纹,刻痕等缺陷。

根据饰面板规格大小的不同,安装方法有粘贴法、绑扎灌浆固定法、钉固定灌浆法、钢针式干挂法和 FZP 锚栓干挂法等。对于板材面积小于 400 mm×400 mm、厚度小于 12 mm 的饰面板安装可采用粘贴法。

(1) 粘贴法施工

粘贴法施工时,首先清除墙、柱等基层上的灰尘、污垢;然后用 1:3 水泥砂浆打底划毛,待底子灰凝固后找规矩,厚度为 12 mm;按照设计图样和实际的粘贴部位,以及饰面板的规格,弹出分格线;按照镶贴顺序,将已经湿润的板材背面抹上厚度为 2~3 mm 的素水泥浆进行粘贴,然后用木锤或橡皮锤轻敲,并随时用靠尺找平找直;待饰面板粘贴 2~4 天后可用与饰面板底色相近的水泥浆进行嵌缝,同时清除板材表面多余的浆液。

(2) 绑扎灌浆固定法

墙面和柱面安装饰面板前应先统一抄平,按设计要求挑选块料,按弹线尺寸进行预拼并编号。

首先按设计要求在基层表面上绑扎 φ6 钢筋骨架与结构中预埋件固定(图 8-7),然后对板材进行修边、钻孔、剔槽(图 8-8),以便穿绑钢丝(或铅丝)使其与墙面钢筋网片绑牢,固定饰面板。每块板的上下边钻孔数量均不少于两个。

安装时,由最下一行中间或一端的板开始,用钢丝或铅丝与钢筋骨架绑扎牢固,把板材固定在钢筋骨架上,离墙保持 20 mm 空隙,用托线板靠直靠平,要求板材交接处四角平整。接缝用木楔控制厚度,板的上下口的四角用石膏临时固定,以确保板面平整。然后用 1:2.5

的水泥砂浆(稠度一般为 80～120 mm)分层灌注,每层浇注高度为 100～200 mm,待其初凝后再灌注上层砂浆,直到离板材水平接缝以下 5～100 mm 为止。待安装好上一行板材后再继续灌缝处理,依次逐层安装上层板材。全部板材安装后,清除所有固定石膏,擦净余浆,并采用与板材同色的水泥砂浆填缝,边填边擦干净。最后将表面清洗、晾干,进行打蜡。

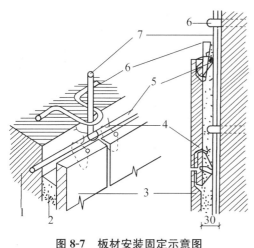

图 8-7　板材安装固定示意图

1—墙体;2—水泥砂浆;3—板材;4—钢丝或铅丝;
5—横筋;6—铁环;7—立筋

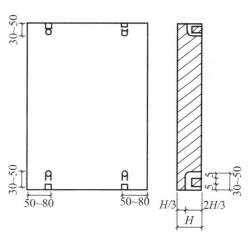

图 8-8　板材钻孔与凿沟

(3)钉固定灌浆法

首先将板材钻孔,然后按基层放线分块位置,对应于板材上下直孔的位置,对基层钻孔,孔位与板材孔对应,为 45°斜孔。将板材安放就位,再将不锈钢 U 形钉一端勾进板材直孔内,用木楔楔紧,另一端勾进基层斜孔内,经检查校正后将基层斜孔内的 U 形钉楔紧。板材临时固定后即可进行分层灌浆。

(4)钢针式干挂法

钢针式干挂法工艺是直接在板材上打孔,然后利用高强螺栓和耐腐蚀、强度高的柔性连接件将薄型板材饰面安装在建筑物结构的外表面,板材与结构表面之间留出 40～50 mm 的空腔(图 8-9)。这种工艺多用于 30 m 以下的钢筋混凝土结构,不使用砖墙或加气混凝土墙。

干挂法施工时,首先对基层进行处理,然后根据设计图样和实际需要弹出安装饰面板的位置线和分块线。接着将板材用专用模具固定在台钻上钻孔(孔径 4 mm,深 20 mm),板材上下两边各形成两个孔洞。安装时,从底层开始,注意保证板材的水平度和垂直度应满足有关规定,水平方向的相邻板材之间用直径 5 mm 的不锈钢钢针销牢,经找平吊直后,将板固定在上下连接件上应用环氧树脂胶密封。

每一施工段安装经检查无误后即可进行拼接缝,填入橡胶条,最后用打胶机进行硅胶涂封,清理板材饰面。

(5)FZP 锚栓干挂法

FZP 锚栓干挂法是首先在现场或工厂采用专用钻机进行板材打孔和孔底拓孔,然后安装 FZP 螺栓,在板材锚栓外露的螺栓上安装金属挂件,通过金属挂件将板材挂在支撑的水平杆上,最后用螺栓校正位置并进行固定(图 8-10)。

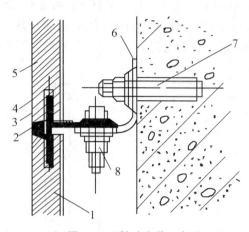

图 8-9　干挂法安装示意图

1—玻纤布增强层；2—嵌缝；3—钢针；
4—长孔(充填环氧树脂胶黏剂)；5—饰面板；
6—L形不锈钢固定件；7—膨胀螺栓；8—紧固螺栓

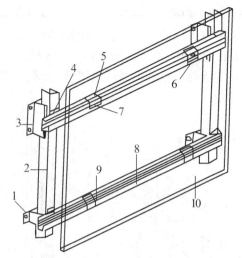

图 8-10　FZP 锚栓干挂板材安装示意图

1、3—支架固定锚件；2—支架竖向杆件；
4—支架锚件；5—校正固定螺栓；6、7—板材挂件；
8—支架水平杆件；9—FZP 锚栓；10—天然板材

（6）G·P·C 工艺

G·P·C 工艺是以钢筋混凝土作衬板，用不锈钢连接环与饰面板连接后浇筑成整体的复合板，通过连接器悬挂到钢筋混凝土结构或钢结构上的做法。这种做法适用于高层建筑的外墙饰面板，高度不受限制（如图 8-11）。

2）金属饰面板安装

金属板饰面板易于加工成型，具有高强、轻质、经久耐用、表面光亮、典雅庄重、质感丰富等特点，应用较广。金属饰面板主要有铝合金板、彩色压型钢板复合墙板和不锈钢板等，尤其是铝合金板墙面是一种高档次的建筑装饰，装饰效果别具一格。

铝合金板墙面主要由铝合金面板和骨架组成。骨架的横、竖杆通过连接件与结构固定，合金板固定在骨架上。铝合金饰面板常用的固定方法有两大类：一类是将铝合金板用螺钉或铆钉固定在骨架上，铆钉间距为 100～150 mm，此法多用于外墙；第二类是采用夹具将板条卡在特制的龙骨上，此法多用于室内，如图 8-12 所示。

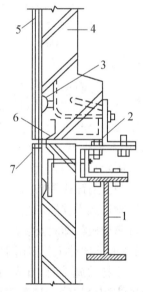

图 8-11　G·P·C 法的构造

1—钢大梁；2—锚固件；3—不锈钢连接环；4—复合钢筋混凝土板；5—花岗石；6—不锈钢连接环状二次封水；7—一次封水

铝合金装饰板墙安装的施工工艺为：放线→固定骨架的连接件→固定骨架→安装铝合金板→收口构造处理。

（1）放线：将骨架的位置弹到基层上。放线宜一次放完，如有差错可随时调整。

（2）固定骨架的连接件：连接件与结构之间可以与结构的预埋件焊接，亦可在墙上打膨胀螺栓。要求连接件固定牢固，位置准确。

（3）固定骨架：骨架应预先进行防腐处理，安装位置要准确，结合要牢固，中心线位置、标高应符合规定，骨架表面要平整。

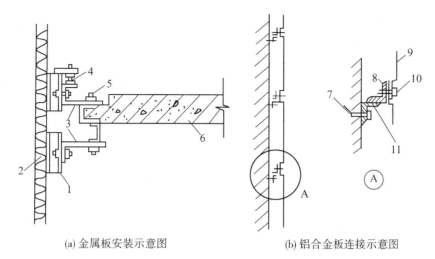

(a) 金属板安装示意图　　　　(b) 铝合金板连接示意图

图 8-12　金属板的安装

1—槽钢;2—金属板;3、11—连接件;4—水平调节螺栓;5—前后调节螺栓;
6—楼板;7—膨胀螺栓;8—角钢;9—铝合金板;10—铆钉

(4) 安装铝合金板:安装板时要牢固、平整,无翘起、卷边等现象。铝合金板与板之间的缝隙用橡胶条或密封胶等弹性材料处理。

(5) 收口构造处理:铝合金板安装后,对水平部位的压顶、端部的收口、伸缩缝、沉降缝以及两种材料的交接处,需采用特制的铝合金成型板进行处理。

3) 木质饰面板安装

木质饰面板具有美观、雅致、耐久、隔声和保温性能好等特点,是一种高级饰面材料,多用于内墙面。木质饰面板由防潮层、木龙筋、木饰面板和木帽头等组成,如图 8-13 所示。

木质饰面板安装时,首先在墙面上弹出水平控制线、竖筋与横筋位置线;在基体内埋入木榫、钉木龙筋;然后安装木质饰面板,钉帽头与护角;最后涂刷涂料。

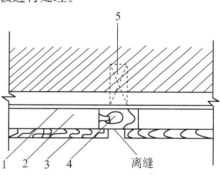

图 8-13　木质饰面板构造示意图

1—防潮层;2—横筋;3—胶合板;4—竖筋;5—木榫

4) 塑料饰面板安装

塑料饰面板具有板面光滑、色彩鲜艳、耐磨、防水耐腐蚀、硬度大、吸水性小等特点,应用范围广。常用的有聚氯乙烯塑料板(PVC)、三聚氰胺塑料板、塑料贴面复合板、玻璃钢装饰板等。现以聚氯乙烯塑料板安装为例,说明其安装工艺。

安装前,要求基体表面平整、坚硬、整洁,基体表面如有水泥浮浆要进行清除。同时,基体表面按设计要求首先进行弹线预排。胶黏剂宜采用脲醛、聚酯酸乙烯、环氧树脂等,在涂胶时,应同时在基体表面和饰面板背面进行涂刷。涂刷应均匀,胶液不宜过稠或过稀。粘贴时要挤压密实,防止空鼓、翘边;粘贴后采用木螺钉和垫圈或金属压条临时固定,刮除板缝及板表面多余的胶液。

5) 玻璃幕墙安装

玻璃幕墙是由建筑物外围的金属框架和镶嵌其中的玻璃面板组成的外墙,设计时考虑了建筑造型和建筑结构等多方面的性能要求。具有建筑艺术效果好、自重轻、施工方便、工期短等优点。但玻璃幕墙造价高、抗风抗震能力较弱,而且可能会对周围环境造成光污染。

玻璃幕墙主要包括明框玻璃幕墙、隐框玻璃幕墙、半隐框玻璃幕墙和全玻璃幕墙等。明框玻璃幕墙其玻璃板镶嵌在铝框内,成为四边有铝框的幕墙构件,幕墙构件镶嵌在横梁上,形成横梁、主框均外露且铝框分格明显的立面。隐框玻璃幕墙是将玻璃用结构胶粘贴在铝框上,一般情况下不再加金属连接件。半隐框玻璃幕墙是将玻璃两对边嵌在铝框内,另外两边用结构胶粘贴在铝框上。全玻璃幕墙是在建筑物的底层、顶层等部位的外墙使用玻璃板,支撑结构采用玻璃肋的一种玻璃幕墙。

玻璃幕墙由骨架材料、玻璃板材、封缝材料组成。

骨架材料主要有各种型材、各种连接件以及紧固件。型材如果采用钢材,多采用角钢、方钢管、槽钢等;如果采用铝合金材,多是经特殊挤压成型的幕墙型材。紧固件主要有膨胀螺栓、铝铆钉、射钉等。连接件多采用角钢、槽钢、钢板加工而成。

玻璃板材有中空玻璃、透明浮法玻璃、彩色玻璃、防阳光玻璃、钢化玻璃、镜面反射玻璃等。玻璃厚度有 3～10 mm 等,色彩有无色、茶色、蓝色、灰色、灰绿色等。

封缝材料用于玻璃幕墙的玻璃装配及块与块之间的缝隙处理,一般由填充材料、密封材料、防水材料组成。

(1) 单元式(工厂组装式)玻璃幕墙的安装工艺

单元式玻璃幕墙是将铝合金框架、玻璃、垫块、保温材料、减震以及防水材料等预先在工厂组合成带有附加铁件的幕墙板,用专用运输车运往施工现场,与主体结构连接,如图 8-14 所示。

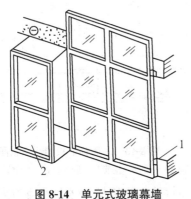

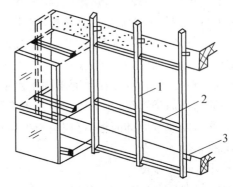

图 8-14 单元式玻璃幕墙
1—楼板;2—玻璃幕墙板

图 8-15 元件式玻璃幕墙
1—竖筋;2—横筋;3—楼板

单元式玻璃幕墙施工工艺流程为:检查预留 T 形槽口位置→弹出幕墙安装位置线→安装固定联接件,焊接牛腿→在外墙面上铺挂 V 形或 W 形防风胶带→起吊幕墙→将幕墙下端两块凹形槽插入下层幕墙上端的凸形槽中,完成榫接联接→紧固联接螺丝→调整幕墙平直→将 V 形和 W 形橡胶带塞填到幕墙之间的圆形槽口内→安设室内窗台板和内扣板→填塞幕墙内防火保温材料,并上封铝合金装饰板、下封 0.8 mm 以上厚度镀锌钢板→幕墙背面粘贴黑色非燃织品。

(2) 元件式(现场组装式)玻璃幕墙的安装工艺

元件式玻璃幕墙安装是将工厂制作的幕墙单件材料运到施工现场,按幕墙板的规格尺寸及组装顺序直接在结构上逐件依次进行安装。这种幕墙通过竖杆与楼板或梁连接,在竖杆间加设横杆,分块规格比较自由,目前在国内应用得较普遍,如图 8-15 所示。

元件式玻璃幕墙施工工艺流程为:现场测量放线→主、次龙骨装配→楼层紧固件安装→安装主龙骨,并进行抄平及调整→次龙骨安装→安装保温镀锌钢板→在镀锌钢板上焊铆螺钉→安装层间保温矿棉→安装楼层封闭镀锌板→安装单层玻璃窗紧封条、卡→安装单层玻璃→安装双层中空玻璃密封条、卡→安装双层中空玻璃→安装侧压力板→镶嵌密封条→安装玻璃幕墙铝盖条。

(3) 结构玻璃幕墙(玻璃墙)的安装工艺

结构玻璃幕墙是将厚玻璃上端悬挂,下端固定在建筑物首层,玻璃与玻璃之间的竖拼缝采用硅胶黏结。这类幕墙一般用于建筑物首层或一、二层。

结构玻璃幕墙一般采用机械化施工方法,首先在叉车上安装电动真空吸盘将玻璃就位,操作人员站在玻璃上端两侧脚手架上,然后用夹紧装置将玻璃上端安装固定。

8.3 天棚工程

天棚常用的做法有抹灰、吊顶棚、刷涂料和喷浆等,具体采用哪种做法可根据房屋的功能要求、外观形式、饰面材料等选定。

8.3.1 吊顶工程施工

吊顶又名顶棚、平顶、天花板,是现代室内装饰工程的重要组成部分,直接影响着整个建筑空间的装饰风格与效果,具有保温、隔热、隔声和吸音等作用。

吊顶有直接式顶棚和悬吊式顶棚两类。直接式顶棚有直接刷浆顶棚、直接抹灰顶棚、直接粘贴式顶棚。目前我国新型的吊顶主要是悬吊式顶棚,有活动式装配吊顶、隐蔽式装配吊顶、金属装饰板吊顶及开敞式吊顶等类型。悬吊式顶棚由吊筋(吊杆、吊头等)、龙骨和饰面板三部分组成。

1) 吊筋

吊筋是连接龙骨与楼板(或屋面板)的承重结构。对于现浇钢筋混凝土楼板,一般在混凝土中预埋 $\Phi 6$ mm 钢筋或 8 号铁丝作为吊筋;预制板中一般将 $\Phi 6$ mm 钢筋或 8 号铁丝预埋在板缝中作为吊筋。

2) 龙骨安装

龙骨是吊顶中承上启下的构件,它与吊筋连接,并为面层罩面板提供安装节点。吊顶龙骨主要有木质龙骨、轻钢龙骨和铝合金龙骨。木质龙骨由大龙骨、小龙骨、横撑龙骨和吊木等组成。轻钢龙骨和铝合金龙骨的断面形式有 U 形、T 形等,每根长 2~3 m,在现场用拼接件拼接加长。

(1) 轻钢龙骨吊顶

轻钢龙骨是薄壁镀锌钢材经机械压制而成的一种骨架型材。U 形龙骨吊顶安装如图 8-16 所示。

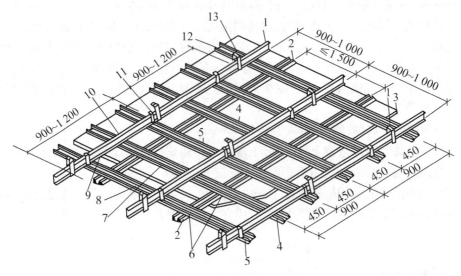

图 8-16　U 形龙骨吊顶示意图

1—BD 大龙骨;2—UZ 横撑龙骨;3—吊顶板;4—UZ 龙骨;5—UX 龙骨;6—UZ₃ 支托连接;7—UZ₂ 连接件;
8—UX₂ 连接件;9—BD₂ 连接件;10—UZ₁ 吊挂;11—UX₁ 吊挂;12—BD₁ 吊件;13—吊杆(Φ8～Φ10)

　　吊顶安装之前,采用水平仪等方法,根据吊顶设计标高在四周墙壁或柱壁上弹出顶棚标高水平线,并在墙上画好龙骨分档位置线,弹线应准确、清晰;按设计要求,确定吊点位置。

　　安装大龙骨吊杆,将吊杆固定在顶板预埋件上。安装主龙骨(如图 8-17),将大龙骨吊挂件穿入相应的吊杆螺栓上,拧紧螺母,连接主龙骨,装连接件,四周墙边的龙骨用射钉(间距为1 000 mm)固定在墙上。待主龙骨与吊件及吊杆安装就位以后,以一个房间为单位对主龙骨进行调整平直(如图 8-18),调平时按房间的十字和对角拉线,以水平线调整主龙骨的平直,较大面积的吊顶主龙骨调平时应注意,其中间部分应略有起拱,起拱高度一般不小于房间短向跨度的 1/200。然后在主龙骨底部弹线,用连接件将次龙骨与主龙骨固定,再依次安装中龙骨、小龙骨(如图 8-19)。最后安装横撑龙骨。横撑龙骨用中、小龙骨截取,其位置与中、小龙骨垂直,装在饰面板的拼接处。横撑龙骨与中、小龙骨的连接,采用中、小接插体连接牢固,再安装沿边异形龙骨。横撑龙骨与中、小龙骨的底面必须平顺,所有接头不得下沉。横撑龙骨的间距应由饰面板尺寸确定。

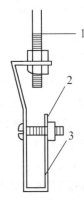

图 8-17　主龙骨联接图

1—吊杆;2—主龙骨挂件;
3—主龙骨

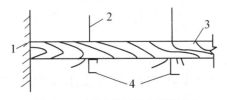

图 8-18　主龙骨固定调平示意图

1—墙;2—吊杆;3—方木;4—主龙骨

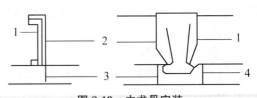

图 8-19　中龙骨安装

1—主龙骨;2—吊件;3—中龙骨;4—横撑

（2）铝合金吊顶

一般装配式铝合金吊顶多为 T 形，其吊顶安装示意如图 8-20、图 8-21 所示。

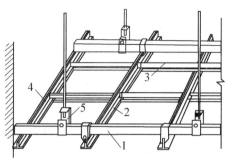

图 8-20　铝合金吊顶（锚固式）　　　　图 8-21　铝合金吊顶（搁置式）

1—大龙骨；2—大 T；3—小 T；4—角条；5—大吊挂件　　1—大 T；2—小 T；3—角条；4—吊件；5—饰面板

铝合金吊顶安装前，在墙面四周弹出吊顶的位置，用射钉枪沿钢筋混凝土天棚和梁底，按龙骨方向每隔 900～1 200 mm 打入 50 mm 的钢钉（或打入膨胀螺栓），用镀锌铁丝或连接杆与龙骨连接，用尼龙线在房间四周拉十字中心线。主龙骨安装临时固定并经水平检验后安装分格的次龙骨。

3）饰面板安装

在安装罩面板之前，必须对吊顶内的通风、水电管道以及上人吊顶内的人行道或消防管道进行检查验收，合格后方可安装饰面板。顶棚饰面板的品种较多，一般在设计文件中应明确选用的种类、规格和固定方式。

饰面板安装的方法有圆钉钉固法、木螺丝拧固法、自攻螺钉钉固法、胶结粘固法等多种。

圆钉钉固法一般多用于胶合板、纤维板等的安装，圆钉钉距一般为 200 mm。木螺丝拧固法多用于塑料板、石膏板、石棉板等，在安装前饰面板四边按螺钉间距先钻孔，两种方法的安装程序相类似。

自攻螺钉钉固法是在已安装好并经验收的龙骨下面按照罩面板的规格、拉缝间隙进行分块弹线，从顶棚中间沿通长次龙骨方向先安装一行饰面板，作为基准，然后向两侧延伸分行进行安装。

胶结粘固法一般选用 401 胶黏结，每块饰面板黏结时应预装，然后在预装部位龙骨框底刷胶，同时在饰面板四周边宽 10～15 mm 的范围刷胶，经 5 min 后，将饰面板压粘在骨架部位。

各种饰面板安装完毕后，板与板之间留 5～10 mm 空隙，以作调整位置之用。饰面板顶棚如设计要求有压条时，待一间罩面板安装后，经调整位置，按压条位置弹线，然后进行压条安装。压条可采用铝合金、硬塑料等材料，其固定方法宜采用自攻螺钉，螺钉间距为 300 mm，也可采用胶结料粘贴。

8.3.2　吊顶工程质量要求

吊顶标高、尺寸和造型，所用饰面材料的品种、规格、颜色、安装间距、固定方式等应符合设计要求。装饰板与龙骨应连接紧密，表面平整，不得有污染、折裂、缺棱掉角、锤伤等缺陷，接缝应均匀一致。搁置的饰面板不得有漏、透、翘角等现象。允许偏差和检查方法应符合表 8-3 的规定。

表 8-3 饰面吊顶安装的允许偏差及检验方法

项次	项目	允许偏差（mm）							检验方法
		板块饰面				整体面层	格栅饰面		
		石膏板	金属板	矿棉板	复合板木板塑料板玻璃板		金属格栅	木格栅塑料格栅复合材料格栅	
1	表面平整度	3	2	3	2	3	2	3	用 2 m 靠尺和塞尺检查
2	接缝直线度	3	2	3	3	—	—	—	拉 5 m 线，不足 5 m 拉通线，用钢直尺检查
3	接缝高低差	1	1	2	1	—	—	—	用钢直尺和塞尺检查
4	缝格、凹槽直线度	—	—	—	—	3	—	—	拉 5 m 线，不足 5 m 拉通线，用钢直尺检查
5	格栅直线度	—	—	—	—	—	2	3	拉 5 m 线，不足 5 m 拉通线，用钢直尺检查

8.4 抹灰工程

把灰浆涂抹在建筑物的墙面、顶棚、楼地面等部位的装饰工程称为抹灰工程。

按面层不同可分为一般抹灰、装饰抹灰、保温层薄抹灰。一般抹灰是指采用石灰砂浆、混合砂浆、水泥砂浆、麻刀灰、纸筋灰等材料进行涂抹的施工。一般抹灰按其质量要求和主要操作程序不同，分为高级抹灰和普通抹灰两个级别。

抹灰层的组成一般分为底层、中层和面层。底层主要起黏结作用，其材料根据要求不同而异，厚度一般为 5～9 mm；中层的作用是找平，使用材料同底层；中层抹灰较厚时应分层，每层厚度控制在 5～9 mm；面层是使表面光滑细致，起装饰作用，厚度由面层使用的材料不同而异。各层砂浆的强度要求为底层＞中层＞面层。抹灰层的平均总厚度不得大于《建筑装饰装修工程质量验收标准》（GB 50210）的规定。

装饰抹灰与一般抹灰的区别在于具有不同的装饰面层，其底层和中层的做法基本相同。装饰抹灰面层是用水泥、石灰砂浆等抹灰的基本材料，利用不同的施工操作方法将其做成饰面层。按其装饰面层的不同，装饰抹灰的种类有干黏石、水刷石、水磨石、斩假石、拉毛灰、喷涂、滚涂、弹涂等。

8.4.1 抹灰工程施工工艺流程

1）墙体抹灰施工工艺流程

基层清理→浇水湿润→吊垂直、套方、找规矩、做灰饼→抹水泥踢脚或墙裙→做护角、抹水泥窗台、墙面充筋→抹底灰→修抹预留孔洞、配电箱、槽、盒等→抹罩面灰→养护。

（1）基层清理

① 砖砌体：应清除表面杂物、残留灰浆、舌头灰、尘土等。

② 混凝土基体：表面凿毛或在表面洒水润湿后涂刷 1∶1 水泥砂浆（加适量胶黏剂或界面剂）。

③ 加气混凝土基体：应在湿润后边涂刷界面剂，边抹强度不大于 M5 的水泥混合砂浆。

（2）浇水湿润

一般在抹灰前一天，用软管或胶皮管或喷壶顺墙自上而下浇水湿润，每天宜浇 2 次。

（3）吊垂直、套方、找规矩、做灰饼

根据设计图纸要求的抹灰质量和基层表面平整垂直情况，用一面墙做基准，吊垂直、套方、找规矩，确定抹灰厚度，抹灰厚度不应小于 7 mm。当墙面凹度较大时应分层衬平，每层厚度不大于 7～9 mm。操作时应先抹上灰饼，再抹下灰饼。抹灰饼时应根据室内抹灰要求，确定灰饼的正确位置，再用靠尺板找好垂直与平整。灰饼宜用 1∶3 水泥砂浆抹成 5 cm 见方形状。房间面积较大时应先在地上弹出十字中心线，然后按基层面平整度弹出墙角线，随后在距墙阴角 100 mm 处吊垂线并弹出铅垂线，再按地上弹出的墙角线往墙上翻引弹出阴角两面墙上的墙面抹灰层厚度控制线，以此做灰饼，然后根据灰饼充筋。

（4）抹水泥踢脚或墙裙

根据已抹好的灰饼充筋（此筋可以冲得宽一些，以 8～10 cm 为宜，因此筋即为抹踢脚或墙裙的依据，同时也作为墙面抹灰的依据），底层抹 1∶3 水泥砂浆，抹好后用大杠刮平，木抹搓毛，常温第二天用 1∶2.5 水泥砂浆抹面层并压光。抹踢脚或墙裙厚度应符合设计要求，无设计要求时凸出墙面 5～7 mm 为宜。凡凸出抹灰墙面的踢脚或墙裙上口必须保证光洁顺直，踢脚或墙面抹好后将靠尺贴在大面与上口平，然后用小抹子将上口抹平压光，凸出墙面的棱角要做成钝角，不得出现毛茬和飞棱。

（5）做护角

墙、柱间的阳角应在墙、柱面抹灰前用 1∶2 水泥砂浆做护角，其高度自地面以上 2 m。然后将墙、柱的阳角处浇水湿润。第一步，在阳角正面立上八字靠尺，靠尺突出阳角侧面，突出厚度与成活抹灰面平。然后在阳角侧面，依靠尺边抹水泥砂浆，并用铁抹子将其抹平，按护角宽度（不小于 50 mm）将多余的水泥砂浆铲除。墙面长度小于 200 mm 的，全部用水泥护角，减少工序，抹灰颜色也易一致。第二步，待水泥砂浆稍干后，将八字靠尺移至抹好的护角面上（八字坡向外）。在阳角的正面，依靠尺边抹水泥砂浆，并用铁抹子将其抹平，按护角宽度将多余的水泥砂浆铲除。抹完后去掉八字靠尺，用素水泥浆涂刷护角尖角处，护角要一次成活。

（6）抹水泥窗台

先将窗台基层清理干净，松动的砖要重新补砌好。砖缝划深，用水润透，然后用 1∶2∶3 豆石混凝土铺实，厚度宜大于 2.50 cm，次日刷胶黏性素水泥一遍，随后抹 1∶2.5 水泥砂浆面层，待表面达到初凝后，浇水养护 2～3 d。窗台板下口抹灰要平直，没有毛刺。

（7）墙面充筋

当灰饼砂浆达到七八成干时，即可用与抹灰层相同砂浆充筋，充筋根数应根据房间的宽度和高度确定，一般标筋宽度为 50 mm。两筋间距不大于 1.5 m。当墙面高度小于 3.5 m

时宜做立筋,大于 3.5 m 时宜做横筋,做横向冲筋时做灰饼的间距不宜大于 2 m。

(8) 抹底灰

一般情况下充筋完成 2 h 左右可开始抹底灰为宜,抹前应先抹一层薄灰,要求将基体抹严,抹时用力压实使砂浆挤入细小缝隙内,接着分层装档,抹与充筋平,用木杠刮找平整,用木抹子搓毛。然后全面检查底子灰是否平整,阴阳角是否方直、整洁,管道后与阴角交接处、墙顶板交接处是否光滑平整、顺直,并用托线板检查墙面垂直与平整情况。散热器后面的墙面抹灰,应在散热器安装前进行,抹灰面接槎应平顺,地面踢脚板或墙裙、管道背后应及时清理干净,做到活完底清。

(9) 修抹预留孔洞、配电箱、槽、盒

底灰抹平后,要随即由专人把预留孔洞、配电箱、槽、盒周边 5 cm 宽的石灰砂浆刮掉并清除干净,用大毛刷沾水沿周边刷水湿润,然后用 1:1:4 水泥混合砂浆把洞口、箱、槽、盒周边压抹平整、光滑。

(10) 抹罩面灰

应在底灰六七成干时开始抹罩面灰(抹时如底灰过干应浇水湿润),罩面灰 2 遍成活,厚度约 2 mm。操作时最好两人同时配合进行,一人先刮一遍薄灰,另一人随即抹平。依先上后下的顺序进行,然后赶实压光。压时要掌握火候,既不要出现水纹,也不可压活,压好后随即用毛刷蘸水将罩面灰污染处清理干净。施工时整面墙不宜甩破活,如遇有预留施工洞时,可甩下整面墙待抹为宜。

(11) 养护

抹灰层应在凝结后及时养护,一方面有利于强度增长,另一方面减少表面的干缩裂缝,防止裂缝发展,导致空鼓而影响观感质量。

2) 顶棚抹灰施工工艺流程

(1) 基体处理。先清除板底浮灰、砂石和松动的混凝土,用钢丝刷刷涂板面上的隔离剂,再用清水冲洗干净。

(2) 找规矩。根据 50 mm 水平线在靠近顶棚四周的墙面上弹一条水平线作为抹灰层厚度和抹灰找平的控制依据。

(3) 底、中层抹灰。先抹 2 mm 厚底灰,再抹中层砂浆,厚度约 6 mm,然后用软刮尺刮抹顺平,再用木抹子搓平。

(4) 面层抹灰。罩面灰分两遍施工,总厚度 2 mm 左右,第一遍罩面灰厚度尽量薄一些,然后抹第二遍,同时找平,等罩面灰稍干后,用塑料抹子压实、压光。

8.4.2 抹灰工程施工质量要求

一般抹灰工程的表面质量应符合下列规定:普通抹灰表面应光滑、洁净、接槎平整,分格缝应清晰;高级抹灰表面应光滑、洁净、颜色均匀、无抹纹,分格缝和灰线应清晰美观。护角、空洞、槽、盒周围的抹灰表面应整齐、光滑;管道后面的抹灰表面应平整。一般抹灰的允许偏差和检验方法见表 8-4 所示。

表 8-4　一般抹灰的允许偏差和检验方法

项次	项　目	允许偏差（m）		检验方法
		普通抹灰	高级抹灰	
1	立面垂直度	4	3	用 2 m 垂直检测尺检查
2	表面平整度	4	3	用 2 m 靠尺和塞尺检查
3	阴阳角方正	4	3	用 200 mm 直角检测尺检查
4	分格条（缝）直线度	4	3	拉 5 m 线，不足 5 m 拉通线，用钢直尺检查
5	墙裙、勒脚上口直线度	4	3	拉 5 m 线，不足 5 m 拉通线，用钢直尺检查

注：①普通抹灰，本表第 3 项阴角方正可不检查。
　　②顶棚抹灰，本表第 2 项表面平整度可不检查，但应平顺。

8.5　门窗工程

　　门窗工程是装饰工程的重要组成部分。建筑装饰工程所用的门窗，按其材质可分为铝合金门窗、木门窗、塑料门窗、钢门窗等形式；按功能分为普通门窗、隔声门窗、保温门窗、防火门窗等；按结构可分为推拉门窗、弹簧门窗、平开门窗和自动门窗等。

　　门窗在运输和存放中应防止损伤和变形。安装前应根据设计要求和有关图纸进行检查，核对品种、规格等是否符合要求，零、附件是否齐全等。安装时，必须采用预留洞口后安装的方法；门窗固定可采用焊接、膨胀螺栓或射钉等方法，但砖墙不能用射钉固定。

　　门窗安装后外观质量应符合要求，表面洁净、无划痕、锈蚀等；五金配件齐全，位置正确；框与墙体缝隙应饱满密实，表面平整光滑；门窗扇应开启灵活，关闭后密封条应压缩紧密。

　　门窗工程的施工一般有两类：一类是由工厂事先加工拼装成型，运输到现场进行安装；另一类是在施工现场根据设计要求加工制作后进行安装。

8.5.1　铝合金门窗安装

　　铝合金门窗按其结构与开启形式分为推拉门（窗）、平开门（窗）、回转门（窗）、固定窗、悬挂窗、百叶窗、纱窗等。铝合金门窗具有质量轻、性能好、耐腐蚀、色泽美观、坚固耐用等特点，所以在室外应用较普遍。

　　铝合金门窗一般先安装门窗框，再塞缝，最后安装门窗扇。铝合金门窗安装质量允许偏差见表 8-5 所示。

　　铝合金门窗安装前需先放线，检查预留门窗洞口的标高、几何尺寸、预埋件位置是否符合设计要求。门窗框的加工尺寸应比洞口尺寸小，同时又需根据不同材料确定。

　　在抹灰前将门窗框立于洞口处、吊直、卡方，用木楔临时固定。抹灰时，首先进行门窗洞口抹灰。外墙一次完成，抹至洞口内门窗框边。内墙分两次完成，第一次抹至洞口边，待门窗框安装完毕再抹第二次。

门窗框安装固定可采用射钉打入墙或柱、梁中，将连接件与框进行固定。门窗框与门洞四周的缝隙可采用泡沫塑料条、泡沫聚氨酯条、矿棉毡条和玻璃丝毡条等进行分层填塞，弹性联接固定，外留5～8 mm深的槽口用密封膏密封。

内外墙粉刷完毕后进行门窗扇的安装，门窗扇的安装要做到周边密封、开闭灵活。

铝合金门窗安装的允许偏差和检验方法见表8-5所示。

表8-5　铝合金门窗安装的允许偏差和检验方法

项次	项目		允许偏差（mm）	检验方法
1	门窗槽口宽度、高度	≤2 000 mm	2	用钢卷尺检查
		>2 000 mm	3	
2	门窗槽口对角线长度差	≤2 500 mm	4	用钢卷尺检查
		>2 500 mm	5	
3	门窗框的正、侧面垂直度		2	用1 m垂直检测尺检查
4	门窗横框的水平度		2	用1 m水平尺和塞尺检查
5	门窗横框标高		5	用钢卷尺检查
6	门窗竖向偏离中心		5	用钢卷尺检查
7	双层门窗内外框间距		4	用钢卷尺检查
8	推拉门窗扇与框搭接宽度	门	2	用钢直尺检查
		窗	1	

8.5.2　木门窗安装

木门窗安装前，检查门窗口位置的准确性，并在墙上弹出安装位置线。室内外门窗框应根据设计图纸位置和标高进行安装，为保证安装的牢固，应提前检查预埋木砖数量是否满足，同时注意在地面工程和墙面工程抹灰施工以前完成。

安装时，将门窗框塞入门窗洞口，用木楔临时固定。同一层门窗应拉通线，控制调整水平，上下门窗位于同一垂直线后用钉子将其固定在预埋的木砖上。

木门窗扇的安装应先确定开启方向、安装位置等，检查门窗口尺寸是否正确、边角是否方正、有无窜角。安装时，先量好门窗框裁口尺寸，然后在门窗扇上画修刨线，用粗刨刨去线外多余部分。第一次修刨后的门窗扇应以能塞入口内为宜，塞好后用木楔顶住临时固定，按门窗扇与口边缝宽尺寸画出第二次修刨线，标出合页槽的位置。

门窗扇第二次修刨后，安装合页。先用线勒子勒出合页的宽度，根据要求定出合页安装边线，分别从上、下边线往里量出合页长度，剔出合页槽，然后安装上、下合页。安装合页时应先拧一个螺丝，然后关上门窗检查缝隙是否满足，口与扇是否平整，无问题后即可将螺丝全部拧紧。

木门窗五金安装应符合设计图纸的要求，不得遗漏，同时注意采用木螺钉固定，不得用钉子代替。门窗拉手应在门窗高度中点以下，窗拉手距离地面以上1 500～1 600 mm为宜，门拉手距离地面以上900～1 050 mm为宜。

木门窗安装的留缝限值、允许偏差和检验方法见表 8-6 所示。

表 8-6　平开木门窗安装的留缝限值、允许偏差和检验方法

项次	项　　目		留缝限值（mm）	允许偏差（mm）	检验方法
1	门窗框的正、侧面垂直度		—	2	用 1 m 垂直检测尺检查
2	框与扇接缝高低差			1	用塞尺检查
	扇与扇接缝高低差			1	
3	门窗扇对口缝		1～4	—	用塞尺检查
4	工业厂房、围墙双扇大门对口缝		2～7	—	
5	门窗扇与上框间留缝		1～3	—	
6	门窗扇与合页侧框间留缝		1～3	—	
7	室外门扇与锁侧框间留缝		1～3	—	
8	门扇与下框间留缝		3～5	—	用塞尺检查
9	窗扇与下框间留缝		1～3	—	
10	双层门窗内外框间距		—	4	用钢直尺检查
11	无下框时门窗与地面间留缝	室外门	4～7	—	用钢直尺或塞尺检查
		室内门	4～8	—	
		卫生间门		—	
		厂房大门	10～20	—	
		围墙大门		—	
12	框与扇搭接宽度	门	—	2	用钢直尺检查
		窗	—	1	用钢直尺检查

8.5.3　塑料门窗安装

塑料门窗是以聚氯乙烯或改性聚氯乙烯为主要原料,轻质碳酸钙为填料,添加适量助剂和改性剂,经挤压成型,成为不同截面的空腹门窗异型材,再根据门窗的类型选用不同截面的异型材组装而成。其造型美观、表面光滑,具有良好的装饰性、隔热性、密封性和耐腐蚀性等特点,所以目前常在工程上采用。

塑料门窗安装前,先安装五金配件及固定件,采用手电钻钻孔,用自攻螺钉拧入。与墙体连接的固定件应用自攻螺钉等紧固于门窗框上。

为了保证门窗安装位置准确、外观整齐,安装时按图纸尺寸放好门窗框安装位置及立口的标高控制线。

将五金配件及固定件安装完毕并检验合格的塑料门窗框放入洞口内,按线就位找好垂直度及标高,用木楔临时固定,检查正侧面垂直及对角线合格后,用膨胀螺栓将固定件与墙体连接牢固。塑料门窗安装节点如图 8-22 所示。

窗框与洞口之间的伸缩缝内应采用聚氨酯发泡胶填充,发泡胶填充应均匀、密实,发泡胶成型后不宜切割。表面应采用密封胶密封。密封胶应黏结牢固、表面应光滑、顺直、无裂纹。

塑料门窗安装的允许偏差和检验方法应符合表 8-7 的规定。安装后应注意成品保护,防污染,防电焊火花烧伤而损坏面层。

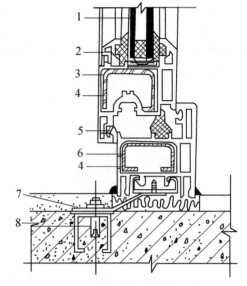

图 8-22　塑料门窗安装节点示意图

1—玻璃；2—玻璃压条；3—内扇；4—内钢衬；
5—密封条；6—外框；7—地脚；8—膨胀螺栓

表 8-7　塑料门窗安装的允许偏差和检验方法

项次	项　　目		允许偏差（mm）	检验方法
1	门、窗框外形（高、宽）尺寸长度差	≤1 500 mm	2	用钢卷尺检查
		>1 500 mm	3	
2	门、窗框两对角线长度差	≤2 000 mm	3	用钢卷尺检查
		>2 000 mm	5	
3	门、窗框（含拼樘料）正、侧面垂直度		3	用 1 m 垂直检测尺检查
4	门、窗框（含拼樘料）水平度		3	用 1 m 水平尺和塞尺检查
5	门、窗下横框的标高		5	用钢卷尺检查,与基准线比较
6	门、窗竖向偏离中心		5	用钢卷尺检查
7	双层门、窗内外框间距		4	用钢卷尺检查
8	平开门窗及上悬、下悬、中悬窗	门、窗扇与框搭接宽度	2	用深度尺或钢直尺检查
		同樘门、窗相邻扇的水平高度差	2	用靠尺和钢直尺检查
		门、窗框扇四周的配合间隙	1	用楔形塞尺检查
9	推拉门窗	门、窗扇与框搭接宽度	2	用深度尺或钢直尺检查
		门、窗扇与框或相邻扇立边平行度	2	用钢直尺检查
10	组合门窗	平整度	3	用 2 m 靠尺和钢直尺检查
		缝直线度	3	用 2 m 靠尺和钢直尺检查

8.5.4 玻璃工程安装

门窗工程用的玻璃宜集中裁割,边缘不得有缺口和斜曲。安装前,应将裁口内的污物清除干净,接缝处的玻璃、金属和塑钢表面必须清洁、干燥;安装边长大于 1.5 m 或短边大于 1 m 的木框、扇玻璃时,应用橡胶垫并用压条和螺钉镶嵌固定,钉距不得大于 300 mm,且每边不少于两个。安装铝合金、塑钢框的中空玻璃或面积大于 0.65 m² 的玻璃时应符合规定:安装于竖框中的玻璃,应搁置在两块相同的定位垫块上,搁置点宜距离垂直边 1/4 玻璃宽度,且不宜小于 150 mm;安装在扇中的玻璃,定位垫块的宽度应大于所支撑的玻璃件的厚度,长度不宜小于 25 mm,并且符合设计要求。

复习思考题

1. 简述装饰工程的施工特点和发展方向。

2. 试述水泥砂浆面层的工艺流程和技术要求。

3. 试述水磨石楼地面的工艺流程。

4. 楼地面工程有哪些质量要求?

5. 墙柱表面的镶贴材料有哪些?

6. 釉面瓷砖的主要施工过程和技术要求是什么?

7. 试述石材饰面板的安装方法、工艺流程和技术要求。

8. 试述铝合金装饰板墙安装的施工工艺。

9. 试说明单元式玻璃幕墙和元件式玻璃幕墙的安装顺序和要求。

10. 试述各抹灰层的作用和施工要求。

11. 顶棚抹灰的施工工艺流程有哪些?

12. 吊顶分为哪几类?

13. 吊筋与龙骨的作用有哪些?

14. 试述轻钢龙骨吊顶、铝合金吊顶的构造及其安装过程。

15. 吊顶工程有哪些质量要求?

16. 门窗工程外观有哪些质量要求?

17. 试述铝合金门窗的安装方法。

18. 试述木门窗的安装方法及注意事项。

19. 试述塑料门窗安装的主要工序。

9 脚手架与垂直运输设施

本章提要: 了解脚手架的种类和发展趋势;掌握钢管脚手架的构造组成、要求和搭设要点;熟悉悬挑式脚手架、升降式脚手架、吊篮等适用范围及适用要求;了解垂直运输设施的种类,熟悉垂直运输设施的适用范围和构造要求;掌握脚手架的安全技术要求。

脚手架是建筑工程施工中不可缺少的临时设施,其主要作用是为工人进行施工操作、堆放材料和短距离运送材料提供工作面。对脚手架的基本要求是:要有足够的强度、刚度和整体稳定性,坚固耐用,安全可靠;其搭设宽度应满足工人操作、材料堆放和运输的需要,一般为 1.5~2 m,其构造要简单,装拆方便,并能多次周转使用。

垂直运输设施指担负垂直运送材料和施工人员上下的机械设备和设施。在砌筑工程中不仅要运输大量的砖(或砌块)和砂浆,而且还要运输脚手架、脚手板和各种预制构件;不仅有垂直运输,而且有地面和楼面的水平运输。其中垂直运输是影响砌筑工程施工速度的重要因素。

9.1 脚手架工程

脚手架的种类很多,按用途分,有砌筑脚手架、装修脚手架和支撑(负荷)脚手架;按搭设位置分,有外脚手架和里脚手架;按使用的材料分,有木脚手架、竹脚手架和金属脚手架;按构造型式分,有多立杆式、门型、桥式、悬吊式、挂式、挑式、爬升式脚手架等。随着高层建筑的发展,又有低层脚手架与高层脚手架之分。目前,脚手架的发展趋势是采用金属制作的、具有多种功能的组合式脚手架,以便适应不同情况下各种作业的要求;在继续使用传统脚手架的同时,应积极开发和使用新材料、新形式的脚手架,逐步提高新型脚手架在实际使用中所占的比例。

9.1.1 扣件式钢管脚手架

扣件式钢管脚手架装拆方便、搭设灵活,能适应建筑物平面及高度变化;承载力大,搭设高度高,坚固耐用,周转次数多,故在建筑工程施工中使用最为广泛。它除用作搭设脚手架外,还可以用以搭设井架、上料平台和栈桥等。但也存在着扣件(尤以其中的螺杆、螺母)易丢易损、螺栓上紧程度差异较大、节点在力作用线之间有偏心等缺点。

1) 主要组成部件及作用

扣件式钢管脚手架由钢管、扣件、底座、脚手板和安全网等部件组成。

(1) 钢管:一般采用 48 mm×3.5 mm 的焊接钢管,也可用外径为 50~51 mm、壁厚 3~4 mm 的焊接钢管。根据钢管在脚手架中的位置和作用不同,可分为立杆、纵向水平杆、横向水平杆、连墙杆、剪刀撑、水平斜拉杆等(见图 9-1),其作用如下:

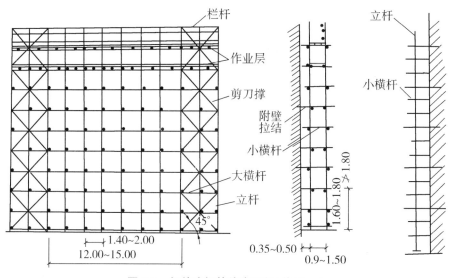

图 9-1　扣件式钢管外脚手架(单位:m)

① 立杆:平行于建筑物并垂直于地面,是把脚手架荷载传递给基础的受力杆件。

② 纵向水平杆:平行于建筑物并在纵向水平连接各立杆,是承受并传递荷载给立杆的受力杆件。

③ 横向水平杆:垂直于建筑物并在横向水平连接内、外排立杆,是承受并传递荷载给立杆的受力杆件。

④ 剪刀撑:设在脚手架外侧面并与墙面平行的十字交叉斜杆,可增强脚手架的纵向刚度。

⑤ 连墙杆:连接脚手架与建筑物,是既要承受并传递荷载,又可防止脚手架横向失稳的受力杆件。

⑥ 水平斜拉杆:设在有连墙杆的脚手架内、外排立杆间步架平面内的"之"字形斜杆,可增强脚手架的横向刚度。

⑦ 纵向水平扫地杆:连接立杆下端,是距底座下皮 200 mm 处的纵向水平杆,起约束立杆底端在纵向发生位移的作用。

⑧ 横向水平扫地杆:连接立杆下端,是位于纵向水平扫地杆上方的横向水平杆,起约束立杆底端在横向发生位移的作用。

(2) 扣件:是钢管与钢管之间的连接件,有可铸造铁扣件和钢板轧制扣件 2 种,其基本形式有 3 种(见图 9-2)。

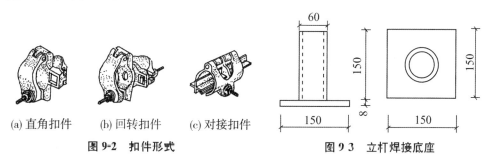

(a) 直角扣件　　(b) 回转扣件　　(c) 对接扣件

图 9-2　扣件形式　　　　图 9-3　立杆焊接底座

① 直角扣件。用于两根垂直相交钢管的连接,依靠扣件与钢管表面间的摩擦力来传递荷载。

② 回转扣件。用于两根任意角度相交钢管的连接。

③ 对接扣件。用于钢管对接接长的连接。

(3)底座:设在立杆下端,是用于承受并传递立杆荷载给地基的配件。底座可用钢管与钢板焊接,也可用铸铁制成(见图9-3)。

(4)脚手板:是提供施工操作条件并承受和传递荷载给纵横水平杆的板件,当设于非操作层时起安全防护作用,可用竹、木、钢板等材料制成。

(5)安全网:安全网的作用是防止施工人员从脚手架或其他高空作业面坠落,或防止施工中落物砸伤下面的行人,安全网需按照有关安全规定进行设置。当外墙砌筑砖高度超过4 m 或立体交叉作业时,必须设置安全网。安全网是用直径9 mm 的麻绳、棕绳或尼龙绳编织而成的,一般规格为宽3 m,长6 m,网眼50 mm 左右,每块支好的安全网应能承受不小于1.6 kN 的冲击荷载。架设安全网时,其伸出墙面宽度应不小于2 m,外口要高于里口500 mm,两网搭接应扎接牢固,每隔一定距离应用拉绳将斜杆与地面锚桩拉牢。施工过程中应经常检查和维修,严禁向安全网内投掷杂物。

当用里脚手架施工外墙时,要沿墙外架设安全网。多层、高层建筑用外脚手架时,亦需在脚手架外侧设安全网。安全网要随楼层施工进度逐层上升。多层、高层建筑除一道逐步上升的安全网外,还要在第二层和每隔3～4层加设固定的安全网。高层建筑满搭外脚手架时,也可在脚手架外表面满挂竖向安全网,在作业层的脚手板下应平挂安全网。图9-4 为48 mm×3.5 mm 钢管搭设的安全网。安放在上层窗口处墙两侧的水平杆1与内水平杆4相互绑牢;安放在下层窗口处墙两侧的水平杆3与2也同样相互绑牢;斜杆5上、下两端分别与外水平杆6与水平杆2相互绑牢;其中,支设安全网的斜杆5间距应不大于4m。在无窗口的山墙上,可在墙角设立柱来挂安全网;也可在墙体内预埋钢筋环以支撑斜杆;还可用短钢管穿墙,用回转扣件来支设斜杆等。

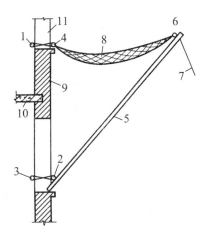

图9-4　安全网搭设图

1,2,3—水平杆;4—内水平杆;5—斜杆;
6—外水平杆;7—拉绳;8—安全网;
9—外墙;10—楼板;11—窗口

2)构造要点

扣件式钢管脚手架可用于搭设外脚手架、里脚手架、满堂脚手架、支撑架以及其他用途的架子,其主要分为单排和双排两种搭设方案。

(1)单排:单排脚手架仅在外侧有立杆,其横向水平杆的一端与纵向水平杆或立杆相连,另一端则搁在内侧的墙上。其特点是整体刚度差,承载力低,故不适用于下列情况:

① 墙体厚度小于或等于180 mm。

② 建筑物高度超过24 m。

③ 空斗砖墙、加气块墙等轻质墙体。

④ 砌筑砂浆强度等级小于或等于M1.0 的墙体。

(2)双排:双排脚手架一般搭设高度不大于50 m,如高度大于50 m 时则应当分段搭设,或采用双立杆等构造措施,并需经过承载力的校核计算。

① 立杆:横距为 0.9～1.5 m,纵距为 1.2～2.0 m。立杆接长除顶层可采用搭设外其余各层必须用对接扣件对接;两相邻立杆的接头位置不应设在同一步距内,同一步距内隔一根立杆的两个相隔接头在高度方向应错开的距离不小于 500 mm,且与相近的纵向水平杆距离不应大于等于 1/3 步距;立杆与纵向水平杆必须用直角扣件扣紧,不得隔步设置或遗漏;立杆顶端应高出女儿墙上皮 1.0 m,高出檐口上皮 1.5 m;每根立杆均应设置底座或垫块。

② 纵向水平杆(大横杆):设于横向水平杆之下,在立杆的内侧,其长度不少于 3 跨;用直角扣件与立杆扣紧,其步距为 1.2～1.8 m。上下横杆的接头位置应错开布置,不应设在同一步距内,其相邻接头的水平距离应大于或等于 500 mm,且接头位置与相近立杆的距离应小于等于 1/3 纵距。

③ 横向水平杆(小横杆):每一立杆节点处必须设置一根水平杆,并搭设于纵向水平杆之上用直角扣件扣紧。在双排架中靠墙一侧的外伸长度应小于等于 500 mm;操作层上中间节点处的横向水平杆宜按脚手板的需要等间距设置,但最大间距应小于等于 1/2 立杆距离;单排架的横向水平杆插入墙内的长度应大于等于 180 mm。

④ 剪刀撑:当单排、双排架高小于等于 24 m 时,剪刀撑在侧立面的两端均应设置,中间每隔 15 m 设一道,其宽度大于等于 4 m 且跨度大于等于 6 m,斜杆与地面的倾角为 45°～60°;当双排架高大于 24 m 时,剪刀撑应在外侧立面整个长度上连续设置。每道剪刀撑跨越立杆的根数应按表 9-1 确定。

剪刀撑应用旋转扣件与立杆或横向水平杆的伸出端扣牢,连接点距脚手架节点不大于 150 mm;剪刀撑钢管接长,应采用搭接,搭接长度不小于 1 m,并用不少于 2 个旋转扣件扣牢。

表 9-1　剪刀撑跨越立杆的最多根数

剪刀撑斜杆与地面的倾角	45°	50°	60°
剪刀撑跨越立杆的最多根数	7	6	5

⑤ 连墙杆:脚手架的承载力同时取决于连墙杆的布置形式和间距大小。脚手架倒塌大多是由于连墙杆设置不足或被拆掉而引起的,连墙杆的数量和间距除满足设计要求外,尚应符合表 9-2 的规定。连墙杆必须采用可承受拉力和压力的构造,拉筋必须采用顶撑,顶撑应可靠地顶在混凝土圈梁、柱等结构部位;高度超过 24 m 的双排脚手架连墙杆必须采用刚性连接。

表 9-2　连墙杆布置的最大间距

脚手架高度		竖向间距	水平间距	每根连墙杆覆盖面积(m²)
双排	≤50 m	3 h	3 L	≤40
	>50 m	2 h	3 L	≤27
单排	≤24 m	3 h	3 L	≤40

注:h 为步距;L 为纵距。

⑥ 护栏和挡脚板:操作层必须设置高 1.2 m 的防护栏和高度不小于 0.18 m 的挡脚板,

搭设在外排立杆的内侧。

⑦ 脚手板：一般应设置在 3 根横向水平杆上。当板长小于 2 m 时，允许设在两根横向水平杆上，但应将板两端可靠固定，以防倾翻；自顶层操作层往下计，宜每隔 12 m 满铺一层脚手板。作业层脚手板应铺满、铺稳，离墙 120～150 mm（如图 9-5）。

3）搭设要点

（1）杆件搭设顺序：放置纵向水平扫地杆→逐根树立立杆（随即与扫地杆扣紧）→安装横向水平扫地杆（随即与立杆或纵向水平扫地杆扣紧）→安装第一步纵向水平杆（随即与各立杆扣紧）→安装第一步横向水平杆→安装第二步纵向水平杆→安装第二步横向水平杆→加设临时斜

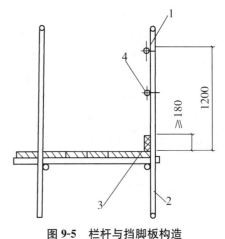

图 9-5 栏杆与挡脚板构造
1—上栏杆；2—外立杆；3—挡脚板；4—中栏杆

撑杆（上端与第二步纵向水平杆扣紧，在装设两道连墙杆后可拆除）→安装第三、四步纵横向水平杆→安装连墙杆、接长立杆，加设剪刀撑→铺设脚手板→挂安全网。

（2）脚手架必须配合施工进度搭设，一次搭设高度不应超过相邻连墙杆以上 2 步。

（3）每搭完一步脚手架后，应按规范校正步距、纵距、横距及立杆的垂直度。

（4）底座、垫板均应准确地放在定位线上，垫板宜采用长度不少于 2 跨、厚度不小于 50 mm 的木垫板，也可采用槽钢等钢材。

（5）立杆搭设严禁将外径 48 mm 与 51 mm 的钢管混合使用；开始搭设立杆时，应每隔 6 跨设置一根抛撑，直至连墙件安装稳定后方可根据情况拆除。

（6）当搭至有连墙杆的构造点时，在搭设完该处的立杆、纵向水平杆、横向水平杆后应立即设置连墙杆；连墙点的数量、位置要正确，连接牢固，无松动现象。拧紧扣件、设置连墙杆不得过松或过紧。

（7）纵向水平杆搭设在封闭型脚手架的同一步中，并应四周交圈，用直角扣件与水平杆固定。

（8）单排脚手架的横向水平杆不应设置在下列部位：

① 设计上不允许留脚手眼的部位。

② 宽度小于 1 m 的窗间墙。

③ 梁或梁垫下及其两侧各 500 mm 的范围内。

④ 砖砌体的门窗洞口两侧 200 mm 和转角处 450 mm 的范围内，其他砌体的门窗洞口两侧 300 mm 和转角处 600 mm 的范围内。

⑤ 过梁上与过梁两端成 60°角的三角形范围内及过梁净跨度 1/2 的高度范围内。

⑥ 独立或附墙砖柱。

（9）剪刀撑、横向斜撑应随立杆、纵向和横向水平杆等同步搭设，各底层斜杆下端必须支撑在垫块或垫板上。

（10）在主节点处固定横向水平杆、纵向水平杆、剪刀撑、横向斜撑等用的直角扣件、旋转扣件的中心点的相互距离不应大于 150 mm，对接扣件开口应朝上或朝内。

（11）各杆件端头伸出扣件盖板边缘的长度不应小于 100 mm。

4）脚手架拆除

（1）拆架时应画出工作区标志和设置围栏，并派专人看守，严禁行人进入。拆除作业必须由上向下逐层进行，严禁上下同时作业。

（2）拆架时统一指挥，上下呼应，动作协调，当解开与另一人有关的结扣时应先行告知对方，以防坠落。

（3）连墙杆必须随脚手架逐层拆除，严禁先将连墙杆整层或数层拆除后再拆脚手架；分段拆除高差不应大于 2 步，如高差大于 2 步，应增设连墙杆加固；当脚手架拆至下部最后一根长立杆的高度时，应先在适当位置搭设临时抛撑加固后，再拆连墙杆。

（4）当脚手架采取分段、分立面拆除时，对不拆除的脚手架两端，应先按规范规定设置连墙杆和横向斜撑加固。

（5）拆除过程中，各构配件严禁抛掷地面。

9.1.2 碗扣式钢管脚手架

碗扣式钢管脚手架是一种承插式钢管脚手架，该脚手架独创了带齿碗扣接头，不仅装拆迅速、省力，而且结构简单，受力稳定可靠，完全避免了螺栓作业，不易丢失零散件，并配备了较完善的系列化的杆件、配件，功能多，使用安全、方便。目前已广泛应用于房建、桥梁、隧道、地下通道、烟囱、水塔、大坝、大跨度棚架等多种工程施工中。

1）构造特点

（1）碗扣式钢管脚手架是采用每隔 0.6 m 设置一套碗扣接头的定型立杆和两端焊有接头的定型横杆、定型斜杆及立杆底座等主要构件架构而成，并备有十几类辅助构件、专用构件，现已实现了杆件配件的系列标准化。

（2）碗扣式钢管脚手架的核心部件是碗扣接头，它是由下碗扣、上碗扣、上碗扣限位销和横杆拉头等主要部件组成（见图 9-6）。上、下碗扣和限位销按 600 mm 间距设置在钢管立杆上，其中碗扣和限位销是直接焊在立杆上的，而上碗扣是套在立杆相邻两个下碗扣之间，将上碗扣内径上的缺口对准

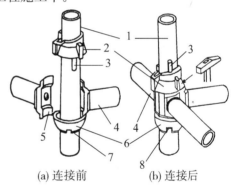

(a) 连接前　　(b) 连接后

图 9-6　碗扣接头

1—立杆；2—上碗扣；3—限位销；4—横杆；
5—横杆接头；6—下碗扣；7—焊缝；8—流水槽

限位销后，即可将上碗扣沿立杆上下滑动，把横杆接头（或斜杆接头）插入下碗扣与立杆间的环形槽内，随后将上碗扣沿限位销滑下，并沿顺时针方向用手拧紧或再用小锤敲打一下，即可扣紧横杆接头。一个碗扣接头最多可以同时连接 4 根横杆（或斜杆），而且横杆可以相互垂直或偏转一定角度。

2）各种杆件配件的规格和用途

碗扣式钢管脚手架的杆配件按用途可分为主构件、辅助构件、专用构件三类。在施工过程中，经常使用的有：

（1）立杆。立杆是脚手架的主要承力杆件，由一定长度的 φ48 mm×3.5 mm 的 Q235 钢管，在规定位置每隔 0.6 m 焊接一套碗口式接头。立杆有 3.0 m（LG-300）和 1.8m（LG-

180)长的两种规格。

(2)顶杆。顶杆即顶部立杆,共有 2.1 m(DG-210)、1.5 m(DG-150)、0.9 m(DG-90)长的 3 种规格。

(3)横杆。横杆是脚手架的水平承力杆件,由一定长度 φ48 mm×3.5 mm 的 Q235 钢管两端焊接横杆接头制成,原设计共有 2.4 m(HG-240)、1.8 m(HG-180)、1.5 m(HG-150)、1.2 m(HG-120)、0.9 m(HG-90)、0.6 m(HG-60)、0.3 m(HG-30)长 7 种规格。碗口式钢管脚手架为了能更好地用作模板早拆体系的支撑架,又研制了长度为 950 mm、1 250 mm、1 550 mm、1 850 mm 四种规格的横杆。

(4)单排横杆。单排横杆主要用于单排脚手架横向水平支撑杆件,在 φ48 mm×3.5 mm、Q235 钢管上的一端焊接横杆接头,只有 1.4 m(DHG-140)、1.8 m(DHG-180)长两种规格。

(5)斜杆。斜杆构件是为了增加脚手架稳定性而设置的支撑构件,是在 φ48 mm×3.5 mm、Q235 钢管两端铆接可转动斜杆接头制成。同横杆接头一样,斜杆接头也可装在下碗口内与立杆连接。斜杆共有 1.697 m(XG-170)、2.163 m(XG-216)、2.343 m(XG-234)、2.546 m(XG-255)、3.000 m(XG-300)长 5 种规格。

(6)底座。立杆底座型号有 3 种:一种规格(LDZ)由 150 mm×150 mm×8 mm 钢板和焊接在钢板中心的连接管制成,立杆可直接插在垫座上,高度不可调。一种可调座,由 150 mm×150 mm×8 mm 钢板和中心焊接螺杆并配有手柄螺母制成,有 0.30 m(KTZ-30)和 0.60 m(KTZ-60)两种规格,可调高度分别为 300 mm 和 600 mm。还有一种粗细调座,基本同可调座,只是调整方式不同,是由 150 mm×150 mm×8 mm 的钢板和立杆管、螺管、手柄螺母等制成,只有可调高度 600 mm(CXZ-60)一种规格。

(7)间横杆。是为在碗口式钢管脚手架上能使用普通钢脚手板或木脚手架而设计的横向承力杆件,由 φ48 mm×3.5 mm 的 Q235 钢管两端焊接"∩"形钢板制成,搭设在脚手架的两根纵向横杆之间的任何部位,用以减小支撑间距或支撑跳头脚手板用,共有 1.20 m(JHG-120)、1.20 m+0.30 m(JHG-120+30)和 1.20 m+0.60 m(JHG-120+60)3 种规格。

(8)脚手板。脚手板是为碗口式脚手架专门设计的作业层台板和施工通道板,由 2 mm 钢板制成,宽度为 270 mm,板面上有防滑孔,板两端含有挂钩,能可靠地挂牢在横杆上,不会滑动,有 1.2 m(JB-120)、1.5 m(JB-150)、1.8 m(JB-180)、2.4 m(JB-240)长 4 种规格。

(9)斜道板。用于搭设车辆及行人栈道,有一种规格(XB-190),长 1897 m,宽 540 mm,坡度为 1:3,用 2 mm 厚的钢板制成,上面焊有防滑条,两端焊有挂钩。

(10)挡脚板。挡脚板是用 2 mm 厚钢板制作,宽 220 mm,两端焊有挂钩,能可靠地卡固在脚手架外侧、作业层下部两相邻纵向立杆之间,有 1.2 m(DB-120)、1.5 m(DB-150)、1.8 m(DB-180)长 3 种规格,分别适用于立杆纵距为 1.2 m、1.5 m、1.8 m 的脚手架。

(11)挑梁。是为扩展作业平台而设计的构件,有窄挑梁(TL-30)和宽挑梁(TL-60)两种规格。窄挑梁是由一端焊有横接头的横杆钢管制成,悬挑长度为 300 mm,可在需要位置与立杆碗口接头连接。宽挑梁是由一端和横杆接头的水平杆、斜杆以及垂直杆等钢管制成,水平杆、斜杆均可以与立杆上的碗口接头连接,悬挑长度为 600 mm,在其外侧的垂直杆可再接立杆。

(12)架梯。架梯为作业人员上下作业层、通道设计的,由钢踏步板焊接在两根槽钢上制成,两端焊有挂钩,可牢固地挂在横杆上。有一种规格(JT-255),其长度为 2 546 mm,宽度为 540 mm,可在 1.80 mm×1.80 mm 的框架内架设。架梯可做成折线上升,用斜杆、横杆作扶手,使用安全、可靠。

(13) 连墙撑。为方便施工,分别设计了碗口式连墙撑和扣件式连墙撑两种形式,每种形式又分为砖墙用和混凝土墙用的两种规格。碗口式(型号 WLC)与扣件式(型号 KLC)连墙撑的不同点是:与脚手架相连端分别焊有横杆接头和 Φ48 mm×3.5 mm 的短钢管。

3) 组装顺序

立杆底座→立杆→横杆→斜杆→接头锁紧→脚手板→上层立杆→立杆连接销→横杆

4) 注意事项

(1) 在已处理好的地基上按设计位置安放立杆垫座(或可调底座),其上再交错安装 3.0 m 和 1.8 m 长立杆。调整立杆可调座,使同一层立杆接头不在同一平面内。

(2) 搭设中应注意调整架体的垂直度,最大偏差不得超过 10 mm。

(3) 连墙杆应随脚手架的搭设而随时在设计位置设置,并尽量与脚手架和建筑物外表面垂直。

(4) 脚手架应随建筑物升高而随时搭设,但不应超过建筑物 2 个步架。

9.1.3 门式组合钢管脚手架

门式组合钢管脚手架由门架组合而成。门架为一小型的门式框架,本身具有较强的平面刚度,因此也可称之为框架组合式脚手架(见图 9-7)。

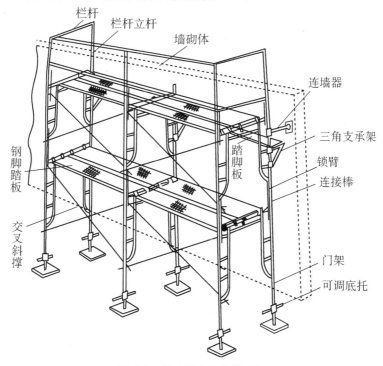

图 9-7 门式组合钢管脚手架

1) 构造特点

门式组合钢管脚手架为横向竖平面结构的并联构架,在自上而下对接的单榀门架之间采用交叉支撑、水平框架和挂扣式钢脚手板连接成为整体。受力情况以传递为主。垂直于门架平面方向的刚度较弱,必要时应设置纵向水平杆予以加强。当需要改变构架尺寸和增加其功能时,可使用相应的异形门架和配件,也可以与扣件式钢管脚手架配合使用。门式组合钢管脚手架每跨允许荷载 4 kN,跨中允许集中荷载 2 kN,可用于搭设外脚手架(限高45 m)、里脚手架、满堂脚手架、模板支撑架和其他形式的架子。做模板支撑架时,其作用点应尽量靠近门架立柱,避开横梁中部;必要时也可以采用门架部分重叠的架构方式。

2) 组成部件

(1) 门架(宽×高):标准架 1 219 mm×1 930 mm;调节架 1 219 mm×1 524 mm,1 219 mm×1 218 mm。

(2) 配件:可调底座、交叉斜撑、连接棒、锁片、三角支撑、连接器、栏杆、平衡架、挂梯等。

(3) 脚手板:双拼板 1 830 mm×500 mm;单踏脚板 1 830 mm×280 mm(长×宽)。

3) 搭设要点

(1) 根据建筑物体型决定脚手架的排列方式;架子离墙距离一般为 80~150 mm。

(2) 沿墙纵向拉通线,放出每个门架底座十字灰线。在底座丝口满涂黄油后再把底座摆在十字线上。每立上两片门架,双面装上交叉斜撑,调准架身水平度和垂直度,配套脚手板(卡口合口)。当底层门架搭设完毕,应拉通线校正水平,吊线调准,做到脚手板平整化一;沿底座纵向,扣通长双面扫地杆,杆底垫砖块。

(3) 搭第二层门架时,操作者站在第一层门架脚手板上,将连接棒涂上黄油,插入门架顶端,立上第二层门架,双面装上交叉斜撑,再装锁片。

(4) 垂直方向,每 3 层门架(约 6 m),水平方向安装受拉、受压连接器。

(5) 门架转角,宜采取"L"形排列。侧丁门架应安装平行架,起固定作用。每层转角架,用短钢管扣紧在两片门架的立柱或平行架上。

(6) 10 层门架以下,每 3 层用一道闭合式通长水平杆加固。

(7) 脚手架外侧宜挂通长垂直安全网,随工人作业升降。每 5 层架高拉通水平兜网。

9.1.4　悬挑式脚手架

悬挑式脚手架是一种不落地式脚手架。这种脚手架的特点是将脚手架的自重及其施工荷重全部传递至由建筑物承受,因而搭设不受建筑物高度的限制。主要用于外墙结构,装修和防护,以及在全封闭的高层建筑施工中。悬挑式脚手架与前面几种脚手架比较更为节省材料,具有良好的经济效益。

1) 适用范围

(1) ±0.000 以下结构工程回填土不能及时回填,脚手架没有搭设的基础,而主体结构工程又必须立即进行,否则将影响工期。

(2) 高层建筑主体结构四周为裙房,脚手架不能直接支承在地面上。

(3) 超高层建筑施工,脚手架搭设高度超过了架子的容许搭设高度,因此将整个脚手架按容许搭设高度分为若干段,每段脚手架支承在由建筑结构向外悬挑的结构上。

2) 悬挑式支承结构

悬挑式外脚手架,是利用建筑结构外边缘向外伸出的悬臂结构来悬挑支承结构的结构,其形式大致分为两类:

(1) 用型钢作梁挑出,端头加钢丝绳(或用钢筋花篮螺栓拉杆)斜拉,组成悬挑支承结构。由于悬出端支承杆件是斜拉索(或拉杆),因此又简称为斜拉式(见图 9-8(a)、(b))。斜拉式悬挑外脚手架,悬出端支承杆件是斜拉钢丝绳受拉绳索,其承载能力由拉索的承载力控制,故端面较小,钢材用量少。

(2) 用型钢焊接的三角桁架作为悬挑支承结构,悬出端的支承杆件是三角斜撑压杆,又称为下撑式(见图 9-8(c))。下撑式悬挑外脚手架,悬出端支承杆件是斜撑受压杆件,其承载力由压杆稳定性控制,故端面较大,钢材用量多。

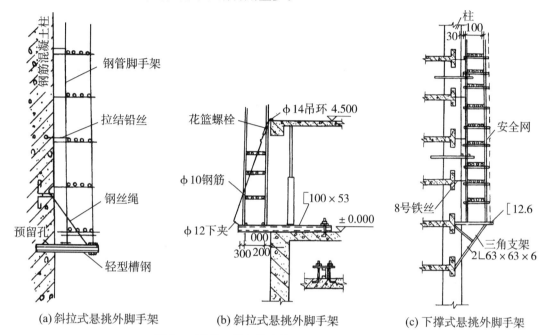

(a)斜拉式悬挑外脚手架　(b)斜拉式悬挑外脚手架　(c)下撑式悬挑外脚手架

图 9-8　两种不同悬挑支撑结构的悬挑式脚手架

3) 构造及搭设要点

(1) 悬挑支承结构必须具有足够的承载力、刚度和稳定性,能将脚手架荷载全部或部分地传递给建筑物。

(2) 悬挑脚手架的高度(或分段悬挑搭设的高度)不得超过 25 m。

(3) 新设计组装或加工的定型脚手架段,在使用前应进行不低于 1.5 倍使用施工荷载的静载试验和起吊试验,试验合格(未发现焊接开裂、结构变形等情况)后方能投入使用。

(4) 塔吊应具有满足整体吊升(降)悬挑脚手架段的起吊能力。

(5) 悬挑梁支托式挑脚手架立杆的底部应与悬挑梁可靠连接固定。

(6) 超过 3 步的悬挑脚手架,应每隔 3 步和 3 跨设一连墙件,以确保其稳定承载。

(7) 悬挑脚手架的外侧立面一般均采用密目网(或其他围护材料)全封闭围护,以确保架上人员操作安全和避免物件坠落。

(8) 必须设置可靠的人员上下的安全通道(出入口)

(9) 使用中应经常检查脚手架和悬挑设施的工作情况。当发现异常时,应及时停止作业,进行检查和处理。

4）升降式脚手架

升降式脚手架简称爬架,它是将自身分为两大部件,分别依附固定在建筑结构上。在主体结构施工阶段,升降式脚手架利用自身带有的升降机构和升降动力设备,使两个部件互为利用,交替松开、固定、交替爬升,其爬升原理同爬升模板。在装饰施工阶段,交替下降。该形式的脚手架搭设高度为3～4个楼层,不占用塔吊,相对落地式外脚手架,省材料、省人工,适用于高层框架、剪力墙和简体结构的快速施工。

5）吊篮

（1）手动吊篮

① 基本构造

由支承设施（建筑物顶部悬挑梁或桁架）、吊篮绳（钢丝绳或钢筋链杆）、安全钢丝绳、手扳葫芦（或倒链）和篮形架子（一般称吊篮架体）组成,见图9-9所示。

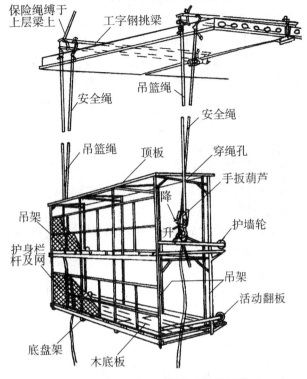

图9-9　双层作业的手动提升式吊篮示意图

② 操作程序与使用方法

吊篮是用倒链先在地面上组装好吊篮架体,并在屋顶挑梁上挂好承重钢丝绳和安全绳,然后将承重绳穿过手扳葫芦的导绳孔向吊钩方向穿过、压紧,往复扳动前进手柄即可使吊绳提升,往复扳动倒退手柄即可下落;但不可同时扳动上下手柄。如果采用钢筋链杆作承重吊杆,则先把安全绳与钢筋链杆挂在已固定好的屋顶挑梁上,然后把倒链挂在钢筋链杆的链环上,下部吊住吊篮,利用吊链升降。因为倒链行程有限,因此在升降过程中要多次倒替倒链,人工将倒链升降,如此接力升降。

（2）电动吊篮

① 基本构造

电动吊篮主要由工作吊篮、提升机构、绳轮系统、屋面支承系统及安全锁组成,图9-10为ZLD-500型电动吊篮示意图。

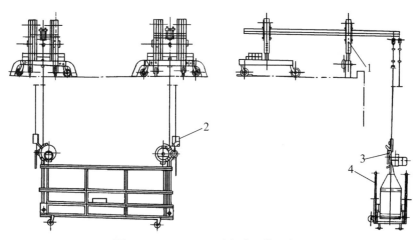

图 9-10　ZLD‑500 型电动吊篮示意图

1—屋面支承系统;2—安全锁;3—提升机构;4—工作吊篮

② 安装及使用要点

a. 安装屋面支承系统时一定要仔细检查各处连接件及紧固件是否牢固,检查悬挑梁的悬挑梁长度是否符合要求,检查配重码放位置以及配重数量是否符合使用说明书中的有关规定。

b. 屋面支承系统安装完毕后方可安装钢丝绳。安全钢丝绳在外侧,工作钢丝绳在里侧,两绳相距 15 cm,钢丝绳应固定、卡紧。

c. 吊篮在现场附近组装完毕,经过检查后运至指定位置,然后接通电源试车。同时,由上部将工作钢丝绳和安全绳分别插入提升机构及安全锁中。工作钢丝绳一定要在提升机运行中插入。接通电源时一定要注意相位,使吊篮能按正确方向升降。

d. 新购电动吊篮组装完毕后应进行空运试验 6~8 h,待一切正常即可开始负荷运行。

e. 当吊篮停置于空中工作时,应将安全锁锁紧,需要移动时再将安全锁放松。安全锁累计使用 1 000 h 必须进行定期检查和重新标定,以保证其安全工作。

f. 吊篮上携带的材料和施工机具必须安置妥当,不得使吊篮倾斜和超载。

g. 电动吊篮在运行中如发生异常响声和故障。必须立即停机检查,故障未经彻底排除,不得继续使用。

h. 在吊篮下降着地之前,应在地面上垫好方木,以免损坏吊篮底部脚轮。

i. 每日作业班后应注意检查并做好下列收尾工作:将吊篮内的建筑垃圾和杂物清扫干净;将吊篮悬挂于离地 3 m 处,撤去上下扶梯;使吊篮与建筑物拉结,以防大风骤起刮坏吊篮和墙面;作业完毕后应将电源切断;将多余的电缆线及钢丝绳存放在吊篮内。

9.1.5　里(内)脚手架

里(内)脚手架用于楼面上砌墙和内粉刷,使用过程中不断随楼层升高上翻,装拆频繁,因此要求其轻便灵活,便于装拆。

常用的里(内)脚手架有折叠式里脚手架、钢套管支柱式里脚手架和竹、木、钢制马凳等(如图 9-11~图 9-13)。门式组合钢管脚手架也可用作里(内)脚手架。

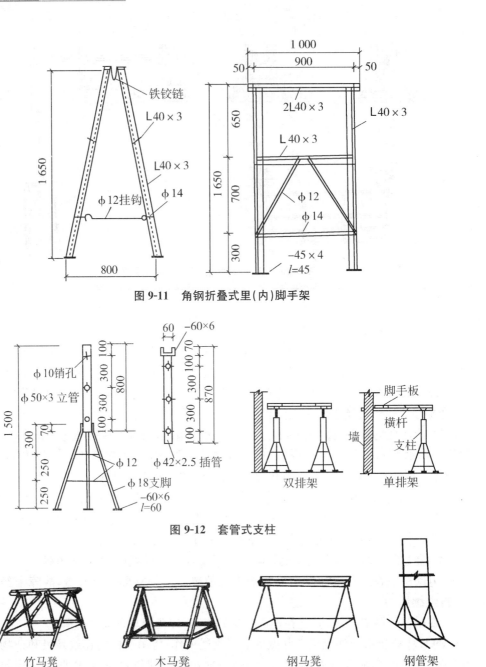

图 9-11　角钢折叠式里(内)脚手架

图 9-12　套管式支柱

竹马凳　　　木马凳　　　钢马凳　　　钢管架

图 9-13　马凳和钢管架

折叠式里脚手架可用角钢、钢管、钢筋等制成。其架设间距:砌墙不超过 2 m,内粉刷不超过 2.5 m,可以搭设二步脚手,第 1 步高 1 m,第 2 步高 1.65 m。

钢套管支柱式里脚手架:钢套管支柱,高 1.5 m,三角支脚,插管插入主管中,以销孔间距调节高度。单排架支柱离墙不大于 1.5 m,横杆搁入墙内不少于 24 cm,双排架横向间距不大于 1.5 m,二者纵向间距不大于 1.8 m,架子可升高到 2.17 m。

马凳高 1.2~1.4 m,长 1.2~1.5 m。竹制凳横杆及凳脚用直径 8~10 cm 的毛竹,其余杆件直径 5～6 cm。木制马凳的脚用 8～10 cm 圆木或方木,凳面用厚 5～6 cm 木板;钢制马凳凳面用角钢,凳脚用钢筋、钢管、角钢制作成形。马凳和钢管架均为轻型支架,一般铺 2～3 块脚手板,使用时只允许单行侧摆 3 层砖。

9.1.6 脚手架安全技术要求

为确保脚手架在搭设、使用和拆除过程中的安全性,对脚手架的安全技术要求如下:

(1)对脚手架的基础、构架、结构、连墙件等必须有成熟经验或进行设计,复核验算其承载力,作出完整的脚手架搭设、使用和拆除施工方案。

(2)脚手架按规定设置斜杆、剪力撑、连墙件或撑杆、拉件等。对通道和洞口或承受超规定荷载的部位必须作加强处理。

(3)脚手架的连接节点应可靠,连接件的安装和紧固件应符合要求。

(4)脚手架的基础应平整,具有足够的承载力和稳定性。脚手架立杆距坑、台的上边缘应不小于 1 m,且立杆下必须设置垫座和垫板。

(5)脚手架的连墙点、拉撑点和悬挂(吊)点必须设置在可靠的承载力的结构部位,必要时作结构验算。

(6)脚手架应有可靠的安全防护措施。作业面上的脚手板与墙面之间的缝隙、孔洞一般不要大于 200 mm;脚手板间的搭接长度不得小于 300 mm。作业面的外侧面应有挡脚板(或高度小于 1 m 的竹芭,或挂满安全网)加两道防护栏杆或密目式聚乙烯网,加 3 道栏杆,对临街面要作完全密封。

(7)六级以上大风、大雾、雨天、下雪天气下应暂停在脚手架上的作业。雨雪后上架操作要有防护措施。

(8)加强使用过程中的检查,发现问题应及时解决。

9.2 垂直运输设施

垂直运输设施是指在建筑施工中担负垂直运输材料、设备、人员的机械设备和设施,它是施工技术措施中的重要环节。

目前,建筑施工中使用的垂直运输设施大致可分为塔式起重机、施工电梯、物料提升架、混凝土泵、小型物料提升设施五大类,总体情况见表 9-3 所示。

表 9-3 垂直运输设施的总体情况

次序	设备(施)名称	型式	安装方式	工作方式	设备能力	
					起重能力	提升高度
1	塔式起重机	整装式	行走固定	在不同的回转半径内形成作业覆盖区	60～10 000 kN·m	80 m 内
		自升式	附着			250 m 内
		内爬式	装于天井道内,附着爬升		3 500 kN·m	一般在 300 m 内

续表 9-3

次序	设备(施)名称	型式	安装方式	工作方式	设备能力	
					起重能力	提升高度
2	施工升降机（施工电梯）	单笼、双笼、笼带斗	附着	吊笼升降	一般在 2 t 以内；高者达 2.8 t	一般在 100 m 内，最高已达 645 m
3	井字提升架	定型钢管搭设	缆风绳固定	吊笼(盘斗)升降	3 t 以内	60 m 内
		定型	附着			可达 200 m 以上
		钢管搭设				100 m 内
4	龙门提升架（门式提升机）		缆风绳固定	吊笼(盘、斗)升降	2 t 以内	50 m 内
			附着			100 m 内
5	塔架	自升	附着	吊盘(斗)升降	2 t 以内	100 m 内
6	独杆提升机	定型产品	缆风绳固定	吊盘(斗)升降	1 t 以内	一般在 25 m 内
7	墙头吊	定型产品	固定在结构上	回转起吊	0.5 t 以内	高度视配绳和吊物稳定而定
8	屋顶起重机	定型产品	固定式、移动式	葫芦沿轨道移动	0.5 t 以内	
9	自立式起重机	定型产品	移动式	同独杆提升机	1 t 以内	40 m 内
10	混凝土输送泵	固定式、拖式	固定并设置输送管道	压力输送	输送能力 30～50 m³/h	垂直输送高度一般为 100 m，可达 300 m 以上
11	可倾斜塔式起重机	履带式	移动式	为履带吊和塔吊结合的产品，塔身可倾斜		50 m 内
		汽车式				
12	小型起重设备			配合垂直提升架使用	0.5～1.5 t	

9.2.1 井架

井架又称井子架，是施工中最常用、最简便的垂直运输设施。它的稳定性好，运输量大，除可采用型钢或钢管加工而成的定型井架之外，还可以采用多种脚手架搭设，从而使井架的应用更加广泛和便捷(如图 9-14、图 9-15)。井架的搭设高度一般可达 50 m 以上，目前附着式高层井架的搭设高度已经超过了 100 m。

1）井架的构造

一般井架多为单孔，也可以组装成两孔、三孔或多孔。单孔井架内设置吊盘或在吊盘下加设混凝土斗；两孔或三孔井架内可分设吊盘和料斗。井架上也根据需要设置扒杆，其起重量一般为 0.5～1.5 t，回转半径可达 10 m。各种井架的搭设步骤和要求与一般脚手架相同。

2）吊盘

吊盘是指井架、龙门架装载材料、物品等用的各种吊盘。它主要由底盘、竖吊杆、斜拉杆、横梁、角撑等部分组成，底盘又由两根长向大梁、多根横向搁栅和底盘铺板构成。

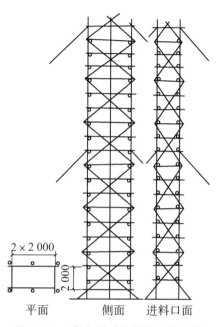

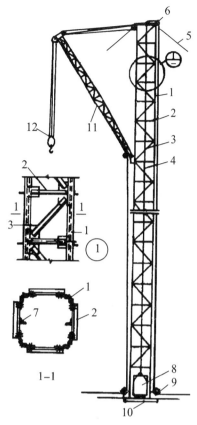

<table>
</table>

图9-14　六柱扣件式钢管井架示意图	图9-15　角钢井架构造图

1—立柱；2—平撑；3—斜撑；4—钢丝绳；5—缆风绳；6—天轮；
7—导轨；8—吊盘；9—地轮；10—垫木；11—摇臂拔杆；12—滑轮组

3）吊盘停车安全装置

吊盘停车安全装置是防止吊盘在停车装卸料时卷扬机制动失灵而产生跌落，确保停车位置准确和避免装卸料时重心移动而使吊盘摇晃所设置的安全稳定装置，形式有自动安全支杠和人工安全挂钩两种。人工安全挂钩因使用麻烦，目前很少见。

4）吊盘钢丝绳断后的安全装置

这种安全装置是由550 mm长的φ40 mm×3.5 mm的无缝钢管，内装220 mm长的螺旋弹簧和φ32 mm、长420 mm的圆钢制成的可伸缩"舌头"，以及穿过螺旋弹簧与圆钢里头小环连接的细钢丝绳组成。无缝钢管固定在吊盘横梁的两端，细钢丝绳的另一端穿过导向滑轮与吊盘钢丝绳相连，其连接点距吊盘横梁有一段距离。该安全装置的原理是：当吊盘钢丝绳受力收紧时，细钢丝绳也将拉紧圆钢舌头并压缩弹簧，使圆钢舌头缩进无缝钢管内；当吊盘钢丝绳突然拉断时，细钢丝绳和吊盘钢丝绳会立即松掉，无缝钢管内的弹簧会迅速将圆钢舌头弹出，搁置在井架或龙门架的横杠上，制止吊盘继续往下跌落。

9.2.2　龙门架

龙门架是由两根立柱和横梁（天轮梁）构成的门式架。在龙门架上装设滑轮（天轮、地轮和导向轮）、导轨、吊盘、安全装置、起重的吊盘钢丝绳和缆风绳后，即可构成一套完整的垂直运输体系。普通龙门架的基本构造如图 9-16 所示。

1）龙门架的特点

构造简单，制作容易，用料少，装拆方便，因此广泛应用于中小型工程。但由于立杆的刚度和稳定性较差，一般架设高度不超过 30 m，适用于单层或多层建筑工程施工。

2）龙门架的分类

目前常用的普通龙门架，按其立杆的组成情况不同分为组合立杆龙门架、钢管龙门架和木龙门架 3 类。

3）龙门架的设置位置和要求

龙门架一般是单独设置。在有外脚手架的情况下，可设置在脚手架的外侧或转角部，其稳定靠拉设缆风绳解决；龙门架也可以设置在脚手架的中间，用拉杆将龙门架立杆与脚手架拉结结合起来，以便加强龙门架的稳定。但是在垂直墙面方向的外侧仍需

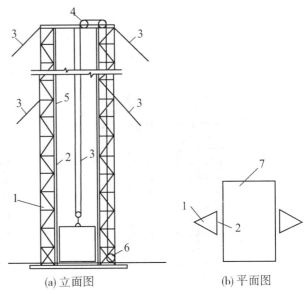

图 9-16 龙门架基本构造图
1—立杆；2—导轨；3—缆风绳；4—天轮；
5—吊盘停车安全装置；6—地轮；7—吊盘

要拉风绳拉结，靠墙侧设置附墙拉结件，与龙门架相接处的脚手架应像端头脚手架一样加设必要的剪刀撑加固。

4）龙门架的支立

（1）龙门架支立前的准备工作

先将龙门架在现场组装好，装好起重滑轮组、起重钢丝绳、缆风绳、缆风绳地锚等；用梢径不小于 80 mm 的杉木杆对龙门架进行加固，增强立杆吊装时的刚度；支立好竖立龙门架用的扒杆和相应设施、起重机械等。所有准备工作完成后再进行一次全面细致的检查，确认安全可靠后进行竖立龙门架的试吊，然后再检查各种机构的工作状态及龙门架的加固状态，确认无异后才能正式起吊。

（2）龙门架的竖立方法和要求

采用独脚扒杆和缆风绳竖立龙门架的方法有旋转法和直角法两种；采用起重机械安装的方法也有整体安装法和分节安装法两种。

龙门架竖立起来后，应立即将龙门架的底角和缆风绳同时进行固定，木龙门架埋入土中的，其埋深不小于 1.5 m。龙门架高度在 12 m 以下者，设置一道缆风绳；高度在 12 m 以上者，每增高 5～6 m，应增设一道缆风绳；每道缆风绳不少于 6 根，与地面成 45°夹角；缆风绳直径不小于 8 mm 的 I 级钢筋。条件许可时，用杉杆和 8 号铁丝将每个楼层范围内的龙门架与建筑物连接牢固，以便增强龙门架的稳定性。

9.2.3 小型起重设施

常用的小型起重设施主要有屋顶悬臂起重机和移动式胶轮轻便提料机。

（1）墙头吊

墙头吊采用独根钢管作立杆，长 2.7 m，顶端用钢板封口，并焊有钢筋拉环，下端焊有用钢板焊接而成的"Ⅱ"型卡墙底座，底座上焊有用短钢管制成的摇臂插座。摇臂采用钢管，下端通过销孔和钢销使其与插管相连，插管座在立杆底座上的插座上（见图9-17）。起重质量为 0.25 t。

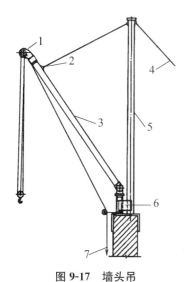

图 9-17　墙头吊

1—鹅头；2—拉环；3—摇臂；4—缆风绳；
5—立杆；6—连接板；7—至卷扬机

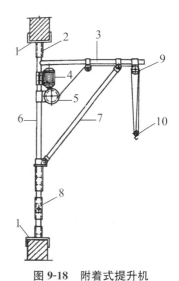

图 9-18　附着式提升机

1—夹具；2—套管；3—横杆；4—电动机；5—卷扬机；
6—立杆；7—斜杆；8—顶紧丝杆；9—滑轮；10—吊钩

（2）附着式提升机

采用钢管作立杆、横杆、斜杆组装成三脚架，在其上安装小型电动机、卷扬机、滑轮组和吊钩后成为小型提升机，再用卡墙夹具和丝杆顶紧在墙体窗口处或用扣件固定在脚手架上，起重质量为 0.15 t（见图9-18）。

（3）屋顶悬臂起重机

屋顶悬臂起重机由悬臂机架、卷扬设备和吊桶等三部分组成，是一种搁置在屋顶上的小型起重设备，起重高度最大为 25 m（受小型卷扬机钢丝绳长度所限），起重质量为 160～500 kg，最大可达 1 000 kg（见图9-19）。

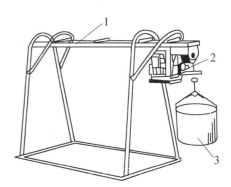

图 9-19　屋顶悬臂起重机

1—悬臂机架；2—卷扬机；3—吊桶

9.2.4 施工升降机

施工升降机又称建筑施工电梯,它是高层建筑施工中主要的垂直运输设备,属于人货两用电梯。它附着在外墙或其他结构上,随建筑物升高,架设高度可达 200 m 以上。

施工升降机按其传动型式,可分为齿轮齿条式、钢丝绳式和混合式 3 种。

外用施工升降机是由导轨(井架)、底笼(外笼)、梯笼、平衡箱以及动力、传动、安全和附墙装置等构成(见图 9-20)。

施工升降机注意事项:

(1)电梯司机必须身体健康(无心脏病和高血压),并经培训合格,持证上岗,严禁非司机开车。

(2)司机必须熟悉电梯的结构、原理、性能、运行特点和操作规程。

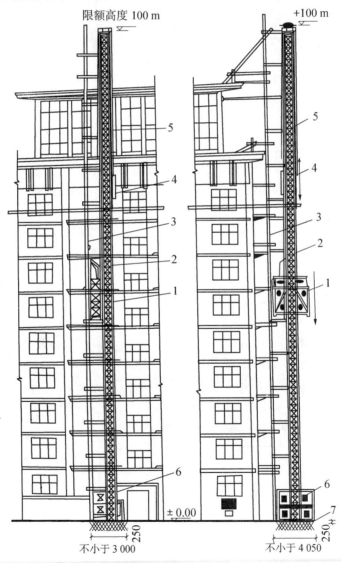

图 9-20 建筑施工电梯

1—吊笼;2—小吊杆;3—架设安装杆;4—平衡箱;5—导轨架;6—底笼;7—混凝土基础

（3）严禁超载，防止偏重。载重质量为 1.0～1.2 t 的电梯一般可乘 12～15 人。严禁采用同笼混运人和混凝土。

（4）班前、满载和安装电梯时均应作电动机制动效果检查（点动 1 m 高，停 2 min，里笼无下滑）。

（5）电梯出现各种不正常情况或司机身体不适，均应立即停车，严禁司机和电梯带病坚持工作；大雾和雷雨天气、六级风力以上、滑道杆结冰及其他恶劣作业条件下严禁使用电梯。

（6）司机开电梯时要思想集中，随时注意信号，遇事故、危险和不正常情况时立即停车。

（7）坚决执行定期技术检查、润滑、维修保养制度。一般规定：一般保养 160 h，二级保养 480 h；中修 1 440 h，大修 5 760 h。

9.2.5　起重机械

结构安装用的起重机械，主要有桅杆式起重机、自行式起重机和塔式起重机。

1）桅杆式起重机

桅杆式起重机可分为独角拔杆、人字拔杆、悬臂拔杆和牵缆式桅杆起重机等，这种机械的特点是制作简单，装拆方便，起重量可达 100 t 以上，但起重半径小，移动较困难，需要设置较多的缆风绳。它适用于安装工程量集中、结构重量大以及施工现场狭窄的情况。

（1）独角拔杆

由拔杆、起重滑轮组、卷扬机、缆风绳和地锚等组成，如图 9-21 所示。根据制作材料不同可分为木独角拔杆、钢管独角拔杆和金属格构式拔杆等。其中，木独角拔杆由圆木制成，圆木梢径为 200～300 mm，起重高度在 15 m 以内，起重量 10 t 以下；钢管独角拔杆起重 30 t 以下，起重高度在 20 m 以内；金属格构式独角拔杆起重高度可达 70 m，起重量可达 100 t。各种拔杆的起重能力应按实际情况验算。但独角拔杆在使用时应保持一定的倾角（不宜大于 10°），以便在吊装时构件不致撞拔杆。拔杆的稳定主要依靠缆风绳，缆风绳一般为 6～12 根，依起重量、起重高度和钢索强度而定，但不能少于 4 根。缆风绳与地面夹角一般为 30°～45°，角度过大则对拔杆产生过大压力。

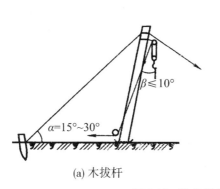

(a) 木拔杆　　(b) 格构式钢拔杆

图 9-21　独角拔杆

（2）人字拔杆

人字拔杆是由两根圆木或钢管或格构式构件用钢丝绑扎或铁件铰接成人字形，如图 9-22 所示。拔杆在顶部夹角以 30°为宜。拔杆的前倾值，每高 1 m 不得超过 10 cm。两杆下端要用钢丝绳或钢杆拉住。缆风绳的数量,根据起重量和起吊高度决定。

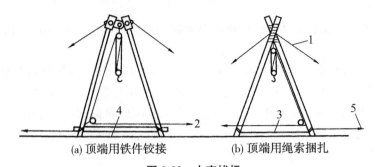

(a) 顶端用铁件铰接　　　　(b) 顶端用绳索捆扎

图 9-22　人字拔杆

1—缆风绳;2—卷扬机;3—拉绳;4—拉杆;5—锚锭

（3）悬臂拔杆

在独角拔杆的中部 2/3 高处装上一根起重杆,即成悬臂拔杆。悬臂起重杆可以旋转和起伏,因此有较大的起重高度和相应的起重半径。悬臂起重杆能左右摆动(120°～270°),但起重量很小,多用于轻型构件安装(见图 9-23)。

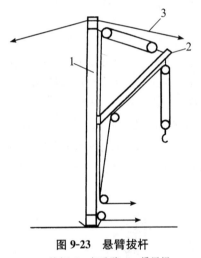

图 9-23　悬臂拔杆

1—拔杆;2—起重臂;3—缆风绳

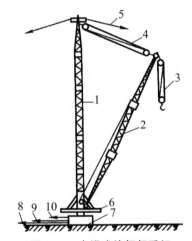

图 9-24　牵缆式桅杆起重机

1—桅杆;2—起重臂;3—起重滑轮组;4—变幅滑轮组;5—缆风绳;
6—回转盘;7—底座;8—回转索;9—起重索;10—变幅索

（4）牵缆式桅杆起重机

牵缆式桅杆起重机是在独角拔杆的根部装一个可以回转和起伏的吊杆而成(见图 9-24)。这种起重机起重臂不仅可以起伏,而且整个机身可做全回转,因此工作范围大,机动灵活。由钢管做成的牵缆式起重机起重量在 10 t 左右,起重高度达 25 m;由格构式结构组成的牵缆式起重机起重量为 60 t,起重高度可达 80 m。但这种起重机使用缆风绳较多,移动不方便,因此多用于构件多且集中的结构安装工程或固定的起重作业,如高炉安装。

2）履带式起重机

履带式起重机主要由动力装置、传动机构、行走机构(履带)、工作机构(起重杆、滑轮组、卷扬机)以及平衡重等组成,如图 9-25 所示,是一种 360°全回转的起重机。它操作灵活,行走方便,能负载行驶;缺点是稳定性较差,行走时对路面破坏较大,行走速度慢,在城市中和长距离转移时需用拖车进行运输。目前它是结构吊装工程中常用的机械之一。

常用的履带式起重机主要有国产 W-50型、W-100 型、W-200 型和一些进口机械。

W-50 型起重机的最大起重量为 10 t,适用于吊装跨度在 18 m 以下、高度在 10 m 以内的小型单层厂房结构和装卸工作。W-100 型起重机最大起重量为 15 t,适用于吊装跨度 18~24 m 的厂房。W-200 型起重机的最大起重量为 50 t,适用于大型厂房吊装。

3)汽车式起重机

汽车式起重机是将起重机构件安装在普通载重汽车或专用汽车底盘上的一种自行式回转起重机,如图 9-26 所示。它具有行驶速度快、能迅速转移、对路面破坏性很小的优点;缺点是吊重物时必须支腿,因而不能负荷行驶。

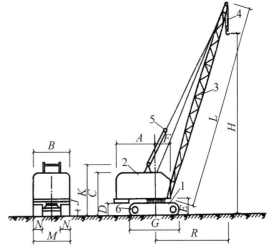

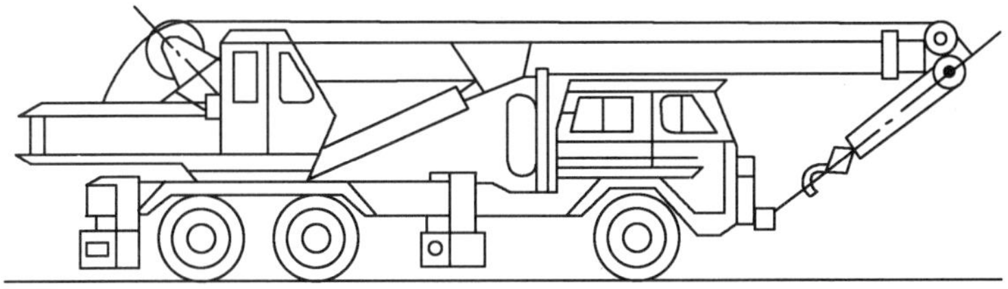

图 9-25　履带式起重机

1—底盘;2—机棚;3—起重臂;4—起重滑轮组;
5—变幅滑轮组;6—履带
A、B—外形尺寸符号;L—起重臂长度;
H—起升高度;R—工作幅度

图 9-26　汽车式起重机示意图

我国生产的汽车式起重机型号有 Q-8、Q-12、Q-16、Q-32、QY40、QY65、QY100 等多种,表 9-4 为 Q-8 型、Q-12 型、Q-16 型汽车式起重机性能表。

表 9-4　汽车式起重机性能

参　数		型　号									
		Q-8				Q-12			Q-16		
起重臂长度(m)		6.95	8.50	10.15	11.70	8.5	10.8	13.2	8.80	14.40	20.0
最大起重半径(m) 最小起重半径(m)		3.2 5.5	3.4 7.5	4.2 9.0	4.9 10.5	3.6 6.4	4.6 7.8	5.5 10.4	3.8 7.45	5.0 12	7.4 14
起重量(t)	最小起重半径(m) 最大起重半径(m)	6.7 1.5	6.7 1.5	4.2 1.0	3.2 0.8	12 4	7 3	5 2	16 4.0	8 1.0	4 0.5
起升 高度(m)	最小起重半径(m) 最大起重半径(m)	9.2 4.2	9.2 4.2	10.6 4.8	12.0 5.2	8.4 5.8	10.4 8	12.8 8.0	8.4 4.0	14.1 7.4	19 14.2

4)轮胎式起重机

轮胎式起重机是将起重机构件安装在加重型轮胎和轮轴组成的特制底盘上的全回起重

机,如图 9-27 所示。吊装时一般用 4 个支腿支撑以保证机身的稳定性。国产轮胎式起重机有 QL2-8 型、QL3-16 型、QL3-25 型、QL3-40 型、QL1-16 型等,其性能见表 9-5。

表 9-5　轮胎式起重机性能

参　数			型　号									
			QL3－16					QL3－25			QL1－16	
起重臂长度(m)			10	15	20	12	17	22	27	32	10	15
最大起重半径(m)			4	4.7	8	4.5	6	7	8.5	10	4	4.7
最小起重半径(m)			11.0	15.5	20.0	11.5	14.5	19	21	21	11	15.5
起重量(t)	最小起重半径(m)	用支腿	16	11	8	25	14.5	10.6	7.2	5	16	11
		不用支腿	7.5	6		6	3.5	3.4			7.5	6
	最大起重半径(m)	用支腿	2.8	1.5	0.8	4.6	2.8	1.4	0.8	0.6	2.8	1.5
		不用支腿					0.5					
起升高度(m)	最小起重半径(m)		8.3	13.2	17.95					8.3	8.3	13.2
	最大起重半径(m)		5.3	4.6	6.85						5.0	4.6

5)塔式起重机

塔式起重机是起重臂安装在塔身上部,具有较大的起重高度和工作幅度,工作速度快,生产效率高,广泛用于多层和高层的工业与民用建筑施工。

塔式起重机按起重能力分为:轻型塔式起重机,起重量为 0.5~3 t,一般用于 6 层以下民用建筑施工;中型塔式起重机,起重量为 3~15 t,适用于一般工业建筑与高层民用建筑施工;重型塔式起重机,起重量为 20~40 t,一般用于大型工业厂房的施工和高炉等设备的吊装。

塔式起重机按构造性能分为轨道式、爬升式、附着式和固定式 4 种(如图 9-28、图 9-29)。

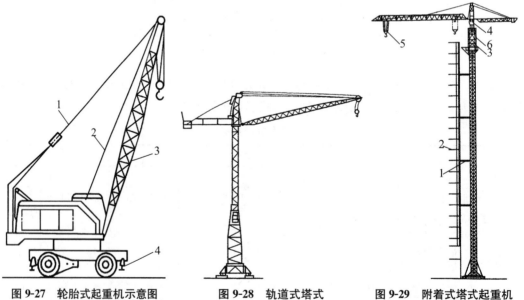

图 9-27　轮胎式起重机示意图

1—起重杆;2—起重索;

3—变幅索;4—支腿

图 9-28　轨道式塔式

起重机示意图

图 9-29　附着式塔式起重机

1—撑杆;2—建筑物;3—标准节;

4—操纵室;5—起重小车;6—顶升套架

常用的轨道式塔式起重机能够在轨道上旋转塔身，来回行走、转弯，使用范围较广，其型号有 QT15 型、QT16 型、QT20 型、QT40 型、QT60/80 型、QT315 型等。

爬升式塔式起重机主要安装在建筑物内部框架或电梯间结构上，每隔 1～2 层爬升一次。其特点是机身体积小，安装简单，适用于现场狭窄的高层建筑结构安装。目前常用的型号主要有 QTP60 型、QTP80 型、QTP100 型、QTP160 型等。其爬升过程为固定下支座→提升套架→下支座脱空→提升塔身→固定下支座。

附着式塔式起重机是固定在建筑物附近钢筋混凝土基础上的起重机，它随建筑物的升高，利用液压自升系统逐步将塔顶顶升，塔身接高。为了减少塔身的计算长度，应每隔 20 m 左右将塔身与建筑物用锚固装置连接起来。常用型号主要有 QTZ40 型、QTZ50 型、QTZ63 型、QTZ80 型、QTZ125 型、QTZ160 型、QTZ200 型等几种。

固定式与轨道式相同，但不能行走。

6）起重机的起重能力

起重机的起重能力主要由 3 个参数决定，即起重量、起重高度和起重半径。3 个工作参数存在着相互制约的关系，其取值大小取决于起重臂长度及其仰角。当起重臂长度一定时，随着仰角增大，起重量和起重高度增加，而起重半径减小；当起重臂的仰角不变时，随着起重臂长度的增加，起重半径和起重高度增加，而起重量减小。

7）起重机的稳定性验算

起重机超载吊装或者接长吊杆时需要进行稳定性验算，以保证起重机在吊装中不会发生倾倒事故。稳定性应以起重机处于最不利工作状态即车身与行驶方向垂直的位置进行验算，也可以直接在使用说明书中查找起重性能表，满足规定的工作要求。

复习思考题

1. 试述脚手架的作用及其分类。
2. 试述扣件式钢管脚手架的优点、组成、作用。
3. 试述扣件式钢管脚手架的构造要求。
4. 试述碗扣式钢管脚手架的优点和构造特点。
5. 试述悬挑式钢管脚手架的适用范围、构造及搭设要点。
6. 常用里脚手架有哪些？简述其构造。
7. 试述脚手架的安全技术要求。
8. 试述垂直运输设施的种类及其适用范围。

10　预应力混凝土工程

本章提要:了解预应力混凝土的产生、概念、分类、应用及技术要求;了解先张法的施工设备,熟悉先张法的施工工艺,掌握其技术要求和施工要点;了解后张法的施工锚具、张拉设备,熟悉后张法的施工工艺,掌握其技术要求,能进行单根预应力钢筋配料的计算;了解无黏结预应力筋的组成、要求、制作,熟悉无黏结预应力的施工工艺。

10.1　概述

10.1.1　预应力混凝土的产生

普通钢筋混凝土构件由于混凝土的抗拉极限应变很小,约为 $0.1×10^{-3}～0.15×10^{-3}$,所以在受外荷载作用时一般带裂缝工作,而此时的受拉钢筋应力仅为 $20～30\ N/mm^2$,即使裂缝开裂到肉眼可视程度($0.2～0.3\ mm$),受拉钢筋的应力也就在 $150～250\ N/mm^2$,受拉能力远没有发挥其强度优势,从而出现虽然高强钢材不断发展,但在普通钢筋混凝土构件中不能充分发挥其作用的现象。

如上所述,由于混凝土抗拉性能很差,使得普通钢筋混凝土构件存在两个不能解决的问题:一是需要带裂缝工作,裂缝的存在,不仅使构件刚度下降很多,而且不能应用于不允许开裂的结构中;二是从保证结构耐久性出发,必须限制裂缝开展宽度,这使高强度钢筋无法在钢筋混凝土结构中充分发挥其作用,相应地也不可能充分发挥高标号混凝土的作用。这样,当荷载增加时,只有靠钢筋混凝土构件中的截面尺寸或增加钢筋用量方法来控制构件的裂缝和变形了。这样做既不经济又必然使构件自重增加。采用预应力混凝土是解决这一矛盾的有效办法。

10.1.2　预应力混凝土的概念

预应力混凝土,就是在结构或构件受拉区预先施加压力产生预压应力,从而使结构或构件在受外荷载作用时产生的拉应力首先抵消预压应力,从而推迟了裂缝的出现和限制裂缝的开展,提高结构或构件的抗裂度和刚度。这种施加预压应力的钢筋混凝土,叫作预应力混凝土。

10.1.3　预应力混凝土的技术要求

用于预应力混凝土结构的混凝土强度等级不宜低于 C40,且不应低于 C30;当采用碳素钢丝、钢绞线或热处理钢筋时不能低于 C40。目前,对一些很重要的预应力混凝土结构的混凝土强度等级已达 C50～C60,并逐渐向更高强度等级发展。

在预应力钢筋混凝土结构中不能使用对钢筋有侵蚀作用的外加剂(如氯化钠、氯化钙等),以防止钢筋的锈蚀作用对预应力的降低。

预应力混凝土结构的非预应力区使用非预应力钢筋,而预应力区则使用预应力钢筋。非预应力钢筋采用 HPB 300~HRB 400 级钢筋、乙级冷拉低碳钢丝;预应力钢筋则使用冷拉钢筋、甲级冷拔素钢丝、碳素钢丝、刻痕钢丝或钢绞线等。

10.1.4 预应力混凝土的应用

实践表明,预应力混凝土结构能充分发挥钢筋和混凝土各自的优势,与普通混凝土构件相比,具有抗裂度高、刚度大、自重轻、耐久性好等优点,能节约大量钢材和水泥,降低成本,增加结构的耐火等级。克服了普通钢筋混凝土构件的主要缺点,也为采用高强钢筋和高强混凝土创造了条件。

预应力混凝土随着施工工艺的不断发展和完善,应用的范围也越来越广。除应用在传统工业与民用建筑的各种结构构件上外,还成功地应用在如对抗裂有较高要求的水池、油罐、原子反应堆和大跨度结构构件上(大型桥梁、大跨度薄壳结构)。另外,在岩土工程、海洋工程等方面也得到应用。因此,预应力混凝土结构的使用范围和数量是衡量一个国家建筑技术水平的重要标志之一。

10.1.5 预应力混凝土的分类

预应力混凝土不同的分类方法有不同的分类结果。按预加应力的时间不同可分为先张法、后张法;按施加预应力的方式不同可分为机械张拉法(液压或电动螺杆)、电热张拉法、自应力张拉法;按预应力筋黏结状态不同,后张法又可分为有黏结预应力混凝土和无黏结预应力混凝土。

先进而有效地施加预应力的方法,是预应力混凝土构件质量的保障,也是促进预应力混凝土不断发展的有效手段。

10.2 先张法

先张法是在浇筑混凝土构件前,先张拉预应力筋,将张拉完毕的预应力筋临时用夹具锚固在台座或钢模上,然后进行非预应力筋的绑扎、支设模板、浇筑混凝土,待混凝土达到一定强度(一般不低于混凝土强度标准值的 75%),并使预应力筋与混凝土间有足够黏结力时,预应力筋弹性回缩,借助混凝土与预应力筋间的黏结,在混凝土构件的受拉区产生预压应力。先张法预应力钢筋混凝土构件的施工程序如图 10-1 所示。

先张法多用于预制构件厂生产定型的中小型构件,可采用台座法或机组流水法生产。用台座法生产时,预应力筋的张拉、锚固,混凝土构件的浇筑、养护和预应力筋的放松等工序皆在台座上进行,预应力筋的张拉力由台座承受。当采用机组流水法时,预应力筋张拉力由钢模承受,构件连同钢模按流水方式,通过张拉、浇筑、养护等固定机组完成每一个生产过程。

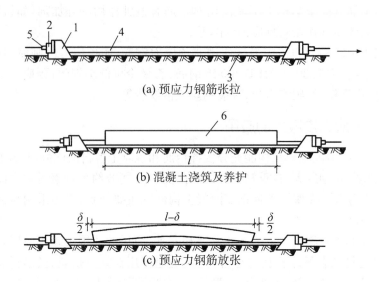

图 10-1 先张法预应力钢筋混凝土结构施工程序示意图

1—台座;2—横梁;3—台面;4—预应力钢筋;5—夹具;6—钢筋混凝土构件

10.2.1 先张法施工设备

1) 台座

台座是先张法生产的主要设备之一,预应力筋锚固在台座横梁上,台座承受全部预应力筋的张拉力,它应具有足够的强度、刚度和稳定性。台座一般由台面、横梁和承力结构等组成。根据承力结构的不同,分为墩式台座和槽式台座等。

(1) 墩式台座

以混凝土墩作为承力结构的台座称为墩式台座,一般用于平卧生产的中小型构件。台座一般采用长线台形式,长度在 $100 \sim 150$ m,张拉一次可生产多根构件,从而减少因钢筋滑动引起的预应力损失;宽度视预应力构件的宽度、满足预应力筋的布置、便于张拉和浇筑混凝土是否方便等而定。台座的端部应留出张拉操作的场所和通道,两侧应有构件运输和堆放的场地。

生产空心板、平板等平面布筋的钢筋混凝土构件时,由于张拉力不大,可利用简易墩式台座,如图 10-2 所示。卧梁与台座浇筑成整体,锚固钢丝的角钢用螺栓锚固在卧梁上。

生产中型构件或多层叠浇构件可用图 10-3 所示墩式台座,它是由承力台墩与台面共同受力的台座。

墩式台座设计时,应进行抗倾覆、抗滑移和强度验算。施工中,横梁直接承受预应力筋的张拉力,其挠度控制在 2 mm 以下,并不得产生翘曲;预应力筋的定位板必须安装准确,其挠度小于 1 mm。

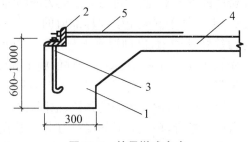

图 10-2 简易墩式台座

1—卧梁;2—角钢;3—预埋螺栓;4—混凝土台面;5—预应力钢丝

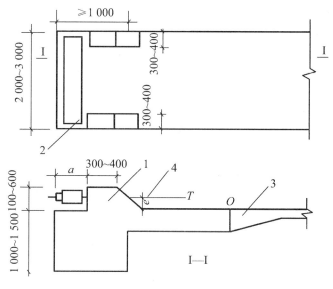

图 10-3　墩式台座

1—混凝土台墩；2—钢横梁；3—台面；4—预应力筋

（2）槽式台座

槽式台座由端柱、传力柱、柱垫、横梁和台面等组成，其构造如图 10-4 所示。

端柱、传力柱又称为钢筋混凝土压杆。端柱和传力柱是槽式台座的主要受力结构，采用钢筋混凝土结构。为了便于装拆转移，端柱和传力柱常采用装配式结构，端柱长 5 m，传力柱每段长 6 m。

槽式台座长度为 45～76 m（45 m 长槽式台座一次可生产 6 根 6 m 长吊车梁，76 m 长槽式台座一次可生产 10 根 6 m 长吊车梁或 3 榀 24 m 长屋架）。由于它有通长的钢筋混凝土压杆，可承受较大的张拉力和倾覆力矩，其上可加砌砖墙，加盖后还可以进行蒸汽养护，故适应于生产吊车梁、屋架等大中型预应力混凝土构件。为方便混凝土运输和蒸汽养护，槽式台座多低于地面，一砖厚的砖墙起挡土作用，同时又是蒸汽养护预应力混凝土构件的保温侧墙；为便于拆迁，钢筋混凝土端柱可分段浇筑。

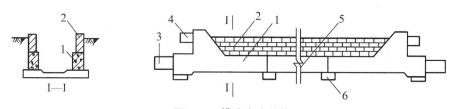

图 10-4　槽式台座结构

1—钢筋混凝土端柱；2—砖墙；3—下横梁；4—上横梁；5—传力柱；6—柱垫

2）先张法夹具

夹具是在先张法施工中用来保持预应力筋张拉力并将其固定在台座上，或张拉时夹持预应力筋的临时性锚固装置。夹具应工作可靠，构造简单，施工方便，成本低廉。根据夹具的工作性质不同可分为两类：一类是将预应力筋锚固在台座或钢模上的锚固夹具；另一类是张拉时夹持预应力筋用的张拉夹具。这两类都可以重复使用。

（1）锚固夹具

① 钢丝的锚固夹具。常用的有圆锥齿板式夹具（见图 10-5）、圆锥三槽式夹具（见图 10-6）和镦头夹具（见图 10-7）。前两种是钢质锥形夹具，皆属锥销式体系。锚固是将齿板或锥销打入套筒，借助摩阻力将钢丝锚固。它用来锚固 Φ3～5 mm 单根冷拔钢丝和碳素（刻痕）钢丝。

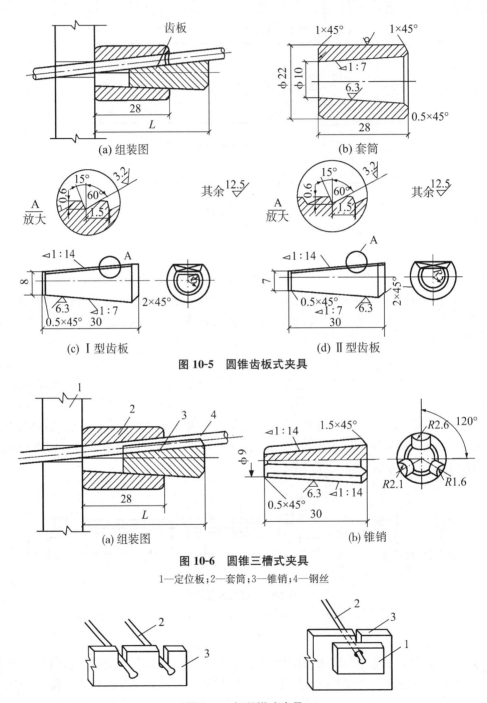

图 10-5　圆锥齿板式夹具

图 10-6　圆锥三槽式夹具

1—定位板；2—套筒；3—锥销；4—钢丝

图 10-7　钢丝镦头夹具

1—垫片；2—镦头钢丝；3—承力板

镦头夹具分为钢丝镦头夹具和钢筋镦头夹具。将钢丝端部冷镦或热镦成粗头,通过承力板或梳筋板锚固。

② 钢筋的锚固夹具。常用镦头夹具和圆锥套筒三片式夹具。钢筋直径小于 φ22 mm 采用热镦方法,钢筋直径等于或大于 φ22 mm 采用热锻成型方法。镦过的钢筋需经过冷拉,以检验镦头处的强度。该夹具在使用时,还需一个可转动的抓钩式连接头(见图 10-8)。

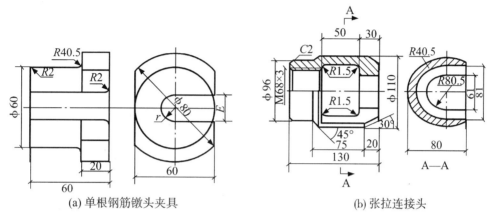

(a) 单根钢筋镦头夹具　　　　　　　　(b) 张拉连接头

图 10-8　单根钢筋镦头夹具及张拉连接头

圆套筒三片式夹具适用夹持 φ12～14 mm 的单根冷拉 HRB 335～RRB 400 级钢筋,由 3 个夹片与套筒组成,如图 10-9 所示。

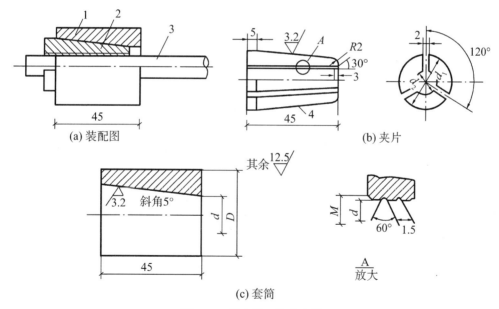

(a) 装配图　　　　　　　　(b) 夹片

(c) 套筒

图 10-9　圆套筒三片式夹具

1—套筒;2—夹片;3—预应力钢筋;4—斜角 5°

(2) 张拉夹具

① 钢丝的张拉夹具。常用的有月牙形夹具、偏心式夹具和楔形夹具等,如图 10-10 所示,适用于在台座上张拉钢丝。

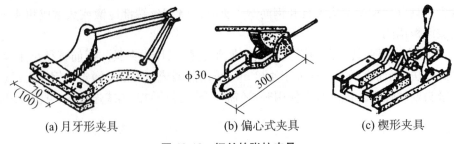

(a) 月牙形夹具   (b) 偏心式夹具   (c) 楔形夹具

图 10-10 钢丝的张拉夹具

② 钢筋的张拉夹具。常用套筒连接器与螺丝端杆锚具连接或压销式夹具等。

压销式夹具用作直径 φ12～16 mm 的 HPB 300～RRB 400 级钢筋的张拉夹具。它是由销片和楔形压销组成，如图 10-11 所示。销片 2、3 有与钢筋直径相适应的半圆槽，槽内有齿纹用以夹紧钢筋。当楔紧或放松楔形压销 4 时，便可夹紧或放松钢筋。

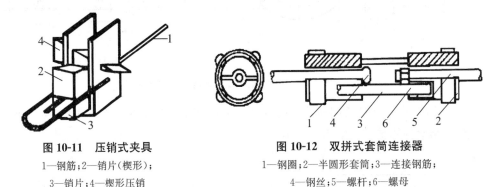

图 10-11 压销式夹具

1—钢筋；2—销片（楔形）；
3—销片；4—楔形压销

图 10-12 双拼式套筒连接器

1—钢圈；2—半圆形套筒；3—连接钢筋；
4—钢丝；5—螺杆；6—螺母

在台座上张拉时，钢筋与钢筋或钢筋与螺丝杆的连接可用图 10-12 所示的套筒连接器。

（3）夹具性能和检验

除以上所述外，夹具还应具备以下性能：①在预应力夹具组装件达到实际破断拉力时，全部零件均不得出现裂缝和破坏；②应有良好的自锚性能；③应有良好的放松性能，需大力敲击才能松开的夹具，必须证明其对预应力筋的锚固无影响，且对人员安全不造成危险时才能采用。先张法用的连接器必须符合夹具的性能要求。

夹具和连接器进场时，应检查其出厂质量证明书中所列各项性能，同一类型夹具，用同一原材料、同一生产工艺一次投料生产，不得超过 1 000 套为一批。每批抽取 6 个试样，与工程实际应用的预应力筋组成 3 个预应力夹具组装件，进行静载荷试验，应符合上述要求。如有一个组装件不符合要求，则另取双倍数量的试样重做试验，如仍有一个不合格，则该批夹具或连接器为不合格品。

3）张拉机械

（1）钢丝的张拉机械

钢丝张拉分单根张拉和多根张拉。用钢模以机组流水法多进行多根张拉，此时钢丝以镦头锚固在锚固板上，用油压千斤顶（如图 10-13）进行张拉，要求钢丝的长度相同，事先调整初应力。这种油压千斤顶装置一次张拉吨位较大，但由于千斤顶行程较小，满足不了长台座的需要，需几次回油，功效低。

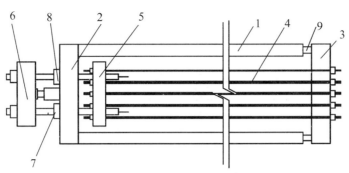

图 10-13　油压千斤顶成组张拉

1—台模;2,3—前后横梁;4—钢筋;5,6—拉力架横梁;7—大螺丝杆;8—油压千斤顶;9—放松装置

在台座上生产小型构件时多进行单根张拉,由于张拉力较小,一般采用电动螺杆张拉机(如图 10-14),其最大张拉力为 300~600 kN,张拉行程为 800 mm,适用于在长线台座上张拉钢丝。张拉时,顶杆支撑在台座的横梁上,应用张拉夹具夹紧钢丝,开动电动机后螺杆向后运动,待达到规定张拉力时停车,利用预先套在预应力筋上的锚固夹具将其临时锚固在台座横梁上,然后开倒车,使电动螺杆张拉机卸荷。

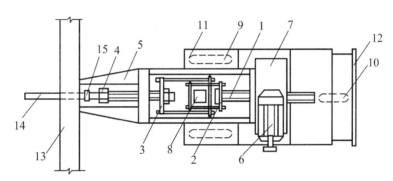

图 10-14　电动螺杆张拉机构造图

1—螺杆;2,3—拉力架;4—张拉夹具;5—顶杆;6—电动机;7—减速器;8—测力计;
9,10—胶轮;11—底盘;12—手柄;13—横梁;14—钢丝;15—锚固夹具

（2）钢筋的张拉机械

先张法粗钢筋的张拉,分单根张拉和多根成组张拉。由于在长线台座上预应力筋的张拉伸长值较大,一般千斤顶行程多不满足,所以张拉较小直径钢筋可以用卷扬机(如图 10-15)张拉,用杠杆或弹簧测力。钢筋一端固定,另一端用张拉夹具与弹簧测力计相连接,弹簧测力计又与卷扬机的钢丝绳连接,开动卷扬机即可张拉。钢筋张拉力由弹簧测力计控制,当张拉力达到规定值时,通过行程开关自行停车。

张拉直径 φ12~20 mm 的单根钢筋、钢绞线或小型钢丝束可用穿心式千斤顶,该千斤顶有一个穿心孔,是利用双液压缸张拉预应力筋和顶压锚具的双作用千斤顶。张拉时,高压油泵启动,从后油嘴进油,前油嘴回油,被偏心夹具夹紧的钢筋随液压缸的伸出而被拉伸。图 10-16 为 YC-20 型穿心式千斤顶的最大张拉力为 20 kN,最大行程为 200 mm,适用于用圆套筒三片式夹具张拉锚固 12~20 mm 单根冷拉 HRB 335、HRB 400 和 RRB 400 钢筋。

当多根成组张拉时,可采用四横梁装置进行(见图 10-17),四横梁式油压千斤顶张拉装

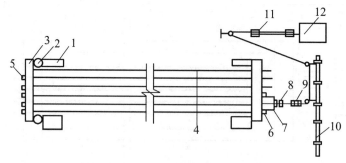

图 10-15　LYZ-1A 型电动卷扬张拉机

1—台座；2—放松装置；3—横梁；4—钢筋；5—镦头；6—垫块；7—销片夹具；
8—张拉夹具；9—弹簧测力计；10—固定梁；11—滑轮组；12—卷扬机

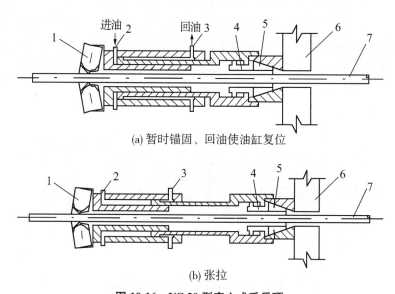

图 10-16　YC-20 型穿心式千斤顶

1—偏心夹具；2—后油嘴；3—前油嘴；4—弹性顶压头；5—销片夹具；6—台座横梁；7—预应力筋

置用钢量较大，大螺丝杆加工困难，调整预应力筋的初应力费时间，油压千斤顶行程小，工效较低，但其一次张拉力大。

选择张拉机械时，为了保证设备、人身安全和张拉准确，张拉机械的张拉力应不小于预应力筋张拉力的 1.5 倍；张拉机械的张拉行程应不小于预应力筋张拉值的 1.1～1.3 倍。

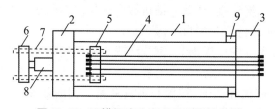

图 10-17　四横梁式油压千斤顶张拉装置

1—台座；2—前横梁；3—后横梁；4—预应力筋；5,6—拉力架横梁；7—大螺丝杆；8—油压千斤顶；9—放张装置

10.2.2　先张法施工工艺

先张法施工工艺如图 10-18 所示,其中预应力筋的张拉、混凝土浇筑和预应力筋的放张等工序是关键。

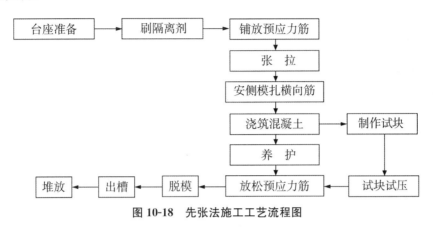

图 10-18　先张法施工工艺流程图

1)预应力筋的铺设

在铺设预应力筋前,应对台座台面或模板涂刷水溶性隔离剂,以便于脱模,且不应污染预应力筋。涂刷均匀不得漏刷,待其干燥后铺设预应力筋,一端用夹具锚固在台座横梁的定位承力板上,另一端卡在台座张拉端的承力板上待张拉。在生产过程中,应防止雨水或养护水冲刷掉台面隔离剂。

预应力筋宜采用牵引车铺设,如遇钢丝需接长,可用钢丝拼接器和 20~22 号铁丝密排绑扎,绑扎长度符合规范要求,一般低碳钢丝不小于 $40d$(d 为钢丝直径),刻痕钢丝不小于 $80d$。预应力钢筋铺设时,钢丝之间连接或钢筋与螺杆之间的连接可采用连接器。

2)预应力筋张拉

(1)张拉控制应力

张拉控制应力是指在张拉预应力筋时所达到的规定应力,应按设计规定采用。控制应力的数值影响预应力的效果,控制应力高,建立的预应力值则大,构件的抗裂性和刚度高。但控制应力过高,预应力筋处于高应力状态,使构件出现裂缝的荷载与破坏荷载接近,破坏前无明显的预兆,这是很危险和不允许的。另外,施工中为减少由于预应力筋的松弛等原因造成的预应力损失,一般要进行超张拉(预应力筋的张拉应力值超过规范规定的控制应力值,称为超张拉,目的主要是为了减少松弛引起的应力损失值)。所以,先张法预应力筋的张拉控制应力应符合设计要求;施工中预应力筋需要超张拉时,可比设计要求提高 3%~5%,但其最大张拉控制应力不得超过表 10-1 的规定。

表 10-1　先张法张拉控制应力和超张拉最大应力

钢　种	张拉控制应力	超张拉最大应力
碳素钢丝、刻痕钢丝、钢绞线	$0.75f_{puk}$	$0.8f_{puk}$
冷拔低碳钢丝、热处理钢筋	$0.7f_{puk}$	$0.75f_{puk}$
冷拉热轧钢筋	$0.9f_{pyk}$	$0.95f_{pyk}$

注:表中 f_{puk}、f_{pyk} 分别为预应力钢丝及预应力钢筋的标准强度值。

（2）张拉程序

采用张拉程序的不同,对预应力的建立也要产生影响,在施工中可采用以下两种不同的程序:

$$0 \to 1.05\sigma_{con} \xrightarrow{\text{持荷 2 min}} \sigma_{con}$$

$$0 \to 1.03\sigma_{con}$$

σ_{con} 为预应力筋的张拉控制应力。

建立上述张拉程序的目的是为了减少松弛损失。所谓"松弛",即钢材在常温、高应力状态下具有不断产生塑性变形的特点,导致钢筋应力下降。松弛的数值与控制应力和延续时间有关。

第一种张拉程序中,超张拉 5% 并持荷 2 min,其目的是为了在高应力状态下加速预应力松弛早期发展,以减少应力松弛引起的预应力损失。第二种张拉程序中,超张拉 3%,其目的是为了弥补预应力筋的松弛损失,这种张拉程序施工简单,一般多被采用。以上两种张拉程序是等效的,可根据构件类型、预应力筋与锚具种类、张拉方法、施工速度等选用。一般施工中为了减少应力松弛损失,预应力钢筋宜采用 $0 \to 1.05\sigma_{con} \xrightarrow{\text{持荷 2 min}} \sigma_{con}$ 的张拉程序;预应力钢丝张拉工作量大时,宜采用一次张拉程序 $0 \to 1.03\sigma_{con}$。

（3）预应力值的校核

预应力钢筋用应力控制张拉时,通常使用钢筋伸长值进行校核。预应力筋的计算伸长值 ΔL 按下式计算:

$$\Delta L = \frac{N_p \cdot L}{A_p \cdot E_s} \qquad (10-1)$$

式中: N_p——预应力筋的平均张拉力(kN),直线筋取张拉端的拉力,两端张拉的曲线筋取张拉端的拉力与跨中扣除孔道摩阻损失后拉力的平均值;

L——预应力筋的长度(mm);

A_p——预应力筋的截面积(mm);

E_s——预应力筋的弹性模量(kN/mm²)。

预应力筋的实际伸长值,在张拉过程中宜在初应力约为 10%σ_{con} 时量测,并应加上初应力以后的推算伸长值。张拉力下预应力筋的实测伸长值与计算伸长值的相对允许偏差为 ±6%。

（4）张拉要点

① 张拉前检查预应力筋的品种、级别、规格、数量(排数、根数)是否符合设计要求;预应力筋的外观质量应全数检查,预应力筋应符合展开后平顺,没有弯折,表面无裂纹、小刺、机械损伤、氧化铁皮和油污等。

② 张拉设备是否完好,测力装置是否校核准确,横梁、定位板是否贴合及严密稳固。

③ 张拉时,为避免台座承受过大的偏心压力,应先张拉靠近台座截面重心处的预应力筋。

④ 多根钢丝同时张拉时,断丝和滑脱的钢丝数量不得大于构件同一截面钢丝总数的 3%,且严禁相邻两根钢丝断裂或滑脱。

⑤ 多根同时张拉的钢丝应检查钢丝的应力值,其偏差不得大于或小于按一个构件全部

钢丝预应力总值的 5%，测定钢丝的应力可用测力计。

⑥ 在浇筑混凝土前发生断裂或滑脱的预应力筋必须予以更换；张拉、锚固预应力筋应专人操作，实行岗位责任制。

⑦ 拉速平稳，锚固松紧一致，设备缓慢放松。

⑧ 预应力筋张拉完毕，其对设计位置的偏差不得大于 5 mm，也不得大于构件截面最短边长的 4%。

⑨ 在已张拉钢筋（丝）上进行绑扎钢筋、安装预埋铁件、支撑安装模板等操作时，要防止踩踏、敲击或碰撞钢丝。

⑩ 注意安全，两端严禁站人，敲击楔块不得过猛。

（5）混凝土浇筑与养护

① 预应力筋在张拉、绑扎和支模工作完成之后应立即进行混凝土浇筑，每条生产线应一次浇筑完毕，混凝土强度等级不能小于 C30。

② 防止较大徐变和收缩，选收缩变形小的水泥，水灰比不能大于 0.5，级配良好，振捣密实（特别是端部）。

混凝土收缩：由于水泥浆在硬化过程中脱水密结和毛细孔压缩的结果。

混凝土徐变：指混凝土在荷载长期作用下产生的塑性变形。

③ 采用机械振捣密实时要避免碰撞钢丝。混凝土未达到一定强度前，不允许碰撞或踩踏钢丝。

④ 预应力混凝土可采用自然养护或湿热养护，自然养护不得少于 14 天，干硬性混凝土浇筑完毕后应立即覆盖进行养护。

⑤ 当采用湿热养护时，应采取正确的养护制度，一般应使混凝土达到一定强度（粗钢筋配筋时为 7.5 MPa；钢丝、钢绞线配筋时为 10 MPa）之前，温差控制在 20 ℃范围内，以减少由于温差引起的预应力损失。

⑥ 减少应力损失。非钢模台座生产，采取二次升温养护（开始温差不能大于 20 ℃，达 10 MPa 后按正常速度升温）。

（6）预应力筋的放张

① 放张条件：混凝土强度达到设计规定的数值，一般不小于混凝土标准强度的 75%；对于重叠生产的构件，要求上一层构件的混凝土强度不低于设计强度标准值的 75%时方可进行预应力筋的放张。

② 放张顺序

a. 预应力筋放张时，应缓慢放松锚固装置，使各根预应力筋缓慢放松。

b. 预应力筋放张顺序应符合设计要求，当设计未规定时，可按下列要求进行：承受轴心预应力构件的所有预应力筋应同时放张；承受偏心预压力构件，应先同时放张预压力较小区域的预应力筋，再同时放张预压力较大区域的预应力筋。长线台座生产的钢弦构件，剪断钢丝宜从台座中部开始；叠层生产的预应力构件，宜按自上而下的顺序进行放松；板类构件放松时，从两边逐渐对称地向中心进行。

c. 当不能按上述规定放张时，应分阶段、对称、相互交错地放张，以防止放张过程中构件发生翘曲、裂纹及预应力筋断裂等现象。

d. 放张后预应力筋的切断顺序宜由放张端开始，逐次切向另一端。

③ 放张方法

a. 对于中小型预应力混凝土构件,其预应力筋为钢丝且配筋不多时,预应力钢丝的放张宜从生产线中间处开始,以减少回弹量且有利于脱模;对于大构件,其预应力筋为钢丝且配筋较多时应同时进行,不得采用逐根放张的方法,以免构件扭转、端部开裂或钢丝断裂。

b. 当构件的预应力筋为钢筋时,放张应缓慢进行。对配筋不多时,可采用逐根加热熔断或借预先设置在钢筋锚固端的楔块等进行单根放张;对配筋较多时,所有钢筋应同时放张,可采用砂箱(如图 10-19)、楔块(如图 10-20)等放张装置。

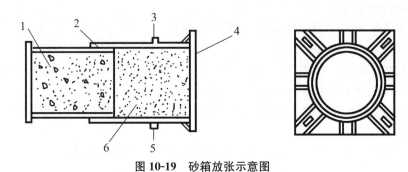

图 10-19 砂箱放张示意图

1—活塞;2—钢套箱;3—进砂口;4—钢套箱底板;5—出砂口;6—砂子

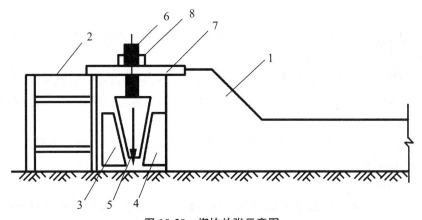

图 10-20 楔块放张示意图

1—台座;2—横梁;3,4—钢块;5—钢楔块;6—螺杆;7—承力板;8—螺母

注:可用锯断、剪断、熔断(仅限于Ⅰ～Ⅲ级冷拉筋)方法放张,但对钢丝、热处理钢筋不得用电弧切割。

④ 放张安全技术要点

a. 台座两端应有防护设施,张拉时沿台座长度方向每隔 5～6 m 放一个防护架,两端严禁站人,也不准进入台座。

b. 放张前,必须拆除侧模,使构件自由压缩,防止构件开裂。

c. 油泵要放在台座或钢模的侧面;操作人员要站在油泵外侧进行操作。

d. 用四横梁成批张拉预应力筋时,千斤顶应对称布置,防止活动横梁倾斜。

e. 当气温低于 0 ℃时,不宜张拉。

10.3 后张法

后张法是先制作构件,并在构件中按预应力筋的位置预先留出相应的孔道,待构件混凝土强度达到设计规定的数值后,穿入预应力筋,用张拉机具进行张拉,并利用锚具把张拉后的预应力筋锚固在构件的端部。预应力筋的张拉力,主要靠构件端部的锚固传给混凝土,使其产生预压应力。张拉锚固后,立即在预留孔道内灌浆,使预应力筋不锈蚀,并与构件形成整体。

工艺过程:浇筑混凝土结构或构件(留孔)→养护拆模→(达 75% 强度后)穿筋张拉→固定→孔道灌浆→(浆达 15 N/mm², 混凝土达 100% 后)移动、吊装。后张法施工程序如图 10-21 所示。

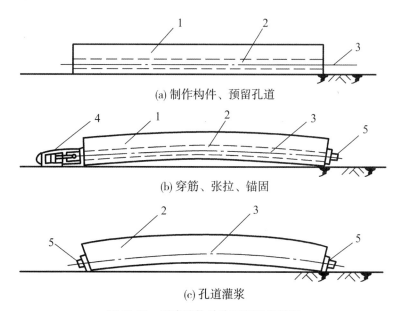

(a) 制作构件、预留孔道

(b) 穿筋、张拉、锚固

(c) 孔道灌浆

图 10-21 后张法构件施工程序示意图

1—钢筋混凝土构件;2—预留孔道;3—预应力筋;4—千斤顶;5—锚具

后张法施工由于直接在混凝土构件上进行张拉,故不需要固定的台座设备、不受地点限制,适于预制厂预制或在施工现场生产大型预应力混凝土构件。后张法施工还可作为一种预制构件的拼装手段,大型构件可以预制成小型块体,运至施工现场后,通过预加应力的手段拼装整体预应力结构。但后张法施工工序较多,工艺复杂,锚具作为预应力筋的组成部分,将永远留置在构件上不能重复使用,耗钢量较大。

10.3.1 预应力筋及锚具

目前,后张法中常用的预应力筋有单根粗钢筋、钢筋束(或钢绞线束)和钢丝束 3 类,它们是由冷拉 HRB 335、HRB 400、RRB 400 级钢筋,冷拉 5 号钢筋、碳素钢丝和钢绞线制作的。

锚具是后张法结构或构件中,为保持预应力筋的张拉力并将其传递到混凝土上而使用的永久性锚固装置,要求它具备尺寸准确、有足够的强度和刚度、受力变形小、锚固可靠、受力滑移小等特点。锚具还应具有下列性能:①在预应力锚具组装件达到实际破断拉力时,全部零件均不得出现裂缝和破坏(设计规定者除外);②除能满足分级张拉和补张拉外,还宜具有放松预应力筋的性能;③锚具或其附件上宜设置灌浆孔,灌浆孔应有足够的截面面积,以保证浆液畅通。锚具的进场验收同先张法中的夹具。

1) 单根粗钢筋

(1) 锚具

单根粗钢筋的预应力筋,如一端张拉,一般在张拉端用螺丝端杆锚具,固定端用帮条锚具;如两端张拉则皆用螺丝端杆锚具。螺丝端杆锚具和帮条锚具都属于承压型锚具。

螺丝端杆锚具由螺丝端杆、螺母和垫板组成,如图 10-22 所示。螺丝端杆锚具的特点是将螺丝端杆与预应力筋对焊,用张拉机械张拉螺丝端杆,用螺母锚固预应力筋。螺丝端杆锚具的强度不得低于预应力筋的实测抗拉强度值。螺丝端杆可采用与预应力钢筋同级冷拉钢筋制作,也可采用 45 号钢制作,螺母和垫板采用 Q235 钢制作。它适用于锚固直径不大于 36 mm 的冷拉 HRB 335 级、HRB 400 级与 RRB 400 级钢筋。螺丝端杆与预应力筋焊接,应在预应力筋冷拉前进行。螺丝端杆与预应力筋焊接后,同张拉机械相连进行张拉,最后上紧螺母即完成对预应力筋的锚固。

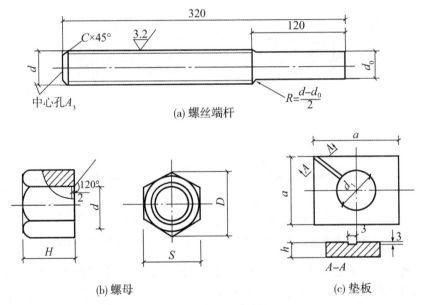

图 10-22　螺丝端杆锚具

帮条锚具由一块方形或圆形衬板与 3 根和预应力钢筋端部焊接的帮条组成,如图 10-23 所示。它是利用焊缝的抗剪能力和帮条端部的承压能力锚固钢筋。帮条采用与预应力筋同级别的钢筋,衬板采用普通低碳钢钢板。帮条的焊接可在预应力筋冷拉或冷拉后进行,3 根帮条应成 120°均匀布置。焊接时应由内向外施焊,禁止在预应力筋上引弧,并严禁将地线搭在预应力筋上。

(2) 预应力筋制作

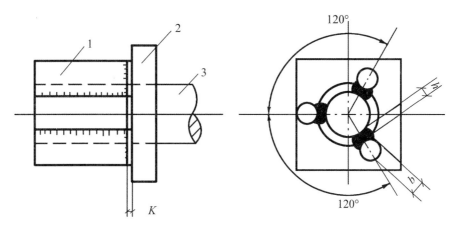

图 10-23　帮条锚具

1—帮条；2—衬板；3—预应力钢筋

单根粗钢筋预应力筋的制作，包括配料、对焊、冷拉等工序，一般宜采用控制冷拉应力的方法进行冷拉。为保证钢筋冷拉应力的均匀，应把冷拉率相近的钢筋对焊在一起，然后进行冷拉。

钢筋的下料长度应由计算确定，计算时应考虑锚具的特点、对焊接头的压缩量、钢筋的冷拉率和弹性回缩率、构件的长度等因素。单根预应力钢筋，张拉端采用螺丝端杆锚具，固定端采用帮条或镦头锚具。根据预应力钢筋是一端张拉还是两端张拉的情况，锚具与预应力钢筋的组合形式基本上有两端都用螺丝端杆锚具、一端螺丝端杆锚具另一端帮条锚具或镦头锚具。则单根粗钢筋下料长度计算分别如下：

① 两端用螺丝端杆锚具（如图 10-24(a)）

预应力筋的成品长度（预应力筋和螺丝端杆对焊，并经冷拉后的全长）：$L_1 = l + 2l_2$。

预应力筋钢筋部分（不包括螺丝端杆冷拉后需达到）的成品长度：$L_0 = L_1 - 2l_1$。

预应力筋（不包括螺丝端杆）冷拉前的下料长度：

$$L = \frac{L_0}{1 + \gamma - \delta} + n l_0 \qquad (10-2)$$

② 一端用螺丝端杆，另一端用帮条（或镦头）锚具（如图 10-24(b)）：

预应力筋的成品长度（预应力筋和螺丝端杆对焊，并经冷拉后的全长）：$L_1 = l + l_2 + l_3$。

预应力筋钢筋部分（不包括螺丝端杆冷拉后需达到）的成品长度：$L_0 = L_1 - l_1$。

预应力筋（不包括螺丝端杆）冷拉前的下料长度：

$$L = \frac{L_0}{1 + \gamma - \delta} + n l_0 \qquad (10-3)$$

式中：l——构件的孔道长度或台座长度（包括横梁在内）（mm）；

　　　l_1——螺丝端杆长度（一般取 320 mm）（mm）；

　　　l_2——螺丝端杆伸出构件的长度（一般取 120～150 mm）（mm），用拉伸机张拉时，

　　　　　也可按张拉端 $l_2 = 2H + h + 5$ mm，锚固端 $l_2 = H + h + 10$ mm 计算；

　　　H——螺母高度（mm）；

　　　h——垫板厚度（mm）；

l_3——镦头或帮条锚具长度(包括垫板厚度)(mm);

l_0——每个对焊接头的压缩长度(一般为 20～30 mm)(mm);

n——对焊接头数量(个);

γ——预应力钢筋冷拉率(试验确定);

δ——预应力钢筋冷拉弹性回缩率(一般为 0.4%～0.6%)。

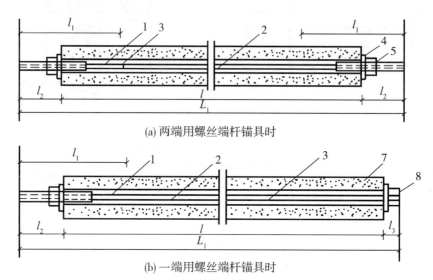

(a) 两端用螺丝端杆锚具时

(b) 一端用螺丝端杆锚具时

图 10-24 粗钢筋下料长度计算示意图

1—螺丝端杆;2—预应力钢筋;3—对焊接头;4—垫板;5—螺母;6—帮条锚具;7—混凝土构件

【例 10-1】 预应力混凝土屋架,采用机械张拉后张法施工,孔道长度为 29.08 m,预应力筋为冷拉Ⅲ级钢筋,直径为 20 mm,每根长度为 8 m。实测钢筋冷拉率为 3.5%,钢筋冷拉后的弹性回缩率为 0.4%,螺丝端杆长度为 320 mm,计算预应力钢筋的下料长度。

【解】 因屋架孔道长度大于 24 m,宜采用螺丝端杆锚具,两端同时张拉,螺母厚度取 36 mm,垫板厚度取 16 mm,则螺丝端杆伸出构件外的长度为:

$$l_2 = 2H + h + 5 = 2 \times 36 + 16 + 5 = 93 \text{ mm(张拉端)}$$

对焊接头数 $n = 3 + 2 = 5$,每个对焊接头的压缩量 $l_0 = 20$ mm,则预应力钢筋的下料长度为:

$$L_1 = l + 2l_2 = 29\,080 + 2 \times 93 = 29\,266 \text{ mm}$$

$$L_0 = L_1 - 2l_1 = 29\,266 - 2 \times 320 = 28\,626 \text{ mm}$$

$$L = \frac{L_0}{1 + \gamma - \delta} + nl_0 = \frac{28\,626}{1 + 0.035 - 0.004} + 5 \times 20 = 27\,865 \text{ mm}$$

【例 10-2】 例 10-1 中若孔道长度为 20.8 m,采用一端张拉,固定端采用帮条锚具,其他条件不变,试计算预应力钢筋的下料长度。

【解】 帮条锚具取 3 根 φ14 长 50 mm 的钢筋帮条,垫板取 15 mm 厚 50 mm×50 mm 的钢板,采用一端张拉时,螺丝端杆伸出构件外的长度为:

$$l_2 = 2H + h + 5 = 2 \times 36 + 16 + 5 = 93 \text{ mm}$$

帮条锚具长度为: $l_3 = 50 + 15 = 65$ mm

对焊接头数 $n = 2 + 1 = 3$,则预应力钢筋的下料长度为:

$$L_1 = l + l_2 + l_3 = 20\ 800 + 93 + 65 = 20\ 958\ \text{mm}$$

$$L_0 = L_1 - l_1 = 20\ 958 - 320 = 20\ 638\ \text{mm}$$

$$L = \frac{L_0}{1 + \gamma - \delta} + nl_0 = \frac{20\ 638}{1 + 0.035 - 0.004} + 3 \times 20 = 20\ 077\ \text{mm}$$

2）预应力钢筋束和钢绞线束

（1）锚具

① JM 型锚具。JM 型锚具由锚环与夹片组成（如图 10-25），锚环与夹片均用 45 号钢制成。夹片属于分体组合型，组合起来的夹片形成一个整体楔块，可以锚固多根钢筋束或钢绞线；锚环是单孔，分甲、乙两种类型，甲型为圆形，乙型为方形。适用于锚固 3～6 根直径为 12 mm 光面或螺纹钢筋束，也可用于锚固 5～6 根直径为 12 mm 或 15 mm 的钢绞线束。

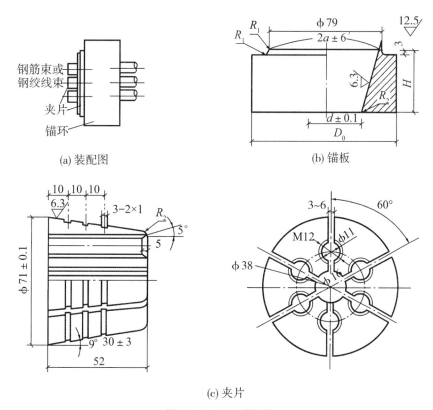

图 10-25　JM 型锚具

② KT-Z 型锚具。又称可锻铸铁锥形锚具，由锚环与锚塞组成（如图 10-26），分为 A 型和 B 型两种。当预应力筋的最大张拉力超过 450 kN 时采用 A 型，不超过 450 kN 时采用 B 型。锚环和锚塞均采用 KT37-12 或 KT35-10 可锻铸铁铸造成型。适用于锚固 3～6 根直径 12 mm 的冷拉螺纹钢筋与钢绞线束。

③ 多孔夹片锚固体系（群锚）。它是在一块多孔的锚板上，利用每个锥形孔装一副夹片夹持一根钢筋或钢绞线的一种楔紧式锚具。其特点是每根钢绞线都是分开锚固的，任何一根钢绞线的锚固失效（如钢绞线拉断、夹片破裂等），不会引起整束锚固的失效。

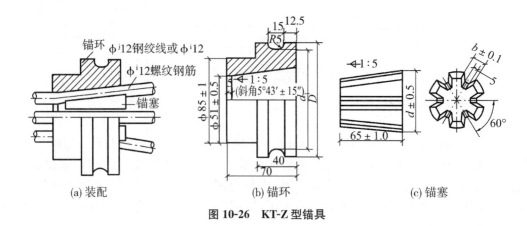

图 10-26　KT-Z 型锚具

a. XM 型锚具。由锚板和夹片组成（如图 10-27）。锚板尺寸由锚孔数确定，锚孔沿锚板圆周排列，中心线倾角 1:20；与锚板顶面垂直；夹片为 120°，均分斜开缝三片式，开缝沿轴向的偏转角与钢绞线的扭角相反。适用于锚固 3～37 根直径为 15 mm 的钢绞线束，也适用于锚固钢丝束。

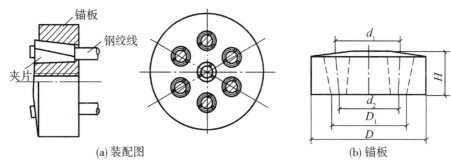

图 10-27　XM 型锚具

b. QM 型锚具。由锚板与夹片组成（如图 10-28）。它与 XM 型锚具不同之处是：锚孔是直的，锚板顶面是平面，夹片垂直开缝，备有配套喇叭形铸铁垫板与弹簧圈等。适用于锚固 4～31 根直径为 12.7 mm 的钢绞线和 3～10 根直径为 15 mm 的钢绞线。

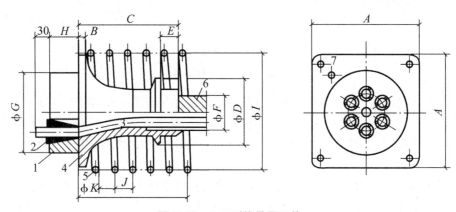

图 10-28　QM 型锚具及配件

1—锚板；2—夹片；3—钢绞线；4—喇叭形铸铁垫板；5—弹簧圈；6—预留孔道用的波纹管；7—灌浆孔

（2）预应力筋制作

预应力筋制作一般包括开盘冷拉、下料和编束工序。钢筋束所用钢筋一般是成盘圆状供应，长度较长，不需要对焊接长。钢绞线的下料宜用砂轮切割机切割。切口两端各50 mm处用 20 号铁丝预先绑扎牢固，以免切割后松散。

预应力钢筋束或钢绞线束编束的目的，主要是为了保证穿筋和张拉时不发生扭结。编束时先将钢筋或钢绞线理顺，并尽量使各根钢筋或钢绞线松紧一致，用 18～22 号铁丝，每隔 1 m 左右绑扎一道，形成束状。

当采用 JM 型、QM 型或 XM 型锚具，用穿心式千斤顶张拉时（如图 10-29），钢筋束或钢绞线束的下料长度 L 为：

两端张拉 $\qquad L=l+2(l_1+l_2+l_3+100) \qquad$ (10-4)

一端张拉 $\qquad L=l+2(l_1+100)+l_2+l_3 \qquad$ (10-5)

式中：l——构件的孔道长度（mm）；

$\qquad l_1$——工作锚厚度（mm）；

$\qquad l_2$——穿心式千斤顶长度（mm）；

$\qquad l_3$——夹片式工具锚厚度（mm）。

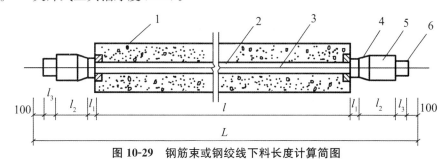

图 10-29 钢筋束或钢绞线下料长度计算简图

1—混凝土构件；2—孔道；3—钢绞线；4—夹片式工作锚；5—穿心式千斤顶；6—夹片式工具锚

3）钢丝束

（1）锚具

钢丝束一般由几根至几十根直径 3～5 mm 的平行碳素钢丝组成。常用的锚具有锥形螺杆锚具、钢丝束镦头锚具和钢质锥形锚具等。

① 锥形螺杆锚具。由锥形螺杆、套筒、螺母和垫板组成（如图 10-30）。适用于 14～28

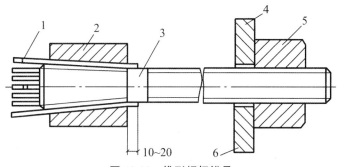

图 10-30 锥形螺杆锚具

1—钢丝；2—套筒；3—锥形螺杆；4—垫板；5—螺母；6—排气槽

根直径 5 mm 的钢丝束。使用时先将钢丝束均匀整齐地紧贴在螺杆锥体部分,然后套上套筒。由于锥形螺杆锚具不能自锚,所以必须事先加力顶压套筒来锚紧钢丝,以达到锚固钢丝的目的。

② 钢丝束镦头锚具。适用于锚固 12~54 根直径为 5 mm 的碳素钢丝束。镦头锚具有 A 型和 B 型(如图 10-31)。A 型由锚杯与螺母组成,用于张拉端;B 型为锚板,用于固定端,利用钢丝两端的镦头进行锚固。

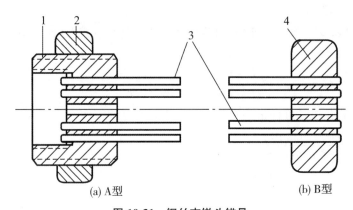

(a) A型　　　　　　　　　　(b) B型

图 10-31　钢丝束镦头锚具

1—锚杯;2—螺母;3—钢丝束;4—锚板

③ 钢质锥形锚具。适用于锚固 6~30 根直径为 5 mm 的钢丝束。它由锚环和锚塞组成(如图 10-32)。锚塞表面刻有细齿槽,以防止被夹紧的预应力钢丝滑动。

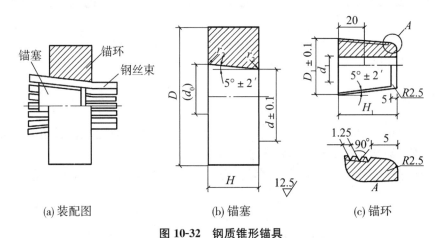

(a) 装配图　　　　　　(b) 锚塞　　　　　　(c) 锚环

图 10-32　钢质锥形锚具

(2) 预应力筋制作

钢丝束的制作随着选用锚具的不同而有所差异,一般包括下料、编束和安装锚具等工序。为了保证张拉时钢丝束中每根钢丝应力值的均匀性,钢丝束制作时必须等长下料,同束钢丝中下料长度的相对误差应控制在 $L/5\,000$ 以内,且不得大于 5 mm(L 为钢丝长度)。下料后,为了防止钢丝相互扭结,应逐根理顺进行编束。一般在比较平整的长度上进行,首先把钢丝理顺放平,然后每隔 1.0 m 用钢丝将其编成帘子状。

① 采用锥形螺杆锚具,钢丝的下料长度为 L(如图 10-33):

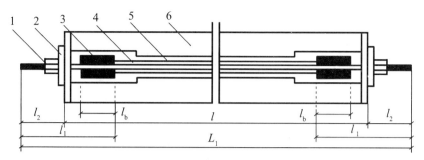

图 10-33 钢丝束下料长度计算示意图

1—螺母；2—垫板；3—锥形螺杆锚具；4—钢丝束；5—孔道；6—混凝土构件

钢丝束成品长度 $\qquad L_1 = l + 2l_2$ $\qquad\qquad$ (10-6)

钢丝的下料长度 $\qquad L = L_1 - 2l_1 + 2(l_b + a)$ $\qquad$ (10-7)

式中：l_1——锥形螺杆的长度(mm)；

$\quad l_2$——锥形螺杆的外露长度(mm)；

$\quad l_b$——锥形螺杆的套筒长度(mm)；

$\quad a$——钢丝伸出套筒的长度，取 20 mm。

② 采用镦头锚具，钢丝的下料长度 L(如图 10-34 所示)为：

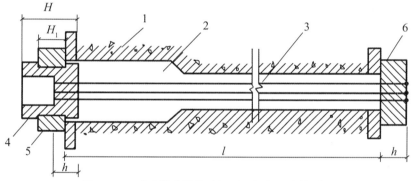

图 10-34 采用镦头锚具时钢丝下料长度计算简图

1—混凝土构件；2—孔道；3—钢丝束；4—锚杯；5—螺母；6—锚板

一端张拉 $\qquad L = l + 2h + 2\delta - 0.5(H - H_1) - \Delta L - C$ $\qquad$ (10-8)

两端张拉 $\qquad L = l + 2h + 2\delta - (H - H_1) - \Delta L - C$ $\qquad$ (10-9)

式中：l——构件的孔道长度(mm)；

$\quad h$——锚杯底部厚度或锚板厚度(mm)；

$\quad \delta$——钢丝镦头留量(取钢丝直径的 2 倍)(mm)；

$\quad H$——锚杯高度(mm)；

$\quad H_1$——螺母厚度(mm)；

$\quad \Delta L$——钢丝束张拉伸长值(mm)；

$\quad C$——混凝土的弹性压缩值(mm)。

③ 采用钢质锥形锚具，以锥锚式千斤顶张拉为例，钢丝的下料长度 L(如图 10-35 所示)为：

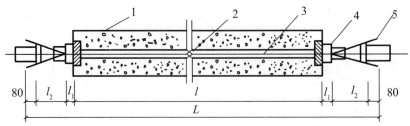

图 10-35　采用钢质锥形锚具时钢丝下料长度计算简图
1—混凝土构件；2—孔道；3—钢丝束；4—钢质锥形锚具；5—锥锚式千斤顶

一端张拉 $\qquad\qquad L=l+2(l_1+80)+l_2$ $\qquad\qquad$ (10-10)

两端张拉 $\qquad\qquad L=l+2(l_1+l_2+80)$ $\qquad\qquad$ (10-11)

式中：l——构件的孔道长度(mm)；

$\qquad l_1$——锚杯的厚度(mm)；

$\qquad l_2$——千斤顶分丝头至卡盘外端距离(mm)。

10.3.2　张拉设备

1) 拉杆式千斤顶

拉杆式千斤顶是利用单活塞杆张拉预应力筋的单作用千斤顶。适用于张拉螺丝端杆锚具和镦头锚具的单根粗钢筋、钢丝束或钢筋束等预应力筋。常用的张拉设备为拉杆式千斤顶 YL-60 型(如图 10-36)。

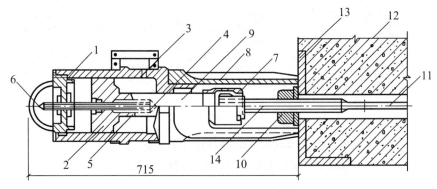

图 10-36　拉杆式千斤顶构造示意图
1—主缸；2—主缸活塞；3—主缸油嘴；4—副缸；5—副缸活塞；6—副缸油嘴；7—连接器；
8—顶杆；9—拉杆；10—螺母；11—预应力筋；12—混凝土构件；13—预埋钢板；14—螺纹端杆

其工作原理：首先使连接器 7 与预应力筋的螺丝端杆连接，并使顶杆 8 支承在构件端部预埋钢板 13 上。由油嘴 3 进油时，主缸活塞向左移动，带动连接有预应力筋的拉杆 9，预应力筋即被拉伸，当油泵的油压表读数达到规定值时即可拧紧螺丝端杆的螺母 10。预应力筋张拉锚固完毕后，改由油嘴 6 进油，推动副缸使主活塞和拉杆向右移动，回到开始张拉时的位置。此时主缸内的油也被挤回油泵，这时可卸下连接器 7 进入下一次张拉。

2) 穿心式千斤顶

穿心式千斤顶是一种适用性较强的千斤顶，适用于张拉带有夹片锚具的钢丝束和钢绞线束，配上撑脚、拉杆等附件后也可做拉伸机用。常用的张拉设备有 YC-60 型(如图 10-37(a)

所示,配置撑脚和拉杆后可作为拉杆式千斤顶使用,如图 10-37(b)所示)。

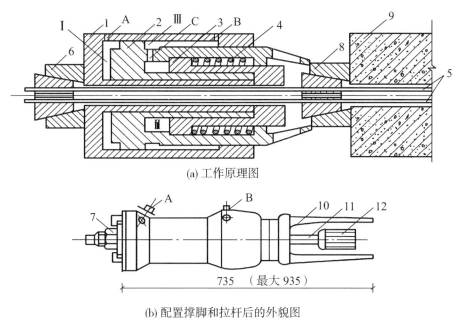

(a) 工作原理图

(b) 配置撑脚和拉杆后的外貌图

735 （最大 935）

图 10-37　YC-60 型穿心式千斤顶的构造示意图

Ⅰ—张拉工作油室；Ⅱ—顶压工作油室；Ⅲ—张拉回程油室

A—张拉缸油嘴；B—顶压缸油嘴；C—油孔

1—张拉液压缸；2—顶压液压缸(即张拉活塞)；3—顶压活塞；4—弹簧；5—预应力筋；6—工具锚具；
7—螺母；8—工作锚具；9—混凝土构件；10—顶杆；11—拉杆；12—连接器

其工作原理:穿入已装好锚具的预应力筋,锚固在工具锚 6 上,张拉时高压油由油嘴 A 进入工作室Ⅰ,工作室增大,由于活塞 2 顶在构件 9 上,因而液压缸 1 向左移动,带动已锚固在其端部工具锚 6 上的预应力筋,直到达到规定的张拉力。张拉过程中,由于液压缸 1 向左移动而使回程油孔 C 容积减小,所以要打开顶压缸油嘴 B 以便回油。张拉完毕应立即顶压锚固。顶压锚固时,高压油由顶压缸油嘴 B 经油孔 C 进入顶压工作室Ⅱ,此时张拉工作室尚未回油,因此活塞 3 向右移动顶压锚具的夹片,顶入锚具 8 内,直到达到规定压力。

张拉和顶压完成后,打开油嘴 A,油嘴 B 继续给油。由于顶压活塞 3 仍顶住夹片,油室Ⅱ的容积不变,进入的高压油全部进入 C,因而张拉油缸 1 向右移动复位。然后打开油嘴 B,利用弹簧 4 使顶压活塞 3 复位,并使油室Ⅱ、Ⅲ回油卸荷。

3）锥锚式千斤顶

锥锚式千斤顶主要用于张拉钢质锥形锚具钢丝束和 KT—Z 型锚具钢筋束或钢绞线束。工作时能连续完成张拉预应力筋、顶压锚固、自动退楔 3 个动作,如图 10-38 所示。

其工作原理:首先将预应力筋固定在锥形卡环上,然后主缸油嘴进油,主缸向左移动,则张拉预应力筋;张拉完成后,主缸稳压,副缸进油,则副缸活塞及顶压头向右移动,将锚塞推入锚环而锚固预应力筋;顶锚完成后,主副缸同时回油,主缸及副缸活塞在弹簧力的作用下复位,最后放松模块即可拆下千斤顶。

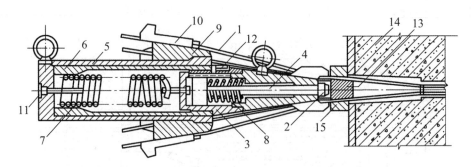

图 10-38 锥锚式双作用千斤顶构造示意图

1—预应力筋；2—顶压头；3—副缸；4—副缸活塞；5—主缸；6—主缸活塞；7—主缸拉力弹簧；8—副缸压力弹簧；
9—锥形卡环；10—模块；11—主缸油嘴；12—副缸油嘴；13—锚塞；14—构件；15—锚环

10.3.3 后张法施工工艺

后张法工艺流程如图 10-39 所示，与预应力施工有关的是孔道留设、预应力筋张拉和孔道灌浆三部分。

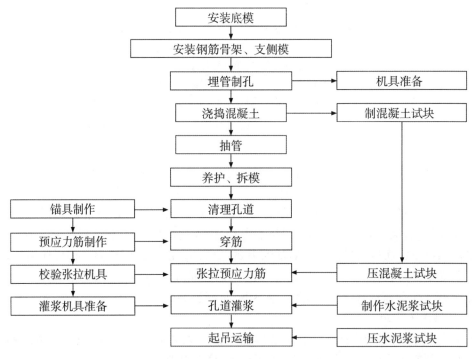

图 10-39 后张法生产工艺流程

1）孔道留设

孔道留设是后张法构件制作中的关键之一。构件中留设孔道主要为穿预应力钢筋（束）及张拉锚固后灌浆用，孔道的直径取决于预应力筋和锚具。孔道留设的基本要求是：

① 孔道直径应平顺并能保证预应力筋（束）能顺利穿过。

② 孔道应按设计要求的位置、尺寸埋设准确、牢固，浇筑混凝土时不应出现移位和变

形,接头不漏浆,端部的预埋钢板应垂直于孔道中心线。

③ 在设计规定位置上留设灌浆孔。

④ 在曲线孔道的曲线波峰部位应设置排气兼泌水管,必要时可在最低点设置排水管。

⑤ 灌浆孔及泌水管的孔径应能保证浆液畅通。

预应力筋的孔道形状一般有直线、曲线和折线 3 种,孔道的留设方法有钢管抽芯法、胶管抽芯法和预埋波纹管法,预埋波纹管法只适用于曲线形孔道。

(1) 钢管抽芯法

预先将钢管敷设在模板的孔道位置上,在混凝土浇筑后每隔一定时间慢慢转动钢管,防止与混凝土黏结,待混凝土初凝后、终凝前抽出钢管形成孔道。该法适用于留设直线孔道。为保证预留孔道的质量,施工时应注意以下几点:

① 钢管要平直,表面光滑,安放位置准确。钢管不直,在转动及拔管时易将混凝土管壁挤裂。钢管预埋前应除锈、刷油,以便抽管。钢管的位置固定一般用钢筋井字架,井字架间距一般在 1~2 m。在浇筑混凝土时,应防止振动器直接接触钢管,以免产生位移。

② 钢管每根长度最好不超过 15 m,以便于旋转和抽管,钢管的旋转方向两端要相反。钢管两端应各伸出构件 500 mm 左右。较长构件可用两根钢管,中间接头处可用 0.5 mm 厚铁皮做成的套管连接,如图 10-40 所示。套管内表面要与钢管外表面紧密结合,以防漏浆堵塞孔道。

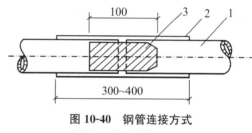

图 10-40 钢管连接方式
1—钢管;2—铁皮套筒;3—硬木塞

③ 恰当地控制抽管时间,抽管时间过早,会造成坍孔事故;抽管时间太晚,混凝土与钢管黏结牢固,抽管困难,甚至抽不出来。抽管时间与水泥品种、气温和养护条件有关。抽管宜在混凝土终凝前、初凝后进行,以用手指按压混凝土表面不显指纹时为宜。常温下抽管时间约在混凝土浇筑后 3~6 h。在混凝土开始浇筑至浇筑完拔管前,每隔 10~15 min 转动一次钢管。

④ 抽管顺序和方法。抽管顺序宜先上后下进行。抽管方法可用人工或卷扬机,抽管时必须速度均匀,边抽边转,并与孔道保持在一条直线上。抽管后应及时检查孔道,并做好孔道清理工作,以免增加以后穿钢筋的困难。

⑤ 灌浆孔和排气孔的留设。由于孔道灌浆需要,在浇筑混凝土时,应在设计规定位置留设灌浆孔。一般在构件两端和中间,每隔 12 m 设置一个直径为 20~25 mm 的灌浆孔,并在构件两端各设一个排气孔,可用木塞或白铁皮管成孔。

(2) 胶管抽芯法

留设孔道用的胶管一般有 5 层或 7 层夹布胶管和供预应力混凝土专用的钢丝网橡皮管两种。前者质软,必须在管内充气或充水后才能使用。后者质硬,且有一定弹性,预留孔道方法与钢管一样,但是与钢管不同的是不需要转动,靠其自身具有的弹性,抽管时在拉力作用下断面缩小,即可拔管。胶管抽芯法可用于直线、曲线和折线孔道。

胶管采用间距不宜大于 0.5 m 的钢筋井字架固定,并与钢筋骨架绑扎牢。浇筑混凝土前,胶管一端密封,另一端接上阀门(如图 10-41),然后在胶管内充水(或充气)加压到 0.5~

0.8 N/mm²,此时胶管直径可增大 3 mm。待混凝土初凝后、终凝前,将胶管阀门打开(放出压缩空气或压力水)降压,胶管回缩直径变小并与混凝土脱离,以便于抽出形成孔道。

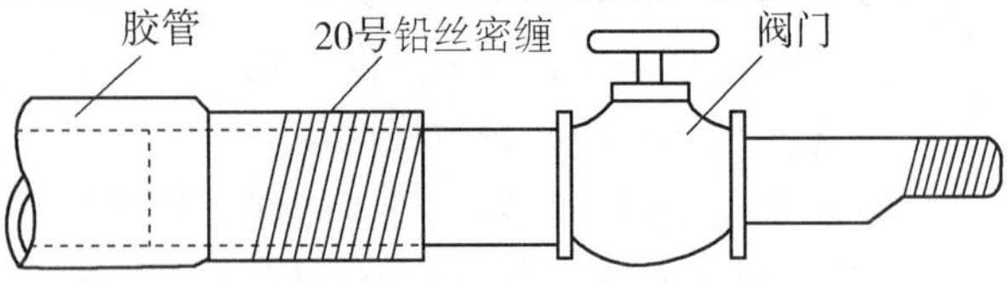

图 10-41 胶管与阀门连接

抽管时间比钢管略迟,一般可参照气温和浇筑后的小时数的乘积达 200 h·℃ 左右进行控制。抽管顺序一般为先上而下,先曲后直。灌浆孔留设同钢管抽芯法。

(3)预埋波纹管法

预埋波纹管法是利用与孔道直径相同的金属波纹管埋在构件中,无需抽出,一般采用黑铁皮管、薄钢管或镀锌双波纹金属软管制作。预埋管法因省去抽管工序,且孔道留设的位置、形状也易保证,故目前应用较为普遍。金属波纹管重量轻、弯折方便且与混凝土黏结性好。金属波纹管每根长 4~6 m,也可根据需要现场制作,其长度不限。波纹管在 1 kN 径向力作用下不变形,使用前应作灌水试验,检查有无渗漏现象。

波纹管的固定,采用钢筋卡子并用铁丝绑牢,卡子焊在箍筋上,间距不宜大于 600 mm。波纹管需要接长时,可用旋入式连接管,插入长度不小于 200 mm,用密封胶带或塑料热塑管封口。管子尽量避免反复弯曲,以防管壁开裂。

按设计规定的位置留设灌浆孔和排气孔。灌浆孔的间距一般不宜大于 30 m,曲线孔道的曲线波峰部位宜设置排气孔。留设灌浆孔和排气孔时,可用木塞或镀锌钢管成孔。孔道成形后应立即逐孔检查,发现堵塞应及时疏通。

2)预应力筋张拉

后张法张拉预应力筋时,混凝土强度应符合设计要求,如设计无规定时,不应低于设计强度等级的 75%。用块体拼装的预应力构件,立缝处混凝土或砂浆强度如设计无规定时,不应低于块体设计强度等级的 40%,且不低于 15 MPa。

(1)张拉控制应力

张拉控制应力越高,建立的预应力值就越大,构件抗裂性越好。但是张拉控制应力过高,构件使用过程经常处于高应力状态,构件出现裂缝的荷载与破坏荷载很接近,往往构件破坏前没有明显预兆,而且当控制应力过高,构件混凝土预压应力过大而导致混凝土的徐变应力损失增加。因此,控制应力应符合设计规定,但超张拉不得超过表 10-2 规定的超张拉最大应力。

表 10-2 后张法张拉控制应力及超张拉最大应力值

钢种	张拉控制应力	超张拉最大应力
碳素钢丝、刻痕钢丝、钢绞线	$0.7f_{puk}$	$0.75f_{puk}$
冷拔低碳钢丝、热处理钢筋	$0.65f_{puk}$	$0.70f_{puk}$
冷拉热轧钢筋	$0.85f_{pyk}$	$0.90f_{pyk}$

注:表中 f_{puk}、f_{pyk} 分别为预应力钢丝及预应力钢筋的标准强度值。

（2）张拉程序

预应力的张拉程序,注意应根据构件类型、张拉锚固体系、松弛损失取值等因素确定。后张法的张拉程序可以分为以下 3 种:

① 设计时松弛损失按一次张拉取值,其张拉程序为 $0 \rightarrow \sigma_{con}$。

② 设计时为减少预应力筋的松弛损失,预应力筋的超张拉程序为 $0 \rightarrow 1.05\sigma_{con}$ $\xrightarrow{\text{持荷 2 min}} \sigma_{con}$。

③ 当采用锥销锚具或夹片锚具时,预应力筋的超张拉程序为 $0 \rightarrow 1.03\sigma_{con}$。

（3）张拉端的设置

为了减少预应力筋与预留孔摩擦引起的预应力损失,预应力筋张拉端的设置应符合实际要求。当设计无规定时,应符合下列要求:

① 对于抽芯成形孔道,曲线预应力筋和长度大于 24 m 的直线预应力筋,应在两端张拉;对长度等于或小于 24 m 的直线预应力筋,可在一端张拉。

② 对于预埋波纹管孔道,曲线预应力筋和长度大于 30 m 的直线预应力筋宜在两端张拉;长度小于或等于 30 m 的直线预应力筋可在一端张拉。

当同一截面中有多根一端张拉的预应力筋时,张拉端宜分别设在构件的两端。当两端同时张拉同一根预应力筋时,为了减少预应力损失,宜先在一端锚固,再在另一端补足张拉后进行锚固。

（4）张拉顺序

张拉顺序应使混凝土不产生超应力、构件不扭转与侧弯、不产生过大偏心力、结构不变位等,因此对称张拉是一条重要原则,同时还要考虑到尽量减少张拉机械的移动次数。

对配有多根预应力筋的预应力混凝土构件,因不可能同时张拉,应分批、分阶段对称张拉,张拉顺序应符合设计要求。分批张拉时,由于后批张拉的作用力,使混凝土再次产生弹性压缩导致先批预应力筋应力下降。此应力损失可计算后加到先批预应力筋的张拉应力中去。分批张拉的损失也可以采取同一张拉值逐根复位补足的办法处理。

对平卧叠浇生产的预应力混凝土构件,上层构件重量产生的水平摩阻力会阻止下层构件在预应力筋张拉时产生的混凝土弹性压缩的自由变形。当上层构件吊起后,由于摩阻力影响消失,则混凝土弹性压缩的自由变形恢复因而引起预应力损失。该损失值与构件形式、隔离层和张拉方式有关。所以,对于平卧重叠浇筑的构件宜先上后下逐层进行张拉。为了减少和弥补该项预应力损失,可自上而下逐层加大张拉应力,但张拉应力不得超过预应力筋最大张拉控制应力。此外,还可通过改善隔离层的性能,限制重叠层数(一般以 3～4 层)的办法来解决。

（5）预应力筋伸长值校核

预应力筋在张拉时,通过伸长值的校核,可以综合反映出张拉应力是否满足,孔道摩阻损失是否偏大,以及预应力筋是否有异常现象等。

预应力筋的实际伸长值 ΔL 宜在预应力筋张拉到一定初应力(10%)后开始测量;初应力前的伸长值可通过实测值与应力变化曲线推得。

$$\Delta L = \Delta L_1 + \Delta L_2 - C \qquad (10-12)$$

式中：ΔL_1——从初应力张拉到最大应力之间的实测伸长值；

　　　ΔL_2——初应力以下的推算伸长值；

　　　C——施加预应力时，混凝土构件的弹性压缩值和固定端锚固楔紧等引起的预应力筋的内缩量。

预应力筋的计算伸长值 ΔL 可按下式计算：

$$\Delta L = \frac{F_p L}{A_p E_s} \qquad (10-13)$$

式中：F_p——预应力筋的平均张拉力(kN)，直线筋取张拉端的拉力，两端张拉的曲线筋取张拉端拉力与跨中扣除孔道摩擦损失后的拉力平均值；

　　　A_p——预应力筋的截面积(mm^2)；

　　　L——预应力筋的长度(mm)；

　　　E_s——预应力筋的弹性模量(kN/mm^2)。

如实际伸长值与计算伸长值的偏差超过±6%时应暂停张拉，分析原因后采取措施。

3）孔道灌浆

预应力筋张拉完毕后应及时进行孔道灌浆，尤其是钢丝束。灌浆的目的是为了防止预应力筋锈蚀，增加结构的整体性和耐久性，提高结构抗裂性和承载力。但采用电热法时孔道灌浆应在预应力筋冷却后进行。

灌浆应采用强度等级不低于32.5级普通硅酸盐水泥或矿渣硅酸盐水泥配置的水泥浆；对空隙大的孔道，水泥浆中可掺适量细砂，但是水泥浆和水泥砂浆的强度不应低于20 MPa，且应有较大的流动性、较小的干缩性和泌水性(搅拌后3 h泌水率宜控制为0，最大不得超过1%)，水灰比控制在0.4～0.45。

为了增加孔道灌浆的密实性，在水泥浆或砂浆内可掺入对预应力筋无腐蚀作用的外加剂。如掺入占水泥重量0.25%的木质素磺酸钙，或掺入占水泥重量0.01%的铝粉。

搅拌好的水泥浆或水泥砂浆必须通过过滤器，置于储浆桶内，并不断搅拌，以免泌水沉淀。灌浆前，用压力水冲洗干净和湿润孔道。灌浆顺序应先下后上，以避免上层孔道漏浆而把下层孔道堵塞。直线孔道灌浆应从构件一端灌到另一端；曲线孔道灌浆应从最低处向两端进行。孔道灌浆可用电动或手动灰浆泵进行。灌浆工作应缓慢均匀地进行，不得中断。灌满孔道待孔道两端冒出浓浆并封闭排气孔后继续加压至0.5～0.6 MPa并稳压一定时间，以确保孔道灌浆的密实性，再封闭灌浆孔。对于不掺加外加剂的水泥浆可采用二次灌浆法，以提高灌浆的密实性。

灌浆完毕后及时将灰浆泵与胶管冲洗干净，同时将构件表面灌浆时残留的灰浆清除干净，并留置灰浆试块。

当灰浆强度达到15 N/mm^2 时方能移动构件，灰浆强度达到100%设计强度时才允许吊装。

10.4　无黏结预应力混凝土

在后张法预应力混凝土中,预应力筋分为有黏结和无黏结两种。有黏结预应力是后张法的常规做法,张拉后通过灌浆使预应力筋与混凝土黏结。无黏结预应力是近年来发展起来的新技术,其做法是在预应力筋表面刷涂料并包塑料带(管)后,同普通钢筋一样先铺设在支好的模板内,然后浇筑混凝土,待混凝土达到强度后进行预应力筋的张拉,并依靠其两端的锚头锚固在构件上。其优点是不需要预留孔道、穿筋、灌浆等复杂工作,施工程序简单,加快了施工速度。同时摩擦力小,且易弯成多跨曲线型;缺点是预应力筋强度不能充分发挥(一般要降低 10%～20%),对锚具的要求较高。适用于现浇大柱网、大荷载的楼盖体系。

1)无黏结预应力筋的组成及要求

无黏结预应力筋是指带有专用防腐油脂涂料层和外包层的无黏结预应力筋,施加预应力后沿全长与周围混凝土不黏结。它由无黏结筋、涂料层和外包层组成,如图 10-42 所示。

(1)无黏结筋

无黏结预应力筋宜采用柔性较好的预应力筋制作,一般选用 7 根 $\phi^s 5$ 碳素钢丝束、7 根 $\phi^j 4$ 或 7 根 $\phi^j 5$ 钢绞线。钢丝束和钢绞线不得有死弯,有死弯时必须切断,每根钢丝必须通长,严禁有接点。

预应力筋下料时宜采用砂轮锯或切断机切断,不得采用电弧切割。钢丝束的钢丝下料应采用等长下料。钢绞线下料时,应在切口两侧用 20 号或 22 号钢丝预先绑扎牢固,以免切割后松散。

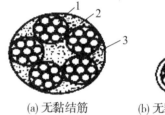

(a)无黏结筋　　(b)无黏结钢丝束或单根钢绞线

图 10-42　无黏结筋横截面示意图
1—钢绞线;2—沥青涂料;3—塑料布外包层;
4—钢丝;5—油脂涂料;6—塑料管、外包层

(2)涂料层

涂料层的作用是使预应力筋与混凝土隔离,减少张拉时的摩擦损失,防止预应力筋腐蚀等。常用涂料主要有防腐沥青和防腐油脂。涂料应有较好的化学稳定性和韧性:在−20～+70 ℃温度范围内应不开裂、不变脆、不流淌,能较好地黏附在钢筋上;涂料层应不透水、不吸湿、润滑性好、摩阻力小。

(3)外包层

外包层主要由塑料管或高压聚乙烯塑料带制作而成。外包层的作用是使无黏结筋在运输、储存、铺设和浇筑混凝土等过程中不会发生不可修复的破坏。外包层应符合下列要求:在−20～+70 ℃温度范围内不脆化,化学稳定性高,具有抗破性强和足够的韧性,防水性好,且对周围材料无侵蚀作用。

外包层的加工有挤压涂层工艺,塑料使用前必须烘干或晒干,避免在成型过程中由于气泡引起塑料表面开裂。

单根无黏结筋制作时,宜优先选用防腐油脂作涂料层。防腐油脂应充足饱满,外包层应松紧适度;成束无黏结预应力筋可用防腐沥青或防腐油脂作涂料层。当使用防腐沥青时,应用密缠塑料带作外包层,塑料带各圈之间的搭接宽度不应小于带宽的 1/2,缠绕层数不小于

4层。

2）无黏结预应力筋的制作

无黏结预应力筋的制作，一般采用挤压涂层工艺和涂包成型工艺两种。

（1）挤压涂层工艺

挤压涂层工艺主要是无黏结筋通过涂油装置涂油，涂油无黏结筋通过塑料挤压机涂刷聚乙烯或聚丙烯塑料薄膜，再经冷却筒模成型塑料套管。此法涂包质量好，生产效率高。挤压涂层流水工艺如图 10-43 所示。

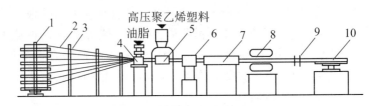

图 10-43　挤压涂层工艺流程图

1—放线盘；2—钢丝；3—梳子板；4—给油装置；5—塑料挤压机机头；

6—风冷装置；7—水冷装置；8—牵引机；9—定位支架；10—收线盘

（2）涂包成型工艺

涂包成型工艺可以采用手工操作完成内涂刷防腐沥青或防腐油脂，外包塑料布；也可以在缠纸机上连续作业，完成编束、涂油、镦头、缠塑料布和切断等工序。缠纸机的工作示意图如图 10-44 所示。无黏结预应力筋制作时，钢丝放在放线盘上，穿过梳子板汇成钢丝束，通过油枪均匀涂油后穿入锚环用冷镦机冷镦锚头，带有锚环的成束钢丝用牵引机向前牵引，同时开动装有塑料条的缠转盘，钢丝束一边前进一边进行缠绕塑料布条工作。当钢丝束达到需要长度后进行切割，成为一根完整的无黏结预应力筋。

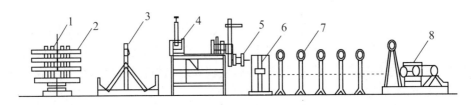

图 10-44　无黏结预应力筋缠纸工艺流程图

1—放线盘；2—盘圆钢丝；3—梳子板；4—油枪；5—塑料布卷；6—切断机；7—滚道台；8—牵引装置

（3）无黏结预应力筋的锚具

无黏结预应力构件中，锚具是把预应力筋的张拉力传递给混凝土的工具。因此，无黏结预应力筋的锚具不仅受力比有黏结预应力的锚具大，而且承受的是重复荷载。

我国主要采用高强钢丝和钢绞线作为无黏结预应力筋。无黏结预应力筋根据设计需要，可在构件中配置较短的预应力筋，其一端锚固在构件端头作为张拉端，而另一端则直接埋入构件中形成有黏结的锚头。

钢绞线无黏结筋的张拉端可采用 XM 型夹片式锚具，埋入端宜采用压花式埋入锚具

（如图 10-45）。这种做法的关键是张拉前埋入端的混凝土强度等级应大于 C30 才能形成可靠的黏结式锚头。

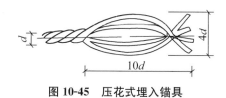

图 10-45　压花式埋入锚具

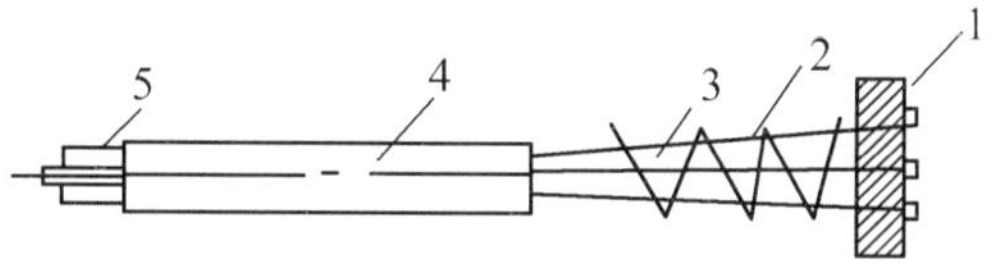

图 10-46　锚板式埋入锚具

1—锚板；2—钢丝；3—螺旋筋；4—软塑料管；5—无黏结钢丝束

钢丝束无黏结筋的张拉端可采用镦头锚具，埋入端宜采用锚板式埋入锚具，并用螺旋筋加强（如图 10-46）。施工中如端头无结构配筋时，需要配置构造钢筋使埋入端锚板与混凝土之间有可靠的锚固性能。

（4）无黏结预应力的施工工艺

无黏结预应力构件制作工艺中，重要工序是无黏结预应力筋的铺设、张拉和端部处理。无黏结筋在使用前应逐根检查外包层的完好程度。对有轻微破损者用塑料袋包好，对破损严重者应予以报废。

① 预应力筋的铺设

单向连续梁板中，无黏结筋的铺设比较简单，如同普通钢筋一样铺设在设计位置上。

双向连续板中，无黏结筋一般为双向曲线配筋。铺设时，应先铺设标高低的无黏结筋，再铺设标高较高的无黏结筋，并应尽量避免两个方向的无黏结筋相互编结。

无黏结预应力筋应严格按设计要求的曲线形状就位固定牢固。可用短钢筋或混凝土垫块等架起控制标高，钢丝束的曲率可用铁马凳控制。钢丝束就位后，标高和水平位移经调整、检查无误后，再用铁丝绑扎在非预应力筋上，防止钢丝束在浇筑混凝土的过程中位移。

② 预应力筋的张拉

预应力筋张拉时，混凝土强度应符合设计要求。当设计无要求时，混凝土的强度应达到设计强度的 75% 方可开始张拉。

楼盖结构宜先张拉楼板，后张拉楼面梁，板中的无黏结筋可依次张拉，梁中的无黏结筋宜对称张拉。当预应力筋的长度小于 40 m 时宜采用一端张拉，若长度大于 40 m 时宜采用两端张拉，长度超过 50 m 时宜采取分段张拉。

张拉顺序应根据预应力筋的铺设顺序进行，先铺设的先张拉，后铺设的后张拉。

无黏结预应力筋的张拉控制应力应符合设计要求。如需提高张拉控制应力值时，不宜大于碳素钢丝、钢绞线强度标准值的 75%。当采用超张拉方法减少无黏结预应力筋的松弛损失时，无黏结预应力筋的张拉程序宜为 $0 \rightarrow 1.05\sigma_{con} \xrightarrow{\text{持荷 2 min}} \sigma_{con}$ 或 $0 \rightarrow 1.03\sigma_{con}$。其中 σ_{con} 为无黏结预应力筋的张拉控制应力。

预应力筋往往很长，如何减少其摩阻损失值是一个重要问题。在施工时，为降低摩阻损失值，宜采用多次重复张拉工艺。成束无黏结筋正式张拉前，一般先用千斤顶往复抽动 1～2 次。张拉过程中，如发生个别钢丝滑脱或断裂，可相应降低张拉力，但滑脱或断裂的数量不应超过结构同一截面无黏结筋总量的 2%。

张拉完毕,宜用砂轮锯或其他机械方法切断超长部分的无黏结预应力筋,严禁采用电弧切断。无黏结预应力筋切断后露出锚具夹片外的长度不得小于 30 mm。

③ 无黏结预应力筋的端部锚头处理

预应力筋端部处理取决于无黏结筋和锚具种类。

锚具的位置通常在混凝土的端面缩进一定的距离,前面做成一个凹槽,待预应力筋张拉锚固后,将伸在锚具外的钢绞线切割到规定的长度,即要求露出夹片锚具外长度不小于 30 mm,然后在槽内壁涂以环氧树脂类黏结剂,以加强新老材料间的黏结,再用后浇膨胀混凝土或低收缩防水砂浆或环氧砂浆密封。

在对凹槽填砂浆或混凝土前,应预先对无黏结筋端部和锚具夹持部分进行防潮、防腐封闭处理。

对无黏结筋端部锚头的防腐处理应特别重视。采用钢丝束镦头锚具时,其张拉端头处理如图 10-47 所示。当锚环从混凝土中拉出后,供钢丝束张拉时用的塑料套筒内产生空隙,必须用油枪通过锚环的注油孔向套筒内注满防腐油脂,灌油后将外露锚具封闭好,避免长期与大气接触而造成锈蚀。

采用无黏结钢绞线夹片锚具时,张拉端头构造简单,无须另加设施。张拉端头钢绞线预留长度不小于 150 mm,多余的割掉,然后在锚具及承压板表面涂以防水涂料后再进行封闭。锚固区可以用后浇的钢筋混凝土封闭,将锚具外伸的钢绞线散开打弯,埋在混凝土内加强,如图 10-48 所示。

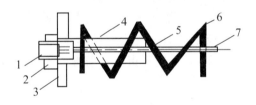

图 10-47　镦头锚固系统张拉端　　　　　图 10-48　夹片式锚具张拉端处理
1—锚环;2—螺母;3—承压板;4—塑料套筒;　　　1—锚环;2—夹片;3—承压板;4—无黏结筋;
5—软塑料管;6—螺旋筋;7—无黏结筋　　　　　5—散开打弯钢丝;6—螺旋筋;7—后浇混凝土

复习思考题

1. 简述预应力混凝土的基本原理。

2. 先张法中预应力台座有哪些类型?各适用于生产哪些构件?

3. 先张法中夹具有哪些类型?

4. 试述先张法的施工程序。

5. 预应力筋的放张顺序有哪些要求?

6. 何谓后张法?它有哪些主要的工艺过程?

7. 后张法中何为锚具?有哪些性能要求?

8. 后张法中张拉程序有哪些?

9. 什么是无黏结预应力混凝土？它有哪些特点？

10. 某预应力混凝土屋架,孔道尺寸 23.80 m,预应力筋为 HRB 335 级,直径为 22 mm 的钢筋,采用后张法施工,两端采用螺丝端杆锚具,端杆长度为 320 mm,端杆外露出构件端部长度为 130 mm,冷拉率 4%,弹性回缩率 0.5%,每根钢筋长度为 8 m。试计算钢筋的下料长度。

11. 第 10 题中,若一端张拉,一端固定,固定端采用帮条锚具,长度为 70 mm,试计算钢筋的下料长度。

12. 第 10 题中,若用 YC-60 型穿心式千斤顶张拉,张拉程序为 $0 \rightarrow 1.03\sigma_{con}$,张拉控制应力为 425 N/mm^2,试计算张拉时的压力表读数及冷拉伸长值。

第二篇 实 训

11 工程测量的施工工艺及技术措施

1) 测量仪器及校验

本工程所需的主要测量仪器及其用途见表 11-1。

表 11-1 主要测量仪器及用途

序号	名　称	数　量
1	全站仪	1 台
2	精密水准仪	1 台
3	50 m 钢卷尺	1 把
5	游标卡尺	1 把
6	建筑工程检测尺	1 套
7	平水尺(1 000 mm、600 mm)	各 1 把

以上所列的主要测量仪器,在使用过程中需注意:

(1) 定期到市计量检定站,经检定、校准,合格后方可使用。

(2) 测量仪器、工具定期清洁保养,全站仪、水准仪等检测仪器按照检定规程规定,在其检定周期内,要对仪器主要轴线进行校核,保证观测精度。

(3) 测量仪器定员使用,不得随意使用,严防损坏。

2) 测量准备

及时同建设单位和监理单位办理现场交接引测点位,做好记录。指定专人测量,确保测量满足要求。

3) 建立坐标和高程的测量控制网

(1) 在施工现场中,根据建设单位提供已确定无误的基点,建立建筑物平面测量控制网,报监理工程师批准,测量必须遵循先整体后局部的工程程序进行,建立建筑物的平面测量控制网,方格网的边长相对中误差≤1/15 000(二级控制)。

(2) 根据建设单位提供的基点坐标设置轴线控制点,以主轴线两端设点、坐标点设置要通视平回、离施工现场有一定距离、不易碰动的地方为宜。轴线控制点因施工需要,设置于四周混凝土地面上。设置牢固而不易破坏的标志作为测量点,并根据与坐标控制网有关数据计算出各点坐标,以便定位在自然或人为碰动移位时能及时复核,及时发现问题,以免使工程造成不必要的经济损失。

（3）工程标高控制网采用水准仪从测量水准点（基点）引到施工现场，再用全站仪引入各级不同基础面的地面标高控制点。

4）施工测量

根据已建立的建筑物的平面测量控制网，进行工程轴线和标高的施工测量。

（1）工程轴线

利用全站仪测设四角坐标和控制轴线，然后利用 50 m 和 30 m 钢尺按照施工图纸，分出各条轴线位置及墙、柱、梁位置。

以首层楼面放出的轴线为依据，并在首层面上设置投射原始点，定出若干原始投射点，然后将原始投射点引测到相应施工楼层。

（2）标高控制

根据已建立的高程控制网（点）引到所建建筑物外围设立固定标高控制点，以引测建筑物的各层标高。各层的标高施测法，主要是用钢尺沿结构外墙、边柱等向上竖直测量，一般高程引测至少要由 3 处向上引测，以便相互校核和适应分段施工需要，引测步骤如下：

① 先用水准仪根据水准点，在向上引测处准确测出起始标高线（一般多测＋1.000 m 标高线）。

② 用钢尺沿铅直方向向上量至施工层，并画出正米数的水平线，各层的标高线均应由各处的起始标高线直接量取。高差超过一整钢尺时，应在该层精确测定第二条起始标高线。

③ 将水准仪安置至施工层，校测由下面传递上来的各条水平线，误差在 5 mm 以内。在各层抄平时，应后视两条水平线以做校核。

④ 观测时，做到前后视线等长；由水平线向上或向下量高差时，所用钢尺应经过检验。量高差时，尺身竖直，要进行尺长改正和温度改正。

5）沉降观测

建筑物的沉降观测是根据建筑物附近的水准点进行的，本工程水准点由建设单位和设计单位提供。为了对水准点进行相互校核，防止其本身产生变化，水准点的数目要求不少于 3 个，以组成水准网，对水准网点定期进行高程检测，以保证沉降观测成果的正确性。沉降观测建设单位可委托专业测量单位定期进行观测。

（1）沉降点布置

施工前会同建设单位、设计单位和监理单位，根据设计规范要求，按照区域布置。

（2）沉降观测点制作、现场保护

① 沉降观测点采用直径为 20 mm 的不锈钢圆钢，将一端弯成 90°角并打磨成半球形状，另一端焊接在柱上。

② 将沉降观测点用红油漆进行编号，并将编号标明在沉降点上。

③ 沉降点采用砖砌体保护。

④ 观测点本身应牢固稳定，确保点位安全，能长期保存。

⑤ 观测点的上部必须为突出的半球形状或有明显的突出之处，与墙身或柱身保持一定的距离。

⑥ 要保证在点上能垂直置尺有良好的通视条件。

（3）沉降观测方法

① 观测基点：依据建设单位提供的水准基点，另外引测两个工作基点和若干个联系点。

② 观测中一定保证"定人、定仪、定时"，同时确保每次观测前对使用仪器进行校核，以免影响观测结果。各观测日期、数据均记录完整，并绘制成图表存档，观测中如发现异常情况应立即通知设计单位。

③ 沉降观测采用几何水准测量进行，根据建筑物最终沉降观测中误差精度要求，测量精度采用二级水准，使用水准仪，并采用闭合法。建设单位应委托第三方具有资质的观测单位进行观测，施工单位进行检查或校对。

④ 采用闭合水准路线。

⑤ 每次观测结束后，将观测高程列入沉降观测表中，及时计算相邻两次之间沉降量及累计沉降量，并将资料提供给监理单位和建设单位。

⑥ 作业中应遵守以下规定：

A. 观测应在成像清晰、稳定时进行。

B. 仪器离前、后视水准尺的距离要用皮尺丈量或用视距法测量，视距一般不应超过50 m，前后视距应尽可能相等。

C. 前、后视观测最好用同一根水准尺。

D. 前视各点观测完毕后应回视后视点，最后应闭合于水准点上。

复习思考题

1. 学生在校园里分别选取不同的建筑物，寻找建筑物的原有沉降观察点，并模拟沉降观测。

2. 由老师引导，模拟一次现场水准点、坐标点的交接，并做好交接记录。

3. 由老师引导，模拟一次工程轴线的放线，并放出基槽开挖线。

12　主体结构工程施工工艺及技术措施

1）施工流程

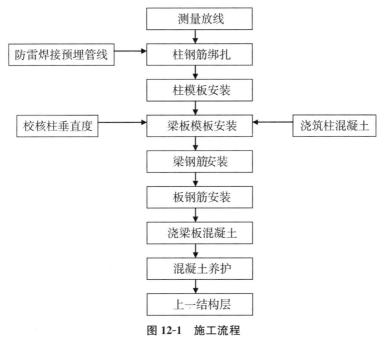

```
                    ┌──────────┐
                    │ 测量放线 │
                    └────┬─────┘
                         ↓
┌──────────────┐   ┌──────────┐
│防雷焊接预埋管线│→ │ 柱钢筋绑扎│
└──────────────┘   └────┬─────┘
                         ↓
                    ┌──────────┐
                    │ 柱模板安装│
                    └────┬─────┘
                         ↓
┌──────────────┐   ┌──────────┐   ┌──────────────┐
│ 校核柱垂直度  │→ │ 梁板模板安装│ ←│ 浇筑柱混凝土 │
└──────────────┘   └────┬─────┘   └──────────────┘
                         ↓
                    ┌──────────┐
                    │ 梁钢筋安装│
                    └────┬─────┘
                         ↓
                    ┌──────────┐
                    │ 板钢筋安装│
                    └────┬─────┘
                         ↓
                    ┌──────────┐
                    │浇梁板混凝土│
                    └────┬─────┘
                         ↓
                    ┌──────────┐
                    │ 混凝土养护│
                    └────┬─────┘
                         ↓
                    ┌──────────┐
                    │ 上一结构层│
                    └──────────┘
```

图 12-1　施工流程

2）模板工程

（1）柱模板

矩形柱模板使用 18 mm 厚夹板，按构件断面尺寸以大面包小面现场配制安装，垂直方向采用 80 mm×80 mm 的木枋，当柱截面不大于 500 mm 时采用 3 排竖枋，当柱截面大于 500 mm 时木枋间距为 200 mm。水平方向采用 80 mm×80 mm 的木枋，水平间距为500 mm，采用 φ14 柱箍箍紧水平木枋，同时用 φ12 间距为 500 mm 的穿芯螺栓拉紧木枋，详见图 12-2。

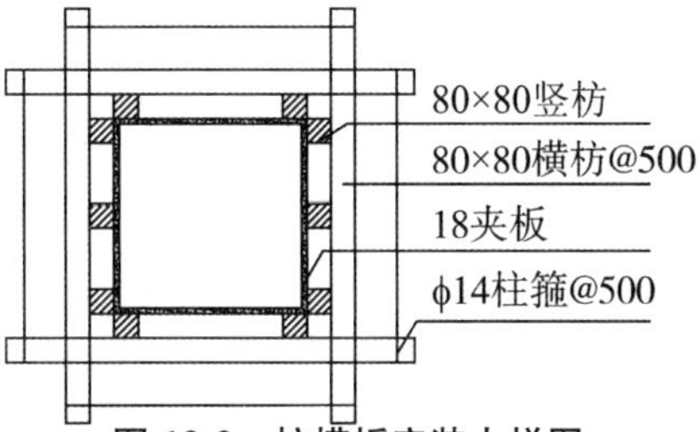

模板安装好后必须按图纸钻好预留构造梁插筋孔及插入 φ6 外露 500 mm 长的直筋作为拉墙筋的预埋筋，拉墙筋间隔 500 mm 一道。在模板安装阶段安排专人监督、操作，避免事后处理。

80×80竖枋
80×80横枋@500
18夹板
φ14柱箍@500

图 12-2　柱模板安装大样图

柱与梁接头处的开口位置模板必须做至楼板模板的底面，接头处支模平直、不变形。在施工缝面位置开 100 mm×100 mm 生口模板，以便清除杂物。

（2）梁模板

梁模板施工方法如下：

① 在已浇筑的混凝土上弹出轴线、梁位置，并在柱、墙上弹出水平线。按设计标高调整

支柱的标高,然后安装梁底模板,并拉线找平。

② 当梁底跨度≥4 m时,跨中梁底处应按设计要求起拱。如设计无要求时,起拱高度满足设计要求。主次梁交接时,先主梁起拱,后次梁起拱。

③ 支顶在楼层高度4.5 m以下时,应设2道水平拉杆和剪刀撑。

④ 根据墨线安装梁侧模板、压脚板、斜撑等。梁侧模板制作高度应根据梁高及楼板模板碰旁或压旁来确定。

⑤ 梁高超过750 mm时,梁侧模板要加穿梁螺栓加固,间距@600。

⑥ 混凝土浇筑前要全面清理梁底和柱头杂物,保证混凝土浇筑质量。

⑦ 混凝土浇筑期间,派木工观察模板支撑体系变形情况,若支撑体系变形应立即通知混凝土施工停止,对模板支撑体系进行加固。

⑧ 梁模板具体安装根据工程图纸中梁的规格、位置、作用确定。

(3) 楼板模板

楼板模板施工方法如下:

① 楼板底模采用18 mm厚夹板,上层木枋为80 mm×80 mm@300,下层木枋为80 mm×80 mm@1 200。

② 铺模板时可从四周铺起,在中间收口。若为压旁时,角位模板应通线钉固。

③ 楼面模板铺完后,应认真检查支架是否牢固,模板梁面、板面应清扫干净。

④ 模板接缝应严密,不得漏浆。楼板模板安装完成后,若缝宽超过模板评定标准,用沥青油毡或胶纸拼缝。

⑤ 模板安装后应进行强度、刚度、稳定性、预留孔洞位置的检查,防止混凝土浇灌时发生不允许的变形,不符合要求的应及时修整、加固后方可进入混凝土浇灌工序。

(4) 模板的拆除

① 柱模板及梁侧模必须在梁板混凝土浇筑48 h后方可拆除。

② 跨度$b≤2.0$ m的板,必须在混凝土试块常规养护达到设计混凝土强度标准值的50%时方可拆除;$2.0<b≤8.0$ m之间的板,必须在混凝土试块常规养护达到设计混凝土强度标准值的75%时方可拆除;$b>8.0$ m的板,必须在混凝土试块常规养护达到设计混凝土强度标准值的100%时方可拆除(即28天后);如果上一层的梁板混凝土未施工,则该层的梁板底模拆除后应加支撑回顶。模板在混凝土试件抗压强度达到要求后方可拆除。

③ 跨度≤8.0 m的梁,必须在混凝土试块常规养护达到设计混凝土强度标准值的75%时方可拆除;跨度>8.0 m的梁,必须在混凝土试块常规养护达到设计混凝土强度标准值的100%时方可拆除(即28天后)。

④ 所有悬挑构件均须在混凝土试块常规养护达到设计混凝土强度标准值的100%时方可拆除(即28天后)底模。

⑤ 已经拆除模板及其支撑的结构,在混凝土达到设计强度以后才允许承受计算荷载,施工中严禁堆放过量的建筑材料。

3) 钢筋工程

(1) 钢筋制作

① 钢筋加工制作前,先复核钢筋加工下料表与设计图是否相符,检查无误后方可按表制作,再检查每种型号的钢筋是否达到下料表的要求。经过这两道检查后,可按下料表放出

实样,试制合格后方可成批制作。加工好的钢筋要分类标识整齐有序地堆放。

②检查钢筋表面是否洁净,黏附的油污、泥土、浮锈使用前必须清理干净,可结合冷拉工艺除锈。

③钢筋调直可用机械调直。经调直后的钢筋不得出现局部弯曲、死弯、小波浪形现象,其表面伤痕不应使钢筋截面减小5％。

④钢筋切断应根据钢筋型号、直径、长度和数量,长短搭配,先断长料后断短料,尽量减少和缩短钢筋短头,以节约钢材。

(2)钢筋绑扎和安装

①钢筋绑扎前要认真对照设计图纸确定方向尺寸,钢筋交叉部位,应按有利于结构的原则进行交叉排列,梁与柱相交处,柱箍筋应预先穿好,再穿梁主筋,以保证梁高范围内柱箍筋的加密,满足抗震要求。

②钢筋绑扎时,ϕ14 mm 以上钢筋用 20♯绑扎丝、ϕ14 mm 以下用 22♯绑扎丝进行绑扎,并严格按结构设计及有关施工验收规范进行施工。

③钢筋搭接采用绑扎搭接时,应注意搭接部位在受压区,柱筋搭接应在柱高 1/3～2/3 范围内进行。各部位钢筋的搭接及锚固长度根据混凝土标号不同而异。

④设计要求焊接的部位,除必须遵守焊接技术规程的各项规定以外,应抽调持有上岗证的专业焊工进行操作。

⑤钢筋绑扎完毕后,必须由工地班组先进行自检,项目经理部质安员专检,在钢号规格、根数、间距、接头位置、保护层厚度、焊接部位、焊缝、洞口留置、洞口加强等符合规范和设计要求后,再申报监检(建设单位、监理单位、市质检部门、设计单位),并及时填写隐蔽工程验收记录。

4)混凝土工程

本工程主体结构采用商品混凝土。

(1)商品混凝土的质量检查

①泵送混凝土施工期间,要求混凝土提供单位派出质量检查员驻现场跟踪混凝土供应、质量情况。混凝土搅拌车出站前,每部车都必须经质量检查员检查和易性合格才能签证放行。

②坍落度抽检每车 1 次。

③混凝土取样、试件制作、养护均应严格按见证制度进行,经监理单位见证员签证认可。

④搅拌车卸料前不得出现离析和初凝现象。拌料后至卸料前时间间隔小于 2 h,否则搅拌车内混凝土不能用于主体结构。

(2)混凝土浇筑一般要求

①浇筑前应对模板浇水湿润,柱模板的清扫口应在清除杂物及积水后再封闭。

②浇筑混凝土时应分段分层进行,每层浇筑高度应根据结构特点、钢筋疏密决定。一般分层高度为插入式振动器作用部分长度的 1.25 倍,最大不超过 50 cm,平板振动器的分层厚度为 200 mm。

③使用插入式振动器应快插慢拔,插点要均匀排列,逐点移动,按顺序进行,不得遗漏,做到均匀振实。移动间距不大于振动棒作用半径的 1.5 倍(一般为 300～400 mm)。振捣

上一层时应插入下层混凝土面 50 mm,以消除两层间的接缝。平板振动器的移动间距应能保证振动器挟板覆盖已振实部位边缘。

④ 浇筑混凝土应连续进行,如必须间歇,其间歇时间应尽量缩短,并应在前层混凝土初凝之前将次层混凝土浇筑完毕。间歇的最长时间应按所有水泥品种及混凝土初凝条件确定,一般超过 2h 应按施工缝处理。

⑤ 浇筑混凝土时应派专人经常观察模板、钢筋、预留孔洞、预埋件、插筋等有无位移、变形或堵塞情况,发现问题应立即停止浇筑,并应在已浇筑的混凝土初凝前整改完毕。

⑥ 柱子浇筑在梁板模板安装后,钢筋未绑扎前进行,以便利用梁板模作为浇筑柱混凝土的操作平台。

⑦ 柱浇筑前底部先填同混凝土内砂浆同强度等级的砂浆 5～10 cm 厚,以免根部出现不密实现象。浇筑时应分层施工,每层厚度不得大于 500 cm。柱高超过 3 m 时,在柱侧开不小于 30 cm 高的浇筑孔装上斜溜槽分段浇筑,每段高度不得超过 2 m。

⑧ 浇筑后将洞封实,并用柱箍箍牢。柱混凝土应一次浇筑完毕,如需留置施工缝,应留在主梁底 10 cm 处。

⑨ 在浇筑混凝土墙、立柱等部位时,为避免混凝土浇筑至一定高度后,因积存大量浆水而可能导致混凝土强度不均匀现象,宜在浇筑到适当高度时适当减小混凝土的坍落度。

⑩ 混凝土浇筑过程中,要保证混凝土保护层厚度及钢筋位置的正确性,不得踏踩钢筋、移动预埋件和预留孔洞的原来位置,如发现偏差和位移应及时校正。

(3) 混凝土的养护

① 混凝土浇筑完毕后,应在 12 h 内浇水养护。

② 对普通硅酸盐水泥拌的混凝土,正常气温每天浇水不少于 2 次,不得少于 7 天;对掺用缓凝型外加剂或有高渗性要求的混凝土,不得少于 14 天。

③ 每日浇水次数应视能保持混凝土处于足够的润湿状态而定。

④ 梁板混凝土比规范规定多留一组同条件养护试块,以确定拆模时间。

复习思考题

根据工程项目图纸,在教师的引导下编制土方工程、砌体工程、屋面工程、脚手架工程、预制桩基础工程简单的施工工艺及技术措施。

参考文献

［1］建筑施工手册编写组.建筑施工手册［M］.5 版.北京:中国建筑工业出版社,2013

［2］姚谨英,姚晓霞.建筑施工技术［M］.7 版.北京:中国建筑工业出版社,2022

［3］邹绍明.建筑施工技术［M］.4 版.重庆:重庆大学出版社,2016

［4］郭永伟.建筑施工技术［M］.武汉:武汉理工大学出版社,2018

［5］中华人民共和国住房和城乡建设部,国家质量监督检验检疫总局.建筑地基基础工程施工质量验收标准:GB 50202—2018［S］.北京:中国计划出版社,2018

［6］中华人民共和国住房和城乡建设部,国家质量监督检验检疫总局.屋面工程技术规范:GB 50345－2012［S］.北京:中国建筑工业出版社,2011

［7］中华人民共和国住房和城乡建设部,国家质量监督检验检疫总局.混凝土结构设计规范:GB 50010—2019［S］.北京:中国建筑工业出版社,2019

［8］中华人民共和国住房和城乡建设部,国家质量监督检验检疫总局.砌体结构设计规范:GB 50003—2011［S］.北京:中国建筑工业出版社,2012

［9］中国建筑标准设计院.混凝土结构施工图平面整体表示方法制图规则和构造详图:22G101［M］.北京:中国计划出版社,2022